환경철학에서 생태정책까지

환경철학에서 생태정책까지

지은이 / 고창택
펴낸이 / 강동권
펴낸곳 / (주)이학사

1판 1쇄 발행 / 2005년 8월 31일

등록 / 1996년 2월 2일 (등록번호 제 03-948호)
주소 / 서울시 종로구 안국동 17-1 우110-240
전화 / 720-4572 · 팩스/ 720-4573

ⓒ 고창택, 2005. Printed in Seoul, Korea.

ISBN 89-87350-82-7 03100

*책값은 뒤표지에 표시되어 있습니다

환경철학에서 생태정책까지

— 이론과 실천의 만남을 위하여

도창택 지음

이학사

책을 내면서

21세기의 초입인 지금, 환경문제는 인류가 해결해야 할 시급한 과제로서 갈수록 중요해지고 있다. 지난 세기 말부터 환경문제의 심각성이 대중적으로 크게 확산되면서 그에 대한 대응책들이 줄을 이었지만 호전되었다는 확실한 징후나 개선될 뚜렷한 기미가 여전히 보이지 않는다. 오히려 주변에서 표피적으로만 느껴왔던 환경 위기가 바야흐로 중심의 심장부에서 생명 위기로 나타나고 있는 형국이다. 이를테면 최근 들어 발생한 아시아의 지진해일(쓰나미)이나 도처에서의 국지적 이상기후는 엄청난 재앙을 초래하면서, 그런 종류의 생태적 변동이 가져올 자연적 영향과 그 경제적·사회적·문화적 파장에 대해 계속 긴장을 늦출 수 없게 하고 있다.

사실 환경문제는 피할 수 없는 숙제로서 지금 여기에 살고 있는 너와 내가 공동으로 감당해야 할 책무이다. 이 책은 환경문제에 철학적으로 개입하여 이론적 수준에서나마 자기 역할을 찾기 위한 노력의 일환으로 쓰여졌다. 이 책을 굳이 내게 된 배경은 환경문제에서 정책과 철학이 긴요하게 접합되어야 할 현실적 요구에서 찾을 수 있다. 환경철학이나 환경윤리에 관한 책들이 꽤 발간되고 번역되었지만, 환경정책에의 직접적 관여를 감행하는 철학적 논의나 담론은 거의 없는 형편이었다. 현실에서 구현되고 있는 실질적 환경정책을 겨냥한 철학적 발언이나 윤리적 성찰이 필요하다는 점을 절감하고 있으면서도, 정작 그런 갈증을 풀어줄만한 논문이나 저작을 발견하기란 무척 어렵다.

이 책은 내가 그동안 전문 학회지나 환경 학술지에 발표했던 여러 글들 중에서 책의 취지에 부합하는 것을 일단 추린 다음, 전체 구성에 걸맞게 수정·보완한 것이다. 아예 새로 집필하거나 틀을 바꿔 재구성한 부분도 물론 들어 있다. 공동 저서에 이미 수록된 글이나 공동으로 작업한 논문들은 제외하는 것을 원칙으로 삼되, 꼭 필요해서 재수록한 경우엔 수정·보완하였다. 이 책은 독자들의 독해 시 편의를 고려하여, 각 장 앞에 글을 인도하는 '요약' 부분을 따로 두었다. 또한 결론에 해당하는 장을 구태여 두지 않은 대신에 서론에서 전체 논지를 개괄하는 내용으로 대체하였다.

이 책의 가치와 관련하여, 철학적 이론과 정책적 실천을 연관짓는 문제의식을 가지고 환경문제를 본격적으로 다룬다는 의의 말고는 별로 내세울 게 없다는 게 솔직한 마음이다. 특히 어떤 논점에 대해서는 외국의 경향이나 이론을 소개하는 수준에 그칠 뿐, 한국적 상황과 의미 있게 매개하거나 독자적 논변을 자신 있게 제출하는 데 부족함이 많다는 자괴감을 지울 수 없다. 그 응용력은 인접 학문에 대한 정확한 이해에서 비롯되며, 그 독창성은 철학에의 심층적인 천착 이후에야 발현 가능하다. 아마 철학적 탐구가 숙성되지 않은 채 섣불리 다른 분야에 참견하는 데서 오는 당연한 귀결일 터이다. 그렇더라도 만일 이 책이 환경문제를 철학과 정책을 연관적 시각에서 고찰하거나 혹은 메타 이론적 맥락에서 조명하는 다른 작업들에 조금이나마 보탬이 될 수 있다면 나로선 큰 기쁨이 아닐 수 없다. 여기서 드러나는 한계와 모자람은 후속 연구를 통해 보충해나가겠다고 약속할 도리밖에 없다.

이 책을 내게 된 개인적 내력에 대해 간단히 회고하지 않을 수 없다. 1989년 봄 동국대 경주 캠퍼스로 발령받자마자 대구에 거주한 이후, 지역의 문화 모임과 사회운동을 이리저리 기웃거리던 중 1991년 3월에 두산전자의 낙동강 페놀방류사건이 터졌고, 연달아 4월엔 염색공단의 폐수무단 방류사건이 폭로되었다. 그 충격에 자극받아 몇몇 지인들 틈에 끼어 '대구공해추방운동협의회'(91년 9월)를 꾸려서 움직였고, 그게 오늘날 지역을 대표하는 '대구환경운동연합'(93년 4월)의 전신이었던 것이다. '대구사회연구소'(92년 5월)와 '대구경북환경연구소'(2001년 2월)를 통해 연구 활동을 펼쳤던 것도 그 연장선상에서 이어져 온 것이다.

자생 시민단체 및 민간 연구소 활동 속에서 다양한 분야의 전문가와 운동가를 만날 수 있었는데 그것이 나에게 무척 소중한 기회였던 것 같다. 사회 현실과 일정한 거리를 두고 관조에 만족하려는 철학적 관성을 흔들어 깨우기 일쑤였고, 때로는 대학의 현학적 분위기에 도취하여 상아탑에 안주하려는 자만을 사뭇 반성하게 만들곤 했다. 적어도 철학 분야는 환경문제에 대해 한층 더 치열하게 고민할 것을 요구받고 있으며, 더도 덜도 아닌 철학적 노고가 깃든 만큼만 사회 현안에 이바지할 수 있음을 냉엄하게 깨달았다. 사회운동에 말석으로나마 몸을 담그고는 활동가들과 자주 어울려 다닌 끝에야 어렵게 얻은 성과인 셈이다.

철학이 무엇인가 기여해야 한다는 분위기에 떠밀려서, 나는 능력 부족을 무릅쓴 채 적잖은 글들을 연구소 기관지에 과감히 발표하기 시작했으며, 그게 환경 논문 다수를 산출하는 밑바탕이 되었던 것이다. 그간 환경 관련 공동 저서 4권과 공동 역서 1권에 이름을 올리고, 협동 연구 프로젝트 4건에 참여하거나 혹은 주도한 것도 외부 도전에 대한 내 나름대로의 응답이었다고 생각한다. 그러다보니 내 주 전공이 어느새 환경철학으로 바뀔 정도가 된 듯하다. 사실 원 전공인 사회철학/사회과학철학이나 요즘 부쩍 관심이 가는 정보철학/사이버철학을 궁리할 때조차 환경문제와의 연관을 따겨봐야 직성이 풀릴 지경에 이르렀다.

  이 책은 나에게 지난 과거를 되돌아보면서 다가올 미래를 조망해보는 이정표와 같다. 이제 한 능선을 간신히 넘고는 새로운 출발을 앞둔 등반가의 심정이다. 눈앞에 펼쳐지는 높다란 봉우리와 아스라한 능선을 진지하게 응시하며 옷깃을 다시 여밀 참이다.

  다소 늦게 첫 단독 저서를 내는 마당인지라 어찌 감회가 없을 수 있겠는가? 먼저 학부와 박사과정 내내 철학으로의 길안내를 마다치 않으셨던 동국대학교의 은사님들 덕분에 여기까지 왔음을 뼈저리게 절감한다. 서울대 국민윤리학 석사과정의 은사님들로부터는 다양한 학문적 경험을 전수받은 까닭에 환경문제에의 학제적 접근을 선취하게끔 해줘 늘 고마움을 느낀다. 같은 학교에서 근무한다는 깊은 인연을 학문적 유대로 승화시켜온 경주 캠퍼스의 여러 동료 교수들께도 끈끈한 정을 확인한다. 누구보다도 사회 시민단체의 동지이자 민간 연구소의 동료로서 오랫동안 함께 활약해온 대구의 지인들께 더 할 나위 없는 감사를 드린다. 그들에 대한 나의 보답은 변함없이 녹색의 길을 걸어갈 것이라고 각오를 다지는 정도이다. 앞으로도 환경을 위해 무소의 뿔처럼 갈 것이다. 다만 혼자서가 아니라 어울려서 같이 나아갈 것을 다짐해본다.

  이 책이 빛을 보게 된 것은 전적으로 어려운 사정 속에서도 출판을 결심한 강동권 사장님 덕분이다. 그동안 보여준 이학사 편집진의 정성스런 노력에 깊은 감사를 표한다. 곁에서 자질구레한 일을 도와준 교수회 서상희 조교에게도 고마운 마음을 전하고 싶다.

  또한 영원한 다른 세계로 들어가신 아버님, 어머님, 그리고 장인어른의 영전에 이 책을 바친다. 그리고 항상 내 곁에 존재함으로써 우리의 삶을 한층 아름답게 만들어 온 아내, 안승희에겐 결혼 20주년을 기념하는 뜻 깊은 선물로 새겨졌으면 좋겠다. 괄목하게 어른스러워진 두 아들, 봉혁이와 건영이가 알찬 미래를 열어가는 데 이 책이 아빠의 격려를 대신했으면 하는 바람이다.

2005년 5월 10일
경주 온방골 연구실에서 고창택 씀

* 본 저서는 2004년도 동국대학교 저서·번역 연구비 지원으로 이루어졌음.

차례

책을 내면서 5

제1장 서론: 철학과 정책은 환경문제에서 무엇을 주고받아야 하는가? 15

I부 자연의 가치, 인간중심주의 그리고 생태계의 원리
제2장 자연의 내재적 가치와 지속가능한 가치 33
제3장 인간중심주의와 비인간중심주의의 대결에서 조화로 59
제4장 지속가능성의 윤리와 생태 체계의 가치 79
제5장 생태계 온전의 가치와 원리 105

II부 생태 복원의 철학과 환경 이해의 문제
제6장 생태 복원의 자연적 본성과 지배적 권력 129
제7장 생태 복원의 철학과 그 실천적 함축: 대전광역시의 3대 하천 복원 사업과 관련하여 153
제8장 우리는 자연을 어떻게 알고 또한 대해야만 하는가? 175
제9장 환경교육과 생태적 책임 189

III부   전통 생명사상과 현대 환경윤리의 융합

제10장 생명사상·생명운동의 철학적 해명 215

제11장 한국에서 생명의 개념, 규범, 가치 287

제12장 전통 생명사상과 현대 환경윤리의 이론적 만남 319

IV부   환경지표·환경지속성지수의 가치론적 분석

제13장 국제·국가환경지도의 가치론적 독해 339

제14장 환경정책 결정을 위한 가치론적 환경지표의 설정 363

제15장 지역환경지표와 환경지속성지수의 가치론적 모색: 경주시의 경우 397

참고문헌 419

부록 437

찾아보기 441

〈그림 및 도표〉 목록

그림 4-1 경제적 가치와 생태 체계 서비스의 관계 94

그림 9-1 생태적 책임의 유형: 누구를 위한, 누구에 대한, 왜 그런가? 206

그림 10-1 생명운동의 사상적 구조 243

그림 10-2 생명운동의 이론적 구조 254

그림 13-1 미국 SDI Group의 지속가능한 발전지표의 틀 351

그림 15-1 지속가능발전지수의 작성 단계 408

도표 2-1 기술적·도덕적 당위의 도출 절차 41

도표 2-2 도덕적 당위의 도출 절차 41

도표 2-3 경제적 값어치 대 도덕적 가치 53

도표 3-1 인간중심적 환경윤리와 비인간중심적 환경윤리의 대결 구도 62

도표 4-1 지속가능성의 차원과 그 특성 87

도표 4-2 천성산 터널 공사 및 새만금 사업의 분쟁 구도 100

도표 7-1 3대 하천 생태 복원 주요 사업의 현황 160

도표 8-1 자연에 대한 앎과 함의 네 가지 유형 178

도표 9-1 환경교육의 학제적 특성에 따른 분류 196

도표 13-1 UNCSD의 지속가능한 발전지표 중 환경지표 343

도표 13-2 OECD의 핵심 환경지표 346

도표 13-3 미국 SDI Group의 환경지표 353

도표 13-4 동북아시아 주요 국가 환경지표의 추세 355

도표 13-5 환경부의 국가 환경지표 360

도표 14-1 가치론적 환경지표 구성 체계의 개괄 388

도표 14-2 자연가치지표의 구성 389

도표 14-3 인간-환경관계가치지표의 구성 389

도표 14-4 도시환경가치지표의 구성 390

도표 14-5 환경부의 국가환경지표의 구성 392

도표 15-1 환경지속성의 5개 분야와 그 논리 401

도표 15-2 환경지속성지수(ESI) 분야별 지표 및 변수 403

도표 15-3 한국의 환경지속성지수(ESI) 지표별 순위 405

도표 15-4 환경부문지표의 선정, 평가, 상관성 409

도표 15-5 한국의 이산화탄소 배출량 410

도표 15-6 경주지역 가치론적 환경지표 412

도표 15-7 지역적 특성과 관련된 지속가능 발전의 인식에 대한 빈도분석 결과 415

도표 15-8 경주지역환경지표의 선정, 평가, 상관성 416

제1장

서론: 철학과 정책은 환경문제에서 무엇을 주고받아야 하는가?

1. 환경문제에서 철학적 이론과 정책적 실천의 관계

먼저 이론과 실천의 일상적 의미부터 헤아려보자. 이론이 추상적이거나 원리적인 어떤 것을 지칭한다면, 실천은 구체적이거나 응용적인 어떤 것을 가리킨다. 이론이 이치, 논리, 지식의 체계로서 인식의 토대라면, 실천은 행동, 행위, 실행의 발현으로서 외적 활동의 총화이다. 이론과 실천의 만남에 대해 "이론은 실천을 규정하고, 실천은 이론을 수정한다"고 언급한다면 둘의 상호 작용을 강조하는 것이다. 그러나 "이론에서는 옳지만, 실제로는 쓸모가 없다"고 투덜댄다면 이는 이론이 그 자체의 문제 때문에 실천에 별 도움이 안 된다는 불평을 늘어놓는 것이다. 그에 대응하여 "좋은 이론만큼 실천적인 것은 없다"고 반발한다면 이는 실천에 대한 이론의 우위를 주장하는 것이다.

여기서 이론과 실천의 개념적 연관[1]을 본격적으로 거론할 여유는 없다. 다만 이론과 실천의 상호 관계를 발판으로 삼아 환경문제에서 철학과 정책이 어떻게 접합할 수 있는지를 살펴보려 한다. 그러기 위해선 반드시 짚고 넘어가야 할 두 논점이 있다. 하나는 실천의 사회적 본성을 가능한 한 포괄적으로 이해해야 한다는 점이다. 실천이란 행위 주체인 개별적 인간을 넘어서서 주체들 간의 상호주관적인 경험을 가능케 하는 사회적 개념이다. 사회적 실천을 통해 공유된 경험은 물질적인 실천으로 매개되면서 자연환경과 사회 조건의 변화를 추동한다. 인간 삶을 위한 다양한 사회적 형식과 제도가 창출되거나 재구축되는 활동이 수반되는 것이다. 요컨대 실천은 인간이 객관적 현실을 변형하는 사회적 과정 전체를 뜻한다.

다른 하나는 이론과 실천의 관계에서 둘을 따로 보지 말고 통일적인 시각에서 포착하는 게 중요하다는 점이다. 실천이란 사회 현실 속에서 구현

---

[1] 철학에서의 이론과 실천의 개념사에 대해서는 박종대(2003: 307~333) 참조.

되는 실제 내용인 바, 행위·구조·제도·규범·정책 따위의 구체적인 실재나 다양한 차원을 통해 표현되는 사회적 내용을 말한다. 반면에 이론이란 주어진 현실을 이해·해석·변혁하려는 개념이나 사상을 실천에 적용 가능하게끔 타당한 체계 내지 정합적 틀로 정교화하는 작업을 이른다. 실천은 이론에 의존하여 나아갈 방향을 조정하며, 의미를 추출하며, 체계성을 구비하려 한다. 거꾸로 이론은 실천에서 참된 규정을 얻으며, 물질적 토대를 발견하며, 자기 틀을 구축해내려 한다. 이론은 분명히 실천적 동기에서 출발하지만, 객관성을 확보하는 절차에서 가능한 한 실천의 영향력을 배제하려 한다. 왜냐하면 이론이 객관적 설명을 제공할 수 없다면 실천에의 적용 가능성도 더욱 희박해지기 때문이다. 이론이 설령 객관성을 확보했다손 치더라도 실천의 목표까지 제시할 수는 없다. 왜냐하면 실천에는 예측하기 어려운 인간 의지의 문제와 그에 따른 선택과 결단의 문제가 들어 있기 때문이다.

  나는 그런 문제 틀을 환경철학과 생태정책의 관계에 적용하려 한다. 환경문제가 발생하여 해결되기까지의 전 과정은 이론적 탐구와 실천적 활동이 교차적으로 짜여나가고 서로 스며드는 특징을 보여준다. 거칠게 말하면 환경 이론은 환경 실천을 조리 있게 규정하는 능력을 과시하고, 거꾸로 환경 실천은 환경 이론을 현실적인 방향으로 수정하는 역할을 한다. 거기에다가 나는 이론을 철학 분야로 좁히고 실천을 정책 부문에 한정시켜 논의를 전개해나갈 것이다.

  환경문제에서 철학적 이론과 정책적 실천의 관계 설정은 두 가지 전제를 깔고 있다. 하나는 이론의 범위를 철학 이론에 국한하는 연유와 관련된다. 환경적 문제 상황에 방향타를 제공할 여지는 사회과학이나 자연과학의 이론이 오히려 더 많아 보인다. 실제로 자연과학의 기술적 기법이나 사회과학의 이론적 방법은 과학적 설명 능력과 예측 가능성이란 측면에서 철학 이론이 함축하는 방안들을 압도하고도 남는다. 그럼에도 불구하고 철학만이 발굴할 수 있는 고유 영역은 엄연히 존재한다고 생각한다. 사회과학이나 자연과학이 직접적으로 정책과 연결되는 데 비해 철학은 간접적인 방식으로 연계될 터이다. 철학은 사회과학처럼 직설화법을 통해 구체적으로 진단하지 않으며, 그렇다고 자연과학같이 현장에 곧바로 적용되는 처방을 내리려 하지도 않는다. 철학은 환경정책에 메타 이론적으로 관여할 따름인데, 바로 그 이유 때문에 학문적 사실을 가로지르는 생태 가치를 안출하며 과학적 기술을 넘어서는 녹색 당위를 제창할 수 있는 것이다.

다른 하나는 환경정책의 범위를 다소 폭넓게 잡아야 한다는 점이다. 환경정책이란 통상 일정한 의제를 선정하고, 구체안을 마련하고, 그 안을 집행하고, 시행 결과를 평가하는 일련의 환경적 행위 혹은 과정을 말한다. 그런데 환경정책을 형식적인 의사 결정 과정이나 규정적인 행정 처리 절차로 제한하는 경우가 흔히 있다. 이는 환경정책이 실현되는 실제적 과정과 구체적 현장을 도외시하는 결과를 초래하기 쉽다. 따라서 입안된 구체안이 실제의 작업으로 옮겨지는 환경 현장에서 발생되는 행위나 그 작업 진행 과정까지 모두 환경정책의 일환으로 보는 게 유익해 보인다. 그래야 환경정책에 내재하는 사회 실천적 맥락을 온전하게 드러낼 수 있기 때문이다.

그렇다면 환경철학과 환경정책은 진정 무엇을 주고받아야 하는가? 철학은 정책에게 무슨 기여를 해야 하며, 어떤 요구를 해야 하는가? 반대로, 정책은 철학에 어떤 기대를 하고 있으며, 무슨 선물을 줄 수 있는가? 이 물음에 대해 나는 맞짝을 이루는 두 명제로 대답하려 한다. 한편으론 '환경철학을 실천적이게끔 바꾸어야 한다'는 주장이고, 다른 한편으론 '환경정책을 철학적이게끔 변모시켜야 한다'는 주장이다. 왜냐하면 환경문제에서 철학적 이론이 빈곤한 정책적 실천은 맹목적이기 십상이고, 정책적 실천을 겨냥하지 않는 철학적 이론은 공허할 따름이기 때문이다. 환경철학의 실천적 모색과 환경정책의 철학적 반성에 대해선 차례로(2절, 3절) 상론할 참이다.

그에 앞서서 환경철학과 환경정책이 서로 주고받는 거래에서 유의해야 할 점을 짚어보도록 하겠다. 환경철학은 철학적 개념과 이론을 환경정책에 전달하면서 그에 기초한 적절한 행위나 조처를 제안한다. 바꾸어 말하면 특수하고도 이론적인 지식에 배타적으로 접근할 수 있는 철학은 그런 지식을 획득하기 어렵고 또 사용할 수 없는 정책에게 나름의 문제 해결 방안이나 실천적인 권고를 내놓을 수 있다. 반면에 환경정책은 현실적이고 실질적인 환경문제를 해결해나가면서 필요하다면 철학에게 지적 자문을 얻을 수 있다. 이때 정책은 철학에게 지식을 최종적이고 완전한 형태로서 알기 쉽고 명백한 사실—더 이상 손대지 않고 사용할 수 있게 준비된 생산물—로 넘겨주길 기대한다. 그러나 대체로 철학적 지식에 대해 지나치게 추상적이고 이론적일 뿐 아니라 또한 실천적으로 응용되게끔 다듬어지지 않았다고 불평을 쏟아내기 십상이다. 흔히들 철학이 지식의 추상성과 이론적 개념을 가능한 한 제거해 달라는 정책의 요구를 제대로 들어주지 못한 탓이라고 여긴다. 그러나 그건 옳은 판단이 아니다. 설령 환경철학에서 추상적 지식을 없애고 이론 틀을 배제한다고 해도 그 지식이 더 실천적인 방향으로 전환되는 것은 아니다. 오히려 실천에 거의 무용한 것이 될 가능성만 높아질 따름이다. 왜냐하면 이론의 추상적 요소는 그것이 탐구하는 대상인 실재로부터 추출되는 산물을 표현하며, 그 추출물은 실재와 연관되어 있는 현상의 근본적 부분이거나 본질적인 핵심을 포함하기 때문이다. 요컨대 환경철학이 환경정책에게 제공할 수 있는 것은 구체적 진단이나 현장적 처방이 아니라 그야말로 추상적인 이론인 것이다.

2. 환경철학의 실천적 모색:
반성적 평형상태로서의 철학과 공공철학으로서의 환경윤리

환경철학의 실천적 역할에 대해 두 견해가 대립하고 있다. 한 견해는 만일 철학이 자신의 활동을 전통적 의미에서의 진리 추구에만 한정한다면 정책이나 실천에 어떤 영향력을 발휘하는 데 실패하기 쉽다고 단정한다. 이를테면 케이트 롤즈Kate Rawles는 철학은 활동가들에게 행위를 합당화하거나 실천으로 이끌게 하는 수단으로서 그들의 정책을 체계적으로 정당화하는 데 이바지할 수 있다고 한다. 특히 환경 이슈와 관련하여 특정 견해의 타당성 여부를 판별하는 공공적 결정을 도출하는 데 있어서 환경철학이 적절하고도 유용한 도구로 쓰일 수 있다고 본다. 그러나 형이상학적 · 인식론적 논변까지 그 자체를 실천의 일종이라 간주하는 태도에 대해서는 매우 비판적이다.(Rawles, 1995: 162)

그에 반하여 캘리코트J. Baird Callicott는 철학사에서 철학적 이론이 도덕적 · 정치적 · 사회적 변동에 무시 못하게 기여한 예를 상기시키면서, 철학자가 할 수 있는 가장 효과적이고 지속적인 환경 행위의 형태를 철학적 활동 그 자체에서 발견하려 한다. 그러니까 환경철학자가 지나치게 실천적 성향으로 탈바꿈할 필요는 없다고 본다. 왜냐하면 철학적 이성은 정책적 전략보다 항상 선행하는 법이며, 환경윤리의 궤적만 추적해보더라도 세계관의 급진적 변화를 위한 유효한 정책의 창출을 선도해왔음을 확인할 수 있기 때문이다.(Callicott, 1995c: 21~22)

철학적 활동에 내재하는 실천적 의미를 경시할 까닭은 없다. 철학적 이론화 자체가 실천의 일종일 수 있음도 굳이 부인하지 않는다. 그러나 철학의 실천적 성격을 극대화하는 길은 그 안에 잠재한 실천적 성향을 과감하게 외화시켜 실질적으로 작동하게 만드는 데 있다. 환경철학이 실천적으로 전환되려면 우선 철학적 논변을 실제의 환경 사례나 문제가 되는 환경 현안으로부터 도출해야 할 터이다. 또한 환경적 실천이나 생태 현장에서 응용 가능한 새로운 방법이나 기법을 찾아 나서는 데 스스로를 투신하지 않으면 안 될 것이다. 그것이 환경철학을 실천적이게끔 바꾸는 지름길이다. 그것은 환경정책의 입안자 · 시행자 · 평가자는 물론 환경운동의 행동가 ·

활동가에게도 실질적으로 도움을 줄 수 있는 환경철학의 밑바탕다지기 작업이다.

환경철학이 정책과 연관되어야만 실천적이며 또한 가치가 생기는 것은 아니다. 그렇지만 철학적 작업이 정책과 아무런 관련이 없다면 그야말로 커다란 문제가 아닐 수 없다. 환경철학은 무릇 '응용철학' 혹은 '실천철학'의 한 유형으로 정립되어야 한다. 철학적 논의는 현실세계의 문제들과 그것을 해결하려는 필요들에 의해 구성되기 때문에 실제 사례와 밀접하게 연계되면서 사회적·도덕적 딜레마를 해결하는 데 유익한 도움을 주게 된다. 그런 철학적 추론의 특징은 둘로 요약된다. ① 환경공동체로부터 그리고 그 안에서 추리해야 하며, ② 추론의 대상 영역을 확대해야 한다는 것이다.

그렇다면 어떻게 그런 추리를 한단 말인가? 라이트Andrew Light와 드샬리de-Shalit는 한편으론 환경철학적 사유를 환경공동체적 경험 내지 활동과 통합하면서, 다른 한편으론 환경철학을 광범위한 환경문제 내지 이슈와 매개하는 데 중심 기제로 작동할 수 있는 '공적인 반성적 평형상태public reflective equilibrium'라는 추론 절차를 제시한다.(Light and de-Shalit, 2003: 10~18) 사실 반성적 평형상태 개념은 정의의 철학자 존 롤즈John Rawls에 의해 처음 정식화된 이후 유력한 도덕적 탐구 절차로 공인되어왔다. 이 개념은 '다른 신념들과 대립되는 우리가 지지하는 도덕적 신념 체계의 다양한 부분을 광범위한 도덕적인 그리고 도덕과 무관한 일련의 신념들과의 정합성을 탐구함으로써 검증하는 절차'로 정의된다. 이때 정합성은 논리적 일관성 이상의 것으로서 앞뒤로 오가며 검토할 뿐 아니라 우리의 이론과 직관을 교정하거나 변경하는 것을 포함한다.

여기서 중대한 물음이 터져 나온다. 반성적 평형상태의 과정에서 검증 대상이 되는 것은 도대체 누구의 직관이며 누구의 이론이란 말인가? 세 가지 대답이 가능하다. 첫 번째 대답은 한 개인이 사적으로 수행하는 실제적 추리 과정을 말한다. 이는 공동체나 다른 개인들과 분리된 채 특정 개인의 직관이나 이론을 반성하는 것이므로 '사적인private 반성적 평형상태'라 불리운다. 두 번째 대답은 공동체에서 출현하는 다양한 직관들을 검토하는 데 있어, 철학자의 역할이 그것을 반성적으로 비추어 보고 사회의 직관으로까지 해석하는 데 있다고 봄으로써 어떤 이론이 그 직관들을 만족시키거나 혹은 비판한다고 판별하게 된다. 이는 철학자가 자신의 반성을 주어진 문화적 혹은 도덕적 맥락 안에서 시행하기 때문에 '맥락적인contextual 반성적 평형상태'로 지칭된다. 그러나 이 두 모델은 공적 합리성이 없다는 결함 때문에 환경철학을 위한 충분한 절차로 선택되지 않는다.

환경철학에 가장 적합한 절차는 바로 세 번째 대답인 공적인 반성적 평형상태이다. 이 절차에서 철학자는 공공의 직관뿐 아니라 공공의 이론까지도 고려한다. 많은 이론들—설명과 정당화, 논증과 일관된 추리 방법—은 일반적으로 활동가, 정치가 그리고 대중들에 의해 수시로 제출된다. 이때 철학자는 일단 공적 담론에 참가한 다음, 그 토론에서 조성된 논증들을 한층 세련화하며, 핵심 이슈에 대해 공적 논쟁이 유발되도록 일조하는 역할을 부여받는다. 이런 추리 절차를 통해 환경철학은 공적인 영역을 비로소 확보하며 진정 실천적인 형태로 거듭나게 된다. 왜냐하면 이전에는 우리 관습이나 제도의 도덕성 형성에 동참하지 않았던 사람들로부터 그런 절차를 이끌어내기 때문이다. 또한 환경철학적 이슈를 이전의 도덕적 아젠다의 논점에서 아예 무시되었거나 과소평가되었던 문제들로부터 새롭게 도출하기 때문이기도 하다.

공적인 반성적 평형상태가 환경철학에서 중심축으로 자리 잡아 제대로 기능하려면, 환경철학을 이른바 '공공철학public philosophy'으로 정립하는 게 시급해 보인다. 최근 들어 환경윤리의 공공적 측면을 강조하는 흐름이 형성된 것은 매우 시의적절하다. 여기서는 공공철학으로서의 환경윤리가 어떤 것이어야 되는지에 대해 세 갈래로 개념적 윤곽을 잡아보도록 하겠다.

첫째, 환경윤리는 자신의 학문적 위상과 관련하여 단순한 응용윤리학의 한 분과에 그쳐서는 안 된다고 본다. 환경윤리는 한편으론 생태철학으로서 형이상학, 인식론, 미학 등 철학의 근원 문제에 깊이 진입해 들어가야 하며, 다른 한편으론 통합 과학으로 부상하는 환경학의 정초 학문이어야 한다. 즉 환경학이 인문학, 사회과학, 자연과학의 유기적 종합 과학으로, 또한 학제적 공동 연구를 융통성 있게 수행하는 실용학으로 자리매김하게끔 환경윤리는 열린 도덕적 지식 체계의 역할을 담당하여야 한다.[2] 그래야만 환경윤리의 학문적 공공성이 제대로 확보될 여지가 생긴다.

둘째, 환경윤리는 자신의 학문적 성격에 주목한다면 기존 윤리학이 함유한 여러 속성을 발전적으로 계승해야 할 것이다.[3] 서술윤리학으로서의 환경윤리는 개인이나 집단이 견지하는 환경적 신념과 가치관을 서술·분류·계열화함으로써 우리의 생태 윤리적 지평을 넓히고 도덕철학적 사고를 풍부하게 만든다. 규범윤리학으로서의 환경윤리는 가치 정향 면에서 자기중심성→인간중심성→생명중심성으로, 논점 면에선 개체적 개인윤리→공동체적 사회윤리→국제적 지구 윤리로 나아가야 할 것이다. 이는 윤리 규범이 갖고 있는 공공적 성격을 최대한 확산시키는 방안이다. 또한 철학적 윤리학으로서의 환경윤리는 환경적 규범과 생태적 가치 및 그것을 옹호하는 정당 근거를 보다 심층적인 메타 이론적 수준에서 분석하고 평가할 수 있게끔 해주어야 한다. 말하자면 공적인 반성적 평형상태가 활기차게 작동할 수 있어야 한다.

셋째, 환경윤리는 앞으로 더욱 발전해나가기 위해서는 응용윤리학의 공공적 부문을 더욱 강화시켜야 한다. 라이트의 말을 빌리면, 가지각색의 특징을 나름대로 뽐내는 환경철학들은 다음과 같은 인식적 맥락을 공유한 상

---

[2] 환경윤리의 학문적 위상에 대한 상론은 고창택(1995: 40~42) 참조.
[3] 더 자세한 논의는 고창택(1995: 42~44) 참조.

태에서야 비로소 자기 발전을 추구할 수 있다고 한다. "책임감이 있으면서 완전한 환경윤리학이란 명백한 정책적 강조점을 갖고 있는 공공적 구성 요소를 포함하고 있어야 한다."(Light, 2002b: 446) 즉 환경윤리를 공공철학의 한 유형으로 정립해야만 그 미래를 기약할 수 있다는 주장인 것이다.

3. 환경정책의 철학적 반성:
'객관성은 중립성이 아니다'는 명제와 공공 생태학의 이념

앞에서 '환경정책을 철학적이게끔 변모시켜야 한다'는 테제를 제안한 바 있다. 정책의 철학화를 정책적 의사 결정 과정에서 표출되는 중립성 문제에 주목하여 다룰 참이다. 먼저 일상적 관행을 거론하면서 시작하자. 정부나 제도권의 환경정책에서 과학자, 철학자 혹은 관련 전문가에 의해 옹호되는 환경적 호소나 주장을 대중들은 통상 수용할 뿐 아니라 심지어 도덕적 명령으로까지 인식하는 성향이 있다. 그 이유는 그것이 학문적 객관성에 기초하여 중립성 내지 불편부당성을 확보하고 있다고 굳게 믿기 때문이다. 그러나 비정부나 비제도권의 환경운동에선 사정이 썩 달라지곤 한다. 근거가 타당한 환경적 호소나 나름대로 설득적인 생태적 주장조차 학문성이 취약하다거나 중립성에 문제가 많다고 지적되는 반면에 당파성만 두드러진다고 간주되어 대중들이 다소 꺼리는 경향을 보인다.

과연 환경정책은 중립적일 수 있는가? 안타깝지만 부정적으로 응답할 수밖에 없다. 제도권 안에서 산업체, 정부, 학계에서의 환경적 의사 결정은 모두가 당파적이기 십상이며, 때로는 환경적 이해利害나 페어플레이 정신에 반하기도 한다는 점이 먼저 지적되어야 한다. 이른바 환경정책에서 중립성이란 실제로는 현상 유지에 기여할 공산이 매우 높음을 뜻한다. 환경적 호소나 주장도 당파적인 관점에서 자신의 전문적 견해나 이해적 관심을 일방적으로 선전하기 쉬운 형편이다. 중립성이란 기치 하에 환경 사업들을 벌이지만 그게 객관적으로 진행될 수는 없다는 말이다.

과학이나 학문의 중립성에 대해 가장 우호적인 실증주의적 과학철학에서조차 중립성이 객관성일 수 없음을 강조한다. 완전한 객관성이 불가능한 까닭에 온전한 가치중립적 탐구도 있을 수 없다. 따라서 어떠한 탐구도 최소한 인식론적 혹은 방법론적 가치로부터 자유롭지 못하다. 어느 학문보다도 환경정책을 튼튼하게 밑받침하는 사회과학의 경우 형편은 더욱 그러하다. '사실 명제는 가치판단으로부터 추론될 수 없고, 역으로 가치판단도 사실 명제로부터 추론될 수 없다'는 사회과학의 중립성 테제는 유지될 수 없는 신화일 뿐이다. 오히려 사회과학은 본성상 비중립적이다. 사회과학은 본질적 차원에서 비판적이며, 나아가 자기비판적일 뿐 아니라 가치 함유적이며, 심지어는 가치 창출적이기까지 하다. 사회과학은 다른 조건이 동일하다면 인과적으로 가치판단에 동기부여하면서 동시에 논리적으로 가치판단을 수반한다고 보아야 한다. 인문학이나 자연과학의 중립성 문제도 정도의 차이만 있을 뿐, 사회과학의 경우와 대동소이하다고 볼 수 있다.

만일 윤리적이거나 방법론적인 가치들 모두가 비난받아 마땅할 만큼 주관적인 것이 아니라 한다면, 어떤 가치를 지지하거나 혹은 어떤 입장의 당파성을 견지하는 일은 인식론적 근거 내지 윤리적인 근거에서 옹호 가능해 보인다. 바꾸어 말하면 객관성을 중립성과 동등하게 다룰 수 없는 철학적 근거는 충분해 보인다. 슈레더 프레체트Shrader-Frechette에 의존하여 그 근거를 몇 가지로 정리해보자.(Shrader-Frechette, 1994 : 181~183)

(1) 옹호할 수 없거나 의문의 여지가 많은 가치를 비판하는 데 실패한다면, 환경윤리나 생태정책을 실천하는 데서 그 가치를 암묵적으로 승인하는 꼴이 된다. 일단 과학적 탐구를 포함한 모든 탐구에서 방법론적·윤리적 가치가 불가피하다고 인정하고 나면, 그런 가치에 대한 평가가 어렵게 되고, 그것은 그 가치에게 볼모가 되며, 적어도 그 가치에게 묵시적으로나마

제재를 가하게 된다. 그러므로 현상 유지적 가치를 무비판적으로 수용하는 것을 피하기 위해, 사람들은 모든 경우에서 윤리적으로 중립적 입장에 남아 있기보다는 차라리 가치를 비판하지 않으면 안 된다.

(2) 모든 윤리적·방법론적 입장이 동등하게 옹호 가능한 것은 아니다. 만일 사정이 그렇다면 진정한 객관성은 옹호 불가능한 입장은 옹호 불가능하다고 표명하고 옹호하기 어려운 입장은 옹호하기 어렵다고 표명하길 요구한다. 그럼에도 불구하고 객관성을 중립성이라 고집하는 것은 생태 탐구나 환경정책에 있어서 가치 평가적·윤리적 가정을 의도적으로 감추게끔 북돋는 귀결을 수반한다. 그리하여 그런 가정을 숨김없이 공개하거나 공적으로 통제하는 것을 아예 회피하게 만든다.

(3) 객관성을 중립성이라 주장하는 것은 객관성이 환경적 논쟁을 치열하게 주고받는 대안적 관점들 간의 경쟁 과정을 통해 사회적으로 협의되었거나 발견되었다기보다는, 즉관적인 판단에 따라 혹은 분명치 않은 근거에 의존해 도출되었다는 점을 미리 전제한다.

(4) 특히 엄청난 위험이나 위협과 대면한 환경적 문제 상황에서 객관성을 중립성이라 주장하는 것은 그 위험이나 위협에 대해 책임을 가진 사람들의 이익에 그저 이바지하는 격이 되고 만다. 또한 객관성을 중립성이라 주장하는 것은 문화적 다양성에서 비롯되는 윤리적인 상대주의를 용납하지 못하며, 더 나아가서 부정의한 상황에 대한 명확한 가치판단조차 흐리게 할 공산이 크다.

결국 객관성이 곧 중립성이라 강변하는 것은 큰 잘못을 불러온다. 객관성을 중립성에 의해 성취하려는 시도도 도저히 성공할 수 없다. 제도권이나 비제도권을 물론하고 환경정책을 입안·집행·평가하는 의사 결정 과정에서 담당자들이 현안 이슈에 대해 중립적 입장에 서려는 노력은 극히 무책임한 태도이다. 환경정책을 개발의 방향으로 주도하든 혹은 생태화의 정향으로 이끌든지 간에, 여전히 경제 가치에 집착하든 혹은 과감하게 녹색 가치를 추구하든지 간에, 차라리 환경 논제에 대해 확고한 정치적 견해나 당파적 입장을 밝히는 게 훨씬 이롭다. 그리하여 자신의 소신을 옳은 과정을 담보하는 합리적 절차와 옳은 가치를 담보하는 도덕적 반성을 통해 당당히 관철시켜 나가도록 애써야 할 것이다.

지금까지 살펴보았듯이, 과학적 객관성과 정책적 중립성이 서로 혼동되어서는 안 되겠지만, 양자는 상호 조화의 길을 찾지 않을 수 없다. 왜냐하면 둘이 절묘하게 조화를 이루지 않고는 환경 현안에 대한 정확한 인식과 그에 준거한 적절한 해결책을 추구할 수 없기 때문이다. 객관과 중립의 융합을 모색하는 전형으로서 최근 주목의 대상으로 떠오른 '공공 생태학Public Ecology'의 이념을 살펴보도록 하자.

공공 생태학은 과학과 정책의 접면에 존재하는 학문이다. 최근 들어, 그것을 지구촌 사회가 요청하는 생태과학과 환경정책의 통합 학문으로 확립하려고 시도하고 있다.(Robertson and Hull, 2003: 399~410) 공공 생태학은 환경적 탐구와 정책 결정에 대해 진지하게 접근하지만, 과학적 지식이 전혀 결함이 없을 정도로 완전하기를 기대하지 않는다. 오늘날 정상과학은 대개가 과학적 지식에게 특권적 지위를 부여하게 만든 엄밀성과 측정 가능성을 계속 유지하려 애쓴다. 그에 비해 공공 생태학은 과학이 자신을 응용하는 다원주의적이고 실용주의적 맥락, 특히 정책 결정적 맥락을 반영할 수 있는 지식의 구조로 구성되어야 한다고 본다. 그러기 위해 과학은 보통 사람들이 노정하는 광범위한 다양성과 협력하는 체제에서 산출되어야 한다고 주장한다.

공공 생태학의 특징을 과정과 내용으로 나누어 살짝 들여다보자. 그 과정은 탈현대적인 과학 방법으로 규정된다. 그것은 다양한 연구 전문가들과 직업적 정책 결정자들로 이루어진 확장된 동류 공동체의 참여에 대해 적극 가치를 부여하며, 일반 시민들과 일상인들에 깊은 관심을 기울이는 절차이다. 즉 참여와 심의 민주주의가 핵심이 되는 민주적인 과학을 지향한다. 공공 생태학의 내용은 시민 교학이라 지칭할 만큼 참여적, 민주적 과정과 직접 연계되면서 또한 그런 과정의 결과물인 역동적인 인간 생태계의 생명 문화적 지식으로 형성된다. 따라서 공공 생태학이 겨냥하는 일차적 목표는 환경을 위해 서로 경쟁을 벌이는 신념들과 가치들 가운데서 누구나 인정할 수 있는 공통적인 기반을 구축하는 것이다.

4. 이 책의 내용에 대하여:
개괄적 안내

이 책은 '철학과 정책의 만남'이란 큰 테제 아래에서 이론으로서의 환경철학과 실천으로서의 환경정책을 다 함께 아우르는 메타적 논의를 수행하려 한다. 이 저작이 기존의 다른 저작들과 구분되는 독자적 차별성이 있다면 다음과 같다. 어떤 주제를 다루든지 간에 환경철학적 이론과 환경정책적 실천이 접합되는 영역을 설정하여 그 특징을 밝혀내려 애쓴다는 점에 있다. 오늘날 우리의 상황을 직시한다면, 환경철학 논문은 여러 이념, 개념, 전제, 명제, 논증, 주장 등을 이론적 견지에서 소리 높여 제안하고 있지만 반향 없는 메아리로 돌아올 뿐이며, 반면에 환경정책의 현장과 연결된 실천 지향적 작업에선 철학의 빈곤을 뼈저리게 느끼면서도 철학적 사변에 직접 투신하기를 두려워하는 형상이다.

따라서 나는 어떤 문제를 다루더라도 그 철학적 정초에서부터 아주 실제적인 전략 문제까지를 함께 숙고하는 자세에 서려고 한다. 그렇다고 다학문적 접근을 요청할 순 없지만 적어도 학제적 태도를 견지할 필요는 충분해 보인다. 주제도 존재론적 차원의 생태계의 본질과 가치문제에서부터 정책 결정 과정을 위한 환경지표나 환경지속성지수에 이르기까지 다양하게 배치되어 있다. 이 저작의 연구 방법은 어디까지나 철학적 방법에 의거한 메타 이론적 작업이다. 즉 주요 개념을 명료하게 분석하고, 핵심 주장을 명제적으로 논증하며, 이론 틀을 합당하게 검증하는 일을 수행한다. 만일 필요하다면 모형을 추출하거나 사례를 분석할 수도 있다. 물론 학제적 성격이 강한 환경문제를 다루기 때문에 여러 분야의 학문 영역을 넘나들 수밖에 없을 터이다. 그렇지만 자연과학적 논의에 부분적으로 투신할지라도, 사회과학적 쟁점에 간접적으로 끼어들지라도 철학적 탐구의 범위를 크게 벗어나지는 않을 것이다.

이 책의 연구 내용을 목차에 따라 간략히 서술해보면 다음과 같다. 맨 먼저 제I부는 자연의 가치, 인간중심주의 문제, 생태 체계의 원리 등을 철학적으로 논구하는 글로 이루어진다. 제2장은 내재적 가치와 지속가능한 가치에 기반을 둔 두 환경 가치론을 비교 분석하되, 특히 생태 가치의 자율성과 미래 세대에의 의무가 함축하는 정책적 의미도 탐색해낸다. 제3장은 환경윤리에서 대립해온 인간중심주의와 비인간중심주의를 그 실천적 함의에 초점을 맞춰 성찰함으로써 원리론적, 방법론적 측면에서 충분히 조화 가능함을 보이려 한다. 제4장은 지속가능성의 윤리를 결정적으로 규정하는 것이 생태 체계의 가치이어야 함을 철학적으로 논변하면서, 그 가치를 생태계의 기능과 서비스에서 발견하며, 또한 실제의 구체적 사례와 연관지어 논의하기도 한다. 제5장은 생태계 온전의 원리와 가치가 자연과 인간의 복지를 위해 필수적임을 도덕적으로 정당화하는 온전 윤리를 비판적으로 고찰하면서 그것의 정책적 함축도 밝혀낸다.

제II부는 생태 복원의 철학과 환경 이해의 문제를 논급한다. 제6장은 생태 복원의 자연적 본성과 지배적 권력을 둘러싼 철학적 논쟁에 적극 개입하여, 복원의 실용주의적 정당화를 옹호함으로써 자연과 인간의 본질적 관계 회복을 역설한다. 제7장은 생태 복원의 철학 이론과 그것의 실천적 함축을 실제 사례—대전시의 하천 복원 사업—에 적용해봄으로써 그 연관 관계를 규명하고 정책적 대안까지 제시해본다. 제8장은 우리가 자연을 어떻게 인식하고 또한 어떻게 대우하는 게 진정 바람직한지를 가치론적, 행위론적 관점에서 다룬다. 제9장은 환경교육을 가능케 하는 전제 조건으로서의 생태적 책임을 개념적, 원리적으로 재구성해보며 그것의 실천적 의미까지 따져 본다.

제Ⅲ부는 전통 생명사상과 현대 환경윤리의 접합 가능성을 모색해보는 글로 짜여진다. 제10장은 살경사상 혹은 생명운동이라 불리는 한국적 생명론을 철학 이론적으로 구성해보고 나서, 그것을 총체적으로 비판함으로써 새로운 생명담론적 지평의 의미와 그 가능성을 논의한다. 제11장은 한울생명론·온생명론·기생명론이란 한국적 생명론의 주요 형태를 윤리학적 견지에서, 즉 이론적 형식·규범 체계·가치론적 논증에 주목하여 차례로 고찰함으로써 그 현재적 의미를 점검해본다. 제12장은 동학사상, 실학사상, 민속사상 등 우리 전통사상에 숨어 있는 생명윤리적 자원을 도출하는 여러 시도들의 이론화 수준을 검토함으로써 서구의 치밀한 윤리 논증을 토대로 한 철학 이론적 재구성이 시급함을 주장한다.

제Ⅳ부는 환경지표와 환경지속성지수라는 아주 구체적 문제를 가치론적 입장에서 접근하는 글들로 채워진다. 제13장은 UNCSD, OECD, SDI Group, 동북아시아 주요 국가, 환경부 등의 대표적 환경지표들을 가치론적 맥락에서 비교 분석한다. 제14장은 환경정책의 결정에서 주요한 지침이 되는 환경지표를 가치론적으로 개념화·정당화한 연후에, 그에 걸맞은—즉 생태 가치와 미래 세대 가치가 대폭 반영된—가치론적 환경지표를 구체적으로 설정한다. 제15장은 국제적, 국가적 견지에서만 주로 거론되는 환경지표의 지수화 문제를 지역적 차원—경주시—으로 도입하는 게 필요함을 밝히고, 그 실제적 작업을 가치론적 맥락에서 모색해본다.

만일 이 책에게 기대할 수 있는 효과를 예상해볼 경우, 그 또한 이론과 실천이란 양 측면에서 설명할 수 있다. 우선 환경문제를 철학과 정책의 연관적 시각 및 메타 이론적 맥락에서 본격 조명하는 작업 자체가 나름대로

의의가 있을 수 있다. 또한 환경철학과 생태정책이 직접 매개되는 실제의 상황과 그에 대한 이론적 대처 및 그 성과를 검토하고 새로운 모델을 모색하는 것은 환경철학 전반은 물론 사회과학적인 환경(관리/정책)학이나 자연과학적인 생태학에도 의미 있게 활용될 여지가 있다.

    이 연구가 가져올 수 있는 실천적 혹은 실무적 효과는 주로 환경 연구의 실제 과정과 절차에서 찾을 수 있다. 이론과 실천의 매개적 원리에서 도출된 환경 탐구의 원칙과 그 유형·사례의 방법론적 귀결은 물론이거니와 철학-정책을 의미 있게 통합하는 연구 방법의 모형은 환경 연구의 실행에서 근본 지침으로 활용될 수 있다. 또한 환경문제에 관한 이론-실천의 철학적 개념화와 정책적 연구 모형화의 원리·유형·사례에 대한 분석은 연구자의 판단과 태도를 결정하거나 평가하는 데 중요한 준거로 활용될 터이다.

제 1 부

자연의 가치, 인간중심주의 그리고 생태계의 원리

제2장
자연의 내재적 가치와 지속가능한 가치

이 장은 환경 가치론을 다룬다. 그러기 위해 먼저 내재적 가치의 개념을 분석한다. 내재적 가치는 비도구적 가치로서 그 특징은 비관계적 속성이라 규정된다. 그 속성은 다른 대상들의 존재(혹은 비존재)나 속성과 아무 상관없이 존속되거나 특징화된다. 또한 내재적 가치는 객관적 가치이기도 하다. 그 가치는 목적-가치이거나 독립적 가치이거나 혹은 둘의 중첩을 말한다.

롤스턴은 생태중심주의자의 선봉자답게 존재/당위 이분법을 특유의 메타생태학에 의존해 타개해나간다. 그것은 과학적·서술적인 생태적 사실에서 윤리적·규범적인 생태적 가치를 발굴해내는 성과로 나타난다. 이에 비해 파트리지는 자연의 생태적 가치보다는 인간의 도덕적 가치를 오히려 중시한다. 통시적인 지속가능한 가치는 늘 할인당해온 미래 세대를 복권시키면서 자연까지 도덕적 자원으로 편입하는 개념이다.

롤스턴은 가치 평가 주체의 범위를 내재적 가치를 지닌 온갖 자연적 실재로 확장함으로써 강한 객관주의를 고수한다. 또한 자연적 대상의 평가적 속성이 평가 주체와 아무 상관없이 존재하며 특징화된다는 자율적인 가치론을 제시한다. 즉 인간으로부터 독립된 생태적 평가 체계가 실재한다고 역설한다. 하지만 평가 주체를 아예 해체한다는 비판에 직면해 있다. 반면에 파트리지는 롤스턴을 가치 함유자만 인정하는 객관/객관 이원론자로 몰아세우면서, 가치의 판별을 담당하는 가치 평가자를 승인하는 주관/객관 이원론을 소리 높여 주창한다. 그리하여 시간으로부터 독립된 인간적 평가 체계의 구축이 더 시급하다고 강조한다. 파트리지는 자신의 이원론이 롤스턴이 추구하는 생태적 도덕성까지 포섭한다고 강변하지만, 논리적 비약이 숨어 있다.

결국 롤스턴의 자율적인 내재적 가치론은 자연 생태에 대한 책임을 강력하게 환기한다는 면에서, 파트리지의 도덕적인 지속가능한 가치론은 미래 세대에 대한 의무를 진지하게 상기시킨다는 면에서 일정한 성공을 거두고 있다. 그러나 두 환경 가치론은 아직 풀어야 할 문제가 산적한 미완의 이론이라 생각된다.

1. 들어가는 글

자연은 과연 내재적 가치를 지니고 있는가? 이 물음은 환경 담론에서 핵심을 이루는 이론적 쟁점으로서 환경윤리의 기본 성격을 곧바로 규정한다. 만일 어떠한 종류의 내재적 가치도 자연에 귀속되는 게 아니라면, 구태여 비인간중심적 환경윤리를 따로 정립할 필요가 없을 것이다. 왜냐하면 자연에 함유된 가치의 본성은 다름 아니라 바로 인간의 가치에 달려 있기 때문이다. 즉 내재적 가치의 소유자인 인간과의 관련 속에서만 자연의 가치가 해명될 수 있다는 인간중심주의로도 충분하기 때문이다. 그래서 생명(생태)중심주의는 자연 세계에 실재하는 비인간도 내재적 가치의 소유자임을 밝히고자 애쓴다. 여러 시각에서 제시된 다양한 논변들은 적어도 인간이 내재적 가치를 갖는 유일한 존재가 아니라는 통찰을 보여주는 데는 일단 성공한 듯하다. 그러나 내재적 가치론이 전통적인 이론 틀을 과감히 극복하여 새로운 논변 구조로 전환하지는 못하고 있는 형편이다.

나는 둘 다 비인간중심주의 진영에 속하면서도 논변에서는 오히려 대립적인 환경 가치론에 주목하고자 한다. 환경윤리를 '자연과 미래에 대한 인간의 책임'을 탐구하는 학문이라 할 때, 롤스턴Holmes Rolston III은 '내재적 가치의 객관성'을 주장하기 위해 '자율적인 자연'을 처음 발굴함으로써 생태중심주의자로서의 독자적 지위를 확보한다. 한편 파트리지Ernest Partridge는 가치의 객관성에 대해 독특한 이원론적 접근을 전개하고, 자연보다는 인간의 '할인된 미래'를 복권시키는 데 치중하는 '지속가능한 가치'를 제시한다. 먼저 자연에서의 내재적 가치라는 개념을 도구적 가치, 자연적 대상의 속성, 객관적 가치 등과 연관하여 예비적으로 분석할 필요가 있다(2절). 롤스턴이 내재적 가치의 객관성을 내세우기 위해 어떻게 존재/당위 이분법을 타개해나가면서 자연의 자율성을 도입하는지 성찰한다(3절). 파트리지가 가치의 본질을 밝히기 위해 소위 '주관/객관 이원론'을 왜 끌어들이는

지, 그리고 어떤 내용의 지속가능한 가치를 제안하는지 살펴본다(4절). 끝으로 비교 고찰의 결과적 의미와 남는 문제를 헤아려본다(5절).

2. 내재적 가치의 개념 분석

1) 내재적 가치 대 도구적 가치

'내재적 가치intrinsic value'는 그 자체가 매우 포괄적인 개념일 뿐 아니라 그 다양한 용법에서 다소 상이한 뜻을 파생시키고 있다. '내재적 가치', '비도구적 가치', '객관적 가치', '고유한 가치' 등이 나름의 기준과 선호에 따라 혼용되고 있는 실정이다. 그런 개념적 혼란을 벗어나기 위해 내재적 가치의 의미를 세 가지 측면에서 분석할 참이다. 그 첫 번째는 도구적 가치와 대비하는 작업이다.

내재적 가치는 흔히 '비도구적 가치non-instrumental value'와 같은 말로 쓰인다. 어떤 대상이 도구적 가치를 지닌다는 것은 다른 목적에 대한 수단으로서의 값어치를 갖고 있다는 뜻이다. 통상 어떤 대상이 인간에 의해 사용되는 도구로 쓰일 때 생성되는 '외재적 가치extrinsic value'를 지시한다. 따라서 도구적 가치란 인간의 이해 관심이나 기호로 환원될 수 있는 특징을 가진다. 그에 반해 어떤 대상이 내재적 가치를 지님은 그 자체가 목적으로서 가치가 있다는 뜻이므로 반드시 인간의 이해 관심이나 기호로 환원될 이유가 없다. 그런데 도구적 가치를 인간중심주의와 동일시하고, 내재적 가치는 비인간중심적이라고 여기는 것은 지나치게 단순한 생각이다. 자연이 인간에 의해서 가치를 부여받는 게 엄연한 사실이라 하더라도, 자연 내의 모든 도구적 가치가 인간중심적이라고 귀결 지을 수는 없다. 왜냐하면 자연에는 어떤 도구적 가치와도 관계없는 수많은 도구적 관계가 존재하기 때문이다. 또한 인간은 자연미 그 자체의 가치를 인정하듯이, 어떤 비인간중심적 요인에 의존하지 않은 채 자연에 내재적 가치를 부여할 수 있기 때문이다. 그런 맥락에서 인간중심적인 내재적 가치 논변(Hargrove, 1989: 특히 5, 6장)은 중요한 의의를 지닌다.

2) 내재적 가치와 자연적 대상의 속성

내재적 가치는 어떤 대상이 오로지 그것에 내재하는 속성 덕분에 갖게 되는 가치를 언급할 때 쓰인다. 그 가치는, 무어G. E. Moore의 표현을 빌리자면, "오로지 그 사물의 내재적 본성에만 의존한다."(Moore, 1922: 260) 어떤 대상의 내재적 속성이란 일단 그것이 외부의 다른 어떤 것들과 아무런 관계가 없음을 그 특징으로 한다. 그렇다면 어떤 대상에 가치가 내재해 있음은 전적으로 그것의 '비관계적 속성non-relational properties'으로 규정된다는 말이다. 물론 외재적으로 가치 있는 것은 그것의 가치를 다른 원천으로부터 끌어오는 탓에 외적 대상과의 관계적 속성에 의존해 해명될 도리밖에 없다. 내재적 가치가 대상에 들어 있는 비관계적 속성에 의해 규정될 때, 그 속성의 의미를 간명한 명제로 표현해본다.

'어떤 대상의 비관계적 속성은 다른 대상들의 존재(혹은 비존재)나 속성과 아무 상관없이 존속되거나 특징화할 수 있는 속성이다.'

이를테면 멸종의 위기에 몰린 어떤 동물은 희귀종이기 때문에 내재적 가치를 지니고 있는가? 그 희귀종의 가치를 특징짓기 위해선 최소한 다른 종의 존재 혹은 비존재, 생태계의 균형성 혹은 다양성 등과의 관련이 확인되어야 한다. 즉, 희귀성은 관계적 속성에 따라 규정되는 탓에 외재적 가치일 뿐 결코 내재적 가치일 수 없다.

3) 내재적 가치와 객관적 가치

내재적 가치는 또한 '객관적 가치objective value'와 동의어로 사용된다. 일반적으로 객관적 가치를 '목적-가치end-value'이거나 '독립적 가치 independent value'이거나 혹은 둘의 중첩이라 규정한다.(Marietta, 1997: 22) 이때 목적-가치를 가짐은 '어떤 주체가 어떤 대상을 그 자체 목적으로서 가치 평가함'을 이른다. 독립적 가치의 소유는 '어떤 대상이 어떤 주체에 의한 가치 평가와 상관없는 가치를 가짐'을 뜻한다.

환경윤리에서 '객관주의objectivism'는 대상의 평가적 속성을 대상의 실재적 속성이라고 간주한다. 즉 가치 수여자인 인간의 가치 평가와는 완전히 독립한 채 자연적 대상이 갖고 있는 속성이라고 주장한다. 가치 수여자의 가치 평가로부터 독립해 있다는 말은 도대체 어떤 뜻인가? 오네일 John O'Neill의 논의를 따르면, 다음과 같이 두 가지로 분별된다.(O'Neill, 1993: 16)

(1) 대상의 평가적 속성은 가치 평가를 내리는 행위 주체가 부재하더라도 존재하는 속성이다.(약한 해석)

(2) 대상의 평가적 속성은 가치 평가를 내리는 행위 주체와 아무 관계없이 특징화할 수 있다.(강한 해석)

그런데 이런 구분은 보다 일반적인 구분의 특수한 경우라 할 수 있다. 이 구분은 우리가 평가적 속성을 대상의 실재적 속성으로 여길 때 생겨난다. 그 실재적 속성은 앞에서 언급한 '비관계적 속성'으로 특징화된다.

(1) 실재적 속성은 그 대상을 경험하는 어떤 존재가 부재하더라도 존재하는 속성이다.(약한 해석)

(2) 실재적 속성은 그 대상을 경험할 수 있는 주체적 존재의 경험과 아무 관계없이 특징화할 수 있는 속성이다.(강한 해석)

객관적 가치와 동일한 의미로 내재적 가치란 용어를 쓰면서, 비인간적 존재가 내재적 가치를 갖는다고 말하는 것은 단순하게 규범윤리적 차원에 머물지 않고 메타윤리적 주장을 전개하는 셈이다. 왜냐하면 모든 가치의 원천은 가치 평가자의 의식, 태도, 선호 등 주관적 상태에 있다고 역설하는 '주관주의subjectivism'의 견해를 정면에서 부정하기 때문이다.

3. 롤스턴의 환경 가치론:
자율적인 내재적 가치

1) 과학적이고 서술적인 '생태학적 사실'에서 윤리적이고 규범적인 '생태학적 가치'로

비인간중심적 환경윤리는 크게 동물(감각)중심주의와 생명(생태)중심주의로 분류된다. 전자는 동물의 해방, 권리, 복지에 관한 논변에 주력하며, 후자는 자연의 내재적 가치와 그에 따른 도덕적 지위에 관한 논변에 힘을 쏟는다. 모든 생명체의 내재적 가치를 주장하는 입장을 통틀어 '생명중심주의biocentrism'라 부르지만, 그중에서도 특히 생태학을 주요한 이론적 토대로 삼고 있는 입장을 '생태중심주의ecocentrism'라 따로 세분하기도 한다. 그런 생태중심주의를 대표하는 롤스턴은 내재적 가치의 객관성을 누구보다 강력하게 주창한다. 그의 객관주의는 일관되면서도 최극단에 서 있다는 점에서 잘 알려져 있다. 여기서는 그런 입장을 효과적으로 고찰하기 위해, 필요한 경우에 각각 유력한 생명중심주의자와 생태중심주의자로 손꼽히는 테일러Paul W. Taylor와 캘리코트의 입장을 대조하도록 하겠다. 먼저 롤스턴이 자신의 환경윤리를 정립하기 위해 생태학을 어떤 방식으로 취하는지 알아야 할 것이다. 그 까닭은 생태중심주의적 윤리란 자연에 대한 이해와 가치 평가에서 생태학이 절대적인 역할을 한다는 신념에서부터 출발하기 때문이다. 환경윤리에서도 역시 사실에서 가치를 혹은 존재에서 당위를 도출할 때 범하기 쉬운 이른바 '자연주의적 오류naturalistic fallacy'란 문제가 난관으로 버티고 있다. 그 문제를 돌파하는 방식에서 롤스턴의 생태학에 대한 태도를 읽어내도록 하겠다.

테일러는 그 문제를 '고유한 가치inherent worth'와 '존재의 좋음the good of a being'을 구별하여 피해나가려 한다. 고유한 가치란 살아 있는 것에 속하는 객관적 속성의 일종으로서 "단지 그 자체의 좋음을 소유하고 있는 실재에만 귀속될 수 있는 가치"(Taylor, 1986: 75)를 말한다. 만일 고유한 가치를 성공적으로 객관화할 수 있다면, 그것을 가진 존재의 가치에 대한 진술은 겉보기와 달리 '당위-진술ought-statement'이 아니라 일종의 '존재-진술is-statement'이 된다. 즉 '어떤 것 자체의 좋음→고유한 가치→그것에 대한 의무'라는 타당한 추론 절차에 따라 사실판단에서 가치판단으로 넘어갈 수 있다는 것이다.

롤스턴은 기실 전통적 난제인 '존재/당위 이분법'에 도전한 첫 번째 환경윤리학자이다. 그는 기본적으로 사실과 평가가 동시에 발생할 수 있다고 본다. 과학은 자연에 대한 경험으로 구성되지만, 그 경험에 의해 서술되는 것이 단지 사실에만 국한되지는 않는다. 왜냐하면 가치도 결국에는 그런 경험 속에서 형성되기 때문이다. 1975년에 발표한 논문에서 그는 환경윤리에서의 당위를 양면 전략을 구사하여 이끌어낸다. 그 대표적 실례를 들어보면 〈도표 2-1〉과 같다.(Rolston III, 1975: 93~109; Wachs, 1985: 303에서 재인용)

〈도표 2-1〉에서 (1)은 '기술적 당위technical ought'가 자연법칙적, 즉 생태법칙적 진술에 들어맞는 인간의 목적에서 도출되는 절차를 보여준다. 이때 생태법칙은 인간 목적의 발현을 억제하는 데 관여한다. (2)는 합의된 도덕적 당위가 동일한 생태법칙에 포함된 진술에서 도출되는 절차를 보여준다. 이때 법칙적 진술은 도덕적 당위로 번역될 수 있는 목적에 관한 언어로

도표 2-1 기술적 · 도덕적 당위의 도출 절차

	기술적 당위	생태학적 법칙	선행적인 조건-선택
(1)	우리는 상호적으로 부과된 제한된 성장을 통해 생태 체계를 안정화해야 한다	왜냐하면 생명-유지적 생태 체계는 한정된 수행 능력 안에서 안정화되거나 혹은 몰락하기 때문에	만일 우리가 인간적 삶을 상호적으로 보전하기를 원한다면
	근사한 도덕적 당위	생태학적 법칙	선행적인 도덕적 당위
(2)	우리는 상호적으로 부과된 자기-제한적 성장을 통해 생태 체계를 안정화해야 한다	왜냐하면 생명-유지적 생태 체계는 한정된 수행 능력 안에서 안정화되거나 혹은 몰락하기 때문에	그리고 우리는 인간적 삶을 상호적으로 보전해야만 한다

표현된다. 달리 말하면 인간 목적에 관한 진술이 도덕적 원리로 대체되는 것이다. 그리하여 롤스턴은 레오폴드Aldo Leopold의 그 유명한 "어떠한 것도 그것이 생명공동체의 통합성, 안전성, 심미성을 보존하는 경향이 있는 경우에만 옳다. 다른 경향을 보인다면 그것은 그르다"(Leopold, 1949: 224, 262)라는 선언을 참작하여 도덕적 당위의 도출을 〈도표 2-2〉와 같이 도식화 한다.(Wachs, 1985: 307)

도표 2-2 도덕적 당위의 도출 절차

근사한 도덕적 당위	생태학적 법칙	선행적인 도덕적 당위	생태 체계적 평가
당신은 재활용해야만 한다	왜냐하면 재활용은 통합적 생태 체계를 보전하기 때문에	그리고 당신은 생태 체계의 통합성을 보전해야만 한다	왜냐하면 통합적 생태 체계는 가치를 지니고 있기 때문에

이 도식의 두드러진 특징은 우리의 선행적인 도덕적 당위가 생태 차원에서 결코 자유로울 수 없다는 것이다. 비록 사람들이 선행적인 도덕적 당위를 생태학적 법칙을 통하여 근사한 도덕적 당위로 전이할 수 있다손 치더라도, 선행적인 도덕적 당위는 무엇보다도 그 자체가 생태 체계적 평가의

귀결이라는 것이다.

그런 절차 속에서 '존재is'에서 '좋음good'으로, 한 단계 더 나아가 '당위 ought'로의 전이가 이뤄진다. 근사한 도덕적 당위에 주목한다면, 재활용하라는 명령은 생태학적 필연성에 의해 구획된 한계 내에서 만들어진 기술적인 명령이고, 이때 도덕적인 명령은 선행하는 명령의 현존에 의해서만 만들어진다. 그에 비해 선행적인 도덕적 당위에 관심을 집중한다면, 생태 체계의 탁월성을 최대화하라는 명령 또한 생태학적으로 도출된 것이긴 하지만, 자연의 필연성하에서 생성된 게 아니라 '존재→가치'라는 평가적인 전이에서 비롯되었다는 차이가 있다. 이에 대해 '당위가 어떻게 사실적 서술에 근거할 수 있는지 혹은 합리적 반성이 서술에서 당위로의 전이에 어떻게 관여하는지를 해설하는 데서 어떤 진전이 있는지가 불분명하다'라는 지적이 있긴 하지만(Attfield, 1994: 128) 나는 그런 비판적 평가가 롤스턴의 시도에 어떤 타격을 가한다고 생각하지 않는다.

가치 평가는 물론 과학적인 서술이 아니다. 아무리 수많은 과학적 탐구가 누적되고, 생태학적 사실이 지식화된다 하더라도, 궁극적으로 옳은 것은 최적의 생명공동체라는 사실을 검증할 수는 없다는 것이다. 그렇지만 지금까지의 논의를 액면 그대로 받아들인다면, 생태학적 서술은 오히려 자연에 대한 가치 평가를 발생시키며 체계적 정당성까지도 보장해줄 수 있다. 직접 롤스턴의 말을 들어보자. "생태학적 서술을 통해 통합성, 조화, 상호 의존성, 창조성, 생명 유지, 변증법적인 갈등과 보완, 안전성, 풍요성, 공동체를 확인한다. 그리고 이런 것들은 가치론적으로 승인되지만, 어느 정도는 발견된다. 왜냐하면 우리는 이런 것들을 가치 평가하려는 성향을 갖고 탐구하기 때문이다. 우리는 우리의 정신에 반영된 것을 자연에서 발견한다."(Rolston Ⅲ, 1988: 231) 이제 존재/당위 이분법은 무력화되어 생태적 사실이 충분히 축적된 곳에서는 언제든지 생태적 가치를 캐낼 수 있다고 본다. 그런 생태적 가치 평가는 본질상 과학적 생태학이 아닌 일종의

"메타생태학meta-ecology"(Rolston Ⅲ, 1992: 145)으로의 전환을 시사하는 것이다.

2) 주관주의적이고 인간 기원적인 '고유한 가치'에서 객관주의적이고 자율적인 '내재적 가치'로

롤스턴은 존재/당위 이분법의 타개 방식 못잖게 가치 평가의 주체를 누구로 보느냐 하는 면에서도 테일러와 매우 대조적이다. 테일러는 가치 평가하는 주체는 오직 인간뿐이라고 잘라 말한다. 설령 '가치 평가를 내려야만 하는 존재가 바로 인간(인격자, 가치 평가자)이라 해도"(Taylor, 1981: 204) 자연에서의 가치가 인간의 가치로 귀속되는 것은 아니다. 바꾸어 말하면 자연적 가치가 인간의 복지나 권리에 관한 고려에서 도출되는 것은 아니다. 그런 주장은 고유한 가치를 내재적 가치와 구별 짓는 데서 더 잘 표명되고 있다. 테일러에 의하면, 내재적 가치는 인간 혹은 다른 의식적 존재가 어떤 사건이나 조건에 가치를 부여하는 것으로서, 결국에는 주체의 주관적 경험에 대해 가치 평가하는 것이다. 여기에는 가치 평가하는 비인간적 주체가 인정될 틈새가 보인다. 반면에 '고유한 가치inherent value'는 어떤 대상 혹은 장소에 진작부터 함유되어 있는 가치로서 객관적 실재를 가치 평가하는 것이다. 여기에는 인간 이외의 어떤 가치 평가의 주체도 승인될 수 없다. 왜냐하면 우리는 야생동물이나 식물이 고유한 가치를 가졌을 때, 여하튼 인간을 위해 그런 가치를 가진다고 여기기 때문이다. 더 나아가서 "어떤 것의 고유한 가치는 그 대상을 평가하는 어떤 사람과 관계되거나 그 사람에 의존한다"(Taylor, 1986: 74)고 굳게 믿고 있기 때문이다.

반면에 롤스턴은 온갖 자연적 실재가 가치 평가의 주체일 수 있다고 본다. 만일 모든 살아 있는 실재가 자기 스스로 평가한다는 점을 확신할 수 있다면, 그 실재가 갖는 가치는 완벽한 의미의 객관적 가치는 아닐지라도 적어도 그 기능상 객관적 가치의 역할을 그대로 수행한다고 주장한다. 그는 가치 평가자와 인간존재를 동일시하는 테일러식의 이론에 대응하여 테일러를 우회적으로 반박한다. "여우원숭이가 그런 이론에 의구심을 품을 것이라는 점은 의심의 여지가 없다. 왜냐하면 여우원숭이는 〔……〕 그들이 본래 존재하는 바를 위해 그들 자신의 삶을 내재적으로 가치 평가하며 〔……〕 여우원숭이는 자기의식적으로 가치 평가할 수는 없지만 〔……〕 그러나 그들은 자신들이 가치 평가한 것을 행동적으로 드러내 보여줄 수 있기 때문이다."(Rolston Ⅲ, 1994: 160)

식물이나 의식이 없는 유기체의 적응 능력과 생존 및 재생산 전략은 그 자체로 가치를 갖는다. 그 가치가 도구적 가치임은 분명해 보인다. 예컨대 식용으로 쓰이는 피자 식물의 씨앗 껍질은 인간에게 도구적으로 가치가 있으며, 과즙이 풍부한 어떤 꽃은 일정한 종류의 박쥐, 새, 곤충에게 도구적으로 가치가 있다. 롤스턴에 따르면 그런 것은 자신의 생존과 재생산을 목적으로 한 전체 전략의 한 부분일 뿐이다. 그런 전략과 적응력은 다른 무엇보다도 식물이 자기 스스로에 대해 가치가 있기 때문에 취하게 된다. 따라서 수단적인 도구적 가치의 현존이 목적적인 내재적 가치의 현존을 함축한다고 보는 것이다. 그래서 그는 자연적 대상 자체에 좋음이 내재하고 그 결과 가치도 그 안에 있다고 다음과 같이 역설한다. "어떤 생명은 더 많은 도움을 주는 언급이 없이도 존재하는 그 자체를 옹호한다. 〔……〕 그 생명은 사실상 생물학적이고 동시에 철학적인 의미에서 가치가 있는데, 그 가치는 그것이 유기체 자체에 들어 있고, 자체 내부에 중심을 갖고 있기 때문에 내재적인 것이다."(Rolston Ⅲ, 1994: 173)

요컨대 롤스턴은 가치 평가자를 인간으로 한정한 테일러의 주관주의에 맞서서 단호하게 객관주의를 견지한다. 그는 자연적 대상의 속성은 그 대상 안에 실재하는 것으로서 가치 평가의 주체와 상관없이 특성이 드러날 수 있다고 본다. 그렇다면 내재적 가치의 객관화는 인간과의 연결 고리를 어떻게 단절하느냐에 달려 있다고 판단된다. 그런 점을 캘리코트의 가치론과 대조하면서 살펴보도록 하자.

캘리코트는 흄David Hume의 주관주의적 가치론에 기초하되 다윈Charles Darwin, 레오폴드, 양자론 등의 가치관을 원용하여 독특한 비도구적 가치론을 제시한다. 그는 비도구적 가치를 내재적 가치와 '고유한 가치inherent value'로 양분한다. 내재적 가치는 자연적 대상의 가치가 "객관적이고 가치 평가하는 모든 의식으로부터 독립적인" 경우를 말하고, 고유한 가치는 그 대상의 가치가 독립적이지는 않지만 "그 자체를 위한 가치를 가지며", "가치 평가자의 욕구 나아가 이해 관심 혹은 선호적 경험의 기회를 만족시키는 수단으로서 이바지하는" 경우를 말한다.(Callicott, 1985: 262) 결국 고유한 가치는 인간이 자연 그 자체를 위해 설정하는 의식 의존적인 것이다. 양자론적 표현을 빌려오면, 자연과 의식의 상호 작용에 의해 형성된 실질적 가치라고 하겠다.

롤스턴은 캘리코트의 입장을 '인간 기원적인anthropogenic' 내재적 가치론이라 비판하면서 그에 대비시켜 자신의 입장을 '자율적인autonomous' 내재적 가치론이라 부른다. 여기서 자율적이란 물론 비인간 기원적인 것으로서, 자연적 대상의 평가적 속성이 가치 평가자와는 아무 관계없이 실재할 뿐더러 특징화할 수 있다는 의미이다. 이는 앞(2절)에서 살펴보았듯이, 객관주의에 대한 가장 강한 해석이다. 사실과 가치의 관계에 빗대어 풀이하면, 사실이 자연적 세계에 실제로 존재하듯이 가치도 자연적 세계에 똑같은 방식으로 존재한다는 뜻이다. 그러니까 만일 모든 가치 평가자가 단번에 절멸했다고 가정했을 때조차도 내재적 가치는 자연적 세계 안에 그대로 남아 있게 된다. 롤스턴에 따르면 인간 기원적인 설명은 인간만이 가치 수여의 주체일 수 있다는 부적절한 주관주의에 대한 부자연스러운 보충에 불과하다고 한다. 그래서 롤스턴은 "어떤 가치가 객관적으로 거기에 존재한다는 것은 거기서 발생하는 것이 아니라 발견되는 것"이라 간주하는 자율적인 설명을 통해서야 "가치의 부당한 위치 선정의 오류a fallacy of the misplaced location of value"를 범하지 않으면서 자연적 대상의 독립적 가치에 관한 인간 평가를 제대로 자리매김할 수 있다고 주장한다.(Rolston Ⅲ, 1988: 116)

롤스턴도 자연적 세계에서 인간을 유일한 도덕적인 행위 주체로 인정한다. 유기체는 물론 그런 주체가 될 수 없지만, 내재적 가치를 지니기 때문에 가치론적 체계, 곧 평가 체계를 가진다고 주장한다. 그의 내재적 가치론이 드러내는 전반적 특성은 개체론과 전체론의 그럴듯한 조화에서 찾을 수 있다. 한편으로 모든 유기체는 개별 생명체로서 자기 종의 좋음을 추구하는 목적론적 존재이므로 각각 내재적 가치를 갖는다. 다른 한편으로 개체로서의 각 생명 유기체는 발생적 모태인 전체로서의 자연에서 탄생한 것이므로 그 자연도 내재적 가치를 지닌다는 것이다. 그런 주장을 요령 있게 설명한 부분을 인용해보면 다음과 같다. "실재들은 단순하게 그 자체 안에 그리고 자체를 위해 분리된 자연을 갖지 않지만, 보다 광활한 자연을 향해 서 있고 그 자연 안으로 함께 짜 맞추어 들어가려고 한다. 〔……〕 한 개체의 '그 자체로서 존재하는 바를 위한' 내재적 가치는 전체적인 망에서 문제적인 것이 된다. 체계는 진정으로 개성과 자유라는 그것의 진화와 함께 그런 가치를 점차적으로 산출해낸다. 그러나 그 가치를 생명적, 자치적 체계로부터 분리하는 것은 그 가치를 너무 내부적이고 요소적으로 만드는 일이다. 〔……〕 적응된 짜맞춤은 개별적 가치를 아주 체계-독립적인 것으로 만든다. 내재적 가치는 고립하여 그것을 평가함으로써 파편화되는 것이 아니라 전체의 일부인 것이다."(Rolston Ⅲ, 1994: 173~174)

롤스턴의 내재적 가치론에 대해서는 여러 측면에서의 비판이 가능하겠지만, 여기서는 가치 평가자 문제만 짚고 넘어가고자 한다. 캘리코트는 크게 두 갈래로 반론을 제기한다.(Callicott, 1995a: 13~14; http://www.phil.indiana.edu/ejap에서 인용) 하나는 주관주의자가 느낌과 마찬가지로 가치의 현존을 경험할 수 있다고 가정한다는 점에서 롤스턴은 틀렸다는 것이다. 즉 경험하는 의식적 주체가 없다면 어떤 느낌도 그리고 어떤 가치도 없다는 전제이다. 그는 롤스턴과는 달리 가치는 주체의 주관적 경험이 아니라 의도적 행위로 보아야 한다고 반박한다. 곧 의도하는 주체가 없다면 어떠한 가치도 없다는 것이다. 다른 하나는 내재적 가치에 대한 롤스턴의 객관주의적 설명은 주체를 탈중심화하고 급기야는 해체하고 만다는 지적이다. 그것은 가치 평가자의 자격을 '완전하게 자기의식적인 인간→유사 자기의식적인 여우원숭이→의식적이긴 하나 거의 자기의식적이지는 않은 새→의식적이지 않은 식물'로 대책 없이 하향 조정한 결과에 대한 비난이다.

4. 파트리지의 환경 가치론:
도덕적인 지속가능한 가치

1) '객관/객관' 이원론에서 '주관/객관' 이원론으로

앞에서 보았듯이, 자연의 가치에 관한 핵심 쟁점은 가치의 객관성과 주체 문제이다. 그 논제를 둘러싸고 주관주의와 객관주의가 벌이는 논쟁에 대해 파트리지는 아주 독특한 접근을 보여주고 있다. 파트리지는 다음과 같은 극단적인 가치론적 가정을 논박하면서 출발한다. 즉 가치는 의식적 반성이나 감각적 지각과 분리, 독립하여 자연 속에 존재할 수 있다는 전제이다. 그는 가치 개념에 숨어 있는 논리가 오히려 평가되는 대상과 주제를 이해하는 가치 평가자의 현존을 요청한다고 강조한다. 그렇게 평가의 주체를 인정하는 입장이 흔히들 생각하듯이, 인간중심주의를 수반하는 게 아니라 오히려 생명(생태)중심주의와 연계될 수 있다고 말한다. 이런 파트리지의 논변을 가능한 범위 안에서 롤스턴과 대조해가며 살펴보자.

파트리지는 자연의 가치에 대한 입장을 크게 셋으로 나누어 논의한다. ① 객관적 일원론objective-monadic theory : 가치는 자연적 대상 속에서 발견되는 객관적 질이다. 내재적 가치는 그 대상 '내부'에 존재한다고 본다. ② 객관/객관 이원론object/object-dyadism : 가치 평가는 두 대상 간에 이원적으로 이루어지는 데, 가치 함유자가 반드시 의식적 존재이거나 감각적 존재일 필요는 없다. 예컨대 어떤 자연적 대상은 식물 혹은 바위 그 자체를 위해 좋을 수 있다. ③ 주관/객관 이원론subject/object-dyadism : 가치 평가는 역시 이원적으로 이루어지는 데, 적어도 하나의 관계항(즉 가치 평가자)은 감각적인 존재 이상이어야만 한다. 가치의 본질은 관계적 속성에서 발견된다.(Partridge, 1986: 96~110; www.igc.org/gadfly: 1~2에서 인용)

　①은 가장 소박한 입장으로서 자연적 대상의 가치를 서술한다기보다는 가치의 구성 요소인 그 대상의 속성을 서술한다. 그에 비해 ②는 자연적 대상의 가치가 아니라 그 대상의 인과적 관계 혹은 기능을 묘사한다. 따라서 여기서는 주관적 가치 평가자가 반드시 존재할 이유가 없게 된다. 파트리지는 ③을 자신의 견해로 취한다. 이는 앞(2절)에서 다루었던 것처럼, 내재적 가치란 비관계적 속성에 의해 규정된다는 전통적 견해와 정면으로 배치된다. 도리어 가치는 어떤 대상의 관계적 속성에 따라, 즉 다른 대상들의 존재(혹은 비존재)나 속성과 반드시 연관하여 존속되거나 특징화할 수 있는 속성으로 규정된다고 주장하는 것이다.

　파트리지의 삼분법이 정말 유의미한지 여부는 ②와 ③을 구분하는 적합성에 달려 있다. ②에서 어떤 것이 어떤 대상에게 가치가 있다 함은 실제로 가치를 소유하는 대상을 위해 그렇다는 것이다. 그 대상을 '가치 함유자value-bearer'라 부른다. 한편 ③에서 가치는 적어도 두 관계 항 사이에서 발생하는 데, 한 관계 항은 반드시 인식적 혹은 감각적 지각자이어야 한다. 그 주체를 '가치 평가자evaluator'라 칭한다. 그런데 가치 함유자는 ②에서만, 가치 평가자는 ③에서만 배타적으로 사용되어야 옳다. 왜냐하면 가치 평가자만이 주체로서의 관찰자적 능력을 구비하기 때문이다. 요컨대 ②와 ③은 둘 다 ①과 달리 단독적으로는 가치가 생성되지 않는다고 보는 데, 둘의 결정적 차이는 ②는 가치 함유자를 향해, ③은 가치 평가자를 위해 가치가 산출된다는 점이다.

그 삼분법에 준거하면 롤스턴은 객관/객관 이원론을 견지하는 것으로 나타난다. 그는 가치 평가자의 존재를 승인하지만, 인간이나 고등동물 같은 지각적 주체뿐 아니라 의식 없는 동물, 식물, 생태 체계, 자연 풍광까지도 거기에 포함시키기 때문이다. 롤스턴은 궁극적으로 생명 자체의 근본 과정과 기능에서 가치를 발견해낸다. 그렇다면 비감각적 존재, 심지어는 모든 존재가 자기 스스로의 좋음, 나아가서 이해 관심을 갖는다는 말이 되고, 더 진전시키면 모든 존재가 그들 자신의 권리에 입각하여 다른 존재들을 해롭게 하거나 이롭게 할 수도 있다는 것이다. 이는 온갖 존재가 가치 소유자임을 선언하는 것과 마찬가지다. 그런 접근에 대한 파트리지의 비판을 직접 들어보면 다음과 같다. "그런 접근에 대한 최근의 비판은 '가치'를 그렇게 이해된 생명 양식으로 한정하기가 어렵다는 사실이고, 더구나 만일 이런 한정이 성공적이지 못하면 '가치 함유자'란 개념은 적용의 제한을 벗어남으로써 의미를 잃고 말 것이다. 즉 만일 모든 것이 '가치를 소유한다면' 어떠한 것도 그렇지 못하다는 뜻이다. 왜냐하면 모든 것이 적용되는 '가치'는 어떤 것에도 자격을 부여하는(어떤 것을 구별하는) 데 실패하고 말기 때문이다."(Partridge, 1986: 5)

결국 파트리지는 가치를 분별하고 질서화하기 위해선 주관/객관 이원론이 요청된다고 잘라 말한다. 달리 말하면 가치가 그 개념의 논리상 가치 평가자를 요청한다는 것이다. 자연적 세계에서 가치 평가자가 부재하는 가치란 있을 수 없다. 가치 평가가 이루어지는 과정에서 가치 평가자가 충분조건은 아니지만 필요조건이라는 말이다. 한 걸음 더 나아가, 그는 주관/객관 이원론이 언제나 인간중심적 환경윤리를 수반하는 것은 아니라고 주장한다. 그 입장을 두 갈래로 정교화함으로써 그 점을 보여주고자 시도한다. 곧 주관/객관 이원론을 다시 '약한soft' 의미와 '강한hard' 의미로 세분하는 것이다. 주관, 즉 가치 평가자와 객관, 즉 평가 대상과의 상호 관계에서 약한 주관/객관 이원론은 상대적 중요성을 주관에다가 둔다. 이 견해는 주관주의적, 인간중심적, 비인지적 가치론과 연결되며 특히 인간의 선호와 심미적 취향에 주목한다. 이에 비해 강한 주관/객관 이원론은 오히려 객관을 중시함으로써 객관주의적, 비인간중심적, 인지적 가치론과 연계되는 대상-지향적 특성을 드러낸다. 이 견해는 생명중심주의를 충분히 수용할 수 있다.

여기서 논의의 초점은 강한 주관/객관 이원론이 과연 '생태적 도덕성 ecological morality'과 양립 가능한가에 모아진다. 파트리지는 양립 가능하다는 결론에 도달하기 위해 먼저 가치 평가의 분석에 착수한다. 강한 주관/객관 이원론이 인정하는 가치 평가의 의미를 그는 지식과 지각에 빗대어 다음과 같이 설명하고 있다.(Partridge, 1986: 6~7)

① 지식의 경우: '가치 매김valuing'과 '알아차림knowing'은 둘 다 이원적 관계로 설정된다(가치 평가자/가치 매김; 지식 획득자/알아차림). 둘 다 우리의 의지에 굴복하지 않는 강한 반발적 구성 요소를 특징화한다(가치 평가에서의 '가치 매김되는 대상'; 지식에서의 '사실'). 둘 다에서 대상은 임의적으로 그리고 주관적으로 고안되는 게 아니라 발견된다. 둘 다에서 주체적 존재(가치 평가자; 지식 획득자)는 생명이 없는 실재이거나 감각이 없는 존재일 수가 없다.
② 지각의 경우: '가치 매김'은 로크John Locke가 말하는 이른바 '제2성질 secondary qualities'의 지각과 비교된다. 여기서 제2성질이란 대상 속에 실제로 들어 있는 연장, 모양, 질량 등과 같은 '제1성질primary qualities'에 기초하여 우리 안에 다양한 감각을 산출하는 힘을 말한다. 즉 색깔, 소리, 맛 등과 같은 것으로 대상의 성질과 주체의 지각이 상호 결합하여 구성된다. 가치 매김도 평가의 주체와 대상의 성질이 상호 작용한 결과이다. 지식의 경우와 마찬가지로, 가치 매김의 내용은 주체의 의지에 반발하며 그 주체

는 비생명적이거나 비감각적일 수 없다. 요컨대 지식과 지각의 두 경우에 가치 매김과 알아차림은 모두가 바깥 세계를 지향하면서 객관적 세계에 관여하는 활동이다. 또한 모두가 이원적 관계항을 필수적으로 갖추어야 한다. 주체와 대상의 만남이 없다면 가치도, 지식도, 제2성질도 없다는 결론이다.

위의 분석을 고려한다면, 강한 주관/객관 이원론은 자연의 아름다움, 성생함, 숭고함, 오묘함…… 등에 대한 존경을 간직하는 가치 평가를 기꺼이 포용할 수 있다. 예컨대 '파도 소리가 들리는 바닷가에서 황혼녘의 태양을 볼 때 느끼는 아름다움'은 지각될 경우에만 존재하는 제2성질로서의 색깔과 소리의 객관성을 일단 수용하고, 거기에다가 주체가 그런 지각을 야기하는 자연적 속성과 상황을 예민하게 받아들일 위치에 있을 때 아름다움이란 자연의 가치가 생성된다. 그렇다면 강한 주관/객관 이원론은 우리의 의지와 상관없이 스스로 가치 있는 야생적 자연, 인간만으로는 도저히 감당하기 어려울 만큼 가치 있는 생태적 자연까지도 포섭하는 융통성이 있다고 과감하게 주장한다.

또한 파트리지는 가치 평가의 자연적 맥락과 가치 평가자의 자연적 기원을 밝히는 일이 생태적 도덕성과의 친화력을 확인하는 지름길이라고 생각한다. 롤스턴이 취하는 전체론적 조망과 맥락적 방법론에 의거하여, 가치 평가 그 자체는 자연적 맥락 안에 놓여 있으며, 인간존재는, 특히 그것의 심리적 구성 요소인 자아는 자연적 실재라고 규정한다. 그런 자아는 자연적 자원으로부터 진화해나가며 자연적 과정에 의해서 지속된다. 바꾸어 말하면 "자연적 가치 평가에서 인간 주체는 가치 평가의 자연적 맥락 '안에' 있으며, 또한 자연적 맥락의 인간적이고 계통발생적인 산물인 것이다." (Partridge, 1986: 8) 그런 두 가지 근거에서 주관/객관 이원론은 결과적으로 롤스턴을 위시한 생태중심주의가 의도하는 규범적이고 윤리적인 생태학적 가치를 포섭할 수 있다고 파트리지는 자신한다.

이쯤에서 파트리지의 논변에 대해 평가해보자. 첫째는 자연 가치론을 삼분하는 방식의 타당성 여부이다. 그 구분은 가치 개념에 대한 요령 있는 분석에 힘입은 것이다. 나로서는 그의 가치 개념이 물리적 자연 세계에 대한 상식적 직관에 어긋나지 않고, 우리의 일상적 언어 용법에 기반을 두고 있으므로 그 삼분론도 큰 문제는 없어 보인다. 그러나 가치 평가의 의미 분석과 맥락 확인을 통해 주관/객관 이원론이 생태적 도덕성을 포괄할 수 있다는 주장은 일정한 단계에서 논리적 비약을 하는 것으로 보인다. 왜냐하면 자연적 세계에는 가치 주체의 의지, 감각, 인식과 아무런 연관 없이도 현존할 수 있는 가치적 객체를 얼마든지 고려할 수 있기 때문이다.

2) 가치 할인적인 '경제적 값어치'에서 시간 중립적인 '지속가능한 가치'로

앞에서 보았듯이, 파트리지는 자연적 가치의 중요성을 인정하지만 어디까지나 인간과의 관련 속에서만 그 의미가 제대로 포착된다고 본다. 그리하여 내재적 가치 대신에 '지속가능한 가치sustainable value'란 개념을 들고 나온다. 그것은 기본적으로 인간적 가치로서 일차적으로 미래 세대를 바짝 끌어안고 부차적으로는 자연 자원까지 보듬어 안으려고 한다. 지속가능한 가치의 요체는 미래의 현재화에 있다. 그 현재화를 실현시키는 원천으로 존재해야 하는 자연은 당연히 인간화되지 않을 수 없다. 실제로 인간은 자연적 맥락의 산물이면서 동시에 자연환경에 대해 유전학적 욕구를 가진다. 그러기에 야생의 자연에 대한 직접 경험은 본질적으로 좋은 것일 수 있다. 편의상 지속가능한 가치란 개념을 먼저 분석하고 나서 그것의 자연에 대한 의미를 짚어보도록 하자.

파트리지는 모든 가치를 경제적 값어치로 환원하거나 설명할 수 없다는 데 착안하여 지속가능한 가치를 일단 "가치 할인discounting에서 벗어나기 위해, 따라서 모든 미래 세대에게 적용하기 위해 시간에 얽매이는 화폐화

도표 2-3 경제적 값어치 대 도덕적 가치

	값어치	가치
①	서술적 값어치	규범적 가치
②	화폐적 값어치	비화폐적 가치
③	계량화 가능한 (기수적) 값어치	계량화할 수 없는 (서수적) 가치
④	환원적·집계적 값어치	유기체적·전체론적·맥락적 가치
⑤	상대주의적·보수주의적 값어치	객관주의적·개량주의적 가치
⑥	(함축적으로) 목적론적인 값어치	(가능적으로) 의무론적인 가치
⑦	경제적 인간	도덕적 행위자 (인격인)
⑧	(온전한) 시장으로서의 사회	공동체로서의 사회
⑨	행위 주체자적(자기중심적) 관점	관찰자격 (도덕적) 관점
⑩	제1차 명령적 동기화	제2차 명령적 가치 평가
⑪	도덕과 관계없는 가치	도덕적 가치
⑫	할인된 미래	시간 중립성

time-binding monetization로부터 충분히 분리될 수 있는 가치"(Partridge, 1999: 5~6; www.igc.org/gadfly에서 인용)라고 규정한다. 그 내용을 도덕적 '가치values'를 경제적 '값어치prices'에 대비시킨 다음의 〈도표 2-3〉을 통해 개괄적으로 살펴보자.

① 서술적 값어치 : 규범적 가치=경제학은 소비자가 상품을 살 때 어떤 규범적 판단도 하지 않는다고 한다. 그러나 가치에 대해 서술적으로 접근하는 것은 불가능하다. 왜냐하면 기꺼이 값을 지불하는 행위를 이끌어내는 전략적 판단에는 미래의 대안들에 대한 규범적 관심이 들어 있기 때문이다. ② 화폐적 값어치 : 비화폐적 가치=진리, 정의, 사랑 등과 같은 근본적인 인간의 가치는 화폐적 값어치로 포착되지 않는다. ③ 계량화 가능한 기수적 값어치 : 계량화할 수 없는 서수적 가치=상품을 단일한 현금가로 양화하듯이, 경제적 값어치는 그 본성상 대체 가능하고, 이행적이고, 결정적이다. 그러나 규범적 가치는 비교할 마땅한 대상이 없다. 다만 서로 경쟁하

는 가치들 간에 위계화되어 일정한 맥락 속에서 선택될 수 있다. ④ 환원적 · 집계적 값어치 : 유기체적 · 전체론적 · 맥락적 가치＝경제행위에서 초점은 개인의 선호도, 즉 자기 이해적인 유용성을 극대화하는 것에 있다. 사회는 개인적 선호의 총합체로 간주된다. 규범적 접근은 인간 사회를 유기적인 전체로 이해한다. ⑤ 상대주의적 · 보수주의적 값어치 : 객관주의적 · 개량주의적 가치＝소비자는 자기 자신의 복지에 대한 최고의 재판관이다. 자신 이외의 어떤 가치 기준도 없으며, 다른 대안적 가치 체계도 없다고 본다. 반면 규범적 접근은 자신의 주장을 설득한 논증을 마련하며, 바람직한 가치가 제대로 실현되지 않고 있다고 본다. ⑥ 함축적으로 목적론적인 값어치 : 가능적으로 의무론적인 가치＝가치에의 경제적 접근은 윤리적 선호론을 포섭하는 공리주의를 밑바탕에 깔고 있다. 그러나 규범적 접근은 목적을 겨냥한 행위의 결과보다는 선천적인 도덕법칙에 기반을 둔 행위의 동기에 주목하고자 한다.(Partridge, 1999 : 6~8)

이제부터 살펴 볼 ⑦부터 ⑪까지는 모두 '도덕적 행위 주체자moral agency'와 관련되며, ⑫는 최종적 결론에 해당된다. ⑦ 경제적 인간 : 도덕적 행위자, 즉 인격인＝경제적 인간은 유용성만을 추구하는 일차원적 사고에 머무른다. 반면에 도덕적 행위자는 대안적 미래를 착상 · 선택하고, 도덕적 원리에 따라 판단 · 행위하고, 타자의 인격성을 인지 · 수용하는 능력을 갖춘 다차원적 존재이다. ⑧ 온전한 시장으로서의 사회 : 공동체로서의 사회＝시장으로서의 사회란 사는 사람과 파는 사람이 서로 자유로운 의사소통과 원활한 거래를 할 수 있는 곳이다. 공동체로서의 사회란 제대로 질서가 잡혀 있는 사회이다. 권리와 의무가 적절하게 부여되며, 합의에 따른 공동선을 추구할 수 있는 곳을 말한다. ⑨ 행위 주체자적인 자기중심적 관점 : 관찰자적인 도덕적 관점＝경제적 인간에게 세계의 중심은 자신이며, 시간의 중심은 현재이다. 따라서 미래적 사건이나 이해 관심의 가치가 시간에 의해 할인되고 만다. 그러나 도덕적 행위자는 자신을 포함한 모든 사람을 함께 생각한다. 그는 사람들 사이의, 과거와 미래 사이의 상호 작용에서 일정한 역할을 수행하는 바, 자신에 대해서 관찰자로 머무는 특징을 드러낸다. ⑩ 제1차 명령적 동기화 : 제2차 명령적 가치 평가=경제활동의 동기에 주목할 때 유덕한 것과 이기적인 것을 분별하기란 썩 어렵다. 그러나 도덕적 가치 평가자는 다양한 욕구들이 갖는 자율성을 인정하면서도 관찰자로서 도덕적 원리에 따라 가치판단을 내린다. 결국 어떤 욕구도 지배적이지 않게 합리적 통제를 할 수 있다. ⑪ 도덕과 관계없는 가치 : 도덕적 가치=경제적 값어치는 도덕과 무관한 가치이다. 그렇다고 중요한 도덕적 가치를 무시할 수는 없다. ⑫ 할인된 미래 : 시간 중립성=경제적 값어치는 미래의 가치를 턱없이 에누리해버린다. 그러나 시간에 구애받지 않는 도덕적 관점에 선다면 시간을 핑계로 가치를 절하하는 법은 없을 것이다.(Partridge, 1999 : 8~12)

그러면 지속가능한 가치에 함축된 자연이란 무엇인가? 그 대답은 궁극적으로 '도덕적 자원moral resource'으로서의 자연이다. 그 논지는 이렇다. 인간은 바깥 세계에 존재하는 대상을 돌보고자 하는 근본 욕구를 가진다는 게 도덕심리학의 정설이다. 그 욕구가 자연적 종, 생태 체계, 생명공동체 등의 복지로 비약적으로 상승한다면, 그것은 자기 초월적 관심으로서 자신의 삶을 풍요롭게 만든다. 자연에 대한 진정한 존경은 마침내 인간을 도덕적 존재로 살아가게 인도한다. 그런 주장을 파트리지의 생생한 발언으로 들어보면 다음과 같다. "우리는 '사실상' 자연이 필요하다. 우리는 생존할 수 있고 독립적이며 번성하는 자연적 생태 체계가 필요하다. 우리는 그 체계가 우리가 생물적으로 어떤 존재인지 그리고 무엇이 우리를 현재의 우리로 만들었는지 하는 이해를 넓혀주는 '과학적' 자원으로서 필요하다. 우리는 야생적 생태 체계가 우리의 미래 사용을 위한 희구한 생화학적 실체를 제공하는 '경제적' 및 '기술적' 자원으로서 필요하다. 우리는 자연이 기쁨과 놀라움이란 우리의 감각을 풍부하게 만드는 '심미적' 자원으로서 필요하다. 우리는 자연 풍광과 바다 경치가 우리를 현재의 자연적 유기체로 만든 환경으로부터 다시 집으로 돌아왔으므로 우리 자신을 아주 안락하게 만들어주는 '심리적' 자원으로서 필요하다. 그리고 우리는 자연이 경이, 놀라움, 경탄, 겸손, 전망 그리고 근심의 자원으로서, 즉 '도덕적' 자원으로서 필요하다." (Partridge, 1984: 101~130; www.igc.org/gadfly: 18에서 인용)

파트리지의 지속가능한 가치론은 미래를 현재화함으로써 가치 평가의 영역을 공시적 차원에서 통시적 차원으로 격상시키는 미덕을 보인다. 그러나 자연을 인간을 위한 다양한 자원으로 여기는 수준에서 만족한다면, 나는 그의 의도와는 다르게 자연의 생태적 가치가 도리어 할인될 위험이 있다고 생각한다.

5. 맺음말:
비교의 의미와 남는 문제

지금까지의 논의를 바탕으로, 두 환경 가치론에 대한 비교 고찰이 가지는 의미와 남는 문제를 세 가지로 추려보자.

첫째, 롤스턴은 생태중심주의의 선봉자답게 존재/당위 이분법을 특유의 메타생태학에 의존하여 타개해나간다. 그것은 과학적·서술적인 생태적 사실에서 윤리적·규범적인 생태적 가치를 발굴해내는 성과로 나타난다. 이에 비해 파트리지는 자연의 생태적 가치보다는 인간의 도덕적 가치를 더욱 중시한다. 통시적인 지속가능한 가치는 늘 할인당해온 미래 세대를 복권시키는 데 온 힘을 쏟으면서, 자연도 도덕적 자원으로 편입시키려고 한다. 롤스턴도 파트리지처럼 유일한 도덕적 주체인 인간의 탁월성을 인정하면서도, 그와는 아주 다르게 인간으로부터 독립된 생태적 평가 체계가 실재한다고 역설한다. 또한 파트리지도 롤스턴 못잖게 생태적 자연을 존중해야 된다고 보면서도, 그와는 거꾸로 시간으로부터 독립된 인간적 평가 체계의 구축이 시급하다고 강조하고 있다.

둘째, 롤스턴은 가치 평가 주체의 범위를 내재적 가치가 있는 온갖 자연적 실재로 확장함으로써 강한 객관주의를 고수한다. 또한 자연적 대상의 평가적 속성이 평가 주체와 아무 상관없이 존재하며 특징화된다는 자율적인 가치론을 제시한다. 하지만 이러한 주장은 평가 주체를 아예 해체한다는 비판에 직면한다. 반면에 파트리지는 롤스턴을 가치 함유자만 인정하는 객관/객관 이원론자로 몰아세우면서, 가치를 제대로 분별하기 위해 가치 평가자를 승인하는 주관/객관 이원론을 소리 높여 주창한다. 그 이원론은 롤스턴이 추구하는 생태적 도덕성까지 포섭한다고 강변하지만, 논리적 비약이 들어 있는 게 사실이다.

마지막으로 롤스턴의 자율적인 내재적 가치론은 아무런 얘기도 건네지 않는 자연 생태에 대한 책임을 강력하게 환기한다는 면에서, 파트리지의 도덕적인 지속가능한 가치론은 피부로 느껴지지 않는 미래 세대에 대한 의무를 진지하게 상기시킨다는 면에서 부분적 성공을 거두고 있다. 그러나 두 환경 가치론은 앞으로 풀어야 할 많은 문제를 산적해놓고 있는 미완의 체계라 생각된다. 이제 두 이론에게 시급한 당면 과제는 내적 구조를 더욱 다지면서도, 상대방의 유익성을 얼마나 자신의 것으로 만드느냐 하는 것이다.

제3장
인간중심주의와 비인간중심주의의 대결에서 조화로

이 장은 환경윤리에서 이론적으로 대립해온 인간중심주의와 비인간중심주의의 조화 가능성을 탐구한다. 먼저 인간중심주의와 비인간중심주의 간의 이론적 대결 구도를 본래적 가치 혹은 도덕적 지위를 귀속시키는 논거, 도덕적 지위와 권리를 갖는 실재와 그것을 돌보는 가치론적 근거, 윤리적 대상에 대한 접근 방법, 이론적 근거로 삼는 생태학과 그 실천적 함축 등으로 나누어 간명히 정리해본다.

인간중심주의와 비인간중심주의를 그것의 원리에 주목하여 분석한 결과, 그 실천적 함의가 거의 다르지 않음이 드러난다. 비인간중심주의는 인간 방어의 원리와 인간 보존의 원리에서는 인간에 대한 일정한 선호를 허용하건서도, 불균등성의 원리를 통해서는 그 선호에 제한을 가하는 특징을 보여준다. 또한 인간중심주의는 인간 방어의 원리와 인간 보존의 원리를 적극 수용하면서도, 불균등성의 원리에는 다소 소극적인 태도로 나온다. 그러나 선호의 정도를 두 갈래로 해석함으로써 그 원리도 역시 적용된다. 따라서 둘의 조화가 원리론적으로는 충분히 가능해 보인다.

인간중심주의와 비인간중심주의는 방법론적으로도 조화가 가능하다. 비인간중심주의 안에서는, 우선 개체론적 동물중심주의가 동물의 권리를 넘어서는 인간의 특수한 권리를 인정하고, 또한 전체론적 생태중심주의는 비감각적 존재가 가치를 함유할지라도 권리는 확보할 수 없음을 승인하는 방안을 취한다. 이는 각각 자신의 기본 전제를 하나씩 거두어들인 귀결이다. 문제는 절충주의라는 혐의를 어떻게 벗느냐는 점이다. 한편 생태학을 통해 인간중심주의와 비인간중심주의의 방법론적 조화를 구하기도 한다. 불명료한 규정성의 한계를 드러내는 유연한 생태학과 부정확한 예측성에 제한된 견고한 생태학을 한꺼번에 극복하는 실제적 생태학의 방법론이 그 대안으로 제시된다. 그러나 지나친 사례 중심주의라는 부담과 숨겨진 인간중심적 편향을 극복하는 과제가 남겨진다.

1. 들어가는 말

날이 갈수록 환경문제에 대한 대중적 관심이 확산되고 있다. 그런 흐름에 걸맞게 환경윤리에 관한 이론적 논의도 차츰 활발해지는 추세이다. 환경윤리에서의 인간중심주의 문제는 최근 들어 더욱 깊이 있게 토론되는 쟁점들 중의 하나이다. '인간중심주의anthropocentrism'는 오로지 인간만이 윤리적 주체일 수 있으며 또한 도덕적 책무의 대상이라고 본다. 그것은 '생태학적 사유로의 전환'이라 집약되는 새 윤리에 대한 열망을 일단 인정하면서도, 전통 윤리학이 근본적인 틀 바꿈을 할 필요는 없다고 한다. 왜냐하면 기존의 도덕이론에서 생태계에 대한 인간의 합당한 책무가 충분히 추론될 수 있기 때문이다. 이에 반하여 '비인간중심주의nonanthropocentrism'는 '생태학적 틀 바꿈'이란 이론적 혁신을 시도하고 있다. 기존 윤리학을 관통해온 인간중심성을 해체하고 동물 혹은 생태(생명)중심성이란 생경한 패러다임으로의 대체를 지향한다. 그것은 도덕과 무관한 것으로 여겨져온 동물은 물론이거니와 식물·흙·물과 같은 자연적인 실재들조차 도덕공동체의 구성원이라고 주장한다.

현재 인간중심주의와 비인간중심주의 간의 논쟁은 다양한 주제를 가지고 여러 측면에서 진행되고 있다. 이 글은 그 논쟁의 어떤 대결적 내용보다도 오히려 양자의 조화 가능성에 주목하고자 한다. 왜냐하면 나는 그 조화의 영역을 얼마나 성공적으로 넓혀 가느냐 하는 점을 환경윤리적 난제들을 풀어나갈 유력한 실마리로 생각하기 때문이다.

먼저 인간중심주의와 비인간중심주의 간의 이론적 대결 구도를 간명하게 정리하여 그 내용을 살펴볼 필요가 있다(2절). 그런 다음 인간중심주의와 비인간중심주의의 원리론적 조화와 방법론적 조화를 그 논변에 초점을 맞추어 비판적으로 검토할 것이다(3절). 마지막으로 조화론의 현재적 의미를 가늠해보겠다(4절).

2. 인간중심주의와 비인간중심주의의 대결 구도

우선 인간중심적 환경윤리와 비인간중심적 환경윤리 사이에 벌어져온 대결 구도를 일목요연하게 알려주는 〈도표 3-1〉을 그려본다. 서로 간에 이론적으로 맞서온 쟁점들을 다소 자의적이긴 하지만, 네 갈래로 나누어 정리해보았다. 그 차례에 따라 대립의 특성들을 하나하나 새겨보도록 하자.

도표 3-1 인간중심적 환경윤리와 비인간중심적 환경윤리의 대결 구도

환경윤리의 분류 환경윤리의 주요 논점	인간중심적 환경윤리	비인간중심적 환경윤리	
		동물(감각)중심주의	생태(생명)중심주의
1) 본래적 가치 혹은 도덕적 지위를 귀속시키는 논거	인간의 탁월한 능력 (감각적·이성적· 도덕적·심미적 능력 등)	감각 능력, 번성 능력, 다양성, 종과 생태 체계, 생명공동체	번성 능력, 다양성, 종과 생태 체계, 생명공동체
2) 도덕적 지위와 권리를 갖는 실재/ 그 실재를 보호하는 가치론적 근거	인간/인간의 본래적 (내재적) 가치와 비인간의 외재적 가치	감각적인 생명이 있는 존재, 즉 동물/동물의 본래적 가치와 비감각적 존재의 외재적 가치	비감각적인 생명이 있는 존재(예, 식물)와 생명이 없는 존재 (예, 땅)/모든 환경적 실재의 본래적 가치
3) 윤리적 대상에 대한 접근 방법	개체론적 접근	개체론적 접근	전체론적 접근
4) 이론적 근거로 삼는 생태학/ 그것의 실천적 함축	견고한 생태학/ 온건주의 (얕은) 생태운동	유연한 생태학/ 절충주의(감각적) 생태운동	유연한 생태학/ 급진주의(심층) 생태운동

1) 본래적 가치 혹은 도덕적 지위를 귀속시키는 논거

인간중심주의는 본래적(내재적) 가치 혹은 도덕적 지위를 오로지 인간에게만 부여하는 까닭을 인간의 탁월성에서 찾는다. 비인간적 구성원에 대한 인간의 우월한 능력은 감각적, 이성적, 도덕적, 심미적 능력 등으로 열거된

다. 그중에서도 독특한 가치의 영역을 빚어내는 심미적 능력과 다른 실재들에게 값어치를 부가하는 윤리 체계를 만들어가는 도덕적 능력이 특히 두드러져 보인다. 이에 비해 비인간중심주의는 비인간적 실재의 몇 가지 능력과 성격을 들어 본래적 가치와 도덕적 지위를 귀속시킨다. 동물중심주의는 무엇보다도 동물이 소유한 감각 능력을 강조한다. '감각sentience'이란 복지(혹은 즐거움)와 고통의 감정을 느끼는 힘이 있음을 뜻한다. 동물은 물론 식물의 자라나고, 성장하고, 발전하는 번성의 능력도 부각시킨다. 또한 개별적 실재의 능력보다는 값어치 있는 집합적 실재의 성격에 주의를 집중하기도 한다. 그 자체에 본래적 가치가 들어 있다고 보는 다양성, 종과 생태 체계 그리고 생명공동체가 그것이다.[1]

2) 도덕적 지위와 권리를 갖는 실재와 그것을 돌보는 가치론적 근거

인간중심주의는 오직 인간만이 생명권·건강권·인격 존중권·복지권 등의 권리를 가진 도덕적 주체라고 잘라 말하며, 인간에게는 본래적(내재적) 가치를 다른 실재에게는 외재적 가치를 부여한다. 여기서 '본래적 가치 intrinsic value'란 그 자체로 가치가 있거나, 그것의 쓰임새와는 관계없이 가치가 있는 것이며, '외재적 가치extrinsic value'란 어떤 목적을 위한 도구로 쓰일 때 생성되는 수단적 가치를 말한다. 그리하여 모든 인간중심적 가치는 그것이 인간을 이롭게 하기 때문에 도구적이라고 주장하는 강한 인간중심주의적 가치론이 설정된다. 하지만 보다 힘 있게 펼쳐지고 있는 것은 노턴Bryan G. Norton이나 하그로브Eugene C. Hargrove가 보여주는 약한 인간중심주의의 입장이다. 노턴은 객관적 가치의 추구라는 비인간중심주의에서의 형이상학적 논쟁을 피하면서도, 환경적 의사 결정의 토대로 역할을

---

[1] 감각, 번성, 다양성, 종과 체계, 공동체의 개념에 대해선 Martell(1994: 87~94) 참조.

하는 인간중심적인 본래적 가치의 가능성을 많이 열어놓는다.(Norton, 1984: 131~148) 하그로브는 우리의 미학적 직관과 관행에 근거하여 자연 보존을 위한 가치론을 전개하는 바, 인간중심적인 본래적 가치는 대상 자체와 미적 경험 둘 다에 존재한다고 주장한다.(Hargrove, 1989: 4장)

반면에 비인간중심주의는 동물은 물론이거니와 더 나아가 식물, 바위 따위를 포함한 자연계의 온갖 실재들도 도덕적 권리의 주체가 될 수 있다고 말한다. 먼저 동물중심주의를 보자. 싱어Peter Singer는 공리주의적 입장에서 동물의 이해 관심에 주목하여 그것의 도덕적 지위를 옹호하는 동물 해방론을 주창한다. 리건Tom Regan은 특정한 동물은 도덕적 권리를 가지며 그것은 인간의 도덕적 의무를 강하게 함의한다는 내용의 동물 권리론을 제안한다.[2] 생태중심주의의 고전적 전형은 금세기 초에 '땅의 윤리'를 제시한 레오폴드Aldo Leopold에서 찾을 수 있다. 그에 의하면 땅의 윤리란 도덕 공동체의 구성원을 "흙, 물, 식물, 그리고 동물 혹은 집합적으로는 땅을 포함하게끔 확장하는 것"이다. 그 구성원은 마땅히 도덕적 고려의 대상이 되며 "생명권biotic rights"을 갖는 존재로 부각된다. 그리하여 "어떠한 것도 그것이 생명공동체의 통일성, 안전성, 심미성을 보존하는 경향이 있는 경우에만 정당하다"고 선언한다.(Leopold, 1949: 239, 247, 253, 262) 생태중심주의는 근래에 들어 더욱 세를 불리고 있다. 대표자 몇 만 꼽아 보면 테일러, 롤스턴, 캘리코트 등이 있다.

비인간중심적 가치론에서 맨 먼저 풀어야 할 난관은 가치란 그것을 누리는 인간에 의해서만 부여되는 속성일 따름이란 주장이다. 그래서 아예 인간적 기준을 벗어나는 개념을 제안하기도 한다. 이를테면 어떤 자연적 대상이 '고유한 가치inherent worth'를 가진다는 뜻은 어떠한 인간의 가치 평가와도

---

[2] 두 사람의 시각은 물론 동물의 지위, 권리, 복지 등을 둘러싼 근래의 쟁점은 Sterba(1995b: 19~96)의 I부(Animal Liberation and Animal Rights)에 실린 논문들 참조.

상관없이 독립적으로 그것 자체가 가치 함유적일 경우를 이른다고 한다.(Desjardins, 1993: 144~147) 혹은 어떤 자연적 대상이 그 자체로는 가치를 가지지만 그것이 체계로 기능할 때는 어떤 가치도 가지지 않는 경우, 다시 말하면 비록 스스로는 가치 생산자이면서도 가치 소유자는 아닌 경우의 가치를 '체계적 가치systemic value'라고 칭하기도 한다.(Rolston Ⅲ, 1992: 144)

3) 윤리적 대상에 대한 접근 방법

윤리적 대상에 대한 환경윤리의 접근은 크게 두 가지로 분류된다. 여기서는 개체론적 접근과 전체론적 접근의 비교를 비인간중심주의의 틀 안에서 수행한다. 전체론적 생태중심주의는 한마디로 생명공동체의 좋음을 가치의 궁극적 준거로 삼는다. 생명공동체의 선이 자신에 속하는 개체적인 조직체나 종에 가치를 부여하며, 나아가서 인간 행위의 옳음과 그름을 가름하는 척도라고 한다. 이에 비해 개체론적 동물중심주의는 개별적인 감각적 존재의 욕구와 이해를 옳음과 좋음에 관한 결론으로 이끄는 궁극적 기초라고 간주한다. 각각의 개체적인 살아 있는 존재가 윤리적 판단의 기본 단위라는 것이다.

4) 이론적 근거로 삼는 생태학과 그 실천적 함축

보통 인간중심적 환경윤리는 얕은shallow 생태학의 정치적 성향을 보이며, 비인간중심적 환경윤리, 특히 생태중심주의는 심층deep 생태학의 실천적 함축을 가진다고 말해진다. 얕은 생태학이란 환경문제에 대증요법적으로 다가서고, 그 문제를 잠정적인 개량으로 풀어나가는 온건주의이다. 반면 심층 생태학은 환경문제의 해결을 위해선 기존의 가치관과 생활양식의 본질적 개혁이 불가피하다는 급진주의이다. 그런데 나는 생태학이 가지는 이론적 의미도 그에 못잖게 중요하다고 생각한다. 슈레더 프레체트의 개념(Shrader-Frechette, 1995: 621~623)을 빌려와서 말한다면 인간중심적 환경윤리는 엄밀한 가설-연역적 이론 체계를 지향하는 '견고한 생태학hard ecology'에 기초한 견고한 환경윤리이다. 한편 비인간중심적 환경윤리, 특히 생태중심주의는 규정적인 생태 개념의 체계를 구축하려는 '유연한 생태학soft ecology'에 터전을 잡은 유연한 환경윤리인 것이다.

3. 인간중심주의와 비인간중심주의의 조화 논변

1) 인간중심주의와 비인간중심주의의 원리론적 조화

인간중심주의와 비인간중심주의의 조화 가능성에 대한 첫 작업은 양자가 견지하는 기본 입장을 핵심적인 원리론의 측면에서 따져보는 것일 터이다. 최근의 논문에서 스테바James P. Sterba는 양자를 도덕적으로 옹호 가능한 논증 형태로 해석할 경우 그 실천적 요구가 서로 다르지 않다고 하며, 양자 모두가 수용할 수 있는 일련의 원리들을 제시함으로써 그 화쟁의 폭을 한층 넓힐 수 있다고 주장한다. 나는 그의 조화론이 충분히 주목할 만하다고 생각하므로 그 논변을 큰 줄기로 삼아 논의해나갈 것이다.

스테바는 비인간중심주의의 여러 주장들을 바탕으로 삼아 보다 명료하게 서술된 논증을 내놓는다. 그 논증의 구조는 다음과 같다.(Sterba, 1995a: 200)

(1) 우리는 만일 침해하는 것에 대해서 자명하거나self-evident 혹은 선결문제가 요구되지 않는nonquestion-begging 근거가 없는 한, 어떤 살아 있는 존재를 침해해서는 안 된다.

(2) (정의) 인간을 다른 살아 있는 존재보다 전면적으로 우월하게 다루는 것은 인간의 비근본적인 필요를 충족시키기 위해 그 존재의 근본적인 필요를 희생시킴으로써 그 존재를 침해하는 것이다.

(3) (전제 (1)과 (2)로부터) 그러므로 우리는 만일 인간을 우월하게 다룰 만한 자명하거나 혹은 선결문제가 요구되지 않는 근거를 가지지 않는 한, 인간을 다른 살아 있는 존재보다 전면적으로 우월하게 다루어서는 안 된다.

(4) 우리는 인간을 다른 살아 있는 존재보다 전면적으로 우월하게 다룰만한 자명하거나 혹은 선결문제가 요구되지 않는 근거를 가지고 있지 않다.

(5) (전제 (3)과 (4)로부터) 그러므로 우리는 인간을 다른 살아 있는 존재보다 전면적으로 우월하게 다루어서는 안 된다.

(6) (정의) 인간을 다른 살아 있는 존재보다 전면적으로 우월하게 다루지 않는 것은 인간을 다른 살아 있는 존재와 전면적으로 평등하게 다루는 것이다.

(7) (전제 (5)와 (6)으로부터) 그러므로 우리는 인간을 다른 살아 있는 존재와 전면적으로 평등하게 다루어야만 한다.

위에서 명제 (1)은 거부하기가 거의 어려운 원리처럼 보인다. '평등한 것을 평등하게 불평등한 것을 불평등하게 다루어야 한다'는 형식적 평등의 원리처럼 우리의 일반적 직관이 손쉽게 받아들이기 때문이다. 전제 (2)는 비록 인간의 욕구와 동·식물로 대표되는 살아 있는 존재의 필요 사이의 관계를 분명하게 보여주지는 못하지만, 인간에의 전폭적인 예우를 다른 존재에 대한 침해로 정의하는 점에는 큰 문제가 없다고 판단한다. 따라서 (1),(2)→(3)의 추론은 건전하다. 또한 명제 (5)를 일단 참이라 가정하자. 평등의 개념을 보다 실질적인 차원에서 이해한다면, (6)의 정의도 별 무리가 없어 보인다. 그러므로 (5),(6)→(7)의 추론도 타당하다. 물론 명제 (4)를 옳다고 친다면, (3),(4)→(5)의 추론도 타당할 것이다. 정작 문제는 사실적 주장인 (4)에서 발견된다. 이 주장을 비인간중심주의는 환영하겠지만 인간중심주의는 허용치 않을 것이다. 그러나 전체 논증의 관건이라 할 수 있는 (4)의 참 혹은 거짓 여부를 가리는 것은 이 글의 범위를 벗어난다. 여기서 중요한 초점은 비인간중심적인 결론이라 여겨지는 (7)에 실제로 스며들어 있는 인간중심적 함축에 있다. 모든 종의 구성원을 평등하게 다루어야 한다는 그 주장에는, 모든 인간들을 평등하게 다루는 것에서 아직 자기 자신에 대한 선호가 허용되는 것과 동일한 방식으로, 인간과 비인간적 존재에 대한 공평한 대우에서도 역시 인간에 대한 선호가 여전히 허용된다는 점이다.

그런 인간에의 선호를 스테바는 방어와 보존의 개념에 기초하여 다음과 같이 정당화한다.(Sterba, 1995a : 201)

(1) 인간 방어의 원리A Principle of Human Defense : 해로운 공격으로부터 자신과 다른 인간존재를 방어하는 인간 행위는 설령 그 행위가 동물 혹은 식물을 죽이거나 해치는 일을 필연적으로 수반할지라도 허용될 수 있다.

(2) 인간 보존의 원리A Principle of Human Preservation : 자신의 근본적인 필요나 혹은 다른 인간존재의 근본적인 필요를 충족시키기 위한 필연적인 인간 행위는 설령 그 행위가 동물 혹은 식물의 근본적인 필요를 침해하는 것을 요구할지라도 허용될 수 있다.

(1)은 인간윤리에서 통용되는 자기 방어의 원리―자신 혹은 다른 사람을 인간의 해로운 공격으로부터 방어하는 행위를 허용하는 원리―와 매우 흡사하다. 인간 방어의 원리는 첫째로 우리와 관련을 맺고 있는 사람들에

게 가해지는 해로운 공격으로부터 우리 자신과 그들을 방어하는 것을 허용한다. 둘째로는 정당한 절차를 걸쳐 취득한 우리와 그들의 소유물을 침해로부터 방어하는 것도 허용한다. 반면에 (2)의 경우는 인간윤리에서 그와 유사한 원리를 발견하는 것이 거의 불가능에 가깝다. 인간 사회에서 자신을 위해 타인을 해치는 것은 상상조차 할 수 없기 때문이다. 그러나 인간 보존의 원리는 인간의 생존을 위해 매우 긴요한 것으로서, 그 침해의 대상에 동물과 식물을 위시한 비인간만 들어갈 뿐 인간은 제외되는 특권을 가진다. 이는 인간의 근본적인 필요가 위태로울 때 일정 부분에서 인간에의 선호를 고려하는 것이다. 그렇다고 해서 인간 종에 대한 선호의 정도가 모든 종의 평등성을 크게 손상시키는 것은 아니라는 점이 우리를 안심케 한다. 그 이유는 자신이 속한 종의 구성원을 그 정도로 좋아하는 것은 우리와 상호 작용하는 모든 종의 구성원이 갖는 공통적 본성이기 때문이며, 또한 바로 그 사실에서 원리의 합당성을 확보하기 때문이기도 하다. 만약 그 점을 그대로 수긍한다면, 아무리 강건한 비인간중심주의자라 해도 인간 보존의 원리에 표명된 인간에 대한 선호라는 정도의 인간중심주의적 성향을 통째로 거부할 수는 없다. 그럼에도 불구하고 인간에 대한 선호가 종들 사이의 엄존해야 할 평등 관계를 무시할 정도로 한도를 넘어선다면 난처한 지경에 빠질 수 있다. 결국 스테바는 비인간중심주의와 양립할 수 있는 일정한 범위를 숙고하면서 세 번째 원리를 제시한다.(Sterba, 1995a: 202)

(3) 불균등성의 원리A Principle of Disproportionality: 인간의 비근본적이거나 혹은 사치스러운 필요를 충족시키는 행위는 그것이 동물과 식물의 근본적인 필요를 침해할 경우 금지된다.

이 원리는 어떤 사람의 비근본적이거나 혹은 사치스러운 필요를 충족시키기 위해 다른 사람의 근본적인 필요를 침해하는 행위를 금지하는 인간윤리적 원리에서 곧바로 추론되는 것이다. 이 원리를 채택하는 것은 우리가 지녀온 생활양식을 근본적으로 바꾸어야 한다는 당위를 시인하는 것이다. 그것은 일단 우리에게 모든 종의 구성원을 평등하게 대우하라는 다소 추상적인 명령으로 다가온다. 그러나 적어도 다음과 같은 뜻인 것만은 확실하다. 비인간적 존재의 근본적 필요는 인간의 공격적 행위가 오로지 그들의 비근본적 필요를 만족시키는데 이바지할 경우에만 한정하여 보호된다는 것이다. 바꿔 말하면 불균등성의 원리가 그런 공격 행위를 금지시킴에도 불구하고, 인간 방어의 원리가 허용하듯이 해로운 공격으로부터 자신과 다른 인간존재를 방어하는 인간 행위는 설령 그 행위가 오로지 인간의 비근본적 필요를 만족시키는 데만 이바지할 경우라도 정당화된다.

사실상 비인간중심주의는 한편으로 (1), (2)의 원리를 통해 인간에 대한 일정 정도의 선호를 허용하지만, 다른 한편으로 (3)을 통해 그 선호에 확실한 제한을 가한다. 그 제한은 종들 사이의 평등도 인간들 사이의 평등에서 적절하게 유비 추리함으로써 설정된다. 그 귀결은 인간들은 평등하지만 서로 다르게 대우받듯이 마찬가지로 모든 종들도 평등하지만 서로 다르게 대우받아야 한다는 것이다.

이번에는 인간중심주의의 견지에서 세 가지 원리를 간단히 살펴보자. 인간 방어의 원리나 인간 보존의 원리는 둘 다 인간중심주의에 의해 채택되는 데 아무런 문제도 없다. 왜냐하면 인간이 다른 종의 구성원과 평등하든지 혹은 그 구성원보다 탁월하든지 간에, 인간을 해로운 공격에서 방어하고 인간의 근본적인 필요를 만족시켜 자신을 보존하려는 행위는 지극히 당연하기 때문이다. 그러나 인간중심주의는 불균등성의 원리를 비인간중심주의와는 사뭇 다르게 이해할 법하다. 만일 인간이 총체적 차원에서 탁월하다는 게 바뀔 수 없는 진실이라면, 다음과 같은 반문이 터져 나올 것이다. 동물과 식물의 근본적 필요가 인간의 비근본적인 필요를 충족시키는 공격적 행위를 가로막을 때, 비인간의 근본적 필요를 보호할 이유가 과연 있는가? 이 어려움을 스테바는 앞에서 보았던 선호의 정도를 두 갈래로 나누면서 돌파한다.(Sterba, 1995a: 206) 우리는 분명히 인간의 비근본적인 필요를 뛰어넘어서 동·식물의 근본적인 필요를 선호할 수 있다. 그것을 선호하는 것은 하나는 인간의 비근본적인 필요를 적극적으로 침해하는 것을 의미하는 경우일 수 있고, 다른 하나는 단순히 인간의 비근본적 필요를 충족시키지 못함을 의미하는 경우일 수 있다. 그것이 후자의 의미라면 그런 선호의 정도는 여러 종들 간의 평등 문제와 충분히 양립될 수 있을 것이다.

이쯤에서 스테바의 원리론적 논변을 특히 종들 간의 평등에 주목하여 서술해보자. 우리는 우리 종 구성원의 비근본적인 필요를 위해 다른 종 구성원의 근본적인 필요를 침해할 수 없지만(불균등성의 원리), 우리 종 구성원의 근본적인 필요를 위해 다른 종 구성원의 근본적인 필요를 침해하는 게 허용되며(인간 보존의 원리), 또한 다른 종 구성원의 해로운 공격으로부터 우리 종 구성원의 근본적인 필요는 물론 비근본적인 필요도 방어하는 것이 허용된다(인간 방어의 원리). 또한 스테바는 그 세 원리들을 제대로 터득한다면, 인간 복지와 비인간 복지 사이의 관심의 균형을 바로 잡아줄 수 있다고 한다. 또한 이 세 원리의 실천적 함의는 자원의 보존, 재생 및 인간과 비인간의 근본적인 필요를 충족시키는 자원 재배치 등등의 구체적인 방안을 포괄함으로써 환경 정의를 구현하는 데 긴요한 갈등 해결의 지침으로도 쓰일 수 있다고 주장한다.

마지막으로 스테바의 가치론적인 조화 논변을 보자. 그는 객관적 가치론과 주관적 가치론을 변론 가능한 형태로 정식화한다던 그 실천적 요구가 거의 동일하다고 역설한다.(Sterba, 1995a: 207~209) 객관적 가치론은 어떤 사물의 가치는 그것이 실제로 가진 질적인 속성 때문에 생긴다고 하며, 주관적 가치론은 어떤 사물의 가치는 단순히 인간이 그것에 가치를 부여했기 때문에 생긴다고 말한다. 여기서 그는 변경된 주관적 가치론을 설정한다. 그것을 사람들에게 진정으로 가치 있는 것은 그들이 온갖 관련되는 정보를 가지고 있고, 정확하게 추리한 결과에 의존하여 그들이 가치를 부여하는 것이라고 하자. 그렇다면 실상 객관적 가치론은 주관적 가치론과 별반 차이가 없게 된다. 왜 그런지 보자. 객관적 가치론은 가치의 있고 없음이란 사물이 실제로 가진 속성에 의해 결정된다고 한다. 그러나 우리가 그 속성에 의존하여 가치 평가를 내리기 위해선, 우리가 그 사물이 실제로 가진 속성에 반드시 접근 가능해야만 하며, 적어도 그 속성은 우리가 모든 관련되는 정보를 가지고 있고 또한 정확하게 추리할 수 있을 때 우리가 가치를 부여하는 그런 종류의 속성임에 틀림없기 때문이다.

　이제까지 꽤 길게 스테바의 주장을 검토해보았다. 나는 그의 논변이 인간중심주의와 비인간중심주의의 원리적 조화 가능성을 충분히 보여주었으므로 전반적으로 지지한다. 다만 그의 가치론적 논변이 함의하는 인간중심주의적 성향에 대해서는 비판적이다. 사실 스테바의 가치론적 논변은 엄격하게 말해서 일종의 주관적 가치론 위에 서 있다. 그것은 가치적 속성이 자연적 대상 속에 실재함은 잠재적 가능성으로서만 존재한다는 의미일 뿐이며, 가치는 전적으로 인간 정신의 차원에서 드러난다고 주장하는 것이다. 이것은 사실 자연환경에 부가되는 가치의 원천은 오직 인간 정신이라는 인식론적 인간중심주의일 뿐이다. 또한 더 밀고 나가면 환경을 돌보는 근거란 인간이 그렇게 하는 것이 인간에게 적극적인 이익을 가져오기 때문이라는 실행적 인간중심주의로 모습을 바꾼다. 인식론적 인간중심주의는 비인간적 실재인 환경의 본래적 가치는 일단 그것이 인간에 의해 규정되고 나서야 오로지 표상되고 활동할 수 있다는 의미에서는 옳다. 하지만 가치는 인간에 의해 고안되는 게 아니라 환경 속에 있는 객관적 속성에 의해 비로소 부여된다는 사실을 고려한다면 전적으로 그르다. 가치는 그것이 존재하는 객관적 속성이 없이는 누구의 탓으로 돌려질 수 없으므로 일정한 객관적 토대를 갖는다고 보아야 할 것이다.

2) 인간중심주의와 비인간중심주의의 방법론적 조화

이번에는 인간중심주의와 비인간중심주의가 서로 맞서 온 방법론에서의 조화 가능성을 논의해보고자 한다. 그런데 방법론상의 대결은 양 진영 간에 직접 이루어지지 않고, 비인간중심주의라는 한 지붕 아래 동거하는 두 가족 간의 논쟁으로 표면화된 형국이다. 사실 동물중심주의자의 접근은 전통적인 윤리학의 한 변형태일 뿐이고, 생태중심주의자는 생태학에 기반을 두고 고유한 비인간중심적 접근을 정립하려 애쓰고 있다. 여기서는 그 논쟁[3]을 본격적으로 다루지 않고, 다만 두 가족의 화해에 대한 한 입론을 살펴보도록 하겠다. 또한 나는 인간중심주의와 비인간중심주의가 취하는 접근이란 근본적으로 그것이 수용하는 생태학의 방법에 달려 있다고 생각한다. 그러므로 양자가 각각 정초로 삼는 생태학의 방법론적 의미와 그 조화의 가능성을 캐보는 것이 다음 순서이다.

(1) 개체론적 동물중심주의와 전체론적 생태중심주의의 방법적 조화

워렌Mary Anne Warren에 따르면, 동물중심주의와 생태중심주의의 접근방법은 본질적으로 경쟁적이거나 불일치적인 것이 아니라, 비인간중심적 윤리 체계를 지향하는 보충적 관계에 있다고 본다. 그녀는 양자가 일정한 양보를 기꺼이 감행한다면 서로 간에 벌어진 방법적 틈을 충분히 메울 수 있다고 한다.(Warren, 1983: 109~134) 그 논거는 이렇다. 동물중심주의는 인간이 동물이 갖는 권리보다 훨씬 강력한 권리를 소유함을 인정해야만 한다. 동물이 설령 권리를 갖는다 해도 그것은 감각적 존재라는 이유 때문이므로 인간의 권리와 정확하게 동일한 내용일 수는 없다. 그 차이란 동물의

---

3) 개체론적인 동물윤리와 전체론적인 환경윤리 간의 논쟁에 대해서는 Westra(1989: 215~230) 참조.

권리는 어떤 상황에서, 예를 들어 환경적인 혹은 공리적인 이유 때문에 무시될 수 있으나, 비슷한 이유로 인간의 권리가 무시되는 것은 도덕적으로 용인될 수 없다는 점에 있다. 초점을 바꿔 말하면 동물의 권리를 인정한다고 해서 동물에게 생태 체계의 기본 틀을 어긋나게 할 정도의 특수한 우선권이 주어지는 것은 물론 아니다. 한편 생태중심주의는 비록 비감각적인 살아 있는 존재가 본래적 가치를 가진다 해도 도덕적 권리를 소유할 도리가 없음을 인정해야만 한다. 아닌 게 아니라 나무, 물, 흙 따위가 일정한 권리를 갖는다고 말할 때, 그것은 법률적 혹은 수사학적 전략으로 쓰일 뿐 인간이나 동물의 권리와 같은 논리적 근거를 나누어 갖는 것은 아니다. 그러나 그런 도덕적 권리가 없다고 해서, 나무·물·흙 등이 갖고 있는 인간이나 동물의 침탈에 대응할 최소한의 자격마저 송두리째 부정해서는 안 된다. 온갖 자연적 실재들은 본래적 가치를 갖는 생명공동체의 구성원으로서 대우를 받아야 한다. 사정이 그렇다면 동물의 약화된 권리와 비감각적 존재의 권리 없음은 전체의 공동선을 위한 희생을 일정 부분 허용하게 된다. 그러나 이 경우에도 인간의 권리는 그런 희생에서 면제될 만큼이나 강도가 높은 것으로 간주된다.

　워렌의 논변은 캘리코트의 비판처럼 기본적으로 윤리적 절충주의의 혐의를 채 못 벗고 있으며, 방법론적으로는 지나치게 다원주의적이라는 결함을 드러낸다.(Callicott, 1995b: 190~191) 예컨대 동물은 인간처럼 권리를 가지면서도, 인간과 같이 동일한 권리를 즐기지는 못하며, 또한 동물은 인간과 동등한 권리를 갖는 게 아니며, 그 권리는 인간의 권리와는 다른 방식으로 근거지어진다는 워렌의 주장은 분명히 일관성의 문제를 드러낸다. 그러나 워렌의 절충적 조화론은 생명공동체를 통일된 전체로 여기는 전체론적 방법과, 생명공동체를 자기 나름의 필요와 이해를 제각각 갖는 개별적인 감각적 실재로 여기는 개체론적 방법 가운데 하나만 선택해야 할 필요가 없음을 요령 있게 보여주었다고 생각한다. 두 가지 방법 중 하나를 고르기보다는 둘을 함께 취하는 게 더 유익하다는 태도이다. 그런 방법론적 화해만이 인간에서 비인간으로 뻗어나간 광활한 도덕적 세계를 보다 잘 설명해주지 않겠는가?

(2) 견고한 생태학과 유연한 생태학의 방법적 조화

앞에서 언급했듯이 인간중심적 환경윤리는 견고한 생태학에, 비인간중심적 환경윤리, 특히 생태중심주의는 유연한 생태학에 이론적 젖줄을 대고 있다. 견고한 생태학이란 흔히 취약한 과학으로 평가되는 기존 생태학을 과학주의적 태도로 접근함으로써 예측하는 능력을 충분히 구비한 가설-연역적인 이론 체계로 구축하려는 특징을 가진다. 이에 비해 유연한 생태학이란 보수적인 과학의 구태를 채 못 벗어난 기존 생태학을 자연주의적 태도로 접근하여 '생태 체계의 통일성', '종의 다양성' 등과 같은 설명하는 힘을 갖춘 규정적인 개념 체계로 구성하려는 특징을 드러낸다. 그렇다면 내가 보기에, 인간중심주의는 견고한 생태학으로부터 과학적 신뢰성을 얻겠지만 그 대신에 도덕적 규범성을 잃고 말 것이고, 비인간중심주의는 유연한 생태학으로부터 개념적 설득력을 얻겠지만 그 대신에 과학적 일반성을 잃고 말 것이다. 따라서 두 유형의 생태학을 하나로 엮어가는 방법론적 통합이 요청된다.

최근에 유연한 생태학과 견고한 생태학을 조화시키는 방안을 주창한 슈레더 프레체트의 논변을 따라가 보자. 그에 따르면 두 유형의 생태학은 환경윤리가 필요로 하는 ① 생태학적 불명확성의 조건 아래서 윤리적 결정을 만들어가는 절차와, ② 실천적 의미에서 환경정책을 지도하는 데 생태학을 사용하는 방법 둘 다를 보증할 수 없다고 한다. 그 까닭을 두 생태학이 공유하는 과학적 불명확성에로 돌린다. 유연한 생태학은 구정적으로 제한된 개념에만 매달리고, 견고한 생태학은 정확한 예측적 힘이 부족한 일반 이론관을 고집하기 때문이다. 슈레더 프레체트는 그 어려움을 타개하는 대안으로서 이른바 '실제적 생태학practical ecology'을 제안한다.(Shrader Frechette, 1995: 632~634) 실제적 생태학은 불분명한 규정적인 개념들을 회피하며, 연역적이거나 하향적인 설명보다는 귀납적이거나 상향적인 설명을 보다 선호하며, 제일의 규칙, 거친 일반화 그리고 무엇보다도 개별적 조직체에 관한 사례 연구에 기초한 것이다. 달리 말하면 '일반적인 생태학적 이론 혹은 모델'이 아니라 '사례-특수적이며 경험적인 생태학적 지식'에 바탕을 두고 펼쳐지는 사례 탐구의 생태학은 실질적인 응용과 실제적인 환경 관리에까지 자신의 영역을 넓힐 수 있다. 이것은 인간중심주의와 비인간중심주의의 조화를 겨냥하여 상정한 나름의 방법론적 모색이다. 요컨대 실제적 생태학이란 "하나의 중간 통로—단순하게 생명중심적 이론에 의해서만이 아니라 부분적으로는 인간에 의해서도 지시되는 길"(Shrader-Frechette, 1995: 635)인 셈이다.

나는 실제적 생태학이라는 방법론적 대안의 가능성을 일단 인정하면서도, 그것의 지나친 사례 중심주의와 잠재한 인간중심적 편향성에 의문을 품고 있다. 다소 구체적이고 경험적인 사례 연구를 통해 얻은 생태학적 정밀성을 지키기 위해 과연 지금껏 유지해온 생태학적 개념의 일반성을 기꺼이 버려야만 하는가? 또한 환경적 실천에서의 실제성을 확보하고 환경정책에서의 유용성을 증대시키기 위해 생태학적 보편성을 과감히 희생시켜도 되는 것인가?

4. 맺음말:
조화론의 현재적 의미

환경윤리를 '인간과 자연 간의 도덕적 연관'을 탐구하는 것으로 보는 한, 인간중심주의와 비인간중심주의의 대립적 병존은 피할 수 없는 현상인지

모른다. 이 글은 경쟁적인 조화론의 시도들—이를테면 인간중심주의의 입장을 고수하면서도 실천적 정책의 수준에서의 조화를 역설하는 노턴의 주장, 생태중심주의를 더욱 심화시키면서도 도덕이론의 수준에서의 조화를 탐색하는 캘리코트의 입론 등—을 직접 다루기보다는 조화 가능성의 원리와 방법에만 논의를 집중하는 한계를 가진다. 그럼에도 불구하고, 이 글은 적어도 인간중심주의와 비인간중심주의가 화해를 이룰 담론적 마당이 열려 있음을 이론적으로 밝혀준다고 생각한다. 그 조화론의 현재적 의미를 두 가지로 간추려보자.

첫째로, 인간중심주의와 비인간중심주의는 두 주장을 옹호 가능한 논증 형태로 재구성한 결과, 그 실천적 함의가 거의 다르지 않음이 드러났다. 그 점을 두 주장이 다 받아들일 수 있는 세 원리들로 정식화하여 그 수용을 분석하였다. 비인간중심주의는 인간 방어의 원리와 인간 보존의 원리에서는 인간에 대한 일정한 선호를 허용하면서도, 불균등성의 원리를 통해서는 그 선호에 제한을 가하는 특징을 보여준다. 또한 인간중심주의는 인간 방어의 원리와 인간 보존의 원리를 적극 수용하면서도, 불균등성의 원리에는 다소 소극적인 태도로 나온다. 그러나 선호의 정도를 두 갈래로 해석함으로써 그 원리도 역시 적용된다. 따라서 인간중심적 환경윤리와 비인간중심적 환경윤리의 조화는 원리론적으로 충분히 가능하다. 나아가서 세 원리에 대해서는 인간과 비인간 사이에서 관심의 균형을 잡아주는 실천적 역할을 기대할 수도 있다.

둘째로, 인간중심주의와 비인간중심주의는 방법론적으로도 조화를 모색할 수 있다. 비인간중심주의 안에서, 개체론적 동물중심주의는 동물의 권리를 훨씬 넘어서는, 즉 차원을 달리하는 인간의 특수한 권리를 인정해준다. 그에 비해 전체론적 생태중심주의는 비감각적인 존재가 가치를 함유할지라도, 인간·동물과 같은 감각적 존재가 갖는 권리의 확보까지는 불가능함을 승인하는 방식이 그것이다. 이는 각각 자신의 기본 전제를 하나씩 거두어들이는 바, 일종의 절충주의로 나타나는 부담을 떠안고 있다. 물론 인간중심주의와 비인간중심주의는 자신의 이론적 바탕으로 여기는 생태학에서 방법론적 조화를 구하기도 한다. 그리하여 불명료한 규정성의 한계를 드러내는 유연한 생태학과 부정확한 예측성에 제한된 견고한 생태학을 한꺼번에 극복하는 실제적 생태학의 방법론이 제시된다. 그것은 경험적인 사례 연구의 생태학으로서 인간중심적 편향을 잘 조정한다면 방법적 조화의 전범으로 발전할 수도 있을 것이다.

제4장
지속가능성의 윤리와 생태 체계의 가치

이 장은 지속가능성의 윤리를 생태 체계의 가치와 결부시켜 논의한다. 먼저 지속가능성을 자연 자본을 중심축으로 인간·사회·경제 자본을 연결 고리로 삼아 개념 규정하는 시도는 의미가 분명해진다는 장점에도 불구하고 기능적 의미만 지나치게 강조하는 문제가 불거지게 된다. 그 결과 인간 가치와 생태 가치의 대결에서 전자의 손을 일방적으로 들어 주는 인간중심적 편향을 드러내고 만다.

이에 생태 체계의 주요 기능에 준거하여 지속가능성을 세 가지—생명 의학적·물질적·미학적—차원으로 나누고 그 특성을 살펴본다. 생명 의학적 지속가능성은 그것의 물리적 의미를, 미학적 지속가능성은 그것의 역사적 의미를 복원시켜 주는 강점을 지니며, 둘 다 인간 가치와 생태 가치를 경쟁 속에서의 조화로 의미 있게 수렴하고 있다. 또한 지속가능성의 원리를 규범명제로 정리해본 결과, 역시 인간중심적 주장과 생태중심적 주장이 미묘한 갈등을 자아내면서 교차되는 것으로 밝혀진다.

지금까지의 논의를 숙고해보면, 지속가능성에서 생태 체계의 가치가 어떻게 작동하느냐가 주요 관건으로 나타난다. 그것을 경제적 가치와 생태 체계 서비스의 관계로 해명해본다. 직접적 사용가치는 공급/문화 서비스를, 간접적 사용가치는 조절 서비스를, 실존적 가치는 문화 서비스를, 선택권 가치는 세 서비스 모두의 가치를 향유하는 것으로 파악된다. 발전 윤리가 지속가능성 윤리의 출발점이다. 그러나 그것은 경직된 인간중심주의의 전제를 탈피하지 못함으로써 답보하고 만다. 최근 환경윤리의 동향은 유연한 인간중심주의를 넘어서서 생태중심주의로 과감하게 진입하는 추세에 있다. 지속가능성의 윤리를 성공적으로 정립하기 위해선, 생태중심주의의 논변을 치밀하게 정교화하는 것도 중요하지만 생태 체계의 서비스와 가치를 적절하게 처리하는 전략이 더욱 긴요하다고 보고 있다.

최근의 두 사례를 분석해본 결과, 양 극단이 스며들고 짜이는 타협이 썩 시급하다. 자연 자본과 관련하여, 정부는 '약한 지속가능성'에서 '조정적 지속가능성'으로 환경 단체는 '불합리하게 강한 지속가능성'에서 '강한 지속가능성'으로 전환해야 할 것이다. 또한 정부의 발전 윤리에 기초한 물질적 지속가능성 추구 성향과 환경 단체의 생태 윤리에 정초한 미학적 지속가능성 추구 성향도 조화의 길을 모색해야 한다. 조화로운 타협을 이루는 관건은 생태 체계의 서비스와 그 가치를 옳게 그리고 실용적으로 평가하는 틀에 달려 있다.

1. 들어가는 글
지속가능한 발전에서 인간 가치와 생태 가치의 긴장 관계

이른바 '지속가능한 발전sustainable development'은 스톡홀름에서 열린 유엔인간환경회의(UNCHE, 1972)에서 공식적으로 제안되고 나서, 세계환경개발위원회(WCED)의 「브룬트란트 보고서」(1987)를 거쳐, 유엔 아젠다 21(1992), 리오선언(1992) 등으로 이어지며 개발되어온 개념이다. 그 개념에서 사회적·경제적·환경적 측면 등을 포섭하는 서술적·사실적 맥락을 발견하는 것은 지극히 마땅하다. 그에 못잖게 규범적·윤리적 의미도 충분히 읽어낼 수 있다. 그런데 지속가능한 발전의 규범적·윤리적 의미를 충분히 음미해본다면, 그 안에 대립적인 긴장 관계가 내재해 있음을 알게 될 터이다. 나는 그 긴장을 인간 가치와 생태 가치가 서로 경쟁하는 데서 비롯된 것이라 생각한다.

예컨대 명쾌한 개념 규정으로 유명한 「브룬트란트 보고서」를 살짝 보자. 거기서 지속가능한 발전은 일단 "미래 세대의 필요를 충족시킬 수 있는 능력에 손상을 주지 않으면서 현세대의 필요를 충족시키는 발전"(The World Commission on Environment and Development, 1987: 43)[1]으로 정의된다. 이는 현세대는 물론이거니와 미래 세대까지 포괄하는 인간 가치를 우선적으로 천명하는 규정이다. 다른 무엇보다도 인간의 복지를 향상하는 성장과 삶의 질을 고양하는 개발을 최고의 선으로 간주하는 것이다. 그러나 최고의 선도 다음과 같은 조건에 얽매이지 않을 수 없다. "공기, 물 그리고 다른 자연적 요소들의 질에 해로운 영향을 끼치게 되는 지속가능한 발전은 생태 체계의 전면적인 온전을 지탱하기 위해서 최소화되어야 한다."(The World

---

1) 흔히 「브룬트란트 보고서Brundtland Report」라 불리는 문건은 다음의 책으로 간행되었다. The World Commission on Environment and Development, 1987, *Our Common Future*, Oxford: Oxford University Press.

Commission on Environment and Development, 1987: 46) 이는 생태 가치가 지속가능한 발전이 풀어야 할 중대한 전제 조건임을 밝혀준다. 자연환경의 건강이 유지될 때, 즉 생태 체계의 온전을 보존할 경우에만 성장과 개발이 정당화될 수 있다는 말이다. 물론 두 가치 사이의 긴장을 개념적 절충을 통해 다소 완화할 수는 있다. 이를테면 생태 체계의 생산적 잠재력이 위협받지 않고 남아 있는 한에서만 자연을 인간이 사용할 권리를 갖는 자원으로 개념화하는 방안을 들 수 있다. 그러나 인간 가치와 생태 가치의 긴장 관계가 그런 임시적 방편에 의해 남김없이 해소될 법하지는 않다.

지속가능성에서 인간 가치와 생태 가치는 어떤 경쟁을 벌이고 있는가? 만일 두 가치가 조화를 이룬다면 어떻게 조화를 이룰까? 생태 체계의 가치란 무슨 역할을 하는가? …… 여기서는 이런 물음들을 환경윤리학의 견지에서 고찰하려고 한다. 특히 지속가능성의 윤리가 성공하려면 생태 체계의 가치를 다루는 태도가 중요하다는 문제의식을 가진다. 먼저 지속가능성의 개념을 자연 자본을 중심축으로 삼아 분석한다(2절). 지속가능성의 차원과 원리를 인간 가치와 생태 가치의 경쟁과 조화에 주목하여 성찰한다(3절). 생태 체계의 가치와 그 평가 문제를 생태 관리와 연관시켜 논의해본다(4절). 그런 다음, 지속가능성의 윤리를 위한 가치론적 함축을 헤아려본다(5절). 여기서의 핵심 논점을 최근의 두 실제 사례에 적용해 분석한다(6절). 마지막으로 앞의 논의를 간추리면서 남은 과제를 따져볼 것이다(7절).

2. 자연 자본의 의미와 지속가능성의 개념:
인간 가치와 생태 가치의 대결

'지속가능성sustainability'에 대한 가장 일반적인 정의는 그것을 사회적·경제적·환경적(혹은 생태적) 측면으로 나누어 규정하는 방식을 취한다. 그 대표적 전형으로 세계은행World Bank의 개념 규정을 첫손에 꼽을 수 있다. 거기에다 인간적인 측면을 더 추가하여 그 내용을 살펴보도록 하자.

① 인간적 지속가능성: '인간 자본'을 유지하는 것을 뜻한다. 인간 자본은 건강, 교육, 기술, 지식, 지도 능력, 서비스에의 접근 등으로 구성된다. ② 사회적 지속가능성: '사회 자본'을 유지하는 것을 의미한다. 사회 자본은 사회를 위한 근본 틀을 창출하는 투자와 서비스를 지칭한다. ③ 경제적 지속가능성: '경제 자본'을 유지하거나 혹은 그 자본을 본래대로 존속시키는 것을 뜻한다. 경제 자본이란 인간이 만들어낸 산출물로서 통상 재정적 경제적 계산으로 환원되는 것을 이른다. ④ 환경적 지속가능성: '자연 자본natural capital'을 유지하는 것을 의미한다. 이는 인간에 의해 요청되며, 사회적 관심 때문에 발생하지만, 결국 자연 자본을 보존함으로써 인간 복지를 증진시켜준다. 물, 땅, 공기, 생태 체계의 서비스 등으로 이루어진 자연 자본은 그것의 많은 부분을 경제 자본으로 전환하게 된다.(Goodland, 2002: http://www.wiley.co.uk/wileychi/egec/articles.html)

지속가능성에 대한 위 정의가 갖는 특성은, 네 종류의 상이한 자본에 따라 지속가능성을 규정하는 데서 짐작할 수 있듯이, 환경의 지속가능성을 무엇보다도 지속가능한 발전으로 간주하며, 이때 발전은 어디까지나 경제 발전의 틀 안에서 설정되는 기획일 수밖에 없다는 점이다. 달리 말하면 환경의 지속가능성이란 최종 목표는 지속가능한 발전의 전 과정, 즉 인간적·사회적·경제적 과정을 통해서만 성취될 수 있다는 것이다.

환경의 지속가능성은 네 종류의 자본들 간에 어떤 방식으로 교류 내지는 대체가 이루어지는가에 따라 서로 다른 수준을 보여준다.[2] 맨 먼저 약한 지속가능성은 네 자본(인간, 사회, 경제, 자연 자본)들 간의 합성 여부와 상관없이 본래대로의 전체 자본(혹은 현재의 인간 복지)을 그대로 유지하는 수준을 말한다. 상이한 자본들끼리 현재의 경제활동과 자원 수여 조건 아래에서 완벽하게 상호 대체될 수 있다는 의미이다. 둘째로, 조정적intermediate 지속가능성은 본래 자본의 전체적 수준을 그대로 유지하기 위해 네 자본들 간의 합성이 이루어지길 요청하는 단계에 이르렀음을 말한다. 셋째로, 강한 지속가능성은 상이한 네 자본들이 상호 교류나 대체가 없는 상태에서 제각각 본래대로의 자연 자본(혹은 현재의 자연 물품) 수준을 그대로 유지하기를 요청하는 단계를 뜻한다. 마지막으로 불합리하게 강한absurdly strong 지속가능성은 어떤 것도 고갈시켜서는 안 된다고 선언한다. 네 자본 간의 교류 내지 대체가 불가능하며 재생 불가능한 자원의 경우 아예 사용조차 금지되는 수준이다.

우리는 네 가지 수준의 지속가능성들 중에서 어떤 것을 선택해야만 하는가? 약한 지속가능성이나 불합리하게 강한 지속가능성은 둘 다 현실적인 적합성뿐 아니라 실현 가능성도 매우 부족하기 때문에 취할 이유가 없다. 그렇다면 조정적 지속가능성과 강한 지속가능성 중에서 어떤 것을 골라야 하는가? 문제의 핵심은 정작 양자택일에 있는 게 아니다. 오히려 인간이 만들 수 있는 경제 자본과 인간이 만들 수 없는 자연 자본 사이의 교환의 여지에 달려 있다. 현시점에서, 환경의 지속가능성이란 '자연 자본의 유지'를 지향하는 바, 경제 논리에 입각해 보더라도 경제 자본보다는 갈수록 제한적일 수밖에 없는 자연 자본에 투자하는 게 훨씬 유리하다고 판단하는 듯하다. 아직은 시장의 논리가 지배적이지 않은 자연 자본에 투자하는 일은 인간 활동을 보장해줄 생태적 토대 및 물리적 하부구조에 거시적 수준으로 또한 대규모 차원으로 투자하는 것이다. 그런 인프라infra 구축을 위한 투자만이 모든 선행된 경제 자본에 대한 경제적 투자의 생산성을 제대로 유지

2) 지속가능성의 네 수준에 대한 자세한 논의는 Goodland and Daly(1995: 107~108) 참조.

시켜줄 수 있다는 것이다. 왜냐하면 점차 제한적으로 바뀌고 있는 자연 자본에 대한 재구축이 없이는 어떤 경제적 활동도 무의미하기 때문이다.

자연 자본을 다시 구축하는 구체적 행위는 대략 세 가지로 압축된다.(Goodland and Daly, 1995: 108) ① 재생: 자연 자본을 이용하는 현재 수준을 축소함으로써 자연 자본의 성장을 북돋는 행위, ② 경감 압력: 문명화된 자연 자본—가령 자연 산림에 대한 경감 압력의 해소 조치로서 인공 조림지의 조성—을 확대함으로써 자연 자본에 대한 경감 압력을 해소하려는 계획에 투자하는 행위, ③ 효율성: 예컨대 개선된 요리 스토브, 태양열 이용 요리 기구, 바람 이용 펌프, 태양열 이용 펌프, 화학비료를 대체하는 똥거름 따위와 같이 생산물의 최종-용도 효율성end-use efficiency을 증진하는 행위가 그것이다.

이제까지 살펴본 바에 따르면, 자연 자본은 지속가능성 개념을 보다 명료하게 규정하는 역할을 충실히 수행하고 있는 듯하다. 자연 자본을 중심축으로 한 인간 자본-사회 자본-경제 자본의 연결 고리를 통해 지속가능성의 개념적 연관 관계가 일목요연하게 드러나기 때문이다. 그리하여 노턴은 자연 자본에 정초한 사회과학적 접근을 제안한 바 있다. 만일 인간 복지와 "인간 종과 인간 문화의 지속을 위해 필수적으로 요구되는 조건을 영속시키는"(Norton, 1992b: 103) 의무가 제대로 인식되고 그 입장을 굳건히 견지한다면, 사회과학적 접근은 개체주의적인 가치 체계의 한계를 충분히 넘어설 수 있다. 거대한 자연 안에 인간의 문화가 얼마나 깊이 각인되어 있는지를 깨닫고, 인간 활동이 생태 체계에 미치는 영향을 과학적으로 해명한다면 우리는 자연 자원을 사용하는 데 있어서 '타협할 수 없는 의무non-negotiable obligations'를 자각하게 된다고 주장한다. 요컨대 자연에 내재해 있는 환경적 이해利害는 지속가능성을 자연 자본을 유지하는 수준에 대한 요청으로 해석함으로써 유의미하게 보장될 수 있다는 것이다.

그러나 자연 자본에 대한 그런 접근은, 홀란드Alan Holland의 지적처럼,

서비스의 흐름이 기본적으로는 자연 자본에의 투자에 의해 산출될지라도 기술 변화, 사회 배치, 인간 욕구 등에 크게 의존하기 때문에 지극히 미묘하여서 정확하게 파악하기 어렵다는 문제를 드러낸다.(Holland, 1994: 177~179) 더구나 지속가능성을 추구하는 동기로 간주되는 여러 세대가 공유하는 환경 정의正義에 대한 관심조차도 자연에 내재하는 환경적 이해관계와 일치하리라는 확신이 전혀 없는 형편이다. 그런 결함은 자연 자본 개념을 지나치게 기능적 의미로만 포착했기 때문에 생겨난다. 그러므로 자연 자본에 깃들어 있는 역사적이면서 물리적인 의미를 요령 있게 포섭하는 일이 썩 시급해 보인다.

지속가능성은 당연히 인간 가치나 생태 가치 중에서 어느 하나에만 치중해서는 안 되는 개념이다. 나아가서 지속가능성은 두 가치 간의 이분법적 대결 구도를 어떤 방식으로든 극복해야만 성공적으로 규정될 수 있는 개념이다. 그런데 자연 자본의 의미를 헤아려본다면, 인간 가치와 생태 가치 사이에 조성되어야 할 팽팽한 긴장이 한 쪽으로 쏠려있음을 읽을 수 있다. 이를테면 생태적 균형에 들어 있는 규범적 의미를 생각해보자. 생태적 균형은 미래 세대를 포함한 인간들의 사용을 위한 도구적 가치이기 때문에 매우 중요하다고 판단하는 게 인간 가치적 접근이라면, 자연은 그 자체가 가치를 지니기 때문에 어떤 경우엔 인간의 이해가 자연의 가치를 위해서 희생될 수 있다고 판단하는 것이 생태 가치적 접근일 터이다. 내가 보기에, 인간 자본-사회 자본-경제 자본의 의미 속에서 그런 생태 가치에 대한 배려를 찾기는 결코 쉽지 않다. 다만 자연 자본에서 두 가치 간의 대결적 경쟁 관계가 비로소 성립되지만 역시 인간중심적 경향을 드러내고 있을 따름이다. 왜냐하면 자연 자본은 미래 세대를 의식하여 자원을 보존하려는 의무를 나름대로 도출할 수 있겠지만, 생태 체계의 가치를 온전하게 지키기 위한 도덕적 책임을 마련할 여지를 거의 남기지 않고 있기 때문이다. 또 다른 이유를 쉬바Vandana Shiva의 표현을 빌려 밝혀보면 다음과 같다. "자연은 성장하는 자본으로서

[성장되지 않고] 둔화되는 것이다. 시장의 발달은 자연이 만드는 바로 그 위기를 해결할 수 없다. 나아가서 자연 자원은 현금으로 바뀔 수 있지만, 현금은 자연의 생태적 과정으로 바뀔 수가 없는 노릇이다. […⋯] 따라서 자연의 경제에서 통화는 돈이 아니라 생명인 것이다."(Shiva, 1992: 189)

3. 지속가능성의 차원과 원리:
인간 가치와 생태 가치의 경쟁과 조화

지속가능성은 다양한 영역에 걸쳐 있으며 그것이 미치는 범위 또한 폭넓게 펼쳐질 수 있다. 여기서는 지속가능성의 차원을 간명하게 세 영역으로 나누어 그 특성을 살펴보고자 한다. 일단 알기 쉽게 도표를 그린 다음에 설명해나가도록 하자.

도표 4-1 지속가능성의 차원과 그 특성[3]

지속가능성의 차원	도덕적 주장	가치 정향	타당성 유형	사회제도
① 생명 의학적 차원	건강에의 권리	인간 가치 = 생태 가치	정언명령	환경법
② 물질적 차원	원물질에 접근할 기회	인간 가치 > 생태 가치	공정한 분배	정상적 시장
③ 미학적 차원	좋은 삶을 자연스럽게 살기	인간 가치 < 생태 가치	문화적 수용가능성	미학적-공공적 전통

먼저 세 가지 차원으로 분류하게 된 근거는 자연환경의 잘 알려진 생태적 기능에 있다. 즉 ①은 생명 유지 기능, ②는 자연 자원 공급 기능, ③은 쾌

---

3) Leist & Holland(2000: 10)에 들어 있는 도표에다 내가 '가치 정향' 항목을 새롭게 추가하여 작성하였다.

적합 부여 기능에 각각 대응시킨 결과인 것이다. 생명 의학적 지속가능성은 우리의 일상 환경에서 자연적 물품이, 공기나 물처럼, 건강에 유익한지 해로운지에 따라서 평가될 경우에 존재하는 것이다. 물질적 지속가능성은 단지 시장 안에서나 혹은 시장을 통해서만 접근할 수 있는 자연적 물품의 지속가능성을 말한다. 이것을 그대로 화석 연료에 적용한다면 그 연료의 추출은 상당한 투자를 요구한다. 미학적 지속가능성은 자연의 아름다움이 이미 자연적 물품으로 파악된 물리(학)적 · 생물(학)적 물질을 위한 불가피한 기준이 될 때에야 존속하게 된다. 설령 다양성, 생태 생활권, 조경 등이 생명 의학적 · 물질적 대상의 속성을 부분적으로 가졌을지라도 그것의 미학적 가치가 더 우월할 때도 있기 마련이다. 그 경우라면 당연히 미학적 차원으로 간주된다. 내가 세 가지 차원의 분류를 수용하는 결정적 이유는, 앞(2절)에서 미리 지적했듯이, 자연 자본 개념에서는 누락됐던 역사적, 물리적 의미를 어느 정도 회복할 수 있다는 데 있다. 미학적 차원에서는 역사적 의미를, 생명 의학적 차원에서는 물리적 의미를 각각 복원할 수 있기 때문이다.

세 가지 차원의 지속가능성은 상이한 도덕적 주장에 준거한다. ①은 권리에, ②는 기회에, ③은 좋은 삶에 대한 이념에 호소한다. 규범적 호소 방법도 서로 다르다. ①은 권리에서 추론되는 무조건적인 강제력에 의존하며, ②는 약한 규범적 힘에 기대를 걸지만, ③은 삶의 질에 그냥 호소할 따름이다. 또한 상이한 사회제도가 부응할 터이다. ①은 법률에, ②는 시장에, ③은 문화적 전통에 기꺼이 자신을 내맡긴다. 이번에는 가치 정향을 검토해보자. 세 지속가능성은 일단 모두가 인간 가치와 생태 가치가 상호 경쟁하는 가운데서 적절한 조화를 추구하는 것으로 생각된다. 구태여 구별 짓는다면, ①은 두 가치에 엇비슷한 비중을 두지만, ②는 인간 가치에, ③은 생태 가치에 더 무게중심을 두고 있다. 특히 물질적 지속가능성의 경우에는 세대 간 형평의 문제를 야기한다. 자연 자원에서의 지속가능성은 그 자원에 대한 세대 간 기회의 평등 문제로 귀착되고 만다. 사회 자본은 그런 평등을 보증하는 데서 중대한 역할을 수행한다. 더 나아가서 자원 평등은 단지 좋은 삶의 표준적 관점에 서서 판단할 때에만 세대를 가로질러서 제대로 판단할 수가 있다. 또한 미학적 지속가능성과 관련해서는 생태학자들이 너무 손쉽게 자연의 윤리적 차원을 언급한다는 사실에서 출발해야 한다. 자연이 함유하고 있다는 심층적인 도덕적 의미를 애매모호한 개념들을 동원하여 자신 있게 논급하는 생태학자들이 적잖게 있다. 미학적 차원은 도덕적 차원에 비해 다소 얕고 주관적일지라도 훨씬 분명한 경험에 기초한 질적 의미를 갖고 있다. 미학적 지속가능성의 주장은 자연적 사물을 내재적으로 가치 평가하는 공공적 전통에 의존하여 펼쳐진다.

  이제는 지속가능성의 원리를 논의할 순서이다. 먼저 주목할 만한 대표적인 원리들을 간명히 개괄해보자. 「브룬트란트 보고서」가 제시하는 지속가능한 발전의 원리는 세대 간 형평, 세대 내 형평, 공공적인 참여, 경제 발전에 통합되는 환경보호에 관한 내용으로 이루어진다.(The World Commission on Environment and Development, 1987 참조) 크로커David Crocker는 인간 가치에 특히 치중함으로써 근본적인 인간 필요의 만족, 민주주의적 자기-결정, 환경적 존경, 인격적 자기-실현을 위한 평등한 기회를 원리로 제안한다.(Crocker, 1990 참조) 이에 비해 브라운Lester Brown은 생태 가치에 큰 비중을 둠으로써 종의 절멸이 종의 진화를 초과할 수 없고, 토양 부식이 토양 형성을 초과할 수 없고, 산림 파괴가 산림 재생을 초과할 수 없고, 어류 포획이 어류의 재생 능력을 초과할 수 없고, 인간 출생이 인간 사망을 초과할 수 없다는 원리를 내놓는다.(Brown, 1994 참조) 지속가능발전국제기구(IISD)는 '벨라지오Bellagio 원리'를 선언한 바 있다. 그 원리는 다음과 같은 10가지 지침에 따라 구체적으로 설정되고 있다. 지향적 비전과 목적, 전체론적 전망, 본질적 요소, 적당한 영역, 실천적 초점, 공개성, 효과적인 의사소통, 광범위한 참여, 계속되는 평가, 제도적 능력이 그것이다.(자세한 내용은 http://www.iisd.org 참조)

이처럼 다양하고도 성격이 판이하게 다른 원리들이 제출되는 까닭은 각자 나름대로 설정한 지속가능성의 개념과 준거에 입각하여 여러 원리들을 도출하기 때문이다. 어떤 지속가능성의 원리든지 간에 원리를 성공적으로 안출하려면 인간 가치와 생태 가치의 화해를 모색할 수밖에 없다. 두 가치 간의 치열한 경쟁 과정을 겪은 후에야 겨우 상생의 기반이 마련될 것이다. 그러나 여기서는 수많은 기존 원리들을 치밀하게 검토하면서 조화의 가능성을 발상하기는 어렵고, 다만 규범적 힘을 갖는 윤리적 원리를 제시하되 두 가치의 경쟁 관계를 선명히 부각시키는 데 주력하고자 한다. 먼저 인간 가치를 보다 중시하는 인간중심적인 지속가능성의 원리를 규범명제로서 정리해보면 다음과 같다.

① 인간 우월성의 원리: 우리가 자연을 다루는 데 있어서 중심이 되어야 할 것은 바로 인간의 필요이다. 바꾸어 말하면 환경적 의사 결정은 그것이 인간에게 미치는 영향에 근거하여 내려져야만 한다. ② 자연 자원의 원리: 자연은 인간이 자기 자신의 목적을 위해서 사용할 권리를 갖는 독점적 자원으로서 간주되지 않으면 안 된다. ③ 세대 내 정의의 원리: 우리는 각 세대 안에서 부자와 빈자 사이에 보다 정의롭게 자원의 분배가 이뤄지도록 노력해야만 한다. ④ 세대 간 정의의 원리: 우리는 미래 세대에 대한 도덕적 의무를 갖고 있기 때문에, 자연 자원을 사용하는 데 있어서 현세대의 필요뿐만 아니라 미래 세대의 필요에도 관심을 기울이지 않으면 안 된다. ⑤ 경제 성장의 원리: 우리는 경제 성장을 모든 인간의 근본 필요가 만족되는 방향으로 이끌어야 하며, 또한 그 성장이 생태적으로 지속가능한 방식을 통해 이뤄지도록 노력해야만 한다. ⑥ 효율과 선견지명far-sightedness의 원리: 인간의 자연 자원 이용은 효율적이어야 하며 또한 선견지명이 있어야 한다. ⑦ 인구 성장의 원리: 인구의 증가는 그것이 생태 체계를 유지하는 생산적

잠재 능력에서 변화와 조화를 이루는 경우에 국한하여 허용토록 해야 한다.(Stenmark, 2002: 27~56; Murcott, 1997 참조)

이번에는 인간 가치를 충분히 고려하면서도 과감하게 생태 가치를 앞세우는 생태중심적인 지속가능성의 원리를 역시 규범명제로서 제시해본다.

① 야생 보존의 원리: 우리는 전혀 손대지 않은 야생 지역을 남겨야 할 의무를 지닌다. ② 생태 체계 보존의 원리: 우리가 야생 지역을 문화적 경관 지구로 변형할 경우 원초적 생태 체계와 그 서식자를 위한 지역을 남겨놓아야 할 의무를 지닌다. ③ 야생 복원의 원리: 우리는 야생 상태가 아직 복원 가능하다는 생태적 관점에 서서 자연 지역을 되살리려는 노력을 기울일 의무를 지닌다. ④ 다른 종에 대한 불악행의 원리: 우리는 인간 행위의 결과 때문에 동·식물들이 멸종 위험에 빠지지 않게 노력하고, 적절하게 기능하는 생태 체계를 보존할 수 있는 방식으로 동물 및 식물 종을 다뤄야 할 의무를 지닌다. ⑤ 자연적 고통에 관한 불간섭의 원리: 우리는 자연적 과정의 자연스런 일부로서 존재하는 고통을 줄여야 할 의무를 지니지 않는다. ⑥ 상응homologous의 원리: 우리는 동물이 야생 상태에 노출되어 받는 고통보다 (평균적으로) 큰 고통을 동물에게 안겨주지 않아야 할 의무를 지닌다. ⑦ 불필요한 고통 금지의 원리: 우리는 개인적으로 동물에게 불필요하거나 무의미한 고통을 안겨주지 않도록 노력할 의무를 지닌다. ⑧ 불필요한 손상 금지의 원리: 우리는 개인적으로 식물이나 자연적 대상에게 불필요한 손상을 끼치지 않으려고 노력할 의무를 지닌다.(Stenmark, 2002: 92~102; Murcott, 1997 참조)

이처럼 두 형태의 규범 원리를 진지하게 음미해본다면, 역시 인간중심적 주장과 생태중심적 주장이 미묘한 갈등을 자아내면서 교직하고 있음을 알 수 있다. 달리 보면 생명 의학적 지속가능성이 지시하는 정언적 명령, 물리적 지속가능성이 지시하는 규범적 힘, 미학적 지속가능성이 지시하는 체험적 호소 등도 여러 원리들 안에 각각 스며들어 있고 또한 함께 짜여있어서 전혀 색다른 긴장을 만들어내기도 한다. 앞으로의 후속 작업에서, 두 원리는 한편으론 선의의 경쟁을 통해서 주장이 보다 명확해지고, 다른 한편으론 두 원리 사이의 우선 관계와 상호 작용을 결정할 상위의 메타 원리가 따로 설정되어야 할 것이다.

4. 생태 체계의 가치와 그 평가:
생태 관리와 연관하여

여태껏 나는 지속가능성을 인간 가치와 생태 가치의 상관관계라는 측면에서 따져보았다. 즉 두 가치 간의 대결·경쟁·조화라는 맥락에 따라 지속가능성의 개념·차원·원리를 분석했던 것이다. 지속가능성은 한편으론 인간 복지나 내재적 가치와 같은 지향해야 할 규범적 목적을 서술하는 개념이지만, 다른 한편으론 지속가능성 자체가 귀속될 주체로서의 체계를 서술하는 개념이라는 톰슨Paul B. Thompson의 지적[4]은 전적으로 옳다. 지속가능성이란 속성이 담겨질 주체에 주목한다면, 지속가능성은 경제 체계와 생태 체계의 상관관계 문제이기도 하다. 매우 빠르게 변화하는 인간의 역동적 경제 체계와 비교할 때, 거대한 생태 체계도 장기적으론 비슷한 역동적 작동 체계이겠지만 정상적으로 보면 매우 느리게 변화하는 체계일 뿐이다. 생태체계라는 안정된 자기-조직화 체계 안에서 인간은 삶을 이어나가고, 놀라운 번영도 구가하고, 문화와 역사를 계속 발전시켜 나간다. 우리는

4) 체계-서술 개념과 목적-서술 개념에 대한 상론은 Thompson(1995: 153~164) 참조.

경제 체계를 온갖 인간 활동의 환경적 배경을 이루는 생태 체계가 온전하게 유지되게끔 운용하지 않을 수 없다. 그러나 그런 시도는 쉽게 성취될 수 없다. 무엇보다도 둘의 관계는 그 목표·본성·기능을 고려할 때 모순적이기 쉽다. 더구나 생태 체계는 경제 체계와 견줄 때 그 정체가 분명하게 드러나지도 않는다. '동물, 식물, 미생물 군집, 생명이 없는 환경 등이 기능적 단위로서 상호 작용하는 역동적인 복합체계'라 정의되는 생태 체계는 자기 안에 들어 있는 낮은 위계 조직 수준의 지식으로는 도저히 설명이나 예측을 할 수 없는 비선형적인 속성을 갖는다. 나아가서 생태 체계는 비평형적 패러다임에 기반을 둔 다층적 조직의 상태와 과정을 갖는 바, 그 체계는 열려 있으며, 목적보다는 과정이 중요시되며, 시간적이거나 공간적인 규모의 다양성이 강조되며, 독특한 교란이 인지되는 체계이다. 따라서 생태 체계의 건강 혹은 온전을 고려할 때 초점은 외부의 스트레스에 대응하는 체계의 능력과 자기-조직화 능력을 유지하는지 여부에 집중될 수밖에 없다.

  그렇다면 생태 체계를 어떻게 다루어야 하는가? 생태 관리ecological management란 사실 경제 체계와 생태 체계의 관계 양상을 매개적으로 조정하는 작업일 뿐이다. 노턴은 생태 관리의 공리를 다섯 가지로 요약한다.

  ① 역동성의 공리: 자연은 근원적으로 대상들의 집합이기보다는 일련의 과정에 가깝다. 즉 모든 것은 유동적이다. ② 관련성의 공리: 모든 과정들은 다른 모든 과정들과 관련되어있다. ③ 위계성의 공리: 과정들은 평등하게 관련을 맺는 게 아니라 체계 안에서 체계 안으로 펼쳐지는데, 그것들은 주로 조직화되는 시간적이고 공간적인 규모 면에서 차별화된다. ④ 창조성의 공리: 자연의 과정은 자기-조직적이며, 창조성의 온갖 다른 형태는 그 과정에 의존한다. 그런 창조의 매개체는 반복과 복제를 통해 조직화의 복잡성을 산출하는 체계 속에서의 에너지 흐름이다. ⑤ '특이형태 무름differential fragility'의 공리: 생태 체계

는 모든 인간 활동의 맥락을 형성하는 바, 그것은 자기의 창조적 과정 안에서 인간이 야기한 파괴를 흡수할 수 있고 또한 균형 잡히게 할 수 있는 범위 안에서 변화해나간다.(Norton, 1992a : 25~26)

위 공리는 파악하기 어려운 생태 체계의 성격을 최대한 반영한 성과로서 거의 모자람이 없어 보인다. 그러나 아직은 추상적 수준을 벗어나지 못하고 있다. 보다 구체화하려면 생태 체계에 대한 가치 평가가 선행되어야 할 것이다. 거칠게 말해서, 생태 체계는 인간에게 두 종류의 환경 가치를 제공한다. 하나는 생태 체계가 직접 공급하는 산출물과 서비스이다. 대기 가스 농도에 대한 규제가 만들어낸 성과가 그 한 예인데, 쾌적한 대기 가스는 육체적 건강, 정신적 안락, 미적 경험 따위의 인간 가치에 곧바로 기여한다. 다른 하나는 생태 체계가 간접적인 방식으로 제공하는 혜택이다. 그런 직접적·간접적 생태 가치란 야생의 순수한 생태 체계가 발휘하는 기능이 인간 사회에 투입된 결과를 말하며, 그것은 마침내 경제 체계의 가치로 환원되고 만다. 즉 생태 체계의 가치를 인간 가치로 평가한다는 말이다. 그런 가치 평가는 주로 공리주의적인, 곧 인간중심적인 관점에서 수행된다. 그 관점은 당연히 인간이 선호하는 것을 만족시키려는 복지를 지향한다. 그 핵심 주장을 다음과 같은 간단한 그림을 통해 살펴보자.

그림 4-1 경제적 가치와 생태 체계 서비스의 관계[5]

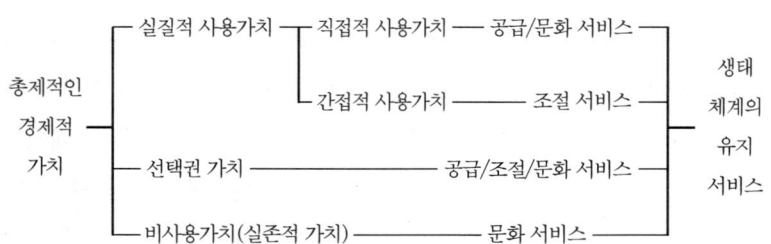

먼저 실질적 사용가치란 인간이 소비나 생산과정에서 생태 체계 서비스의 가치를 실제로 이용했다는 뜻이다. 직접적 사용가치는 어떤 생태 체계의 서비스가 소비나 생산과정을 위해 직접 사용되는 것이다. 이와 달리 어떤 생태 체계 서비스는 최종적 소비나 생산과정에 매개적으로 투입되기도 하는 데 이것을 간접적 사용가치라 부른다. 직접적 사용가치는 생태 체계로부터 식량, 신선한 물, 연료 목재, 섬유, 생화학 재료, 유전자 자원 등의 생산물을 얻는 공급 서비스와 생태 체계로부터 정신적·종교적 안락, 여가 선용과 생태 관광, 미적·교육적·영감적 경험과 각성, 장소 감흥, 문화유산 등의 비물질적 수혜를 받는 문화 서비스의 가치를 누린다. 반면에 간접적 사용가치는 기후 조절, 질병 조절, 물 조절, 물 정화 등과 같이 생태 체계 과정의 조절로부터 혜택을 얻는 조절 서비스의 가치를 향유한다.

여기서 선택권 가치option value란 사용가치의 미래적 선택이 함유하는 잠재 능력을 특수하게 자리매김한 것이다. 현세대의 특정한 개인이 사용 중인 가치에다가 미래 세대(후손)에 속하는 개인이 앞으로 사용할 가치와 그 특정 개인에 대한 대리 가치로서의 타인이 사용하는 가치까지 전부 포괄하는 개념이다. 이 선택권 가치는 공급/조절/문화 서비스의 가치를 골고루 향유한다. 비사용가치는 인간이 자원을 직접 사용할 수 없음에도 불구하고 그 자원의 존재를 인식한다는 사실만으로 갖게 되는 가치를 이른다. 그것이 문화 서비스를 누리게 되는 것은 당연한 이치이다. 이는 생태 체계가 소유하는 내재적 가치에 대한 소극적인 자리매김이라고 할 수 있다. 갈하자면 '인간 복지와는 아무런 관련 없이 독립적·객관적으로 실존하는 목적 가치'로 규정되는 자연의 내재적 가치를 주장하는 생태중심적 관점과 그런 내재적 가치를 아예 인정치 않는 공리주의적 관점이 서로 만나는 접

---

5) Pearce, Markandya, Barber(2000: 175~177)의 일부 내용과 Millennium Ecosystem Assessment(2002: 152)의 그림을 연결하여 나름대로 재구성하였다.

합 지대인 셈이다. 마지막으로 생태 체계의 유지 서비스는 공급/조절/문화 서비스의 생산을 위해 반드시 필요한 밑바탕 서비스를 뜻한다. 이를테면 토양 생성, 영양 순환, 1차적인 유기물 생산 따위가 그것이다. 아무튼 생태 체계의 다양한 서비스는 안전한 삶의 추구, 좋은 삶의 질을 위한 기본 물질의 구비, 건강의 유지, 훌륭한 사회관계의 지속 등을 가능케 하는 결정 요인이라 할 만하다.

여기서 제기되는 가장 큰 문제는 공리주의적 관점에서 비사용 가치로 규정된 실존적 가치가 생태중심주의가 설정하는 내재적 가치를 과연 대신할 수 있는가 하는 점이다. 그런 측면에서 나는 내재적 가치를 생태 체계의 서비스와 관련시켜 분석함으로써 그 유용성을 경험적으로 입증하는 새로운 작업이 필요하다고 생각한다. 왜냐하면 지속가능성 윤리의 이론 구성에 대한 도움은 물론이거니와 그것의 실천적 응용력까지 함양하기 위해선 내재적 가치가 실질적으로 투영된 평가 틀이 요청되기 때문이다.

5. 지속가능성의 윤리를 위한 가치론적 함축:
발전 윤리에서 생태 윤리로

지속가능성의 윤리는 처음 발전 윤리로부터 출범하였다. 발전 윤리란 진정한 발전의 윤리적 토대에 대한 체계적 분석과 학문적 성찰을 수행하는 것이다. 즉 발전의 이론·계획·실천이 제기하는 도덕적·가치적 문제를 다루는 바, 어떤 발전(물품/재화/수혜의 개발)을 추구하며 어떻게 발전(수용 가능한 사회 변화 과정의 전개)을 이뤄나갈 것인가를 숙고하게 된다. 굴레Denis Goulet와 크로커(Goulet, 1995; Crocker, 1991 참조)로 대변되는 발전 윤리의 기본 주장은 다음과 같이 요약될 수 있다.

① 발전은 그 성격상 윤리적이다. ② 발전 윤리는 종합 학문적이다. ③ 빈곤의 감소는 진정한 발달의 핵심이다. ④ 발전은 궁극적으로 인간의 발전이다. ⑤ 적절한 발전은 상황적 맥락을 민감하게 포용해야 한다 ⑥ 관습적·협약적 발전의 문제는 곧 경제 성장의 문제이다.

위의 주장에서 ①, ②, ③, ⑤는 이의를 제기할 필요 없이 그대로 받아들일 수 있다. ⑥은 앞(2절)에서 이미 짚어보았다. 문제는 ④이다. 이는 인간 가치를 완곡하게 옹호하는 인간중심주의의 변할 수 없는 테제이다. 문제의 핵심은 인간중심주의를 받아들이는 자체가 아니라 그것의 경직된 수용에 있다. 그 점을 특히 자연관에 주목하여 간단히 검토해보자.

○ 경직된 인간중심주의가 전제로 삼는 테제
(1) 인간을 자연에서 분리하는 테제: 인간은 지구상의 다른 생명 유기체들과 본질적으로 다르기 때문에 자연의 일부가 아니다.
(2) 자연 자원의 무제한 테제: 자연이 인간에게 부여한 자산은 엄청나게 크기 때문에 실제로 고갈되지 않는다.
(3) 자연의 강건성 테제: 자연은 인간의 낭비를 항상 흡수할 수 있을 만큼의 탁월한 능력을 갖고 있다.
○ 유연한 인간중심주의가 전제로 삼는 테제
(1) 인간의 자연 의존성 테제: 인간은 지구상의 다른 생명 유기체들과 상호적으로 작용하고 의존도 하기 때문에 자연의 일부를 이룬다.
(2) 자연 자원의 제한 테제: 인간에게 유용한 자연 자원은 고갈될 수 있으며, 나아가서 그 자원을 효율적이고 선견지명이 있는 방식으로 사용하기 어렵다.
(3) 자연의 취약성 테제: 인간의 낭비를 흡수하는 생태 체계의 능력에는 한계가 있기 때문에 여러 분야에서 그런 한계에 도달한다.

발전 윤리가 전통적인 인간중심주의처럼 경직된 인간중심주의를 강하게 고집하는 것으로 보이지는 않는다. 그러나 주장 ④를 볼 때, 유연한 인간중심주의로 전환할 조짐이 전혀 드러나지 않는다. 바꿔 말하면 발전 윤리는 건강한 생태 체계가 제공하는 서비스와 가치를 감당할 자세가 되어 있지 못하다. 발전 윤리가 더 발전하지 못한 채 답보해온 까닭이 바로 이것이다. 최근에 전개되는 유력한 인간중심주의는 모두가 자연에 관한 유연한 전제를 받아 들인지 오래이다. 유연한 인간중심주의에서 한발 더 나아가 생태중심주의로 진입해야 한다는 게 나의 생각이다. 생태 가치를 무엇보다 중시하는 환경윤리를 정립하려는 게 오늘의 큰 흐름이기도 하다. 그런 환경윤리는 실제로 폭넓게 진전되어서 아주 다원화된 양상을 보여주고 있다. 대표적인 것만 꼽아 보아도, 생태 체계의 보존을 겨냥한 보존 윤리, 생태 체계의 건강을 강조하는 온전 윤리, 자연에 대한 생태적 책임을 역설하는 책임 윤리, 종들 간의 열린 대화를 모색하는 종 초월interspecies 윤리, 농업의 지속성과 예방성을 강조하는 유기농업 윤리, 환경 정의를 해결하는 국제 협력 전략을 도덕적으로 추구하는 지구 윤리, 생태 복원을 실용주의적으로 정당화하는 복원 윤리, 도덕적 영역의 확장을 짜임새 있게 이론화하려는 체계 윤리 등이 활발하게 논의되고 있다.

플럼우드Val Plumwood가 최근 저서에서 주창한 종 초월 윤리가 강조하는 의사소통의 덕목 몇 가지만 예시해보자.(Plumwood, 2002: 194~195 참조) 인간이 아닌 실재들을 '다른 국민'으로서 내지 '긍정적인 다른 구성원'으로서 인정하고, 인간과의 차이를 비위계적으로 인식하기, 인간/자연 대비를 보다 포괄적인 종초월 윤리를 허용하는 수준으로 분산하기, 자연 범주와 인간 범주의 비균질화하기, 비인간 타자를 잠재적으로는 의도적·의사소통적인 존재로 여겨 그들에게 마음을 열기, 타자의 말(의미·상징) 주의 깊게 경청하기, 의사소통적 상호 작용에 적극적으로 초대하기, 관대하게 재분배하기, 종 사이의 등급화와 등급의 맥락을 최소화하여 비등급적 입장세우기, 우리의 지식으로 따라잡을 수 없는 타자의 복합성에 주의 기울이기 등이 있다. 이상에서 보듯, 인간 종과 비인간 종 사이의 격의 없는 대화 내지는 긴밀한 의사소통을 전면에 내세우는 것을 감안한다면 생태중심주의의 입김이 얼마나 강력한지를 짐작하고도 남는다.

또한 최근 제안된 체계 윤리에서 주목되는 것은 윤리적 영역을 확장하는 이론 틀의 가능성에 있다. 알로에Hugo Fjelsted Alrøe와 크리스텐손Erik Steen Kristenson은 유기농업의 지속가능성과 예방을 윤리학적으로 정초하기 위해 도덕적 고려를 대폭 확장하는 전략을 채택한다.(Alrøe and Kristenson, 2003: 65~68 참조) 그들에 따르면 윤리적 영역은 크게 4차원으로 구성된다. 도덕적 대상을 다루는 도덕적 고려, 행위 주체를 취급하는 도덕적 책임, 행위 유형과 행위자의 실천 의지를 논급하는 행위 능력, 행위자를 실제 행동으로 옮아가게 하는 행위의 도덕적 근거가 그것이다. 여기서는 도덕적 고려 차원만 짚고 넘어가도록 하자.

도덕적 고려는 한편으로는 개인주의적으로 확장된다. 한 개별적 행위자로부터 주변의 유사한 다른 개인들에로 파생되는 방식이다. 즉 도덕적 대상이 자신→동료→사람→인간존재→감각 존재→생명 존재→사물로 확산된다. 다른 한편으로는 체계적으로 확장된다. 자신에서 가족(아마도 개, 고양이 등 동물 가족도 포함해서)으로, 가족에서 지역적 생태공동체(땅과 그 위에 사는 인간, 동물, 식물, 생물체)로, 더 나아가서 지구 생태공동체, 종국적으로는 우주로까지 진출하는 방식이다. 또한 자아를 확장하는 방식도 개인적으로는 타자를 자아와 동일시하며, 체계적으로는 자기 자신의 영역을 대폭 확장함으로써 달성된다. 전체적으로 볼 때, 철학적 논증이 다소 취약한 듯하지만, 도덕적 고려를 확장하는 접근만은 주목하기에 충분한 발상이다. 그런데 이제까지의 논의를 염두에 둔다면, 도덕적 고려의 개인적 확장은 인간 가치에 의존해서, 그것의 체계적 확장은 생태 가치에 근거하여 가치론적으로 설명했다면 설득력이 훨씬 배가되었으리라는 아쉬움이 남는다.

6. 인간 가치 대 생태 가치의 대립 사례 분석:
천성산 터널 공사 및 새만금 사업 재개 문제

정부는 경부고속철도 천성산 터널 공사와 관련하여 2005년 2월 3일 지율 스님 측과 합의함으로써 국책 사업 공사의 지연을 자인하게 된다. 정부가 고산습지 생태계에 미치는 공사의 부정적 영향을 들어 환경영향평가를 요구하며 100일에 걸쳐 단식투쟁을 벌여온 지율 스님의 요구를 받아들인 것이다. 공사의 재개를 둘러싼 9개월 동안의 극단적 대립에 이어 환경 영향 공동조사의 결과가 나오기까지는 공사 중단이 불가피한 상황이다. 또한 공교롭게도 다음날인 2월 4일 서울 행정법원은 새만금 소송에 대해 '새만금 취소 또는 변경' 판결을 내린바 있다. 이 1심 판결은 생태계 파괴 가능성을 이유로 법원이 대형 국책 사업에 처음 제동을 건 환경 재판이라 할 수 있다. 그 내용은 농림부장관이 새만금 사업 계획을 취소하거나 변경해야 하며, 그렇지만 방조제 공사는 정부의 계획대로 진행 가능하다는 것이다. 그 까닭을 간척지가 농지가 될 경우 환경 생태계를 파괴할 가능성과 희박

도표 4-2 천성산 터널 공사 및 새만금 사업의 분쟁 구도

논점 분쟁당사자	(1) 자연 자본에 대한 태도	(2) 지속가능성의 차원	(3) 생태 체계 서비스에 대한 태도	(4) 윤리적 관점
정부(공사 및 사업 주체)	자연 자본을 인간/사회/경제 자본의 연장선상에서 이해한다	인간 가치를 중시하는 물질적 지속가능성을 추구한다	생태 체계의 선택권/비사용 가치보다는 실질적 사용가치를 보다 선호한다	발전 윤리를 견지한다
환경 단체 (지율 스님 및 3보 1배팀 등)	자연 자본을 일단 수긍하지만 생태적 책임의 자각은 어렵다고 본다	생태 가치를 중시하는 미학적 지속가능성을 추구한다	생태 체계의 선택권/비사용 가치가 내재적 가치를 대신할 수는 없다고 본다	생태 윤리를 지향한다

한 경제성에서 찾고 있다.[6]

이제까지 거론하온 논점에 따라 두 사례를 분석해보자. 두 사례가 대체로 같은 양상을 보여주기에 한데 묶어서 정리해도 별 무리가 없어 보인다.

(1)과 관련해서, 정부는 인간/사회/경제/자연 자본의 현 수준을 그대로 유지하려는 '약한 지속가능성'을 지향하기 때문에 자연 자원을 사용하는 데서 생기는 '타협할 수 없는 의무'를 자각하지 못한다. 반면에 환경 단체는 무릇 어떤 것도 고갈시켜서는 안 된다는 '불합리하게 강한 지속가능성'을 지향한다. 자연 자본은 인간 가치적인 자원 보존의 의무를 도출하겠지만 생태 가치에 대한 도덕적 책임까지 환기하지는 않기 때문이다. 내가 브기에, 정부는 네 자본 간의 조화로운 접합을 도모하는 '조정적 지속가능성'을 추구해야 한다. 그러기 위해선 먼저 자연 자본을 지나치게 기능적 의미로만 포착하는 태도에서 벗어나야 할 것이다. 한편 환경 단체는 자연 자본의 현 수준 유지를 요청하는 '강한 지속가능성'으로 수위를 한 단계 낮출 필요가 있다. 그것이 생태적 책임을 대중들에게는 물론 정책 결정자들에게까지 확산시키는 현실적 대안이라 여겨지기 때문이다.

(2)의 경우, 정부나 환경 단체 둘 다 건강에의 권리를 강조하는 생명 의학적 지속가능성을 추구하는 면에서는 일치한다. 다만 정부는 자본의 흐름과 시장의 반응을 염두에 두기 때문에 인간 가치를 앞세우는 지속가능성의 물질적 차원을 항상 주목한다. 그에 비해 환경 단체는 문화적 전통과 좋은 삶well being을 중시하기 때문에 생태 가치를 우선시키는 지속가능성의 미학적 차원을 의당 강조하게 된다. 곧 천성산 고산습지나 새만금 갯벌을 지속가능한 자연적 자원에 국한하지 않고 심미적 자원으로 격상시킨다. 그러

---

[6] 두 사안에 대해 여러 언론 매체에서 대서특필한 바 있다. 다른 사안들과 함께 표류하는 국책 사업의 주요 사례로 다뤄진 다음의 특집 기사가 꽤 유익할 듯하다. 『중앙일보』 2005년 2월 5일자 참조.

므로 물질적 지속가능성과 미학적 지속가능성이 요령 있게 융합되는 대안이 요청된다.

(3)의 경우, 정부는 생태 체계의 유지 서비스 즉 공급·조절·문화 서비스의 가치를 감안하지만 경제적 값어치로 환원될 수 있는 만큼만 주목할 뿐이다. 선택권 가치나 비사용(실존적) 가치를 고려할지라도 매우 소극적인 태도로 임한다. 환경 단체는 경제적 값어치로 계산되는 유지 서비스의 평가 방식에 의구심을 품는다. 선택권 가치나 비사용 가치가 생태 체계(고산 습지, 갯벌) 고유의 내재적 가치를 제대로 반영할 수 없다는 이유에서다. 내재적 가치가 투영되는 실용주의적 평가 틀이 안출되어야 할 터이다.

(4)와 관련해서, 정부는 그 성격상 발전 윤리의 틀을 벗어나기 어려워 보인다. 건강한 생태 체계의 서비스와 그 가치를 액면 그대로 감당할 준비가 안 된 것이다. 환경 단체가 생태 윤리를 지향하는 것은 자연스런 일이다. 정작 문제는 어떤 환경 이론을 발판으로 삼느냐가 아니라, 인간 가치와 생태 가치를 어떻게 결합하며 또한 생태 체계 서비스를 어떤 방식으로 평가하느냐에 달려 있다.

7. 맺음말:
요약 및 남은 과제

여태까지의 논의를 네 갈래로 요약하는 가운데 남은 과제를 간추리는 것으로 결론을 대신하고자 한다.

첫째로, 지속가능성을 자연 자본을 중심축으로 하고 인간·사회·경제 자본을 연결 고리로 삼아 개념 규정하는 시도는 의미가 분명해진다는 장점에도 불구하고 기능적 의미만 지나치게 강조하는 문제가 불거진다. 그 결과 인간 가치와 생태 가치의 대결에서 전자의 손을 일방적으로 들어주는 인간중심적 편향을 드러낸다. 이에 생태 체계의 주요 기능에 준거하여 지속가능성을 세 가지 차원—생명 의학적·물질적·미학적 차원—으로 나누고 그 특성을 도덕적 주장·가치 정향·타당성 유형·사회제도라는 측면에서 살펴보았다. 생명 의학적 지속가능성은 그것의 물리적 의미를, 미학적 지속가능성은 그것의 역사적 의미를 복원시켜 주는 강점을 지니며, 둘 다 인간 가치와 생태 가치를 경쟁 속에서의 조화의 관계로 융통성 있게 받아들이고 있다. 또한 지속가능성의 원리를 규범명제로 정리해본 결과, 역시 인간중심적 주장과 생태중심적 주장이 미묘한 갈등을 자아내면서 교차되는 것으로 밝혀진다. 초점은 지속가능성의 개념이나 원리가 인간 가치와 생태 가치가 조성하는 경쟁과 조화를 얼마만큼 의미 있게 수렴하느냐에 모아진다.

둘째로, 앞의 논의를 고려해보면, 지속가능성에서 생태 체계의 가치가 어떻게 작동하느냐가 핵심 관건으로 나타난다. 그것을 경제적 가치와 생태 체계 서비스의 관계로 해명해 보았다. 공리주의적 관점에 따를 때, 직접적 사용가치는 공급 서비스와 문화 서비스를, 간접적 사용가치는 조절 서비스를, 실존적 가치는 문화 서비스를, 선택권 가치는 세 서비스 모두의 가치를 향유하는 것으로 파악된다. 세 서비스의 생산을 가능하게 하는 밑바탕 서비스를 유지 서비스라 말한다. 문제는 비사용 가치로 간주되는 실존적 가치가 생태중심주의가 설정하는 내재적 가치를 과연 대신할 수 있는가 하는 점이다. 그런 측면에서 내재적 가치의 유용성을 생태 체계의 서비스와 관련시켜 구체적으로 입증하는 새로운 작업이 필요하다. 왜냐하면 지속가능성 윤리의 이론적 성공은 물론 그것의 실천적 응용력까지 보장하기 위해선 내재적 가치가 실질적으로 반영된 평가 틀이 요구되기 때문이다.

셋째로, 발전 윤리가 지속가능성 윤리의 출발점이 된다. 그러나 그것은 경직된 인간중심주의의 전제를 탈피하지 못함으로써 답보하고 만다. 최근 환경윤리의 동향은 유연한 인간중심주의를 넘어서서 생태중심주의로 과감하게 진입하는 추세에 있다. 지속가능성의 윤리를 바르게 정립하기 위해서, 일단 생태중심주의의 논변을 인간 가치와 생태 가치의 융합을 모색하는 방향으로 정교화하는 것이 중요하다. 그렇지만 그런 과제의 최종적 달성은 생태 체계의 서비스와 가치를 어떻게 포착해서 얼마나 효과적으로 처리하느냐에 달려 있다.

넷째로, 최근 다시 문제로 부각된 천성산 터널 공사와 새만금 사업의 분쟁을 분석해본 결과, 정부나 환경 단체가 고수하는 관점과 태도가 상당히 극단적인 것으로 밝혀졌다. 두 극단이 서로 스며들고 함께 짜이는 타협점 마련이 시급해 보인다. 자연 자본에 대한 태도의 경우, 정부는 '약한 지속가능성'에서 '조정적 지속가능성'으로 환경 단체는 '불합리하게 강한 지속가능성'에서 '강한 지속가능성'으로 전환해야 한다. 또한 정부의 발전 윤리에 기초한 물질적 지속가능성 추구 성향과 환경 단체의 생태 윤리에 정초한 미학적 지속가능성 추구 성향도 조화의 길을 모색해야 한다. 조화로운 타협을 이루는 관건도 역시 생태 체계의 서비스와 그 가치를 평가하는 틀임을 재확인하게 된다.

제5장
생태계 온전의 가치와 원리

이 장은 웨스트라의 온전 윤리를 비판적으로 성찰한다. 온전 윤리는 형이상학적 전제를 암묵적으로 깔고 있지만 주로 도덕적 정당화에 의존하고 있다. 온전을 아리스토텔레스의 eudaimonia(에우다이모니아)와 동일시한 연후에 그것을 생태계의 복지로 해석하는 것은 신선한 시도이기는 하나, 더 중요한 도덕적 온전과 연결되지 않는 아쉬움을 남긴다.

웨스트라는 생태계 온전을 여러 하위 개념들―생태계 건강, 생태계의 외부 훼방을 다루는 능력의 보유, 생태계의 계속되는 발전적 선택권을 위한 최적 능력을 획득하기, 생태계의 계속적인 변화와 발전을 유지해내는 능력―을 거느리는 우산 개념으로 규정한다. 그리고 생태계 온전의 가치는 다양한 후속 가치들―전 지구적 보편가치, 혁명 가치, 자유 가치, 건강 가치, 전체 가치, 조화 가치, 생물 다양성 가치, 지속가능성 가치, 생명/실존 가치, 환경 가치―로 구체화되는 궁극적 가치로 설정된다. 웨스트라는 생태계를 역동적인 과정으로 정의하고 그것의 온전을 가치론적으로 풀이하는 데는 일단 성공한다. 그러나 생태학적 검증을 통해 엄밀하게 확인되는 절차가 기다리고 있다.

생태계 온전의 원리는 일차-질서적 도덕원리와 그것에서 추론되는 이차-질서적 도덕원리라는 두 수준을 갖는다. 일차적 원리는 '우리 실존의 물리적 실재들과 충돌하는 어떤 행위도 혹은 우리 환경의 자연법칙에 들어맞지 않는 어떤 행위도 결코 도덕적일 수 없다'는 것이다. 이차적 원리의 하나는 '당신의 행위가 보편적인 자연법칙에 들어맞을 수 있게끔 행위하라'이다. 요컨대 온전의 원리는 제일의 도덕원리로부터 부차적인 정언명령을 도출하고, 그것들에서 다시 법률과 정책 등에 적용 가능한 실천적인 부차적 원칙들을 이끌어내는 방식을 취한다.

웨스트라는 온전 원리를 윤리적 영역 안에서 정교화하는 미덕을 보여주지만, 생태적 전체론의 난관—온전과 복지의 동일화, 인식의 불명확성, 생태학의 수용 문제 등—까지 타개하지는 못한다. 그것이 앞으로 해결해야 할 과제인 셈이다.

1. 들어가는 글:
생태계 온전의 규범성과 웨스트라의 온전 윤리

근래 들어, '생태계 온전ecosystem integrity(혹은 생태계 통합)'에 대한 논의가 부쩍 늘어나는 추세이다. 생태 체계를 전문적으로 탐구하는 생태학에서는 물론이거니와, 환경윤리의 분야에서도 생태계 온전은 중요한 토론거리로 떠오르고 있다. 그런 이론적 관심의 증가는 생태계 온전이 여러 국가와 지역에서 자연을 보존하기 위한 실천적 지침으로 작동한다는 점을 감안한다면 아주 자연스러운 현상이다. 실제적 예를 하나 들어보자. 캐나다 국립공원은 생태적 온전에 대해 "어떤 생태계가 온전하다는 것은 그것이 자신의 자연 지역에 걸맞은 특성과 토착 종의 구성과 풍부함 및 생물학적 공동체, 변화 비율과 지속 과정까지 포괄하는 특징을 지닌다고 간주 될 때이다"라고 정의한다. 보다 쉽게 말하면 생태계의 온전이란 '식물, 동물 그리고 다른 유기체 등의 토착적 구성 요소를 갖추고 있고, 또한 성장이나 재생산과 같은 과정을 본래 그대로 유지하고 있는 상태'를 이른다. 그런 생태적 온전이 캐나다 국립공원의 환경 현황을 검색하는 척도이며, 지속적인 생태 발전을 도모하는 지표가 되고, 또한 생태적 감시 및 평가의 기준으로 적극 활용되고 있는 것이다.("Report of the Panel on the Ecological Integrity of Canada's National Parks")

위의 경우에서 알 수 있듯이, 생태계 온전은 자연 세계를 보호하게끔 인도하는 가치로서 분명한 역할을 수행하고 있다. 그것은 단순히 과학적으로 분석된 생태학적 개념에 그치지 않고 실천적인 당위를 함축하는 환경윤리적 이념으로도 자리를 잡아가고 있다. 그런 배경 아래에서 카James R. Karr와 같은 생태학자는 아예 "생태적 온전 윤리"를 제안하고 나선다. 그 윤리는 환경철학과 환경윤리의 여러 경향을 수렴하고 자원 이용과 보존의 윤리 및 보존 생물학 운동의 폭넓은 전망도 전부 포괄하는 형태이다.(Karr, 1992:

225) 그러나 생태학이 그 스스로 힘으로 자연에 내재하는 규범적 가치를 발굴하여 성공적으로 이론화할 수 있다는 발상은 매우 위험하다고 생각한다.

나는 생태계 온전이 규범적 의미를 획득하고 더 나아가서 그것을 가치론적으로 논증하는 작업은 윤리학 안에서야 비로소 완결된다고 믿는다. 철학자 웨스트라Laura Westra가 그런 방식을 모범적으로 보여준다. 이른바 '온전 윤리'를 내놓은 그녀는 온전의 개념·가치를 새롭게 규정하며, 나아가서 행위규범을 도출하는 의무론적 원리까지 정립한다. 이 글은 온전 윤리의 논변을 비판적으로 성찰하려고 한다. 먼저 생태계 온전의 철학적 기초를 형이상학과 윤리학의 맥락에서 따져 본다(2절). 생태계 온전의 개념과 그에 입각한 가치를 분석한 다음에 온전의 원리를 비판적으로 음미해본다(3절). 생태적 전체론이 마주하고 있는 이론적 난관을 세 가지 측면에서 조망해본다(4절). 마지막으로 온전 윤리의 현재적 의미와 남는 과제를 헤아려 볼 것이다(5절).

2. 생태계 온전의 철학적 기초

1) 생태계 온전의 형이상학적 측면

웨스트라는 생태계 온전의 형이상학적 측면을 두 갈래로 언급한다. 둘 다 온전 윤리를 위한 전제 조건으로서 하나는 인간존재에 대한 새로운 이해이고 다른 하나는 생태계 온전에 대한 나름의 해석이 그것이다. 먼저 인간존재를 전환적 재인식의 맥락에서 특성화하고 있다.

① 형이상학적 사고방식으로의 전환과 인간존재를 가치 있는 전체의 일원으로 알아채기, ② 합목적성과 인지 가능성을 공유한다는 근거에서 인간존재와 비인간 실재 사이의 유사성을 자각하기, ③ 인간의 시간적 본질, 즉

과거, 현재 그리고 미래와의 내재적 연관 관계를 인식하기, ④ 개인의 죽음으로 대표되는 인간의 본질로서의 유한성을 각성하기, ⑤ 본원적 가치이자 근원적 진리로서의 자유, 즉 인간이 어떻게 존재해야 하는가를 규정하는 자유를 깨닫기 등이 그것이다.(Westra, 1994: 9~14 참조)

생태계 온전의 형이상학적 논점은 둘로 요약된다. 하나는 인간 바깥에 존재하는 타자, 즉 특수한 본성을 갖는 존재로서의 비인간 실재에 대한 앎의 문제이며, 다른 하나는 질서가 잡힌 생태계 안에서의 자연적 연관, 즉 피조물 안에서의 존재자들 사이의 상호 의존과 유대성을 파악하는 문제이다. 그런 실재와 연관에 관해 웨스트라는 아리스토텔레스의 목적론을 현대적으로 재구성한 목적 법칙론에 주로 의존하여 해명을 시도한다.(Westra, 1994: 60~62)

그런데 그녀는 형이상학적 토대가 환경윤리 이론을 굳게 다져준다는 사실을 인정하면서도 구태여 그런 토대에서 한 발짝 비켜 서 있다. 그리하여 "현재로서는, 온전의 가치를 이루는 형이상학적 구성 요소의 가능성에 대한 인지만으로도 충분하다"(Westra, 1994: 63)고 말한다. 요컨대 온전 윤리의 형이상학적 측면은 이론의 성공을 위한 필연적인 근거라기보다는 암묵적인 전제로 설정된 것이다. 하지만 그 전제에 기대어 생태계 안에 존재하는 실재나 그 연관의 본성을 목적론적으로 설명하는 만큼 이론적 발판으로서 이미 힘 있게 작용하고 있다.

2) 도덕적 온전에서 생태계 온전으로: eudaimonia 개념과 관련하여

웨스트라는 생태계 온전의 철학적 근거를 주로 윤리학에서 마련하는 듯하다. 그것에 대한 본격적 논의는 다음 절에서 다룰 예정이므로, 여기서는 생태계 온전의 도덕적 기원만 살펴보고자 한다. 그러기 위해 먼저 eudaimonia(에우다이모니아) 개념을 살펴보는 게 순서에 맞다. 어원만 따진다면 희랍어 eudaimonia는 "선한 수호적 정신을 가짐having a good guardian spirit"(Taylor, 1998: 450)을 뜻한다. 아리스토텔레스는 그것을 "덕과 일치하는 영혼의 활동"이며, "최고이면서 또한 최상의 완전함과 일치하는 덕"이라고 정의 내린 바 있다.(Aristotle, 1947: 1098a 16~18) eudaimonia는 '인간 선human good'으로서 지적 덕목이 아니라 도덕적 덕목을 가리킨다.

그런 eudaimonia를 웨스트라는 '복지well-being'로 번역하면서 즐거움이나 고통의 부재로 표현되는 행복과는 다르게 형이상학적 의미를 가진다고 한다. 생태계 온전에 적용한다면, 복지란 생태계의 기능과 구조를 하나로 결합하는 개념이 될 터이다.(Westra, 1994: 45~46) 그녀의 입장을 축약해 보면 다음과 같다.

만일 생태계 안에서의 온전을 복지eudaimonia로 설정한다면, 그 온전은 당연히 생태 체계의 구조와 기능은 물론 모든 과정들까지 추구해야 할 목적이 될 것이다. 그렇다면 생태계가 최상의 상태에 있는지 혹은 매우 탁월한 수준에 있는지를 어떻게 알 수 있겠는가? 그것은 끊임없는 환경적 변화가 수반된다 할지라도 생태계가 자신의 최적 수준을 그대로 지탱할 경우에 온전하다고 판단하면 된다. 그렇다면 생태계 온전이란 '생태계의 회복과 재생을 위한 최적의 용량 혹은 능력'이라 규정할 수 있는 바, 그것이 바로 생태계의 복지이다. 이때 생태계의 복지는 체계의 어떤 상태를 말하는 게 아니라 체계의 기능들이 올바로 실현됨을 지시한다. 생태계에서 목적의 성취로 귀결되는 복지는 마침내 가치론적 면모를 드러낸다. 물론 그 가치만이 생태계 자체의 '탁월성excellence'을 판가름하는 기준이 된다. 그 탁월성은 인간중심적 견지에서는 결코 안출되지 않는다. 즉 원시적이고 교란되지 않은 생태계에만 내재하는 가치이다.

여기서 반드시 짚고 넘어가야 할 논점이 있다. 생태계 온전과 eudaimonia는 '자연은 그 본질상 목적론적이다'는 형이상학적 명제를 동일하게 전제하고 있다. 웨스트라는 생태계 온전의 가치가 주로 윤리학적으로 정당화되고 과학적 타당성에는 제한적으로만 의존한다고 설명한다. 그러나 속내를 보면 그 정당화 및 타당화가 형이상학적 전제를 강하게 요청하는 형국이다. 아리스토텔레스를 논급하는 가운데, 인간 삶과 마찬가지로 자연도 합목적적이기 때문에 본질적으로 가치가 있다는 그녀의 다음과 같은 주장에서 그런 사정을 선명히 확인할 수 있다.

"여기서 함의하는 바는 우리가 개인적 '본성'을 그것에 내재하는 목적 혹은 발전의 원리를 동원하여 언급할 수 있을 뿐 아니라, ('헛되게는 어떤 일도 하지 않는') 전체로서의 자연 또한 '법칙과 같은 방식으로 작업하지 않을 수 없는' 내재적 목적이나 원리로 설명할 수 있다. 그런 내재적 원리와 목적은 개체적 발전을 초월하는 것이다."(Westra, 1994: 141)

그러나 온전에 대한 할폰Mark Halfon의 분석을 보면, 웨스트라는 중대한 문제에 봉착하고 만다. 아리스토텔레스적 eudaimonia 개념과 그것의 덕과의 관계는 온전의 현대적 개념과 그것의 인간 삶과의 관계와 유사하다고 할 수 있다. eudaimonia나 온전은 둘 다 완전한 인간 삶에 관한 가치를 표상한다는 공통점을 나누어 갖는다. 그럼에도 불구하고 둘을 등식화할 수는 없다. 왜냐하면 '인간 선의 실현'으로서 목적을 함의하는 eudaimonia에 견줄 때, 온전이란 인간의 도덕적 활동이 지향하는 목적을 표현한다기보다는 단순히 도덕적 성격의 상태를 서술하는 것이기 때문이다.(Halfon, 1989: 149~150)

할폰의 말을 그대로 빌리면, "도덕적 온전이란 어떤 전체가 일정한 종류의 인격person과 동일시될 수 있는 경우에 그 전체의 한 부분으로서의 가치를 갖는다."(Halfon, 1989: 155) 그런 도덕적 온전은 eudaimonia와 같은 어떤 활동이 아니라 일종의 덕으로서 성격의 상태를 지칭할 따름이다. 무엇보다도 웨스트라는 eudaimonia와 온전을 제대로 구분하지 않은 채 생태계 온전에 응용했다는 비론을 면할 길이 없다. 더욱 중요한 점은 생태계 온전의 이론적 기반을 eudaimonia보다는 도덕적 온전에서 발견하는 게 훨

썬 유익할 수 있다는 사실이다. 물론 생태계를 그 본성상 합목적성을 함유하지 않으며 또한 지향적 선택도 상정하지 않으면서도, 자신의 온전을 유지하고 동시에 스스로 진화해나가는 자연의 체계로 인정한다면 말이다.

3. 생태계 온전의 가치와 원리

1) 생태계 온전의 개념

생태계 온전은 이른바 "우산 개념umbrella concept"으로 제안된다. 생태계의 상태를 평가하는 일련의 준거들을 한꺼번에 포섭할 수 있게끔 하기 위해서이다. 이를테면 생물 다양성, 안정성, 건강 등의 준거들은 그 자체만으로는 생태계가 위험에 빠졌을 경우에 생태계가 의미하는 바를 완벽하게 포착해내지 못한다. 생태계 온전은 다음과 같은 하위 개념들을 포괄하고 있다.(Westra, 1994: 24~25 참조)

(1) 생태계 건강: 이는 생태계의 건강과 그것이 문제로 삼는 복지를 가리킨다. 만약 생태계가 제대로 기능함으로써 현재 상황에 도달했다고 한다면, 이 조건은 비원시적인 생태계나 혹은 어느 정도 퇴화된 생태계에조차 적용할 수 있다. 단순하게 그냥 건강한 생태계는 바람직할 수도 혹은 바람직하지 않을 수도 있기 때문에, 건강의 조건은 다소간 생태계가 소유한 능력 안으로 제한될 수밖에 없다.

(2) 생태계의 외부 훼방을 다루는 능력의 보유: 생태계는 밖으로부터의 교란을 수습할 능력이 있어야 하며 필요하다면 교란 이후 곧바로 자신을 재생시켜야 한다. 이는 스트레스를 잘 견뎌내는 힘을 말한다. 스트레스는 한편으로는 오랫동안 누적되어온 발전의 일부에서 기인되는 비인간 기원적인 것이며, 다른 한편으로는 사람에 의해 야기되는 인간 기원적인 것으

로서 이것은 심하게 파괴적인 경향을 드러내곤 한다.

(3) 생태계의 계속되는 발전적 선택권을 위한 '최적 능력'을 획득하기: 생태계의 온전은 그런 '최적 능력'을 그것의 시간/장소 안에서 달성했을 경우에 그 정점에 도달한다. 발전적 선택권을 위한 최대한의 잠재 능력은 예를 들어 최대한으로 가능한 생물 다양성에 의해 함양된다.

(4) 생태계의 계속적인 변화와 발전을 유지해내는 능력: 만일 생태계가 변화와 발전을 유지하는 능력을 보유한다면, 과거에서 현재까지 인간의 방해에 의해 제한되지 않는다면 그것의 온전성을 지켜나갈 것이다.

이러한 개념들 중 어떤 것도 독자적으로 온전이 의미하는 바를, 즉 온전의 전체론적 맥락을 완전하게 묘사할 수는 없다. 또한 어떤 개념들은 논쟁의 여지가 많아 보인다. 예컨대 안전성은 온전의 우산 아래 아예 들어가 있지 않다. 그러나 안전성은 온전의 총체성에 동참하는 자격을 확보하고 있어 보인다. 추측컨대 온전을 인간의 영향이 차 미치지 않은 생태계의 원시적 상태와 연관짓는 반면에 안전성은 건강과 마찬가지로 인간에 의해 이미 헝클어진 생태계의 회복과 연계된다. 더구나 안전성이 함축하는 가치가 정태적인 생태계에 단연 부합하기 때문이기도 하다.

웨스트라가 제안하는 생태계 온전은 일반적 개념으로서 이론상 꽤 적절해 보인다. 특히 환경정책이나 법률을 염두에 둔 실천적 적용을 위한 실다리 개념으로서 결코 부족하지가 않다. 그러나 다음과 같은 호트Paul A. Haught의 지적에 귀 기울이지 않으면 안 된다. 온전의 우산 아래 포함된 여러 개념과 준거가 생태학에서는 아직 검증되지 않은 논란거리라는 점이다.(Haught, 1996: 14) 웨스트라의 목표는 환경윤리적 규범을, 이를테면 우리는 생태계 온전을 유지해야만 한다는 당위를 현대 생태학이 공인한 용어, 모델, 이론 등의 도움을 받아 추출하려는 것이다. 만일 호트의 비판이 옳다면 온전의 개념은 물론 그것에 기반을 둔 온전의 가치와 원리도 흔들리기 십상이다.

2) 생태계 온전의 가치

생태계 온전은 그 체계의 과정을 위한 "궁극적 가치ultimate value"(Westra, 1994: 6)로 규정된다. 인간 사회에서 행복, 정의, 자유 등이 궁극적인 윤리적 가치인 것처럼 생태계 온전은 자연에서의 궁극적 가치를 위한 자연적 이상이다. 온전도 행복, 정의, 자유에 뒤지지 않는 전체론적 가치이며 일반화 가능한 가치이기 때문에 사회의 구성원에 의해 존중되어야 한다. 온전의 가치를 보다 구체적으로 분석해보면 다음과 같다. 그 특성은 설령 대부분이 인간중심적인 견지에서 응용되고 있을지라도 원래는 비인간중심적인 기원에서 출발한다는 점이다.(Westra, 1994: 69~70 참조)

① 온전은 보편적 가치로서 평화나 건강과 차별화되는 의미에서 전 지구적인 것이다. ② 온전은 인간의 상호 작용 및 권리에 대한 국가적 신념과 기존의 국제간 상호 교류 기준을 재고할 필연성을 끌어낸 촉매로서 혁명적 개념이다. ③ 온전은 유기체적 통일의 의미를 강조하는 바, 두 가지 면에서 자유의 가치를 지닌다. 소극적 자유는 유기체의 생물학적 동일성에 대해 어떤 간섭도 거부하는 가치이며, 적극적 자유는 유기체의 조건이 동일성을 유지하는 동안 발전과 변화의 능력을 계속 보유하는 수준이기를 요구하는 가치이다. ④ 온전은 비인간중심적 의미에서 건강의 가치를 갖는다. ⑤ 온전은 인간을 포함하여 개체의 위축된 역할과 지위가 강조되는 것에 대응하여 전체의 가치를 가리키고 지지한다. 그 강조는 단지 생물학적 상호 작용에만 적용될 뿐 사회적·문화적 활동에는 적용되지 않는다. ⑥ 온전은 개체와 전체, 구조와 기능 사이를 포함한 조화의 가치를 지지한다. 역시 생물학적 의미에서 그러할 뿐 사회적·문화적 의미에서는 그렇지 않다. ⑦ 온전은 생물 다양성의 가치를 포섭하며, 생명 유지 및 정보/의사소통 기능도 지지한다. ⑧ 온전은 지속가능성의 가치, 따라서 안정성의 가치를 포섭한다. 온전은 조경의 온갖 부문들이 지속가능하기 위해선 일정 정도는 절대

로 필요하다. ⑨ 온전은 그 자체로서의(즉 모든 개체와 전체로서의) 생명/실존의 가치를 강조한다. ⑩ 온전은 환경 가치로서 도덕성, 과학적/경험적 실재, 형이상학과의 일치를 보여준다.

생태계 온전은 인간이 그것의 가치를 인지하든 못하든 간에 자연에서의 가치를 현상한다. 바꾸어 말하면 생태계 온전은 비인간중심적인 내재적 가치인 것이다. 웨스트라를 따른다면, 온전이란 가치는 생태계의 상호 관계적 조직을 이르는 '구조'보다는 생태계의 작동과 과정을 지칭하는 '기능'과 밀접하게 관련된다. 왜냐하면 생태계는 역동적으로 조화해나가는 가치의 중심이기 때문이다. 생태계의 구조적 가치에 대한 관심은 마땅히 체계에 대한 정태적인 견해를 전제함으로써 건강이나 안전성 같은 가치를 지나치게 강조하는 성향이 있다. 거기에 비해 체계의 기능에 초점을 맞추게 되면 생태계의 동태적인 작용과 그 과정을 적절하게 발현하는 가치를 정교하게 다듬을 수 있게 된다.

그런데 온전은 인간이 관여하는 회복, 재생도 포괄하지만 어디까지나 인간에 의해 손상되지 않은 야생적이고 원초적인 생태계가 함유하는 가치이다. 그런 자연에서의 가치는 무릇 윤리적인 인간 가치와 동일한 게 아니다. 더구나 이상적인 생태계가 단지 온존한다는 사실만으로 생태계에게 값어치를 부여할 근거가 생겨날 리도 없다. 그럼에도 불구하고 인간은 생태계 온전의 가치를 존중하지 않으면 안 된다. 그것이 자연 가치와 인간 가치 사이에 존재하는 큰 간극이다. 웨스트라는 그 거리를 좁히기 위해 생태적 온전 개념과 윤리적 온전 원리를 양립 가능한 방향으로 조정한다. 그 초점은 개념과 원리 사이에 인간과 비인간을 아우르는 온전 가치를 개입시키는 전략에 있다. 말하자면 생태계 온전이 윤리적 의미를 함유한다는 점을 명료하게 보여줌으로써 온전의 가치도 인간의 도덕규범처럼 존중될 수 있다는 것이다. 잘라 말해서 생태계 온전을 자연에서의 궁극적 가치로, 온전 원리를 환경윤리에서의 최고 가치로 자리매김하는 것이다.

3) 생태계 온전의 원리

온전의 원리는 생태계 온전을 존중하는 의무를 제시하는 일종의 정언명령이다. 환경적 정언명령을 보장하기 위해선 이른바 '사실(존재)과 가치(당위) 문제'를 해소하는 게 급선무이다. 그러나 웨스트라는 흔히 가치는 사실로부터 추론될 수 없다고 요약되는 그 어려움을 정면 돌파하지 않는다. 오히려 생태계 온전을 교란하는 일이 도덕적으로 그르다는 점을 논증함으로써 온전 원리가 마주한 난관을 피할 수 있다고 본다. 바꾸어 말하면 생태계 온전이 함유하는 자연의 가치에서 윤리적인 온전 원리를 곧바로 도출할 수는 없다. 온전 가치는 온전 원리의 확고한 논리적 근거가 아니다. 그러나 온전 원리를 옳게 구축한다면 온전 가치는 도덕적 행위를 객관화하는 근거로서 유효하게 활용될 수 있다. 그녀의 주장을 직접 따라가 보면, "나의 논증에서 '존재'로부터 '당위'로 옮겨가는 일은 필수적인 게 아니다. 우리가 옹호할 수 있는 어떤 '당위'든지 간에 '존재'가 그 당위에 일정한 '제한'을 두는 것을 보여주는 것으로 충분하다."(Westra, 1994: 99) 그 '제한'은 인간 행위에 제약을 가하는 것이다. 그러나 하나의 사실로 상정된 그 제한도 어찌 보면 하나의 가치로 해석될 소지가 있기 때문에, 명실 공히 존재에서 당위로의 이동이라 보기가 어렵다. 그런 연유로 "자연에서의 온전의 '사실'이 인간존재에게 의무를 명령하는 '가치'로 논리적으로 전이될 수는 없다"(Haught, 1996: 100)는 비판에 대해 웨스트라로서는 자신 있게 반박하기가 쉽지 않은 형편이다.

웨스트라는 온전의 원리를 "두 수준 일원론two-level monism"(Westra, 1994: 91)이라고 부른다. 왜냐하면 일반적인 도덕원리로부터 그것에 일치하는 행위를 확립하는 두 수준의 정언적 격률을 구별하기 때문이다. 자명한 이치로 들릴법한 일반적 도덕원리는 다음과 같다.

"제일의 도덕원리는 우리 실존의 물리적 실재들과 충돌하는 어떤 행위도 혹은 우리 환경의 자연법칙에 들어맞지 않는 어떤 행위도 결코 도덕적일 수 없다는 것이다."(Westra, 1994: 92)

이러한 원리에서 '실존의 물리적 실재'와 관련하여 호트는 한 가지 의문을 제기하고 있다. 기술적 지배를 '실존의 물리적 실재'를 극복하기 위한 인간의 노력으로 간주함으로써 그런 지배의 성취를 관철하려는 인간의 권력을 용인한다는 의구심을 품고 있다.(Haught, 1996: 105) 말하자면 기술에 의한 지배가 생태적으로 지속가능한 목표의 성취로 귀결되는 한, 이러한 원리에서 웅변하는 자연법칙에의 존중은 일정 정도 자연에 대한 착취를 승인한다는 것이다. 그러나 그런 혐의는 "기술에 대한 평가를 위한 일차적 기준primary criterion"(Westra, 1998: 174)으로 설정되는 온전의 원리를 지나치게 확대 해석하는 데서 생겨난다. 더구나 온전 원리에서 이끌리는 실천적인 원칙들까지 진지하게 고려한다면 그 혐의를 충분히 벗을 수 있다고 나는 생각한다.

위에 제시된 제일의 도덕원리로부터 두 가지 정언명령이 추론된다.

① "당신의 행위가 보편적인 자연법칙에 [처음으로 그리고 최소한으로] 들어맞을 수 있게끔 행위하라." ② "당신은 (설령 자기 방어가 허용될지라도) 모든 자연적 과정과 법칙의 이해력 있는 수용과 그것들에 대한 존경을 표명하게끔 행위하라."(Westra, 1994: 93, 97)

생태계 온전의 원리는 인간의 규범적 의무 내지 책임을 언명한다. 여기서 개인들 사이에서 발생하는 의무의 갈등 상황을 과연 타개할 수 있는지 여부가 주목된다. 우선 어떤 특수한 경우에 응용할지라도 적합할 수 있을 만큼 제일의 원리가 아주 일반적이어서 형식상으로는 별문제가 없어 보인다. 그 내용을 보더라도, 도덕적인 것을 가름하는 것은 무엇이 개인에게 옳은지 좋은지가 아니라, 자연에게 가장 좋은 것이 과연 무엇인가라는 점이다. 온전의 원리는 개인의 이해 관심이 생태계에 존재하는 온전의 가치보다 더 중요하게 여겨질 가능성을 아예 배척한다. 그럼에도 불구하고 온전의 원리는 개체와 전체 사이의 갈등을 허용하고 더 나아가서 그런 갈등에 의존하기까지 한다. 그런 의미에서 전체의 가치 혹은 선은, 즉 그것의 온전함은 개체의 가치 혹은 선에 필연적으로 우선한다. 직설적으로 잘라 말하면 "전체로서 개체들 혹은 종들 사이에 갈등이 발생할 때, 그 갈등은, 설령 어떤 개인들 혹은 심지어 종들의 희생을 치를지라도, 보다 큰 그림 안에서 환언하면 생태계의 온전을 위한 방향에서, 통상 해결되는 것이다."(Westra, 1994: 97)

온전의 원리는 구체적인 명령이 추론되는 제일의 도덕원리가 절대적이라는 뜻에서 의무론적이면서 동시에 전체론적이다. 그 까닭을 직접 들어보면 다음과 같다. "비록 온전의 원리가 존경의 윤리를 옹호하고 개체적 권리뿐 아니라 집단적 권리의 윤리를 옹호할지라도, 생명의 소유와 그것의 집합적 유지가 무엇보다 우선적으로 간주된다는 의미에서 그 원리는 여전히 의무론적이고 절대적인 이론으로 남아 있다. 그러므로 그런 의미에서 온전 원리는 생명에 대한 권리 혹은 적어도 생명 유지 체계의 계속적 실존에 대한 권리를 절대적인 것으로 간주해야만 한다."(Westra, 1994: 143~144) 온전 원리의 범위는 모든 생태계 안에 존재하는 모든 생명의 가치에 걸쳐 있다. 모든 행위는 그것이 온전 원리에서 추리되기 때문에 생명의 가치, 곧 생태계 온전의 가치를 가장 우월적인 것으로 받아들인다. 결국 생태계의 지속적 발전을 담보하는 하나의 전체로 통합된 자연적 과정이야말로 최고로 우월한 가치의 담지자인 것이다.

또한 온전의 원리는 도덕성은 물론이거니와 법률이나 정책에도 손쉽게 적용될 만큼 실천적이다. 그런 부차적인 실행 원칙들을 간명히 축약해보면 다음과 같다.[1]

---

[1] 웨스트라는 온전 원리의 실천적 적용에 대해 많은 지면을 할애하여 상세히 다루고 있다. Westra(1994: 153~228) 참조.

① 생태계 온전을 보호하고 또한 변론하기 위하여 우리는 '포섭하는 복잡성embracing complexity'에서 출발해야만 한다. ② 잠재적으로 해로운 활동에 동참해서는 안 된다. ③ 과학, 법률, 일반 상식 사이의 상호 역동적인 대화를 받아들이고, 가치와 원리를 분명하게 규정하고 내어놓는다. ④ 우리의 생태적 발자국을 축소하고 오늘날의 확장주의적 세계관을 거부함으로써 '생태적 세계관'을 수용한다. ⑤ 현재의 많은 실천들과 선택들 그리고 기술의 극대화에 대한 현대적 강조를 배제하는 과감성을 받아들인다. ⑥ 구역을 지정하고 제약을 가할 필요성이 있다. 그리하여 우리 활동의 질뿐 아니라 양까지에도 제한을 두는 것을 승인토록 한다. ⑦ 우리는 개별 유기체의 개체적 온전, 곧 '미시적 온전micro-integrity'을 존중하지 않으면 안 된다. 왜냐하면 온전에 대한 우리의 존중이 일관성을 갖기 위해서, 또한 개체적 기능과 그것의 체계적 전체에 대한 기여를 존중하고 보호하기 위해서이다.

　이런 실행 원칙들은 온전의 원리가 환경정책에 유용하게 적용될 뿐만 아니라 개인의 환경적 행위에도 의미 있게 활용될 여지가 있음을 보여준다. 이는 온전의 원리가 실제로 어떻게 수행되어야 하는지를 구체적으로 밝혀주는 실천 방안이다. 그 원칙들은 어떤 종류의 사업 활동·경제행위를 영위하거나 혹은 어떤 유형의 정책 결정·가치판단을 내릴 경우에 있어서, 경영적·관리적·통제적 관점에서 일정한 수순을 밟아나가거나 혹은 이기적·개인적·집단적 관점에서 지정된 절차 과정에 들어가기에 앞서, 예상 가능한 환경적 영향을 충분히 고려하는 관점에서 그 사안을 평가·비판함으로써 허용 여부와 시정 정도를 판별하는 기능을 할 수 있다.

4. 생태적 전체론의 이론적 난관

1) 온전과 복지의 동일화 문제

온전 윤리가 사용하고 있는 중심적 방법은 생태적 전체론이다. 전체론의 견지에서 온전은 생태계 전체의 '복지'와 동일시된다. 따라서 생태계는 복지라는 목적을 지향하는 형이상학적 틀의 면모를 갖게 된다. 그런 틀은 과연 온전 윤리에 도움을 주고 있는가? 슈레더 프레체트에 의하면 생태계는 자신의 복지를 극대화하는 전체론적 단위라고 윤리적으로 가정하는 것이나 혹은 인간은 생태계의 복지를 극대화하지 않을 수 없다고 가정하는 것은 모두가 이해 관심의 주체를 생태계로 간주하는 견해로 나아가게 한다고 한다. 이 견해는 '생태계를 위해 최선을 다한다는 게 어떤 의미인가'라는 물음을 온전과 복지를 동일화하기 때문에 '생태계의 이해 관심이란 무엇인가'란 물음으로 변질시키고 만다. 그 물음은 오직 생태적 이해들 사이의 갈등을 해결할 수 있는 일련의 원리들을 채택함으로써만 풀릴 수 있다. 슈레더 프레체트는 그런 점을 다음과 같이 역설한다. "이해의 주체를 (일차-질서적인 윤리적 원리를 거쳐서) 생태계로 돌리는 것은 (실재의 증가가 이해를 갖는다고들 말하기 때문에) 불완전하고 문제점이 많다는 것을 뜻한다. 만일 사람들이 이해가 서로 다른 존재들 사이의 갈등을 어떻게 판결할지를 알려주는 이차-질서적인 윤리적 원리를 정식화하지 않는다면 그럴 수밖에 없다."
(Shrader-Frechette, 1993: 214)

그런 과제에 대해 웨스트라는 앞에서 제시한 제일의 도덕원리가 바로 일차-질서적 원리이고, 두 가지 정언명령이 다름 아닌 이차-질서적 원리라고 응답할 것이다. 여기서 일차-질서적 원리는 전형적으로 일정한 행위들의 허용 가능성 여부를 확정하는 보편적 의향을 담는다. 이에 비해 이차-질서적 원리는 일차-질서적 원리에서 추론되는 것으로서 그 행위의 허용 가능성이란 준거에 입각하여 행위자가 어떻게 행위하는 게 적법한지 여부를 구체적으로 지시해준다. 또한 온전의 원리는 생태계 온전이란 총체적 가치가 다른 어떤 생태적 구성원, 즉 개체, 종, 생명공동체 등이 갖는 경쟁적인 이해나 가치에 우선한다는 점을 함축하고 있다고 설명한다. 그런 대답으로 생태적 온전을 복지와 동일화하는 데서 생기는 어려움을 완전히 극복할 수 있는지는 여전히 의문으로 남는다.

2) 인식의 불명확성 문제

생태적 전체론이 마주하고 있는 또 다른 난관은 인식론적 불명확성의 문제이다. 생태계를 위해 최선을 다하는 행위란 어떤 것인가라는 문제 못잖게 인간이 생태계의 이해 관심을 제대로 아는 것도 풀기 어려운 물음이다. 그런 사정을 슈레더 프레체트의 언급을 통해 파악해보자. "전체론의 전제 조건—사람들은 생태계 복지를 극대화해야 한다—에 대한 윤리적 해석이 안고 있는 두 번째 윤리적 문제는 이러하다. 단일 생물권 혹은 생태계가 선을 갖고 있는 유기체적 전체라고 한다면, 우리들이 도덕적 행위자로서 그 선이 무엇인지를 아는 것은 매우 어려운 일이 될 것이다. 생물권이나 생태계가 우리들에게 그 선이 무엇인지를 알려줄 도리는 없고, 생태학에서 우리들에게 그 선이 무엇인지를 논쟁의 여지없이 알려줄 수 있을 만큼 일반적이고 예측적인 어떤 이론도 없는 형편이다."(Shrader-Frechette, 1993: 214)

웨스트라로선 온전을 자연 안에 내재하는 객관적 가치임을 입증함으로써 그런 인식론적 난관을 포할 수 있기를 희망할 것이다. 그러나 소기의 성과를 기대하기가 어려워 보인다. 오히려 웨스트라의 모델이 생태계 온전을 위한 논란의 여지가 없는 예측적 모델이기를 바라는 게 나을 법하다. 바꾸어 말하면 만약 생태계 복지가—생태계의 회복과 재생을 위한 최적의 능력에 의존하여—생태적 모델 속에 확실히 자리 잡을 수 있다면, 생태계를 위해 무엇이 최선인지 하는 문제와 그것의 인식 문제도 생태학의 과학성에 힘입어 어느 정도 해소할 수 있다는 말이다. 그렇지만 온전 윤리가 채용하는 생태적 개념들과 모델들은 다소 주관성과 자의성을 갖고 있다고 할 수 있다. 예컨대 생태계 온전을 원시적 야생으로 국한하는 경향이 있는데, 그렇다면 이미 교란된 생태계를 원상대로 온전히 복구하는 게 도대체 불가능할지도 모른다. 나아가서 생태계 온전은 지속가능성을 향한 정책의 목표로서의 추진력을 잃어버릴 수도 있다. 더구나 생태계 온전의 모델이 다른 어떤 생태학적 모델들보다도 예측적인 면에서 우월하다는 점을 증명하기는 쉽지 않은 노릇이다.

3) 생태학의 수용 문제

온전 윤리가 이론적 젓줄을 대고 있는 것은 '견고한hard' 생태학이 아니라 유연한soft 생태학이다.[2] 그것은 생태학의 본성을 과학적인 엄밀성보다는 주로 규정적인 개념 틀에서 찾고자 한다. 그러다 보니 유연한 생태학이 갖고 있는 결함을 함께 안을 수밖에 없다. 예컨대 웨스트라가 생태계를 "살아 있다"고 보면서, "형태상 환원 불가능한 잠재태potential"로 간주하는 것(Westra, 1994: 137)에 대해 견고한 생태학은 큰 불만을 나타낼 것이다. 과학적 자료에 입각한 사실이라기보다는 일종의 은유적 표현에 불과하다고 평가한다. 또한 최근 자연 과학의 본령으로 돌아가자는 견고한 생태학의 목소리가 한층 높아지는 상황도 고려해야 할 것이다.

생태계 온전과 관련하여, 견고한 생태학자들에게는 그 온전을 정의하는 것이 일련의 관찰 표준의 한계를 설정하는 작업일 따름이다. 왜냐하면 그들의 견지에서 중요한 과제는 자연에 숨어 있는 가치를 객관적으로 발굴하

---

2) 생태학의 두 갈래 분류에 대해서는 Shrader-Frechette(1995: 632~634) 참조.

는 게 아니라 자연에 대한 예측 능력을 고양시키는 일이기 때문이다. 따라서 생태계 온전을 생태계에 내재하는 일종의 가치로서 정의하려는 웨스트라의 시도를 승인할 리 없다. 그들에게 온전은 어떤 가치라기보다는 기껏해야 발견적인 과학적 도구로 간주된다. 혹은 온전을 복잡성이나 불안전성과 같이 "체계 자체의 어떤 속성이 아니라, 오히려 체계 서술 양식의 어떤 국면"(Allen and Hoekstra, 1992: 116)으로 여기는 게 옳다고 본다. 생태계에 대한 서술은 생태과학적 설명보다는 도리어 환경윤리적 개념에서 핵심을 이룬다. 생태학은 다만 생태계가 교란될 경우 기존 생태 기준에 얼마나 적합하지 않은가에 대한 정확한 정보를 알려주건 된다. 그러므로 자연을 위한 가치나 생태계에 내재한 가치의 원천을 생태학을 아예 벗어나서 윤리학 안에서만 찾기도 한다. 그런 맥락에서 호트는 온전 윤리에 대한 대안적 접근을 의욕적으로 제시한다.(Haught, 1996: 134~170 참조) 그의 '생태적 설화 양식ecological narrative mode'은 생태계 온전 개념을 생태계의 역사적 본성과 통합시키는 데서 출발한다. 그리하여 생태계 온전은 생태적 설화가 보여주는 정합성의 산물이며 그 온전에 기반을 둔 도덕적 의무도 생태적 설화의 정합을 보존하기 위해 작동한다고 주장한다. 요컨대 생태계 온전은 그것의 규범적 가치를 표명하기 위해 설화 양식이란 발견적 틀을 요청한다는 것이다.

5. 맺음말:
온전 윤리의 현재적 의미와 남는 과제

지금까지의 논의를 바탕으로 웨스트라가 내놓은 온전 윤리의 현재적 의미와 남는 과제를 네 갈래로 간추려본다.

첫째, 온전 윤리는 이론적 근거를 주로 윤리학에서 마련하지만 형이상학적 전제를 암묵적으로 깔고 있다. 온전을 아리스토텔레스의 eudaimonia 와 동일시하고, 그것을 복지로 번역함으로써 온전은 생태계의 구조·기능·과정들이 추구해야할 목적이 된다. 그 목적의 성취가 곧 복지의 구현이며 이것은 다시 온전의 가치로 거듭난다. 생태계 온전을 처음으로 덕의 윤리와 연관지어 논의한 일은 매우 신선한 시도임에 틀림없다. 그러나 덕으로서 어떤 활동을 뜻하는 eudaimonia와 성격의 상태를 말하는 도덕적 온전을 구분하지 않는 약점 때문에 어쩔 수 없이 eudaimonia에만 의존하고 있어 보인다. 따라서 생태계 온전은 최근 재해석된 도덕적 온전에게서 어떻게든 이론적 지원을 받아야 할 과제를 떠안은 셈이다.

둘째, 생태계 온전은 우산 개념으로서 생태계 건강, 생태계의 외부 훼방을 다루는 능력의 보유, 생태계의 계속되는 발전적 선택권을 위한 최적 능력을 획득하기, 생태계의 계속적인 변화와 발전을 유지해내는 능력 따위의 하위 개념들을 거느린다. 또한 생태계 온전은 궁극적 가치로 규정된다. 그 가치는 보편적 가치, 혁명적 개념으로서의 가치, 자유의 가치, 건강의 가치, 전체의 가치, 조화의 가치, 생물 다양성의 가치, 지속가능성의 가치, 생명/실존의 가치, 도덕성·과학적/경험적 실재·형이상학과의 일치에서 발현되는 가치 등으로 구체화된다. 이에 대해 그 우산 아래 포섭된 여러 개념들이 생태학에서는 아직 검증되지 않은 논란거리라는 지적이 나온다. 그 시비야 어떻든 간에, 생태계를 역동적으로 진화해나가는 과정으로 개념화하고, 그것의 온전을 가치론적으로 풀이한 작업은 충분히 주목할 만하다.

셋째, 생태계 온전의 원리는 일차-질서적 도덕원리와 그것에서 추론되는 이차-질서적 도덕원리라는 두 수준을 갖는다. 일차적 원리는 '우리 실존의 물리적 실재들과 충돌하는 어떤 행위도 혹은 우리 환경의 자연법칙에 들어맞지 않는 어떤 행위도 결코 도덕적일 수 없다'는 것이다. 이차적 원리의 하나는 '당신의 행위가 보편적인 자연법칙에 들어맞을 수 있게끔 행위하라'이다. 다른 하나는 '당신은 모든 자연적 과정과 법칙의 이해력 있는 수용과 그것들에 대한 존경을 표명하게끔 행위하라'이다. 또한 이런 원리들은 법률이나 정책에의 직접적 적용을 염두에 둔 부차적 원칙들로 파생되어 나갈 수 있다. 그런 실행 원칙들은 온전의 원리가 환경정책의 결정이나 개인의 가치판단에서 실질적 척도로 작용하게끔 만드는 구체적 성과로 여겨진다. 문제점이 전혀 없는 건 아니지만, 온전의 원리를 자연적 가치와 매개된 온전의 개념과는 다른 영역에서, 즉 철저히 윤리학적으로 정교화하려는 노력은 평가받아 마땅하다고 생각한다.

넷째, 온전 윤리는 생태계 온전 문제를 환경윤리에 끌어들여 본격적으로 논변했다는 점만으로도 중요한 기여를 한 것이다. 그러나 이론적 진전을 위해선, 온전 윤리가 입각해 있는 생태적 전체론의 난관을 타개해나가야 한다. 앞으로 풀어야 할 과제는 이러하다. '생태계를 위한 최선의 행위가 무엇인가'라는 물음이 온전과 복지를 동일화하기 때문에 '생태계의 이해 관심이 무엇인가'라는 물음으로 변질되는 어려움이 있다. 그에 따라 인식의 불명확성 문제도 초래하고 만다. 인간이 생태계의 이해 관심을 어떻게 알 수 있는가? 마지막으로 온전 윤리의 유연한 생태학에 대한 지나친 의존도 시정되어야 한다. 그래야만 견고한 생태학으로부터 과학적 특장을 원용할 여지가 생긴다.

제 2 부
생태 복원의 철학과
환경 이해의 문제

제6장
생태 복원의 자연적 본성과 지배적 권력

복원 반대 논증을 처음 제시한 엘리엇은 예술품의 복원과 마찬가지로 복원된 자연도 그 역사성을 회복하지 못하기 때문에 본래 자연이 가졌던 가치를 재생산할 수 없다고 주장한다. 그런데 가장 유력한 논증은 캐츠에게서 발견된다.

그는 '생태 복원이 만드는 인공물은 비자연적이다'라는 인공 복원론과 '생태 복원은 자연을 지배하는 인간 권력의 표현이다'라는 자연 지배론을 제시한다. 전자는 생태 복원이 오히려 역가치를 창출한다는 사실을 강조하며 후자는 생태 복원이 자연의 자유와 자발적 자기실현에 억압을 가한다는 점을 웅변한다. 그러나 캐츠는 인간 문화와 자연 생태를 서로 혼융할 수 없는 영역으로 도식화함으로써 이분법적 폐해를 그대로 보여주며, 비자연적인 것에서 자연적인 것을 구하려 하기에 범주 착오를 일으키며, 복원 능력의 부재에서 의무를 발견하기보다는 오히려 의무를 저버리는 결함을 노출한다.

캐츠의 인공 복원론에 반발하여 보겔은 '인공물은 자연적이다'란 반대 명제를 들이민다. 자연적인 것과 인위적인 것을 구별 짓는 이분법, 생태 복원에는 야생이 깃들 수 없다는 발상을 문제 삼는다. 더 나아가서 인공물의 속성에는 창조인의 의도를 뛰어넘는 자연적 능력이 포함될 뿐 아니라 인공물과 자연은 실질적으로 불가분의 관계를 맺고 있음을 규명한다. 보겔의 반박은 그 안에 내재한 실천적 호소력에 비해 논증의 설득력이 다소 취약해 보인다. 특히 창조인 없는 인공물을 상정하고서는 곧바로 그 성격을 자연적이라 추론하는 조급함을 드러내고 만다.

라이트는 자연 지배론에 대해 캐츠가 중시하는 자연의 이해 관심이나 자기실현이란 개념의 불명료성에 불만을 나타낸다. 또한 설령 인공 복원론을 그대로 수용한다 해도, 논리상 자연 지배론이 수반되지는 않으므로 복원에 잠재된 지배적 속성을 지나치게 과장하는 결함이 있다고 비판한다. 그리하여 한편으론 악의적 복원과 호의적 복원을 개념적으로 준별함으로써, 다른 한편으론 인간과 자연의 관계 논증을 제출함으로써 생태 복원을 실용주의적으로 변호한다. '생태 복원은 자연 자체와 함께 인간의 자연과의 관계까지 복원한다'는 명제는 이른바 '자연의 문화'를 회복해야 함을 강조한다. 이는 자연과 인간이 오랫동안 맺어온 본질적 관계를 재인식하고, 나아가서 그 관계의 재구성을 실현해야 함을 의미한다. 라이트의 반박은 꽤 짜임새 있는 논증으로 구성되어 있지만, 자연의 문화라는 개념과 자연과 인간의 본질적인 관계가 선명하게 부각되지 않는 문제를 안고 있다.

1. 들어가는 글:
생태 복원의 철학적 논점

생태 복원ecological restoration을 '생태계를 회복하고 관리하는 실제 행위'라고 일단 규정해보자. 그것에 대한 연구는 현재 어떻게 진행되고 있는가? 거칠게 말하면 산림 복원, 하천 복원, 습지 복원, 간척지 복원, 토양 복원, 생태축 복원 등등 여러 분야에서 이루어져온 실제의 연구는 한편에선 '보존·보전·보호'를 강조하는 자연환경의 단순한 '유지'를 제시하고, 다른 한편에선 '수복·재현·창출'을 역설하는 자연환경의 진정한 '복원'을 주장한다고 봐도 큰 무리가 없을 것이다. 완고하게 '유지'를 견지하든지 과감하게 '복원'으로 나아가든지 간에, 생태 복원이란 전반적으로 과학적 탐구 활동일 것이다.

그렇다면 그 활동을 철학은 어떻게 근거지우고 있는가? 생태 복원의 철학적 논점을 물음의 형태로 축약해보면 다음과 같다. 복원 계획을 위해 무슨 목적이 가장 적절한 것인가? 무슨 가치가 복원을 동기화하며 또한 정당화하는가? 무슨 수단이 그런 목적 달성과 가치 구현을 이루게 해주는가? 우리가 복원에 대해 갖춰야 할 전반적 태도는 무엇인가? 요컨대 철학은 복원이 지향해야 할 목적을 밝히며, 복원을 합당하게 추진할 수 있는 규범적 가치를 설정하며, 복원의 목적·가치에 걸맞은 수단을 가려내며, 복원에의 태도를 개념화하는 작업일 것이다.

생태 복원에 함축된 철학적 논점을 보다 선명하게 이해하려 한다면, 환경철학자들이 벌인 '복원 논쟁'에 주목할 필요가 있다. 이 글은 그 논쟁의 핵심을 이루는 '생태 복원은 과연 자연적인 것인가?', '만일 생태 복원이 비자연적인 것이라면, 곧 지배적인 권력을 갖는 것인가?'란 근본 물음에 대답하려는 시도이다. 생태 복원 문제를 맨 먼저 쟁점화한 엘리엇Robert Elliot의 견해를 살펴보고 나서, 그를 비판적으로 넘어섬으로써 가장 유력한 생태 복원 반대론자로 자리매김한 캐츠Eric Katz의 논증을 집중적으로 조명한다. 그런 다음 캐츠에 정면 대응하면서 생태 복원의 타당 근거를 마련하려는 보겔Steven Vogel과 라이트Andrew Light의 반박을 대안적으로 검토할 것이다.

미리 복원 논쟁을 간단히 개괄해본다면, 캐츠는 생태 복원의 본성을 자연적인 것이 아니라 인공적인 것이라고 간주한다. 그래서 생태 복원은 자연의 복원보다는 인위적인 역가치를 만들어내며, 더 나아가서 자연을 통제하려는 인간 권력의 헤게모니적 관철이라고 비판한다. 그에 맞서서 보겔은 어떤 의미에서는 모든 인공물도 자연적인 것으로 규정할 수 있다고 반발하며, 라이트는 생태 복원이 자연 자체만의 단순한 복원이 아니라 인간이 맺고 있는 자연과의 관계도 복원하는 것이기 때문에 복원의 정당성을 충분히 입증할 수 있다고 주장한다.

2. 캐츠의 인공 복원론과 자연 지배론

1) 모조물에서 인공물로: '생태 복원이 만드는 인공물은 비자연적이다'

생태 복원에 대한 반대 논증을 처음 제시한 철학자는 엘리엇이다. 그는 1982년에 "꾸며지는 자연"이란 논문에서 생태 복원의 본성을 예술 위조품, 즉 모조물에 견주어 분석한 바 있다. 그는 복원을 옹호하는 논변들이 전제하고 있는 두 가지 가정을 들추어낸다. 하나는 파괴되거나 손상된 환경은 사실상 회복되거나 복원될 수 있다는 주장이며, 다른 하나는 예술품 원본과 자연환경에 함유되어 있는 가치도 똑같이 복원될 수 있다는 주장이다. 엘리엇이 겨냥하는 주요한 논박 대상은 바로 두 번째 가정이다. 그가 도출해낸 결론은 이러하다. 야생 자연의 가치 부가적 성격은 복원될 수 없다.

그 까닭은 자연적 과정의 결과로 나타난 야생 자연의 존재론적 속성이 자연이 소유할 수 있는 가치의 가장 중요한 근원을 이루고 있기 때문이다. 요점은 복원된 자연은 그런 존재론적 속성을 결코 가질 수 없다는 것이다.

엘리엇에 따르면 예술품의 복원 작업에서 원본의 가치를 재생산할 수 없듯이 복원된 자연도 본래의 자연이 가졌던 가치―즉 단순한 도구적·수단적 가치가 아닌 비인간중심적·내재적 가치―를 재생산할 수가 없다. 그 핵심 논거는 예술품이나 자연적 대상의 가치는 일정 부분 그것의 역사에 의존한다는 것이다. 어떤 예술 작품의 가치는 그것을 직접 만든 특정한 예술가의 기능에 상당 부분 빚지고 있다. 만일 그 작품을 분실했을 경우, 질적으로 동일한 모조품을 만들었다 해도 그 작품의 가치는 온전하게 회복되지 않는다. 생태계의 가치 또한 그것의 역사, 특히 그것의 진화하는 자연적 과정에 의해 일정 부분 결정된다. 그 역사도 마찬가지로 복원을 통해 회복되지 않으며, 결국 복원된 생태계는 본래의 가치를 갖지 못한다. 설령 복원을 통해 이전의 생태계와 거의 같은 상태를 재생산했다 할지라도, 그것의 역사 특히 그것을 창조하는 인간의 역할 문제 때문에 복원된 생태계의 존재론적 지위와 그에 상응하는 가치는 원래 생태계의 그것들과 사뭇 다를 수밖에 없는 것이다. 간명히 축약하면 꾸며진 예술 모조품의 값어치를 원본 예술품이 갖는 가치에 견줄 수 없듯이 꾸며진 자연의 값어치 역시 본래 자연이 갖는 가치에 빗댈 수 없다는 논지이다.(Elliot, 1982: 81~93; 1997, 74~115)

캐츠는 한편으론 엘리엇의 주장을 긍정적으로 수용하지만, 다른 한편으론 그와의 확연한 차별화를 보여준다. 캐츠는 엘리엇의 예술/자연 비유가 갖는 평가 과정상의 탁월성을 일단 인정한다. ① 예술 작품이나 자연 실재에 내재하는 '연속되는 인과적 역사'의 중요성과, ② 그런 역사에 관한 지식을 적합한 판단을 내리는 데 사용한다는 장점이 있다고 한다.(Katz, 1992: 231~241; 1997: 102) 만일 어떤 예술적 혹은 자연적 대상의 가치를 분석하는 과정에서 그 분야의 전문가에 의해 '연속되는 인과적 역사'가 결핍된 것으로 판가름 난다면 그 대상은 주저 없이 열등한 것으로 평가되고 만다. 이는 역사성이 모조 예술품이나 꾸며진 자연을 손쉽게 가려내는 결정적 척도로 기능함을 여실히 보여준다.

그렇지만 캐츠는 그 비유가 예술 모조품에서 자연적 대상으로 곧바로 확대될 수는 없다고 반박한다. 엘리엇은 예술품의 원본 여부를 가리는 데 독점적인 요인으로 무엇보다도 그것을 만든 예술가의 개인적인 자기동일성을 꼽음으로써, 우리는 통상 예술품을 '개인에 의한 생산물'이란 제한된 범주로 인식하게 된다고 주장한다. 그러나 그런 개인주의적 범주를 벗어나는 여러 반례가 충분히 제시되기 때문에 그 주장은 큰 타격을 받을 수밖에 없다. 시빅L. B. Cebik의 예리한 지적처럼(Cebik, 1989: 331~346) 예술품의 창조에서 유동적이고, 완성될 수 없고, 진화하며 그리고 연속적인 범주에 해당하는 것들을 얼마든지 들 수 있다. 이를테면 역동적으로 구성되는 공공예술, 계속 변화해 나가는 인근 지역 벽화, 세대를 면면히 이어온 음악, 공연될 때마다 거듭 새로워지는 고전 발레 따위가 그런 실례들이다. 더구나 예술 작품의 가치를 평가할 경우에는 개별 작품을 대상으로 삼아 정태적인 관점에서 접근하는 게 정도일 수 있겠지만, 자연적 실재의 가치를 분석하려 한다면 체계 전체를 문제로 삼아 동태적인 시각으로 접근해야만 할 것이다. 아무리 양보한다 하더라도, 자연적 실재를 완성된 예술 작품과 동일하게 변화가 허용되지 않는 이미 완결된 대상으로 간주할 수는 없는 노릇이다. 줄여 말하면 엘리엇의 예술/자연 비유에서 예술 모조품 분석은 예술에 대한 개인주의적/정태적인 견해에 의존하고 있는 바, 그 견해를 존재론적 성격이 오히려 전체론적/동태적인 것으로 나타나는 자연적 실재에다 잘못 적용하는 게 큰 문제라는 비판인 것이다.

캐츠의 비판은 마침내 자연 경관과 예술 작품의 비교는 일종의 범주 착오라는 결론에 도달한다. 그에 따르면 예술의 모조품에는 명백히 창조인에 대한 관념이 들어 있다. 즉 어떤 작품을 모조하는 일은 그것을 창조한 인물에 대해 다른 사람을 속이는 방식으로 그것을 다시 생산하는 작업일 것이다. 그러나 자연 경관은 어떤 창조인도 두지 않는다. 그런 주장을 직접 들어보면 다음과 같다.

> "복원된 자연적 대상에서 지각되는 역가치disvalue는 그 대상을 만든 창조인의 정체성에 대한 오해에서 비롯되는 게 아니다. 그 대신에 잘못 자리매김된 '창조인'이란 범주—왜냐하면 자연적 대상은 인간의 예술 작품이 그러하듯이 창조인이나 디자이너를 따로 갖고 있지 않으므로—탓인 것이다. 일단 우리는 현재 목격하고 있는 자연적 실재가 어떤 인간 숙련공에 의해 '복원되었기에' 더 이상 자연적 대상으로 남을 수 없음을 깨달아야 한다. 그 자연적 실재는 도조물forgery이 아니다. 그것은 인공물artifact이다."(Katz, 1997: 102~103)

요컨대 캐츠는 엘리엇의 '생태 복원은 자연을 위조하는 일로서 모조물을 만든다'는 테제를 '생태 복원은 인간이 의도하는 일로서 인공물을 만든다'는 테제로 대체한다. 자연스럽게 초점은 그 인공물의 성격을 어떻게 볼 것인가에 모아진다. 단도직입적으로 말하면 캐츠는 '생태 복원이 만드는 인공물은 비자연적이다'라고 잘라 말한다.

그 논지는 대강 이러하다. 인공물은 인간의 창조물로서 인간의 필요나 목적이 욕구하는 바를 충족시키기 위해 고안된 것이다. 또한 그것은 인간 과업의 성취를 위한 수단이기도 하다. "따라서 인공물은 인간 목적과의 필연적인 '존재론적' 상관관계를 맺고 있다. 인간 목적, 인간 의도의 존재는 인공물의 존재를 위한 '필요'조건이다."(Katz, 1997: 122) 그렇다고 인간의 목적과 의도가 어떤 실재를 인공물이라 규정하는 '충분'조건이라고 할 수 없음도 확실하다. 왜냐하면 우리가 인공물이라고 간주하기 어려운 어떤 실재―예컨대 어린애나 친구와 같이 인간 사이의 관계가 산출하는 인간적 실재―도 인간 의도의 결과물일 수 있기 때문이다. 캐츠가 보기에, 자연적 실재는 그것이 자연적인 것인 한 어떤 목적이나 의향에 따라 창조되는 게 결코 아니다. 그에 비해 복원된 환경적 실재란 인간의 목적과 의향이 처음부터 끝까지 개입함으로써 비로소 이뤄낸 성과물일 따름이다. 그런 맥락에서 모든 생태 복원은 자동적으로 인간중심주의를 기본 전제로 깔고 있는 셈이다.

결국 자연적 실재로부터 인공물을 분별하는 관건은 인간의 목적이나 의향과의 존재론적 상관관계 여부에 달려 있다. 그런 마당에 생태적으로 복원된 경관에 대해 '자연적'인 것이라고 주장하거나, 혹은 복원 이전의 경관과 동일한 것이라고 간주한다면 그런 태도는 존재론적 혼동을 범하는 꼴이 되고 만다. 그 혼동은 그야말로 캐츠의 논문 제목처럼 '큰 거짓말big lie'을 하게 이끈다. 그래서 그는 냉엄하게 "우리는 자연을 복원할 수 없다. 우리는 다시 자연을 전체적으로 그리고 건강하게 만들 수 없다"라고 천명하기에 이른다. 그런 맥락에서 지금껏 실행되었고 또한 계속 수행되어나갈 생태 복원의 정책적 효능에 대해 다음과 같이 첨언하고 있다. "자연 복원은 타협compromise이다. 그것이 주요한 정책 목표가 되어선 안 된다. 그것은 나쁜 상황을 어떻게든 견뎌내려는 정책이다. 그것은 우리의 지저분한 구석을 말끔히 정돈해버린다."(Katz, 1997: 106) 결국 생태 복원은 근원적 해결책이 아니라는 주장이다. 오히려 진상을 가리는 방책이기 쉽다는 것이다. 마치 카펫에 얼룩이 묻었을 경우, 그것을 지우기 위해 청소하기보다는 탁자로 가려 놓음으로써 청결을 유지하는 방식처럼 말이다. 그런 임시방편은 얼룩의 원인과 진상에 대한 접근조차 가로막기 십상이다.

2) 인공 복원 논증에서 자연 지배 논증까지: '생태 복원은 자연을 지배하는 인간 권력의 표현이다'

앞에서 살펴보았듯이, 캐츠는 생태 복원이란 인간이 꾸며낸 작위적 결과물로서 그 본성은 결코 자연적일 수 없다고 단언한다. 그런 인공 복원론을 보완하거나 혹은 강화하는 옹호 논증들은 라이트가 분류한 대로라면(Light, 2003a: 402) 다음과 같이 다섯 가지로 추려질 수 있다.

(1) 표리부동 논증

이 논증은 생태 복원과 관련하여 피부로 체감할 수 있는 노골적인 반작용에 호소한다. 사람들 사이에서 가짜가 진짜인 듯 떠들었거나 가짜가 진짜처럼 행세했던 작태가 뒤늦게 드러난다면 누구나 모멸감을 느낄 것이다. 그런 시각에서 생태 복원의 실상을 들여다본다면, 생태 복원은 인위적으로 창조되고 기술적으로 꾸며진 자연이 짐짓 진정한 자연인 체 하려는 작태에 불과하다는 것이다. 인위적인 기술 제조품이 야생적인 자연적 대상으로 둔갑하는 것을 겉과 속이 다름에 비유함으로써 원초적 반감에 호소하는 논변인 것이다.

(2) 오만 논증

이는 작위적 인공물을 티 안 나게 자연적 산물로 둔갑시킬 만큼 스스로의 기술적 수준과 능력을 높이 평가하는 인간 자만심에 대한 공격이다. 인간은 계속 발달해가는 과학적 기술을 통해 자연 세계를 마음대로 조정하고 생태 체계를 이치대로 통할할 수 있다는 오만함에 꽉 차 있으며, 그런 조작의 실질적 수행 가능성을 맹목적으로 확신한다. 그런 잘못된 판단은 기본적으로 당면한 문제가 어떤 것이든 간에 기술적·기계적·과학적 해결 방안으로 충분히 타개해나갈 수 있다는 근거 없는 낙관에 기대는 형편이다.

섣부른 낙관주의는 흥망을 건 모험을 감행하게 만들고 그 귀결은 불필요한 위기를 불러오기 쉽다.

(3) 인공물 논증

이는 앞에서 이미 다뤘던 논증으로서, '생태 복원은 인간이 의도하는 일로서 인공물을 만든다'는 테제로 대변된다. 그 까닭은 "복원 계획의 의도적 결과물로서 재창조된 자연환경은 인간의 사용을 위해 창조된 인공물에 불과할 뿐이기"(Katz, 1997: 97) 때문이다.

(4) 대체 논증

이는 분명 가상적 시나리오에 대비한 논변이다. 왜냐하면 인공 복원을 강력히 반대하는 캐츠로선 복원된 자연이 원래의 자연을 대체할 수 있다는 현실을 승인하기 어렵기 때문이다. 그러나 인위적인 생태 복원이 도리어 인간 복지의 요구를 효과적으로 충족시킨다는 인간중심적 견해가 만만치 않게 버티고 있다. 인간 선을 증진하기 위해선 자연환경을 관리·통제해야 한다는 '책임 있는 간섭'을 소리 높여 강조한다. 그런 간섭은 '자연 조작'으로 진전되며 종국적으로는 '인공 환경'의 창조로 귀결된다. 그런 인공물은 인간이 설정한 과학 논리와 기술 과정에 입각하여 인간중심적 필요·욕구·이해를 만족시키기 위한 생산품에 지나지 않는다. 그런 상황에서 인간에게 즐거운 경험을 제공하는 것은 야생 자연이 아니라 오히려 인공물이다. 따라서 야생 자연은 더 이상 존재할 이유가 없어지고 만다. 그런 사정을 직접 들어보자. "만일 복원된 환경이 기존의 자연환경을 적절하게 대체한다면, 인간은 자연적 실재와 주거 환경을 어떠한 도덕적 귀결도 생각지 않은 채 사용하고, 퇴화시키고, 파괴하고 그리고 대체할 수가 있다. 본래의 자연적 실재가 갖는 가치는 보존될 필요가 없는 셈이다."(Katz, 1997: 113) 물론 캐츠는 엘리엇이 내놓은 논거의 연장선상에서 즉각 반발한다. 복원된 자연은 작위적으로 꾸며진 인공물로서 역사적인 자연 과정의 산물, 즉 야생 자연이 갖는 내재적 가치를 결코 소유할 수 없다. 설령 인공물이 인간의 필요·욕구·이해를 만족시킨다 할지라도 야생을 대처할 수는 없다. 그러므로 과학기술에게 손상된 자연을 원래대로 회복하는 능력이 있다고 자격을 부여하는 것은 환상 내지는 오류에 불과하다고 통박한다.

또한 대체 논증은 (5)의 지배 논증과 긴밀하게 연계되는 논변이기도 하다. 왜냐하면 '책임 있는 간섭'이란 애당초 인간의 자연에 대한 정복욕과 지배욕에서 비롯되었기 때문이다. 인간은 자신의 지배 욕망을 실현하기 위해 자연을 구미에 맞게 탈바꿈시키려 노력한다. 마침내 "자연 세계는 지배하는 권력(즉 인간성)의 요구를 충족하게끔 예속되어 있을 뿐 아니라 그 세계는 실질적으로 파괴되어서 보다 유순하고 협조적인 실재의 체계로 대체당하게 된다."(Katz, 1997: 139)

(5) 지배 논증

캐츠는 여러 곳에서 생태 복원이 함축하는 자연에의 지배를 논급하고 있다. 가장 명시적인 언명부터 살펴보자. "생태 복원의 실행은 오로지 자연 세계를 통제하는 인간 권력의 헤게모니와 무오류성에 대한 오도된 신념을 표현할 수 있을 뿐이다."(Katz, 1996: 222) 그러니까 우리가 자연에 대한 지배 계획에 동참한다는 것은 자연 세계를 우리 자신의 이미지로 재구성하고, 우리 자신의 목적에 맞게 뜯어 맞추는 작업을 의미한다. 야생 지역이나 자연적 대상을 재구획하고, 재창조하고, 복원하는 일은 자연적 과정에 대한 급진적인 간섭이라 부를만하다. 물론 자연적 대상을 인위적으로 창조하는 전 과정 내내 인간중심적인 이해가 주도적으로 작동한다. 자연에의 간섭은 곧 '자연적 실재에 대한 지배'를 뜻한다. 여기서 지배란 자연적 과정을 인간중심적으로 변경한다는 의미로서 자연 자체의 자유를 제한하고 자율을 부정하는 것이다. 자연 특유의 창조적인 능력을 억압하고 자연만의 자기실현적 가치를 왜곡한다. 따라서 자연의 입장에서 보자면, "자유로움이 허용되지 않으며, 스스로의 독립된 발전 방도조차 추구할 수 없는 형편이다."(Katz, 1997: 105) 바꾸어 말하면 인간이 지배 권력을 획득함은 자연에 대한 최고의 해악을 뜻하는 것으로 궁극적으로 자연의 자기실현을 좌절시키고 만다.

그렇다면 지배 논증을 도덕적 맥락에서 정립시키는 전제 조건이란 무엇인가? 그것은 적어도 인간이 아닌 자연적 실재도 나름의 자율성과 자기실현 능력을 갖는다는 내용일 터이다. 자연적 실재와 체계는 인간의 관심, 이해, 계획이 함축하는 도구성을 초월하는 가치, 즉 스스로에게 내재해 있는 권리로서의 가치를 지니고 있다는 명제이다. 자연은 일단 과학적 실습의 대상 내지 기술적 변경의 객체로서 간주되는 물리적 질료이지만, 달리 파악하면 "인간의 간섭과 활동으로부터 독립되어서 나름대로 발전의 과정과 역사를 쌓아온 또 하나의 주체"(Katz, 1997: 115~116)이기도 하다. 말하자면 자연은 인간 지배의 과정을 통해 파괴될 수 있는 고유한 가치를 지니고 있는 셈이다. 자연이 함유한 내재적 가치의 손상 문제는 중요한 도덕적 문제이다.

내가 보기에 (1), (2) 논증은 (3)의 인공물 논증을 보완해준다. 그러나 논리적 차원에서 힘을 보태는 게 아니어서 설득력은 약하다. (3)을 논리적으로 강화하는 역할을 하고 있는 것은 (4), (5) 논증이다. 특히 (5)의 지배 논증은 다른 논증과는 차원을 달리하는 새로운 주장을 담고 있는바 뒤(3절)에서 다시 논급하고자 한다. 이번에는 캐츠의 (1)~(5) 논증들이 공통적으로 안고 있는 난점들을 짚어보자.

첫째로, 그의 논증들을 진지하게 음미해보면, 중대한 존재론적 명제 위에서 발전한 것임을 알 수 있다. 그가 자신의 '복원된 자연은 인공물로서 비자연적이다'는 주장을 옹호하기 위해선, 인공물을 자연의 일부로서가 아니라 인간 문화의 일부로 단정하지 않을 수 없다. 이는 인간과 자연을 의미 있게 구별하는 이분법에 정초한다. 즉 자연과 문화를 뚜렷하게 차별화하는 논리를 이론적 발판으로 삼고 있는 것이다. 그런데 이 논리를 더 밀고 들어가면 아주 불합리한 결론에 이르고 만다. 어떤 대상을 자연과 유사하게 창조하려고 하거나 혹은 자연적 가치를 표리부동하게 복사하려고 하던 이미 실패한 복원의 시도조차도 여전히 자연 지배의 전형적 경우로서 간주될 수 있다. 더불어서 복원에 대한 어떠한 시도도 자연 스스로의 독자적 발전을 추구하는 것을 여전히 방해하는 꼴이 되고 만다. 왜냐하면 복원이란 항상 특정한 영역에서 인간 간섭 없이 발생하는 자연적인 어떤 것을 대신하는 작업이기 때문이다.

둘째로, 캐츠의 논증들은 자연의 가치를 비인간중심적으로 파악하는 관점에 정초함으로서 성립된다. 즉 자연의 가치는 그것에 대한 인간 평가와는 상관없이 독립적으로 존재한다고 보는 관점이다. 만일 자연이 그것에 대한 인간 평가로부터 완전히 자립할 수 있다면, 자연은 인간의 창조나 조작에 의존할 까닭이 전혀 없게 된다. 그러므로 복원된 자연을 인간이 기술적으로 생산해낸 인공물로 간주하는 캐츠로선 그 속에서 자연적 본성이나 야생적 가치를 찾아내는 게 도대체 불가능한 노릇이다. 그렇다면 캐츠의 주장은 일종의 범주적 착오로 귀결된다. 왜냐하면 자연의 어떤 속성이나 가치도 전혀 소유하지 않은 어떤 대상, 즉 인공물로서 복원된 자연에 대해 과연 자연적인 것인지 아닌지, 나아가서 얼마나 자연적일 수 있는지를 진지하게 거론하고 있기 때문이다. 비자연적인 것에서 어떻게든 자연적인 것을 발굴하려는 시도인 셈이다.

셋째로, 캐츠의 주장을 칸트식의 논리로 표현해본다면, 우리는 원칙적으로 자연환경을 복원할 능력을 갖지 못한 만큼 그것을 복원할 의무를 지닐 수 없다는 것이다. 그러나 자연을 복원할 능력이 없다는 캐츠의 주장을 선선히 수긍한다 하더라도, 사실에 관한 그런 언명이 우리가 자연을 복원할 의무가 없다는 규범을 함의하는 언명을 밑받침하는 것은 아니다. 오히려 자연을 복원해야 할 도덕적 의무가 당연하다는 주장을 지지하는 경우일 수 있다고 본다. 그 까닭은, 뒤에 상론하겠지만, 복원과 관련하여 진정으로 복원해야할 대상은 자연 그 자체라기보다는 그것이 어떤 내용이든 간에 자연과의 관계라고 생각되기 때문이다.

3. 인공 복원론과 자연 지배론에 대한 반박

1) 보겔의 인공물 본성 논증: '인공물은 자연적이다'

보겔의 캐츠에 대한 반박을 크게 네 갈래로 정리해보면 다음과 같다.
(1) 보겔은 자연적인 것과 인위적인 것을 분별하는 캐츠의 이분법에 대해 강한 의문을 제기한다. 인공물을 비자연적인 것이라 비난하는 캐츠에게 자연적인 것이란 적어도 인간 행위로부터 독립된 어떤 것을 의미한다. 곧 자연적인 것이란 그것의 어떤 부분도 인간에 의해 결코 변형되지 않는다는 말이다. 그러나 보겔은 두 가지 근거에서 자연적인 것과 인위적인 것을 구획하는 경계를 해체하고 있다.(Vogel, 2003: 150~154) 하나는 만일 자연적인 것이 인간이 전혀 개입할 수 없는 순수한 고유 영역을 갖고 있다면, 어떠한 것도 순수하게 자연적인 것으로 남아 있을 수는 없게 된다는 사실이다. 왜냐하면 우리가 보통 자연적인 것이라 부르는 모든 대상들을 엄밀하게 검증해본다면, 인간 간섭의 여지가 얼마간 들어 있어서 종국에는 인위적인 것으로 밝혀지고 말기 때문이다. 우리는 인간 접근조차 아예 허용치 않는 미지의 대상을 두고 자연적인 것이라 지칭하지는 않기 때문이다.

다른 하나는 만일 진화론이 옳다면 인간도 다른 생물 종들처럼 동일한 과정에 종속된 채 계속 진화해왔음에 틀림이 없다. 그런 인간의 자연적 본성을 액면 그대로 직시한다면, 우리가 인간적인 것이라 부르는 것은 사실상 자연적인 것과 마찬가지이다. 왜냐하면 인간이 원초적으로 타고난 성질 그 자체만을 놓고 볼 때 그것의 특징은 그야말로 자연적인 것이기 때문이다. 예컨대 숨을 쉬는 활동이나 애를 낳는 행동 등은 자연적 본성에 따르는 생물학적 기능이다. 이는 다음과 같은 일반적인 견해를 과감히 물리치고 나서야 도달한 결론이다. '흔히 인간도 온갖 식물 종이나 동물 종처럼 자연적 과정의 산물이라는 점에서는 똑같지만, 칡이나 딱정벌레의 본성을 자연적인 것이라 단정하는데 반해 인간의 본성에 대해선 자연적인 것을 완전히 넘어선다고들 잘라 말한다. 인간은 어떤 방식으로든 자연적 과정에 개입하게 됨으로써 자연적인 것을 초월한다. 따라서 오직 인간만을 그 본성상 자연적일 수 없는 특수한 별종으로 간주한다는 견해이다.' 만약 보겔이 제출한 두 근거의 타당성을 그대로 받아들인다면, 생태 복원의 성과물로 생겨난 인공물은 비자연적인 게 아니라 오히려 자연적인 것으로 판명된다.

(2) 보겔은 생태 복원에는 야생wildness이 전혀 깃들 수 없다는 캐츠의 주장도 반박한다.(Vogel, 2003: 159~163) 앞에서 살펴보았듯이, 자연적 실재의 존재론적 지위를 설정하면서 동시에 가치론적 평가를 내리는 관건은 그것에 내재하는 역사성에 달려 있다. 이때 그 역사 내용에서 인간 간섭은 처음부터 끝까지 아예 부재하는 게 아니다. 최소한 자연적 실재에다가 의미와 가치를 부여하는 일정 수준의 인간 행위를 어쩔 수 없이 포섭하고 있다. 내적으론 인간이 어떻게든 끼어들어 있지만 외적으론 인간이 접근조차 못한 어떤 대상이 있을 경우, 그것은 지극히 자연적인 것으로 표면화될 것이고, 또한 그것을 우리는 야생이라 부르게 된다. 그런 맥락에서 어떤 자연적 실재를 진정 자연적인 것으로 확정하는 조건은 인간 접근 자체를 차단하는 원시적인 야생 상태라기보다는 그 실재가 함축하는 역사성—인간 개입 이전의 전사와 인간 개입 이후의 변형사가 함께 누적되어 있는 자연사적 과정과 그것의 재생산적 의미—이라 할 수 있다. 만일 야생 자연 속에 과거의 인간이 시행한 변형과 재생산의 역사가 깊이 스며들어 있다면, 생태 복

원 안에도 이미 야생적인 것이 스며들어 있다고 보아야 한다. 그렇다고 원초적인 야생 자연의 존재 자체를 부정할 필요는 없다. 다만 자연환경을 끊임없이 변화하는 실재로 인식하는 동태적 자세를 더욱 분명하게 가다듬을수록 생태 복원이 지향해야 할 야생적 원형을 판가름하는 일은 갈수록 덜 분명해지는 역설에 부딪치고 만다.

(3) 보겔은 인공물을 비자연적인 것으로 단정하는 캐츠의 명제를 거부함으로써 그것의 자연적인 성격을 밝혀내려고 애쓴다. 그의 인공물 본성론은 캐츠가 인공물의 성격을 지나치게 창조인의 의도하고만 연계하는 게 큰 문제라고 보는 데서 시작된다. 왜냐하면 모든 인공물은 그것의 생산자가 의도한 바보다 훨씬 많은 것들을 갖고 있기 때문이다. 어떤 인공물의 본성은 그것의 사용처만 보더라도 만든 사람이 의도한 대로 결정되는 게 아니다. 예컨대 땅에서 주운 지팡이를 엉뚱하게 호신 무기로 쓰는 경우를 생각해보라. 어떤 경우엔 아예 원초적 의도나 원조 창조인이 없을 수도 있다. 나아가서 일정한 목적하에 만들어진 인공물이 전혀 그에 부합하는 용도로 쓰이지 않고, 대신에 당초 기대치 않았던 다른 용도로 쓰이는 경우도 있을 법하다. 더구나 어떤 인공물의 경우, 그 배후에 숨어 있는 의도가 예측 불가능한 사건이나 사태의 발생을 명시적으로 허용하기도 한다. 복원 활동 뒤에는 언제나 인간의 의도가 깔려 있기 마련이라는 캐츠의 지적은 전적으로 옳다. 그러나 "그(캐츠)는 의도가 어떤 방해도 받지 않고 비의도적 과정들이 발생되게끔 허용되는 영역 안으로 진입해 들어갈 수 있음을 알고 있지 못하다. 이를테면 그런 실천에서의 의도란 지향성을 초월하는 것이다." (Vogel, 2003: 157) 실제로 어떤 인공물을 만드는 일은 창작인의 인위적 범위를 넘어서는 능력들이 동원되는 것이다. 보겔은 인간의 범주를 초과하는 그런 능력은 다름 아니라 바로 자연에 속하는 것으로 본다. 그런 맥락에서 모든 인공물은 자연적이라고 결론내리고 있다.

(4) 보겔은 생태 복원의 기획과 정책을 적극 변호하려는 실천적 성향을

굳이 숨기지 않는다. 그는 자신의 주장대로, 인공물이 함유하고 있는 자연적 속성을 제대로 깨닫는다면 '자기-인식'과 '겸손humility'이라는 두 환경 덕목을 함양하는 데 크게 이바지할 것이라고 주장한다. 그 까닭은 인공물 세계와 자연 세계는 서로 분리될 수 없는 불가분의 관계에 있기 때문이다. 한편으로 우리의 인공물은 자연 없이는 결코 만들어지지 않는다. 이때 자연이란 인공물이 우리가 의존하기는 하지만 통제는 하지 못하는 자연적 과정의 작동에 자연스럽게 편입되게끔 도와주는 존재이다. 다른 한편으로 인간이 거주하는 자연은 온갖 곳에서 인간적인 교활함의 징후를 보여주곤 한다. 바로 그런 의미에서 자연은 그 스스로가 이미 일종의 인공물임을 드러내고 있다. 그런 중첩된 두 세계가 벌써 현실화되어 실재하는 게 우리가 살고 있는 현 세계인 것이다. 그런 세계의 다른 이름이 소위 '환경'일 것이다.

보겔이 (1)에서 자연과 인위의 이분법에 도전하는 시도는 바람직해 보인다. 아무리 탈자연화된, 즉 극도로 사회화된 인간이라 해도 그 역시 자연적 능력을 가지며, 자연 속에서 그리고 자연과 관계하면서 살고 있기 때문에 자연적인 본성에서 완전히 벗어날 도리가 없다. 또한 (2)의 반론도 나름대로 설득적이다. 적어도 자연에 간섭하지 않는 것이 자연의 이치대로 순종하는 행위인 까닭에 전적으로 옳다는 주장에 큰 타격을 가한다. 왜냐하면 그런 주장은 자연 자체를 위해 최고선으로 판단되거나 또는 최선의 결과가 예상되는 조치를 하지 않기 위한 처방일 수 있기 때문이다. (4) 또한 생태 복원의 실천적 측면을 부각하고 있기에 의미가 있다. 그러나 (3)의 경우, 인공물의 성격을 지나치게 창조인과 연결시켰다는 논지로 캐츠를 표적으로 삼은 공격의 화살이 도리어 부메랑처럼 그 자신에게로 돌아올 수 있다. 왜냐하면 인공물이 창조인의 의도를 벗어난 불가해한 영역을 갖는다고 해서 그것의 성격을 곧바로 자연적인 것이라 규정짓는 것도 또한 지나친 논리의 비약이기 때문이다. 인공물의 자연적 성격을 과도하게 강조하는 것은 아예 자연과 인공의 구분을 무의미하게 만들 위험에 다가가는 일이다.

2) 라이트의 인간-자연 관계 논증: '생태 복원은 자연 자체와 함께 인간의 자연과의 관계까지 복원한다'

라이트는 캐츠의 자연 지배론을 주로 겨냥한 논박을 통해서 복원을 옹호하는 입지를 마련한다. 그 논박을 네 가지로 나누어 살펴보면 다음과 같다.(Light, 2003a: 403~405)

(1) 우리는 자연의 관심과 이해를 정확히 인식함으로써 그것들을 제대로 반영하는 조치를 취하고 싶어 하지만, 그 자연이 인간이 이미 저지른 오염 행위들 때문에 자기 자신의 관심과 이해를 아예 추구할 수 없는 경우를 고려할 수 있다. 예컨대 위험한 산업 소비의 형태 때문에 심하게 오염된 토양을 복원하는 경우에서, 가장 핵심적인 복원 절차인 토양을 살리기 위한 생물 활성화 작업이 크게 제한되는 기이한 사태가 벌어질 것이다. 왜냐하면 캐츠의 지배 논증대로라면 그런 복토 작업은 필연적으로 자연의 자유로움에 억압을 가하는 작업으로 판정될 것이기 때문이다. 여기서 자연에 본래 내재한다고 여겨지는 절대적인 자유와 복원 작업이 만들어주는 상대적인 자유 사이의 조화 문제가 새삼 불거진다. 복원 작업이 복토된 땅에서 무슨 식물을 심어서 어떻게 번성케 할 것인가까지를 세세하게 결정할 필요는 없다. 하지만 자연(오염된 토양)으로 하여금 인간이 유발하는 스트레스(오염 행위와 그 효과)에 계속 구속당하기보다는, 자기 자신의 관심과 이해를 다시 추구할 수 있게끔 기본적인 조치(복토 작업)를 취해주는 게 당연해 보인다.

(2) 라이트는 복원이란 별 수 없이 인공물을 생산한다는 캐츠의 주장을 전면 수용할지라도, 그것이 곧바로 자연에의 지배로 귀결되지는 않는다고 지적한다. 두 야생 자원 보호구역 사이에 회랑지대를 복원하려는 계획을 상상해보자. 만일 자연적 가치를 충분히 갖고 있는 두 보호구역이 서로 격리된 채 있는 데, 야생동물들이 둘 사이를 자유롭게 이동할 수 없는 까닭 때문에 큰 위험에 빠져 있다고 한다면, 두 구역을 연결짓는 회랑지대를 복

원하는 계획(예: 도로를 옮기거나 없애는 방안)은 도덕적으로 허용될 뿐 아니라 그 구역의 야생적 가치를 보존하기 위해 적극 요청될 만한 조치이다. 이 경우 복원은 보존을 위한 차선책에 그치는 게 아니다. 복원이 자연적 가치를 온전하게 유지하는 데 일정한 역할을 담당하기 때문에 최선책에 가깝다고 생각한다. 따라서 인간은 실질적으로 자연을 복원할 수 없다는 캐츠의 견해를 일단 승인하더라도, 그 견해가 인간이 앞으로 더 확대해나갈 지배에 주목하지 않고 과거의 지배가 야기한 손상을 어떻게든 시정하려는 복원 계획에 참여해서는 안 된다는 결론을 도출하지는 않는다.

(3) 캐츠는 복원에 잠재된 지배하려는 속성을 지나치게 확대함으로써 그것을 '인간의 목적을 무자비하게 관철하는 권력'으로 개념화한다. 복원이란 자연을 인간의 목적에 걸맞게 재구성하거나 우리 입맛에 딱 맞게 본뜨는 작업에 불과하다는 투다. 그러나 과연 그럴까? 대부분의 복원론자들은 복원의 목표 설정을 인간에 두지 않고 비인간중심적인 자연에 두고 있다고 자부한다. 물론 특수한 영역(예: 어느 시기에 복원을 시행할 것인가?)에서 인간의 주관적 결정이 복원의 목표를—그에 준하는 복원의 가치나 수단을—불가피하게 주도하거나 혹은 조정하는 점을 인정한다. 또한 구체적으로 복원을 어떻게 진행할 것이냐는 문제에 대해 과학적·기술적 전문성의 한계에서 기인하는 불확실성도 불가피하게 노출될 수 있다. 그렇다고 그런 주관성과 불확실성이 완전히 불식될 때까지 복원을 할 수 없다는 논리는 아주 이상해 보인다.

(4) 마지막으로 캐츠가 강조해 마지않는 자연의 자기실현이란 개념이 큰 문제로 떠오른다. 자연의 자기실현이 갖는 의미와 그에 대한 해석을 둘러싼 형이상학적·인식론적·가치론적 쟁점은 차치하고라도, 생태 복원의 특수한 경우에서 자연의 자기실현이 무엇을 의미하는지를 우리가 어떻게 알 수 있겠는가? 일단 인간과 자연의 분별을 수긍하더라도, 왜 자연의 자기실현을 진짜 현실로 발현되게끔 도와주는 인간의 역할을 제대로 인정하지

못하는 걸까?

  라이트는 캐츠의 복원은 불가하다는 도발적 주장에 대해 실용주의적 관점에서 차분히 대응하고 있다. 여기서 실용주의란 생태 복원의 긍정적 효과를 확신하는 철학적 태도를 말한다. 이는 어떤 누구도 이미 복원된 지역의 본성이 비자연적이기 때문에 그 실천적 의미를 송두리째 부정할 수는 없다는 상식에 토대를 둔다. 실제로 생태 복원을 통하여 멸종 위기에 빠진 종들을 위한 서식처가 인위적으로 마련됨으로써 생물 다양성의 소멸 경향을 저지하는 데 큰 도움을 주는 경우가 좋은 한 예가 될 것이다. 실용주의란 인간에 의해 실질적으로 손상되어온 생태계를 단순히 보전하는 것보다 적극적으로 복원하는 것이 보다 유익한 결과를 가져온다는 이유 때문에 생태 복원을 옹호해야 한다는 주장이다

  라이트의 캐츠에 대한 응전은 양동 전략으로 구사되고 있다. 한편으론 복원 개념을 차별화하며, 다른 한편으론 복원을 인간과 자연의 상호 관계라는 맥락에서 통찰함으로써 독특한 논거를 구축하고 있다. 먼저 악의적 malicious 복원과 호의적benevolent 복원을 구별하는 준거로서 양자가 함유하는 도덕적 의미의 편차를 제시한다. 전자는 캐츠가 내놓은 앞의 대체 논증에서 충분히 예시되었듯이, 인간에 의해 파괴된 자연도 결국 복원을 통해 대체할 수 있다는 이유로 자연의 손상을 도덕적으로 정당화하는 복원을 말한다. 이에 비해 후자는 자연의 손상을 정당화함이 없이 자연에게 과거에 행했던 손상을 교정하려 애쓰는 복원을 말한다. 이 복원에서는 손상되기 이전의 자연뿐 아니라 인간의 자연과의 관계까지도 고려하게 된다. 그런 개념적 차별화는 캐츠의 복원에 대한 거부가 일방적일 수 있음을 요령 있게 보여준다. 즉 호의적 복원은 악의적 복원과는 전혀 다른 인간-자연 관계를 전제로 한다는 것이다. 그런 언명을 라이트로부터 직접 들어보자.

  "우리가 호의적 복원의 활동에 참여할 때, 다음과 동일한 의미에서 우

리는 자연에 의해 속박되어 있다. 우리는 자연에 간섭하기 이전부터 우리가 일단 실현하려고 시도해왔던 상태의 자연을 존경할 의무를 지닌다는 의미이다. 캐츠의 용어로는, 우리가 자연을 자율적 주체로 존경하려 시도하는 것이다. 그러나 우리는 복원하는 활동 속에서 역시 자연에 대한 책임을 느끼게 된다. 게다가 호의적 형태의 복원에 동참한 사람들에겐 실질적으로 개인적이고 사회적인 이익이 저절로 생겨난다. 또한 우리는 다음과 같이 말할 수 있다. 복원이란 역사적으로 자연과의 연관 안에 포함되어왔던 문화의 일부를 복원함으로써 인간의 자연과의 연관을 복원하는 것이다."(Light, 2003a : 407)

요컨대 생태 복원이란 자연 자체의 복원은 물론이거니와 인간이 오랫동안 견지해온 자연과의 본질적 관계까지 회복하는 일임을 역설하고 있다. 그 관계의 핵심은 인간이 자신을 둘러싼 주변의 자연과 맺는 지역 문화적 상호 관계이다. 그런 인간과 자연의 관계는 단순한 상호성을 훨씬 넘어선다. 그 상호성은 책임이나 의무를 뛰어넘어서 자연과의 상관관계 속에서 일정한 가치를 창출할 수도 있다. 그 가치는 아마 우리가 '자연의 문화'라고 부를 수 있는 어떤 것에 내재하는 가치일 것이다. 설령 복원된 자연의 존재론적 속성은 인공적일 수밖에 없다는 캐츠의 주장을 받아들인다 해도, 속사정은 별로 변하지 않을 것이다. 즉 인공물이 다른 주체와의 물질적 다리를 놓음으로써 가치 있는 관계의 설정에 이바지하는 것과 마찬가지로 인공적으로 복원된 경관도 자연의 문화를 복원하는 데 큰 도움을 줄 수 있다. 그런 자연과 인간의 상호 관계는 주변의 자연경관과 생태 체계를 어떻게든 보호하려는 사람들을 격려하는 필요조건으로 전혀 모자람이 없어 보인다. 더 나아가서 인간과 자연이 함께 구성원으로 참여하는 새로운 공동체를 만들어나가는 실용주의적 기준이 될 수도 있다.

그런데 라이트는 자연과 인간의 본질적 관계를 주로 사회적 내지 정치적 맥락에서 논변하고 있다. 여기서 상론하지는 못하지만, 이를테면 '도시적인 생태적 시민 의식'이나 '복원적인 생태적 시민 의식'의 개념을 철학적으로 정립하려는 노력이 그것이다.(Light, 2003b; 2002a 참조) 그에 못지않게 나는 자연과 인간의 관계에 들어 있는 생태학적 성격이 중요하다고 본다. 우리 인간과 자연 경관 사이의 건전하면서도 상호 이익적인 상관관계가 회복되어서야 비로소 생태 복원이 가능할 것이다. 그런 관계를 특징짓는 기본 전제를 생태학적 차원에서 고려해보면 다음과 같을 것이다.

첫째, 우리 인간이 어떤 사물과 상관관계를 맺기 위해선 무엇보다 사물 그 자체—자연적이고 역사적인 생태 체계의 경우 산림, 초원, 습지, 호수, 강, 모래톱 등 그리고 모든 식물, 동물, 무기물 등, 즉 자연 경관을 구성하는 모든 것들—를 필요로 한다. 우리에게 생태 체계와의 상관관계는 필수적인 조건이다. 이는 우리 인간과 자연공동체 사이에 상품과 서비스의 진정한 교환을 수반하는 경제적 거래가 상존해야 함을 말한다. 곧 서로 주고받는다는 것을 함축하는 극히 상호적이고도 서로 이익을 남기는 관계가 설정될 수 있어야 한다.

둘째, 생태적 상호 관계에 우리의 모든 능력—진화에 의해 내재되거나 각인되었던 능력들 그리고 문화적 진화의 과정에서 출현한 능력들—이 깃들어 있지 않으면 안 된다. 그것 안에는 우리의 물리적, 정신적, 감정적 그리고 영혼적 능력까지 포함된다. 그런 능력들 중 하나가 바로 역사의 감각이기 때문에 그 상관관계는 과거—우리의 특수한 경관과의 상호 작용의 역사, 또한 인간 종과 나머지 자연 사이의 상관관계의 심층사—를 제대로 인식하거나 그 과거를 신중하게 다루지 않을 수 없다.

셋째, 우리의 자연과의 관계도 지적 발전과 문화적 진화의 결과로서 끊임없이 변화해나갈 것이기 때문에, 그런 관계를 규정하는 패러다임은 당연히 융통성이 있어야 하며 창조적 확장과 발달을 포용할 수 있어야 한다. 또한 우리는 언어를 사용하는 사회적 존재이자 고도로 진보한 자기의식적 종

(족)이기 때문에 자연과의 관계를 특징짓는 개념이나 용어를 탐구하여 재규정할 뿐 아니라 개인적으로나 사회적으로 만족할만한 방식을 통해 그런 관계를 정교화해야 할 것이다.

4. 나가는 글:
요약 및 남는 과제

생태 복원 반대 논증을 처음 제시한 이는 엘리엇이다. 그는 예술품의 복원과 마찬가지로 복원된 자연도 그 역사성을 회복하지 못하기 때문에 본래 자연이 가졌던 가치를 재생산할 수 없다고 주장한다. 그렇지만 가장 유력한 반대 논증은 캐츠에게서 발견된다. 그는 '생태 복원이 만드는 인공물은 비자연적이다'라는 인공 복원론과 '생태 복원은 자연을 지배하는 인간 권력의 표현이다'라는 자연 지배론을 제시한다. 전자는 생태 복원이 오히려 역가치를 창출한다는 사실을 강조하며, 후자는 생태 복원이 자연의 자유와 자발적 자기실현에 억압을 가한다는 점을 웅변한다. 그러나 인간 문화와 자연 생태를 서로 혼융할 수 없는 영역으로 도식화함으로써 이분법적 폐해를 그대로 보여주며, 비자연적인 것에서 자연적인 것을 구하려하기에 범주 착오를 일으키며, 복원 능력의 부재에서 의무를 발견하기보다는 오히려 의무를 저버리는 결함을 노출한다.

캐츠의 인공 복원론에 반발하여 보겔은 '인공물은 자연적이다'란 반대명제를 들이민다. 우선 캐츠의 자연적인 것과 인위적인 것을 구획하는 이분법이나 생태 복원에는 야생이 깃들 수 없다는 개념화가 썩 부적절하다고 지적한다. 더 나아가서 인공물의 속성에는 창조인의 의도를 뛰어넘는 자연적 능력이 포함될 뿐 아니라 인공물과 자연은 실질적으로 불가분의 관계를 맺고 있음을 규명함으로써 정면으로 반박한다. 라이트는 자연 지배론에 대해 캐츠가 중시하는 자연의 이해 관심이나 자기실현이란 개념이 명확하지 않음에 우선 불만을 나타낸다. 또한 설령 인공 복원론을 그대로 수용한다 해도, 논리상 자연 지배론이 수반되지는 않으므로 복원에 잠재된 지배적 속성을 지나치게 과장하는 결함을 드러낸다고 비판한다. 그리하여 한편으론 악의적 복원과 호의적 복원을 개념적으로 준별함으로써, 다른 한편에선 인간과 자연의 관계 논증을 제출함으로써 생태 복원을 실용주의적으로 변호한다. '생태 복원은 자연 자체와 함께 인간의 자연과의 관계까지 복원한다'는 명제는 이른바 '자연의 문화'를 회복해야 함을 강조한다. 이는 자연과 인간이 오랫동안 맺어온 본질적 관계를 재인식하고, 나아가서 그 관계의 재구성을 실현해야 함을 의미한다.

    결론적으로 보겔의 반박은 그 안에 내재한 실천적 호소력에 비해 논증의 설득력이 다소 취약하다고 생각된다. 특히 창조인 없는 인공물을 상정하고서는 곧바로 그 성격을 자연적이라 추론하는 조급함을 드러내고 만다. 이에 비해 라이트의 반박은 보다 짜임새 있는 논증으로 구성되어 있지만, 역시 자연의 문화라는 개념과 자연과 인간의 본질적인 관계가 선명하게 부각되지 않는 문제를 안고 있다. 이제 생태 복원에 대한 기존의 옹호 논증을 더욱 치밀하게 가다듬으면서도, 자연의 문화라는 개념 및 인간과 자연의 관계를 명료하게 분석하고, 그것의 복원과의 연관에 관한 논변까지 개발하는 것이 시급한 당면 과제로 남는다.

제7장

생태 복원의 철학과 그 실천적 함축: 대전광역시의 3대 하천 복원 사업과 관련하여

이 장은 생태 복원의 철학을 대전광역시의 하천 복원 사례에 직접 적용하는 시론이다. 우선 생태 복원의 대표적 전형으로 꼽히는 하천 복원의 개념을 철학적 성찰의 필요성과 연관지어 규정해본다. 핵심은 하천 복원의 특성이 어떤 생태철학에 의존하는가에 달려 있다는 사실이다. 그리고 대전시가 추진하는 도심 하천 생태 공원화 사업의 전체 틀과 근본 성격을 생태 복원 사업과 친수 공간 조성, 시설물 정비, 상가 이전으로 나누어 구체적으로 분석해본다.

대전시 사례를 고찰하기 위해, 생태 복원의 철학적 논변를 제시하고 그 실천적 함의를 헤아려본다. 복원 논변은 실용주의적 정당화와 생태철학적 정당화로 양분된다. 전자는 악의적 복원과 호의적 복원을 개념적으로 준별하는 한편 인간과 자연의 관계에 대한 정당화를 시도한다. 이는 복원의 긍정적 효과를 확신함으로써 복원을 옹호하는 실용주의적 견해이다. 즉 '생태 복원은 자연 자체와 함께 인간의 자연과의 관계까지 복원한다'는 명제에서 드러나듯 '자연의 문화'를 회복하는 작업이라 주장한다. 후자는 인간이 자연과 맺는 생태적 관계를 상호 이익적인 것이라 간주한다. 그 상관관계를 대상, 생태적 차원, 인간의 전 능력, 과거, 변화와 적응, 칭송과 의식 등 여섯 갈래로 해명해나간다. 특히 과거에는 인간의 역사는 물론 자연사, 문화적 진화까지 포함된다. 칭송과 의식이란 자연과 문화를 연결하는 현시대에 걸맞은 매개 고리를 이른다. 즉 자연과 인간의 관계를 사적 · 공적 차원에서 정교화하고 칭송하는 퍼포먼스와 의식이 갖는 의례적 가치를 강조한다. 복원 철학의 실천적 함의를 태도와 관련하여 따져본다면, 전문 직업적 겸손, 전문 직업적 신중, 교육적 지도력, 생태적 복지의 지지 세력에 대한 지원 등을 꼽을 수 있다.

그런 복원 철학의 논변과 그 실천적 맥락에서 3대 하천 복원 사업을 직접 조명해보면, 다음과 같은 정책적 제언으로 귀결된다. 대전시는 하천 복원 사업을 해당 하천의 생태적 기능 회복의 기회로 삼고, 자연과 인간의 관계 회복의 현장으로 만들며, 생태적 시민 의식의 개발과 시민 참여의 마당으로 여기면서 추진하라는 제안인 것이다.

1. 문제의 제기:
하천 복원의 개념과 복원 철학의 필요성

요즘 들어 하천의 복원이 대중의 관심거리로 떠오르고 있다. 무엇보다 중앙 언론 매체가 청계천 복원 사업을 집중적으로 조명한 덕분임에 틀림없다. 그게 서울 '특별'시의 심장부에서 벌어지는 일이었기 때문에 '특별'한 주목의 대상이 되었음을 생각한다면 다소간 씁쓸함을 지울 수 없다. 그렇지만 한 하천 복원에 환경문제는 물론 역사의 회복 논의와 문화의 담론까지 스며들어 있음을 널리 인식시킨 점은 충분히 환영할만하다. 그런 맥락에서 대전 지역에서도 갑천, 유등천, 대전천 등 3대 하천에 대한 복원 문제가 중요하게 부각되는 것은 썩 자연스런 일이다.

도대체 하천의 복원이란 어떤 의미를 갖는 것인가? 흔히 하천의 핵심 역할을 이수利水, 치수治水, 환경의 측면에서 찾곤 한다. 이수—용수 공급, 수력 발전, 어업, 수운, 골재 채취 등—가 하천의 가치를 표현하는 공학적 기능으로 규정된다면, 치수—홍수 소통, 오폐수 배수, 지하수 함양과 배제, 토사 소통 등—는 하천을 관리의 대상으로 삼는 공학적 기능으로 드러난다. 그런 인위적 기능들과는 달리, 하천의 환경적 기능이란 말 그대로 자연적 기능을 뜻한다. 그 자연적 기능이란 동식물 서식처 기능, 자정 기능, 경관 기능, 친수親水 기능 따위를 이른다. 간단히 말해 하천 복원이란 하천의 손상된 환경적 기능을 회복하는 것이다. 치수 사업이나 다른 목적의 하천 사업 혹은 불량한 유역 관리에 의해 훼손된 하천의 생물 서식처, 자정, 경관, 친수 등의 환경적 기능을 되살리기 위해 하도와 하천 변을 원래의 자연 상태에 최대한 가깝게 회복하는 일이다. 따라서 올바른 하천 복원을 위해선 하천 생태계의 구조와 기능을 이해하고 그 생태계를 만드는 물리적, 화학적, 생물적 과정을 파악하는 것이 급선두이다. 또한 하천의 친수성과 오염 정화 기능은 그런 생태계의 복원을 통해서야 비로소 얻어진다.

하천 복원과 관련하여 복원의 철학에 새삼 주목할 필요가 있다. 나는 복원 철학의 견지에서 생태 복원을 위한 전체 계획의 틀과 방향은 물론 구체적 시행 방안과 방법까지도 성찰하는 게 바람직하다고 생각한다. 그 까닭을 생태 복원이란 본래 통합적·포괄적 활동이라는 점에서 찾을 수 있다. 손상된 생태계를 복원하는 작업은 기본적으로 생태계의 기능—생물량, 영양분 함량, 순환 등—과 생태계의 구조—생물종, 복잡성 등—를 회복·재생·치유하는 활동이다. 거기에다가 간접적으로 영향을 미치는 기후변화·산성비·황사 등을 위시한 자연 변화도 참작해야 하지만, 무엇보다도 직접적인 상관관계를 가지는 대기·수질·토양오염, 생물 서식지·종 파괴, 폐기물·쓰레기 배출 등을 산출하는 인간 활동을 진지하게 고려해야만 한다. 이는 생태 복원이 생태학에 국한되지 않고, 관련 자연과학은 물론 사회과학이나 인문학에까지 이론적·기술적·방법론적 협력을 구한다는 사실을 여실히 보여준다. 즉 생태 복원이 요청하는 것은 광범위하게 걸쳐진 그리고 유기적으로 연결되는 학제적·종합 학문적 탐구이다. 이런 맥락에서 생태 복원에 대한 철학적 논점은, 설령 복원 사업의 현장에선 별로 주목받지 못할지라도, 그것만이 짚고 넘어갈 수 있는 근원적인 문제를 제기하기 때문에 중요하게 다루어져야 한다.

하천의 생태적 복원을 얼추 "하천 생태계를 복원, 관리하는 실제 행위"라고 규정할 수 있다. 하천 복원은 거칠게 말해서, 한편에선 '보존·보전·보호'를 강조하는 하천 자연환경의 단순한 '유지'를 제시하고, 다른 한편에선 '수복·재현·창출'을 역설하는 하천 자연환경의 진정한 '복원'을 주장한다고 봐도 큰 무리가 없을 것이다. 하천 복원을 그냥 '유지'의 방향에 완고하게 붙잡아두느냐, 아니면 적극 '복원'의 방향으로 과감하게 끌고 나가느냐를 결정짓는 관건은 하천 복원을 어떤 생태철학적 입장에서 조망하는가에 달려 있다. 요컨대 어떤 생태학적 흐름에 합류하느냐에 따라 하천 복원의 전반적 특성이 드러날 터이다. 그 흐름은 편의상 세 갈래로 나뉜다.

먼저 온전한 자연의 체계와 기능을 모방하여 훼손된 환경을 치유하려는 '복원 생태학'에 정초하는 경향이 있다. 그리고 공간적 이질성과 경관 사이의 상호 작용에 특히 주목하는 '경관 생태학'에 기대기도 한다. 마지막으로 그런 생태학적 토대에다가 공학의 기술과 기법을 접목하는 생태 공학적 탐구, 즉 '생태 수리학ecohydraulics'에 크게 의존할 수도 있다. 실질적으론 어느 한 흐름만을 따르기보다 둘 혹은 셋이 적절히 혼용된 새로운 경향을 만들어내는 경우가 많을 것이다.

먼저 대전광역시가 시행하는 도심 하천 생태 공원화 사업 추진 계획(안)을 이해하기 위해 그 전체 틀과 근본 성격을 개괄적으로 살펴보고자 한다(2절). 그런 다음, 최근의 동향에 입각하여 생태 복원의 철학적 논변과 그 실천적 함의를 세 가지로 정리해본다(3절). 마지막으로 3대 하천 복원 사업에 대한 철학적 정책 제언을 결론삼아 내놓을 것이다(4절).

2. 대전시 도심 하천 생태 공원화 사업 계획(안):
전체 틀과 근본 성격

1) 생태 복원 사업 계획

내가 보기에, 대전시가 추진하는 '도심 하천 생태 공원화 사업 추진 계획(안)'[1]은 크게 두 범주로 구분될 수 있다. 하나는 도심 하천의 자연환경적 기능을 회복하는 데 치중하는 생태 복원 사업이다. 다른 하나는 도심 하천

---

1) 대전광역시 경영평가담당관실, 「도심 하천 생태 공원화 사업 추진 계획(안)」(2004. 3. 29) 참조. 앞으로 이 문건을 인용할 경우 본문의 해당하는 곳에 괄호를 치고 쪽수만 표기하도록 한다.

의 인공환경적 기능을 창출하려는 공간 조성 사업이 그것이다. 두 사업은 어떻게 접합되느냐에 따라 조화를 이룰 수도 있지만, 불협화음을 만들 수도 있을 것이다.

먼저 도심 하천 생태 공원화를 추진하게 된 생태적 배경부터 살펴보자. 대전시는 3대 하천, 즉 갑천, 대전천, 유등천의 생태 여건을 다음과 같이 판단한다.

갑천에 '쉬리'가 서식하고, 겨울철의 진객이라 불리는 천연기념물 '큰고니'가 11년 만에 돌아오는 등 3대 하천 수질이 크게 개선되어 갑천 하류 지역을 제외하고 대부분 2급수를 유지하고 있는 상태이다. 그러나 이·치수 위주의 정비 탓에 생태환경 기능이 저하되는 형편이고 하천의 건천화가 가속되고 있으며, 상류 지역의 수변 경관은 우수한 반면에 중·하류지역은 아직 미흡한 상태이다.

따라서 하천별 수질·생태·경관 개선을 위한 종합적이고 체계적인 복원을 통하여 3대 하천을 시민의 친수 공간으로 환원할 필요가 있다고 본다. 그런 하천 복원의 중점 과제는 3가지로 추려진다.

(1) 3대 하천의 수질 개선 및 오염원 관리 강화.
(2) 친환경 생태 하천의 복원으로 시민에게 친수 공간 제공.
(3) 3대 하천의 유지 유량 확보.(7쪽 참조)

(1)을 달성하기 위해 한편으론 하수 시설 선진화 및 처리장 확충을 시도하며, 다른 한편으론 수질 측정 및 오염원 관리 강화를 실시한다.

(3)을 위해선 1단계로 갈수기 건천화가 심각한 대전천의 유지 유량 확보 사업을 추진하고, 2단계에서 하수처리장 고도 처리 시설 방류수를 활용하여 유등천의 유지 유량을 확보하려 한다.

(2)를 거론하기 위해선, 먼저 하천 생태계 및 수변 현황을 파악하는 게 순서에 맞다. 큰 줄거리에서 보면, 3대 하천의 상·중류 지역은 생태계·수변 경관이 비교적 양호한 상태를 유지하는 데 비해, 중·하류지역은 상당히 손상된 상태를 보여주기 때문에 생태계 복원 및 수변 경관의 조성 노

력이 필요하다고 보고 있다.

그 주요 현황을 개괄해보면 다음과 같다.(14쪽 참조)

(1) 3대 하천의 주요 생태계 현황

○도심 통과 하천으로서 인공 시설에 의한 환경 구성이 매우 복잡함.

○계절적 강수량 차이로 인해 생태계 변화가 극명하게 구별됨.

○상류 지역은 자연 생태계가 잘 유지된 반면 중·하류 지역은 특별 관리 필요.

〈주요생태현황〉

○식물: 갈대, 부들, 애기수영, 달맞이꽃 등 84과 309종.

○어류: 붕어, 피라미, 미호종개·감돌고기(보호어종), 쉬리 등 10과 40종.

○양서파충류: 황소개구리, 붉은귀거북, 수달(천연기념물) 등 7종.

○조류: 황조롱이·원앙·큰고니(천연기념물), 흰뺨검둥오리 등 66종이 관찰됨.

(2) 수변 경관 현황

○수변 경관은 수변 숲의 유무, 하천의 폭과 수량, 수생·습지식물 분포를 기준으로 조사한 결과.

- 3대 하천의 상류 지역은 자연성, 친수성, 경관 등급이 대부분 우수함.
- 중·하류 지역은 미흡한 편이며, 도심 통과 지역은 불량함.

○수계별로는 갑천이 가장 우수하였고, 유등천, 대전천순으로 나타남.

그런 생태계와 수변 경관의 현황 파악에 근거하여 생태계 복원 사업이 추진될 수밖에 없다. 그 사업 추진은 두 갈래 방향으로 진행될 터이다. 하나는 나무 식재를 포함한 '생태 복원 설계'를 통하여 세부 사업 계획을 마련하는 방안이다. 다른 하나는 사업비 및 사업 우선순위를 고려하여 단계별로 추진하되 최대한 조기 시행하는 방안이 그것이다.(15쪽 참조)

먼저 3대 하천 생태 복원의 주요 사업 현황을 도표로 정리해보면 다음과 같다.

도표 7-1 3대 하천 생태 복원 주요 사업의 현황

사업 내용	단위	계	갑천	유등천	대전천
유지 용수 공급	개소	2		1	1
실개천 조성	m	1,017	1,017		
어도, 징검다리 설치	개소	46	24	12	10
은제(어류 서식 공간)	m	80,911	38,201	31,670	11,040
자갈군 부설	m	3,618	2,178	1,440	
버드나무 군락	m	4,220		4,220	
비점오염원 저감 시설	m	43,444	12,988	15,216	15,240

그 다음, 복원 사업 추진 일정을 살펴보면 다음과 같다.
○ 생태 복원 기본 설계를 단계별로 실시하여 세부 사업 계획을 확정해나 간다.
- 1단계: 2004~2005, 총 37.9km(대전천 22.4, 유등천 15.5km), 960백만 원.
- 2단계 : 2005~2006, 총 39.6km(갑천), 800백만 원.
○ 사업 우선순위를 정하여 중·장·단기별로 구분 투자: 총사업비 1,480억 원.
- 단기 사업: '04~'05: 유지용수 공급, 실개천, 어도, 징검다리 조성 등.
- 중기 사업: '06~'10: 은제, 자갈군 부설, 버드나무 군락, 유황 개선 등.
- 장기 사업: '11~'20: 비점오염원 저감, 슈퍼 제방 사업 추진 등.

2) 친수 공간 조성, 시설물 정비, 상가 이전 계획

도심 하천 생태 공원화를 위한 친수 공간의 조성 사업은 다음과 같이 요약된다.(19~32쪽 참조)
(1) 둔치 접근로 확보: 자전거도로 제방 연결로 설치, 저수로 교량 설치.
(2) 둔치 건강로 조성: 산책로 개설, 자전거도로 개설, 인라인 스케이팅

로 설치.

(3) 둔치 운동장 조성: 생활체육 시설 설치.

(4) 수상 경관 조성: 갑천 수상경관 공원 조성.

(5) 문화재 보호 관리: 천연기념물 보호, 천연기념물 보호구역 지정 여부 검토, 하천 주변 문화재 지표 조사 실시.

(6) 수변 환경 조성: 둔치 나무 식재, 둔치 꽃 단지 조성, 둔치 학습 체험장 확충.

이와 같은 친수 공간의 조성은 시민들에게 많은 편의를 제공해줄 터이지만, 그 반대급부로 만만찮은 문제점이 불거지기 마련이다. 예상되는 문제점은 다음과 같다.

주 5일 근무제 시행 등으로 공간이 없는 도심에서 하천 둔치 등을 이용한 건강 시설, 경관 시설, 위락 및 학습 시설 조성에 대한 시민들의 욕구가 다양하게 제기되고 있으나, 생태 공원화 사업과 둔치 등의 생활 건강 시설 설치는 상반된다는 환경 단체의 의견이 대두되고 있다. 또한 도심 생태 하천 조성 학술 연구 용역에서도 구체적인 생활 건강 시설 설치 계획이 없을 뿐만 아니라, 생활체육 시설 설치에 따른 국토관리청과의 하천 점용 허가에도 많은 어려움이 따를 것으로 예상되기도 한다. 따라서 건의할 사항으로 시민들의 의견을 수렴하여 최소한의 생활체육 시설을 설정토록 하고, 본 계획에 반영된 생활체육 시설 설치를 위하여 환경 단체, 국토관리청과의 업무협의가 원활히 이루어질 수 있도록 적극 협조를 요망해야 한다는 점이 강조되고 있다.

다음은 도심 하천 생태 공원화를 위한 시설물 정비 계획을 살짝 들여다보자.(34~37쪽 참조) 도심 생태 하천 공원화 사업의 일환인 하천 내 시설물 정비는 하천 복원을 위한 불가피한 현안임에 틀림없다. 그러나 하상 도로, 주차장 철거 등 하천 내 시설물 정비는 시민 생활에 직접적 영향을 미치는 민감한 사안으로서 시설물을 정비한다는 대원칙에는 대체로 찬성하면서도 이해관계에 따라 의견을 달리 할 수 있으며, 아예 시설물 정비 자체를 반대하는 의견도 만만치 않아서 매우 신중한 접근이 필요한 사안이다.

따라서 장기적으로 철거에 원칙을 두되, 다만 대체 교통 처리 계획이 수립되어 대안이 마련된 후 철거가 가능하므로 중장기 과제로 검토하면서 대전천 교통 대안 마련에 중점을 두고 추진하는 게 바람직하다. 이와 관련된 중점 추진 과제를 3가지만 꼽아보면, 하상 도로 철거에 따른 교통 처리 대안 마련, 하상 주차장 철거 및 확보 대책, 기존 천변 도로의 정비 및 둔산-원도심 간 교통 연계 방안의 마련 등이 있다.

끝으로 도심 하천 생태 공원화를 위한 상가 이전 사업 추진 계획은 한편으로 도심 하천 생태 공원화 사업의 큰 장애물인 복개 건축물을 철거하고, 다른 한편 친환경적 친수 공간을 조성하여 시민들의 정서 함양을 도모하는 일이다. (39~42쪽 참조)

3. 생태 복원의 철학적 논변과 실천적 함의

1) 생태 복원의 실용주의적 정당화

하천 복원을 위시한 생태 복원 자체에 강하게 반발하는 대표적인 철학 논증은 대체로 두 가지를 꼽을 수 있다. 하나는 '생태 복원은 자연을 위조하는 일로서 모조물forgery을 만든다'는 테제이다. 다른 하나는 '생태 복원은 인간이 의도하는 일로서 인공물artifact을 만든다'는 테제이다. 모조물이든 인공물이든 둘 다 생태 복원의 산출물로서 그 본성은 비자연적인 것으로 규정되는 게 마땅하다. 그런 주장들은 더 나아가서 '생태 복원은 자연을 지배하는 인간 권력의 표현이다'라는 자연 지배론으로 전개되기도 한다.[2] 요컨대 앞의 두 테제는 생태 복원이 오히려 역가치를 창출할 수 있다는 사실을 강조하며, 자연 지배론은 생태 복원이 자연의 자유와 자발적 자기실현에 억압을 가한다는 점을 웅변한다.

그런 생태 복원 반대론을 논박하기 위해선 고조물 혹은 인공물이 오히려 자연적일 수 있음을 보여주어야 한다. 사실 모조물이나 인공물의 속성에는 창조인의 의도를 뛰어넘는 자연적 능력이 포함되어 있을 뿐 아니라 인간이 만들어낸 사물과 자연이 실질적으로 불가분의 관계를 맺고 있음에 유의한다면 반박할 여지가 충분해 보인다. 설령 그 주장을 일부 수용한다 해도 거기서 자연 지배론이 논리적으로 수반되지는 않는다. 따라서 자연 지배론은 복원에 잠재된 지배적 속성을 지나치게 과장하는 결함을 드러낸다.

그런 복원 반대론을 정면 돌파하기 위해 한편으론 악의적 복원과 호의적 복원을 개념적으로 준별함으로써, 다른 한편에선 인간과 자연의 관계에 대한 정당화 논증을 제출함으로써 생태 복원을 변호할 수 있다. 이는 복원의 긍정적인 효과를 확신함으로써 복원을 적극 지지하는 실용주의적 견해이다. 즉 '생태 복원은 자연 자체와 함께 인간의 자연과의 관계까지 복원한다'는 명제를 제안함으로써 이른바 복원을 '자연의 문화'를 회복하는 작업으로 이해하는 것이다. 이는 분명히 자연과 인간이 오랫동안 맺어온 본질적 관계를 새롭게 재인식하는 것을 뜻한다. 인간이 자신을 둘러싼 주변의 자연과 맺는 문화적 상호 관계는 책임과 의무를 넘어서 일정한 가치까지도 창출할 수 있다. 그 가치는 자연의 문화가 산출하는 독특한 내용으로 이루어진다. 또한 인간과 더불어 자연적 실재가 동등한 자격을 갖는 구성원으로 참여하는 새로운 공동체가 결성될 수도 있다. 그 밑바탕엔 복원을 지향한 '생태적 시민 의식'이 자리 잡고 있을 터이다.

---

2) 자세한 논의는 이 책 6장 참조.

2) 복원의 생태철학적 정당화: 인간 문화와 자연 경관의 관계를 통하여

생태 복원의 실용주의적 정당화는 자연과 인간의 관계를 주로 정치적·사회적 맥락에서 파악하는 경향이 강하다. 자연과 인간의 본질적 관계에 생태적으로 접근할 때, 양자 관계를 도대체 어떤 사이로 보아야 하는가? 복원 생태학자의 주장을 참작하여, 생태 복원이 제공할 수 있는 우리 인간과 자연 경관 사이의 건전하면서도 상호 이익적인 상관관계를 여섯 갈래로 나누어 분석해보자.(Jordan Ⅲ, 2000: 205~220 참조)

(1) 대상: 우리 인간이 어떤 자연적 실재와 상관관계를 맺기 위해선 무엇보다도 상대할 대상으로서의 실재 그 자체—식물, 동물, 무기물 등 자연 경관을 구성하는 모든 것들—를 필요로 한다. 여기서 생태계는 물론 그 안의 대상과 맺어지는 인간의 관계는 정태적으로 파악되지 않는다. 오히려 생태계는 안팎의 영향에 대한 특유의 대응 방식인 평형상태의 역동적 작동을 통해 스스로를 유지하는 끊임없는 노력을 보여준다. 즉 변화의 압력을 적극 감내하는 자기 재조직화 과정을 통해 기존의 생태계가 미래에도 계속 현존할 수 있음을 확실하게 보장해주고 있다.

(2) 생태적 차원: 우리는 어떤 방식으로든 자연적 실재들과 생태적 상관관계를 맺는다. 그래서 그 실재들과 서로 주고받는 서로 이익이 되는 경제적 거래를 터야 할 것이다. 오늘날 생태적 현안은 자연을 인간으로부터 보호하고 인간의 영향에서부터 구원하는 문제가 아니라, 자연 경관과 인간 문화 사이의 건전한 관계를 수립하기 위한 토대 구축의 문제로 바뀌는 추세를 보인다. 이제는 순결한 자연, 그런 자연의 이념형이라 할 수 있는 야생, 곧 인간으로부터 완전히 독립된 자연으로서의 야생을 상정하지 않는다. 그러기에 인간의 자연에 대한 영향력을 최소화하려는 윤리나, 경관을 향해 사진 촬영만 허용하는 권고나, 생태 현장에선 발자국 정도만 남길 수 있다는 지침처럼 인간의 자연에의 개입을 극단적으로 제한하는 태도도 운

신의 폭이 좁아진다. 인간의 개입을 그저 불필요한 간섭으로 볼게 아니라 오히려 동감하는 참여로 이해하자는 것이다. 복원은 말 그대로 자연을 재차 원상회복시키는 작업이기에 자연 보존에도 일정한 기여를 한다. 중요한 시사점은 복원이 부재하는 데서 인간의 자연에 대한 영향은 소비적인 것에 국한되고 만다는 사실에 있다. 소비적 활동 속에서는 인간이 자연과 맺는 상호적 관계가 아예 성립하지 않기 때문에 우리는 자연 경관에 미치는 인간의 영향력을 제대로 인식할 수 없으며, 따라서 현존 자연 경관을 존속·유지하는 데 아무런 역할을 할 수가 없다.

(3) 인간의 전 능력: 인간과 자연의 상호 관계에는 우리의 모든 능력—선천적·후천적·물리적·정신적·감정적·문화적 능력 등—이 포함된다. 복원 활동은 도보 여행, 식물채집과 같은 전통적 자연지향적 행위뿐 아니라 사냥, 낚시처럼 더 적극적인 참여적 행위까지 하나로 아우른다. 그런 행위들은 소비적이기보다는 구성적 형태로 복원 활동 안으로 통합된다. 복원은 물질적·지적·사회적·감성적 능력 모두에 정초함으로써 문화적 진화가 거듭 발현되면서 동시에 인간의 온갖 재주와 숙련이 배치 전환되는 결과를 보여준다.

(4) 과거: 인간의 핵심 능력들 중 하나가 역사적 감각이기 때문에 자연과의 관계에서 과거를 제대로 인식하는 게 급선무이다. 복원은 인간 이후의 역사만 탐구하는 게 아니라 인간 이전의 자연사도 다루며, 문화적 진화가 지도 탐색의 대상으로 삼는다. 탐구 대상이 되는 과거를 추려본다면, 한 개인의 특정 지역 경관에 대한 역사적 경험, 우리의 특수한 자연과의 상호 작용의 역사, 인간과 자연 간 일반적 상관관계의 심층사, 문화적 진화의 심층사, 특정 사회·문명·공동체의 통사 등이 그것이다.

(5) 변화와 적응: 우리의 자연과의 관계는 계속 전진해나가는 지성적 발전과 문화적 진화의 산출물로서 형성되며, 그 관계는 끊임없이 변화해나갈 것이다. 따라서 자연과의 관계를 규정하는 패러다임도 자연 친화적이면서

동시에 문화 접변적인 융통성을 발휘함으로써 창조적 확장이나 변화적 발달을 포용할 수 있어야 한다.

(6) 칭송과 의식: 우리는 최고로 진화한 자기의식적 존재로서 자연과의 관계를 설정하는 용어·개념·이론 등을 개발할 뿐 아니라 사적·공적 차원에서 만족할만한 방식으로 자연과의 관계를 정교화하고 또한 칭송해야 할 것이다. 근래 들어, 자연과 문화를 연결하는 복원 활동에서 퍼포먼스와 의식儀式이 갈수록 매개 고리로서 중요해지고 있다. 복원 활동을 통해서 인간이 비로소 자연으로 재진입할 수 있다는 본래 가치 못지않게 복원의 수행적·표현적 특성을 잘 보여주는 의례적 가치도 주목받고 있는 것이다. 그렇다면 자연과 문화의 관계를 새롭게 설정하는 데 있어서 필수적으로 충족되어야 할 전제 조건을 따져 보도록 하자.

① 인간도 본래 자연의 산물이란 점에선 자연적이지만, 자기의식의 탁월성을 고려할 때 나머지 자연과는 판이하게 다르다. 우리는 인간적인 세계의 시민이지 자연적인 평원의 시민이 아니다. 그리하여 세계가 조성하는 '문화'와 평원이 상징하는 '자연' 간에는 팽팽한 긴장이 발생하며 그 긴장은 되돌릴 수 없다. 그 긴장은 자연과 벗 삼아 원시적으로 혹은 단순하게 산다고 결코 해소되지 않으며, 인간에겐 선천적 유전인자로서 전승되어나간다.

② 비록 그 긴장을 뿌리째 해소하지는 못하더라도, 적어도 퍼포먼스나 의식을 통해 심리적 차원에선 효과적 방식으로 다뤄나갈 수 있다. 그것이 의식의 독특한 기능이며, 사실 인간은 아득한 옛날부터 자연과의 관계를 매개하기 위해 의식적 기법을 사용해왔던 것이다.

③ 생태 복원의 과정은 인간의 자연과의 관계를 융화시키는 현대적 의식 체계의 발전을 위한 이상적 토대를 훌륭하게 제공하고 있다. 가령 음악, 미술, 시 같은 퍼포먼스적 기법을 복원 과정에 부가할 뿐 아니라 복원 그 자체를 효율적 과정으로, 동시에 표현적 행위로 개념화할 수 있다. 복원 활동

을 단순히 치장하는 게 아니라, 그것에 잠재한 표현적 능력과 힘을 최대한 고양시켜서 한 차원 격상시키자는 것이다.

3) 복원 철학의 실천적 함의

이번에는 생태 복원 철학이 함유한 실천적 의미를 성찰해보도록 하겠다. 생태 복원에 관한한, 실천이 이론을 풍부하게 만들어왔다는 사실이 먼저 지적되어야 한다. 복원 사업이 곳곳에서 실제로 행해지면서 복원 계획의 사회적·정치적·문화적·철학적 논점들이 부각되곤 했다. 복원 프로그램의 구체적 실행은 생태적 지식의 전반적 성장을 가져오게 되며 또한 사안별로 특수한 문제와 나름의 쟁점을 유발시킨다. 그런 사정을 한 생태학자는 다음과 같이 설명한다. "우리의 생태 체계 이해에 대한 엄밀한 검사는 그 체계를 일련의 논문 더미를 통해 이론적으로 수용할 수 있느냐 여부가 아니라, 아무튼 과학적으로 볼 때, 그 체계를 실제적으로 원상대로 되돌릴 수 있으며 또한 그 체계가 작동하게끔 할 수 있느냐 여부에 달려 있는 것이다."(Bradshaw, 1983: 1~17; 2000, 12에서 재인용)

생태 복원의 실천에서 철학 이론은 그것의 목적, 가치, 방법, 태도 등을 합당하게 추론해나가거나 반성적으로 따져보는 일을 수행한다. 여기서는 복원 작업에 임하는 전문가가 견지해야 할 직업적 태도에 대해서만 서술하도록 하겠다.(Scherer 2000: 177~178 참조) 이를 실무적으로 더욱 구체화한다면, 복원 현장에서 누구나 준수해야 할 작업 지침으로 원용될 여지가 많아 보인다.

(1) 전문 직업적 겸손: 생태 복원의 성공적 수행을 위해선 사람들이 생태계 복지에 대해 입에 발린 글을 하면서 복원 작업을 자기과시의 수단으로 삼는 사회 분위기부터 먼저 청산해야 한다. 생태적 번성을 존중하고 생태 복원을 북돋는 성숙된 사회 분위기 속에서, 공적 절차를 통해 정립된 복원

능력의 한계에 관한 전문 직업적 겸손이 소기의 목적을 달성하는 데 크게 이바지할 것이다.

(2) 전문 직업적 신중: (번성한 지역을 개발하는 반대급부로) 손상된 지역을 복원하느냐 혹은 (번성한 지역을 유지하는 반대급부로) 손상된 지역을 개발하느냐하는 양자택일의 기로에 서 있다면, 복원론자는 설령 목전의 자기 이익에 어긋나더라도 과감하게 후자를 선택해야 할 책무가 있다. 왜냐하면 생태 체계의 복원보다는 그 유지가 훨씬 용이하다는 점을 전문가의 식견으로 인지하기 때문이다. 또한 생태 체계 자체의 복지를 위해서도 위험을 초래하기 십상인 복원 작업보다는 외부 침해만 효율적으로 억제하면 되는, 상대적으로 쉬운 현상 유지가 바람직하기 때문이기도 하다. 이는 생태 체계의 복지를 무엇보다 우선시하는 전문 직업적 신중함에서 도출되는 덕목인 셈이다.

(3) 교육적 지도력: 사회 전반에 생태 체계의 번성을 적극 기대하면서 그에 대한 향유를 진지하게 즐기려는 풍토가 긴요하다. 생태 복원의 성과를 눈앞에 두고도 보통 사람들은 그 효력을 잘 느끼지 못하는 법이기 때문이다. 따라서 사회 구성원들로 하여금 생태 체계가 갖는 에너지 · 역동성 · 탄력성 · 여유로움 · 저항성 등을 깨닫게 하는 교육적 차원에서의 노력이 매우 중요해 보인다. 그런 교육적 지도력을 결집하는 데 복원론자들이 앞장서야 한다.

(4) 생태적 복지의 지지 세력에 대한 지원: 생태적 복지를 위해선 사람들이 일차적으로 생태계에 대한 행동의 영향력을 대폭 줄여야 한다. 재활용도 좋지만, 할인 구매하고는 함부로 내다 버릴 물품을 가능한 한 구매하지 말아야 할 것이다. 생태계 복지를 지지하는 회사의 제품이나 생태적 책임을 감당하려는 기업의 상품은 기꺼이 구입하되, 그렇지 않은 물품들을 적극 배척함으로써 기존 시장 안에 생태적 물품만의 독자적 유통 영역이 구축되도록 애써야 한다. 아직 생태 체계의 건강을 염려하는 관행은 거의 없

으며 생태 체계의 온전을 챙기는 제도도 채 구비되지 못한 어려운 상황임에 틀림없다. 그런 가운데서 생태적 복지를 지지하는 세력을 확산시키는 일은 국면 전환을 마련하는 계기일 수 있다. 복원론자들이 전문 직업적 역량을 발휘해야 할 좋은 기회인 것이다.

4. 3대 하천 복원 사업에 대한 철학적 정책 제언

1) 하천의 생태적 기능 회복으로서 하천 복원

먼저 하천의 생태계 구조는 크게 생물군집과 무생물 환경요인으로 구분된다. 전자는 홍수터(범람원)를 포함한 수변의 육서 생태계와 흐르는 물을 포함한 수서 생태계로 구성된다. 후자는 생물과 무생물의 상호 작용에 의해 이뤄지는바 하천의 형태와 하상구성물의 종류 및 기능을 통해 알 수 있다. 그리고 하천의 환경적 기능은 편의상 두 갈래로 설명될 수 있다. 하나는 하천 생태계의 기능으로서 에너지의 고정과 흐름을 조정하며, 영양소 순환을 일으키며, 개체군 조절을 수행하며, 서식처를 제공하고, 오염 물질의 자정작용을 하며, 경관을 향상시킨다. 다른 하나는 하천 회랑의 생태적 기능으로서 서식처 기능, 전달 기능, 여과와 차단 기능, 공급과 저류 기능, 동적 평형 유지 기능 등이 그것이다.(환경부, 2002: 3장, 1장; 홍선기 외, 2004: 8장 참조)

이와 같은 하천의 생태적 구조와 환경적 기능을 고려할 때, '하천 복원 restoration'이란 무엇보다도 교란되기 이전에 하천이 보유했던 생태적 구조와 환경적 기능을 원 자연 상태에 최대한 가깝게 되돌리는 작업이어야 한다.

그러기에 훼손된 하천에서 자연적으로 생태계를 다시 지속시킬 수 있게끔 형태적, 수문적으로 안정된 지형을 만들어주는 '하천 회복rehabilitation'과는 성격이 판이하게 다르다. 또한 하천의 원래 생태계가 가지고 있는 생물적, 물리적 능력을 변경시키는 '하천 개척reclamation'과도 차원을 달리한다. 하천의 회복이나 개척은 인간의 특수한 활동을 위해 수변 상태를 새롭게 하거나 변경시키는 것이지만, 하천의 복원은 원 자연 상태로 되돌아감이다.

하천 복원은 하천에 교란을 가하는 활동이나 자연적 회복을 막는 활동을 억제하는 일로부터 시작된다. 하천에 지속적으로 작용하는 교란 활동을 제거하거나 저감시키는 작업을 특히 '하천 교정remediation'이라 한다. 다음 단계는 교란 때문에 손상된 하천을 적극적으로 복원하는 것이다. 여기서 하천 복원의 대상은 근본적으로 하도를 포함한 홍수터, 강턱, 제방 등이다. 그러나 완전한 의미의 하천 복원은 경관 생태적으로 하천과 연속한 주변 회랑과 같은 수변을 포함한다. 따라서 넓은 의미의 하천 복원은 다름 아니라 바로 수변 복원이다.

하천 복원의 기본적 방법은 하천의 상태에 따라 3가지로 분류될 수 있다.

(1) 비간섭과 비교란적인 회복: 수변이 급속히 회복되어 적극적인 복원 활동이 불필요하고 나아가 오히려 해가 될 수 있는 상태.

(2) 회복 지원을 위한 부분 간섭: 수변이 회복하려 하고 있으나 그 정도가 느리고 불확실하여, 자연적으로 일어나는 회복을 지원하는 활동이 필요한 상태.

(3) 회복을 관리하기 위한 적극적인 간섭: 원하는 하천 기능의 자연적 회복이 불가능하여 적극적인 복원 활동이 필요한 상태.

우선 대전시가 구상하고 있는 3대 하천의 복원 사업이 함유하는 성격을 분명히 해야 할 것이다. 즉 어설프기 쉬운 하천 회복이나 무모할 수 있는 하천 개척이 아니라, 하천 교정을 포함하되 수변 복원으로까지 확대된 하천 복원임을 확고하게 천명할 필요가 있다. 그래야만 비간섭, 부분 간섭,

적극 간섭 등의 방법들 중 가장 적합한 선택지를 명시할 수 있기 때문이다.

그리고 하천 복원에 임하는 식견도 전문적이어야 하며 직업적인 태도도 모범적이어야 할 것이다. 복원 사업이 대전시가 희망하듯이 3대 하천의 생태적 번성을 진정 가져올 것인가? 하천 복원의 주체는 계획대로 사업을 수행할 능력을 충분히 갖추고 있는가? 등의 물음에 진지하게 응답해야만 한다. 왜냐하면 그것은 생태 복원에서 요구되는 전문 직업적 겸손과 신중이란 덕목에 따라 자기검증을 하는 최소한의 절차이기 때문이다.

또한 내가 느끼기에는 3대 하천 복원 사업이 외면상 자연형 하천 계획임을 표방하고 있지만, 하천의 자연성, 생태계, 친수성, 역사성 등을 중시하는 하천 환경의 관점보다는 기존의 사업들과 궤를 같이하여 하천 조경적인 관점에서 하천의 공원화를 추진한다는 인상이 훨씬 강해 보인다. 이런 우려를 불식하기 위해선 하천의 물리적·생태적 특성에 대한 치밀한 연구와 그 성과의 실제적 반영이 절실히 요청되고 있다.

2) 자연과 인간의 관계 회복으로서 하천 복원

하천 복원의 여러 경우를 악의적 복원과 호의적 복원으로 일단 구별해보자. 전자는 인간에 의해 파괴된 하천의 자연성도 결국 복원을 통해 대체할 수 있다는 이유로 자연의 손상을 도덕적으로 정당화하는 복원을 말한다. 이에 비해 후자는 자연의 손상을 정당화함이 없이 하천에 대해 과거에 행했던 손상을 교정하려 애쓰는 복원을 말한다.

호의적 복원에서는 손상되기 이전의 자연 상태뿐 아니라 인간의 자연과의 관계까지도 고려하게 된다. 즉 호의적인 하천 복원은 악의적인 하천 복원과는 전혀 다른 인간-자연의 관계를 전제로 한다. 우리가 호의적 복원의 활동에 참여할 경우엔, 기본적으로 자연을 존경할 의무를 느끼거나 혹은 자연을 자율적 주체로 대우하려는 태도를 갖는 것이다. 더 나아가 복원 활동 속에서 자연에 대한 의미심장한 책임을 깨닫게 된다. 게다가 호의적 형태의 복원에 동참한 사람들에겐 실질적으로 개인적이고 사회적인 이익이 저절로 생겨난다.[3)]

결론적으로 하천 복원이란 역사적으로 하천의 자연환경과의 연관 안에 포함되어왔던 문화의 일부를 복원함으로써 인간의 하천과의 연관을 복원하는 것이다. 하천 복원이란 하천이 본래 지녔던 자연성 자체의 복원은 물론이거니와 인간이 오랫동안 견지해온 하천과의 본질적 관계까지도 회복하는 일임을 자각해야 할 것이다. 요컨대 하천에 내재한 인간 이전의 자연사에서부터 인간 이후의 역사까지, 그리고 그런 사적 과정에서 산출된 문화를 되살려내야 한다.

대전시가 설정하고 있는 3대 하천의 복원 사업과 관련시킨다면, 기본 계획을 수립할 때 통상적으로 이뤄져 왔던 강수량·홍수량 등 수문 자료의 조사나 하천 수질 관련 조사는 물론, 최근 들어 특히 강조되고 있는 생태계에 대한 조사도 계속 밀도 있게 진행해야 할 것이다. 한 발짝 더 나아가, 하천의 문화적 기능을 숙고한다면, 그에 못잖게 3대 하천과 그 주변 지역의 역사적·문화적·사회적 의미를 탐구하는 인문학적·사회과학적 조사도 매우 긴요하다고 생각한다.

그리고 대전시민이 평소 느껴온 하천과의 관계를 보다 정교하게 다듬고 정겹게 칭송해야 할 필요가 있다. 인간 문화와 자연 하천을 연결하는 상징적 의식이나 구체적 퍼포먼스가 시대 흐름에 걸맞게 시연되어야 한다는 말이다. 하천 복원 활동은 주민들로 하여금 그동안 망각하고 지냈던 생태 가치뿐 아니라 잠재해왔던 의례적 가치까지 발굴하게 만든다. 왜냐하면 하천 복원만큼 자연과 인간이 직접 대화하는 현장이나 생태와 문화가 유기적으로 접합되는 행사를 찾기가 쉽지 않기 때문이다.

---

3) 악의적 복원과 호의적 복원에 대한 자세한 내용은 이 책 6장 참조.

3) 생태적 시민 의식의 개발과 시민 참여의 장으로서 하천 복원

하천 복원이란 하천의 자연적 성격 자체의 복원은 물론이거니와 인간이 오랫동안 견지해온 하천과의 본질적 관계까지 회복하는 일이다. 그런 인간과 자연의 관계는 단순한 상호성을 훨씬 넘어선다. 그 상호성은 책임이나 의무를 뛰어넘어서 하천과의 상관관계 속에서 일정한 가치를 창출할 수도 있다. 그 가치는 아마 우리가 '하천의 문화'라고 부를 수 있는 어떤 것에 내재하는 것일 터이다.

복원 활동의 결과로서 형성된 하천 환경은 다소 인위적으로 복원된 경관이라 할지라도 하천의 문화를 복원하는 데 큰 도움을 줄 수 있다. 그런 하천과 인간의 상호 관계는 주변의 자연경관과 생태 체계를 어떻게든 보호하려는 사람들을 격려하는 필요조건으로 전혀 모자람이 없어 보인다. 더 나아가서 인간과 하천이 함께 구성원으로 참여하는 새로운 공동체를 만들어 나가는 실용주의적 기준이 될 수도 있다.

나는 하천 복원을 이른바 '생태적 시민 의식ecological citizenship'(Light, 2003b 참조)을 개발하는 계기이자 생태적 시민들이 참여하는 마당으로 삼기에 충분하다고 생각한다. 3대 하천의 생태적 복원은 우선 대전 시민들에게 생태계를 돌보려는 마음을 갖게 하며, 그런 마음을 행동으로 옮기기 위한 터전으로서 시민공동체를 꾸리게끔 함으로써 생태적 시민 의식을 함양하는 시발점으로 자리매김되어야 한다. 3대 하천 복원의 계획·시행 과정이나 작업 현장에 관심 있는 보통 시민이나 주변 지역 주민들에게 부분적이지만 직접 참가하는 기회를 부여함으로써 참여적 실천을 체험케 하는 게 아주 중요하다.

또한 3대 하천 복원을 대전 시민들이 생태계의 번성과 그에 대한 향유가 자신들에게 큰 즐거움이란 사실을 터득케 하는 교육의 장으로 삼아야 한다. 하천 복원의 성과 내지 효력을 실감할 수 있는 교육 프로그램을 공개

운영함으로써 많은 시민들이 몸소 체험하게 만들어야 한다. 그리하여 생태계 건강을 염려하는 생태계 복지의 지지 세력을 폭넓게 확산시켜야 할 것이다.

   그러기 위해선 대전 시민에 걸맞은 생태적 시민 의식을 알기 쉽게 개념화해야 하며, 더 나아가서 생태적 시민들이 준수해야 할 행위 지침도 설정해야 할 터이다. 그런 생태적 시민 의식의 정립에는 한편으로 일반적으로 승인되는 생태학적 기본 성향과 태도를 일관성 있게 견지하는 게 요구되며, 다른 한편으론 가능한 한 '온갖 일을 함께 해나간다'는 지역 주민의 참여적 공공 의식을 이끌어내는 전략이 요청되기도 한다.

제8장

우리는 자연을 어떻게 알고 또한 대해야만 하는가?

이 장은 '자연을 어떻게 알고 환경을 어떻게 대우할 것인가?'에 대답하기 위한 시도이다. 자연에 대한 앎과 함은 크게 네 유형으로 분류된다.

첫 번째 유형은 인간과 자연이 서로 대상으로만 존재하는 자연 머물기 상태를 말한다. 그 특성은 '저와 그것'의 관계로서 인간과 자연 사이를 가르는 뚜렷한 분별이 없다. 두 번째 유형은 인간은 주체로서 자연을 그저 대상으로만 취급하는 자연 다루기 태도를 이른다. 그 특성은 '나와 그것'의 관계로서 전통적인 이분법적 자연관을 대변한다. 세 번째 유형은 인간은 한낱 대상이 되고 자연이 도리어 주체가 되는 자연 모시기 태도로서 '저와 너'의 관계가 핵심이다. 네 번째 유형은 인간과 자연 둘 다 주체가 되는 자연 대하기 태도로서 '나와 너'의 관계로 표현된다. 여기서 나는 가장 바람직한 것으로 '나와 너'의 유형을 기초로 삼되 '그것'이 함께 조화를 이루는 대화적 모델을 제안한다. 물론 거기에도 인간중심주의라는 난제가 잠재해 있다. 그 대화적 모델은 실천적으로 사람들이 일상생활 속에서 자연과의 상호 작용을 깨닫고 몸소 실행하게끔 도울 수 있다. 그 작용을 자연의 '나와 너'로의 주관화와 '나와 그것'으로의 객관화의 형태가 상호 대화하는 것으로 이해할 필요가 있다. 또한 대화적 모델에서 특수한 실천의 지침과 프로그램을 추출하는 게 중요하다. 그래야만 그 모델이 개인이나 집단이 자연을 옳게 알고 공정하게 대우하는 새로운 세계관으로 도약하는 데 디딤돌 역할을 할 수 있다.

1. 들어가는 말

우리는 자연을 어떻게 이해하고 있는가? 또한 어떤 태도로 환경을 대하고 있는가? 환경문제가 대중화되면서, 많은 사람들은 새삼스럽게 자연환경에 주목하기도 하며, 일부에서는 기존의 자연관을 진지하게 반성하면서 새로운 관점을 적극적으로 제안하기도 한다. 왜냐하면 인간존재의 터전이요 삶을 일구어가는 텃밭인 자연환경의 위기를 누구나 심각하게 느끼기 때문이다. 그럼에도 불구하고 오늘날 보통의 일상인들이 보여주는 자연 인식과 그에 따른 행위들은 안타깝게도 기대 수준과는 거리가 먼 듯하다. 그런데 우리는 그런 자연에 대한 물음을 하나로 축약할 수 있다. 무릇 '자연을 어떻게 알고 환경을 어떻게 대우할 것인가?'

이 글은 누구나 깨달아야 할 '자연 알기'를 검토하고 우리들이 실천해야 할 '자연 대하기'를 살피려고 한다. 이런 작업은 잠들어 있는 생태학적 양심을 일깨우거나 숨어 있는 생명론적 기운을 북돋우기 위한 기초적 발판일 터이다. 그런 의도를 효과적으로 살리기 위해 나는 제한적 전제를 깔고자 한다. 지나치게 단순화할 가능성을 무릅쓰고라도 자연 인식의 사상적 측면과 이론적 측면을 하나의 틀로 엮어나간다는 점이다. 자연과 관련해, '사상'이란 한 개인 혹은 집단이 자신의 존재 조건에 기초하여 자연을 이해, 해석, 변형하려는 구상 혹은 전망이라 할 수 있다. 그렇다면 '이론'이란 그런 사상을 구체적으로 실현하려는 실천의 타당한 구도와 정합적 틀을 모색, 구성하는 것이 된다. 무엇보다도 일상적 실천과 동떨어진 듯한 학문적인 이론을 그 실천을 담보하는 현실적인 사상에다 접합하는 일이 우선 요구된다. 그 까닭은 이론이 체계성의 맥락에서 사상에다가 그 내용과 의미를 부여할지라도 이론은 계기적인 맥락에서 사상에 크게 의존하지 않을 수 없기 때문이다. 나는 특히 성급하게 일반화할 여지를 두려워하지 않고, 자연에 관한 서양철학에 뿌리를 둔 이론적 접근과 동양철학에 바탕을 둔 사상적 접근을 과감하게 대조하면서 논의할 참이다.

2. 자연에 대한 앎과 함의 네 가지 유형

먼저 자연이란 무엇인가 하는 점을 짚고 넘어가자. 우리를 둘러싸고 환경을 형성하는 자연의 개념은 인간과의 관계를 고려함으로써 비로소 설정된다. 자연은 무한히 다양한 형태로 현상되는 온갖 물질적인 대상과 구조 및 과정으로서 비인간적 실재를 가리킨다. 그런 내포적 정의보다는 자연의 외연을 들추는 게 훨씬 알기가 쉽다. 감각적인 생명이 있는 존재인 동물, 감각은 없으나 생명이 있는 존재인 식물, 감각도 없고 생명조차 없는 사물 따위가 그것이다.

이제 자연에 대한 우리의 앎과 함을 검토해보자. 자연 알기의 이념적 유형을 네 갈래로 상정하여 그 핵심 내용을 한눈에 알려주는 표를 〈도표 8-1〉

도표 8-1 자연에 대한 앎과 함의 네 가지 유형

인간 \ 자연	너 Thou 주체로서의 자연	그것 It 객체(대상)로서의 자연
나 I 주체로서의 인간	4) 나와 너의 대화와 교섭 진실성/주관성 (의례, 상호 작용, 교환) → 자연을 대우하는 태도	2) 자연에 대한 인간의 행위 통제/책임 (인식론, 윤리학, 실천과학) → 자연을 다루는 태도
저 Me 객체(대상)로서의 인간	3) 자연의 인간에 대한 조치 운명/숙명 (신화, 목적론, 형이상학) → 자연을 모시는 태도	1) 양자 간의 생명 에너지 교환 기계론/객관성 (자연과학, 과학적 생태학) → 자연에 머물러 있는 상태

로 작성하였다. 이 네 유형은 인간과 자연의 상호 작용을 인간의 자기확산과 자기실현(혹은 대상화) 사이의 교류 과정으로 파악한다. 특히 주관화와 객관화라는 역동적인 과정이 주목한다. 또한 자연 알기의 인식적 수준에 따라 자연에 관한 우리의 함 즉 자연에의 인간적 태도가 합당하게 규정된다고 본다.

이 도표는 자연 알기의 방식을 각각 인간으로 귀속하는 주관성(즉 인간성)과 자연으로 귀속하는 객관성(즉 사물성)의 상대적 정도에 따라 나누는 셈이다. 그런 귀속을 언어형태로 표현되는 일종의 담론적인 것으로 보아야 할지 혹은 자연을 실제로 다루는 것을 포함하는 실천적인 것으로 간주해야 할지가 중요하다. 그 점을 명시하기 위해 네 유형의 인간/자연 관계에서 다음의 세 경우를 나름대로 성찰하도록 해보자. ① 나무 한 그루를 심는 것, ② 어떤 한 사람의 죽음, ③ 오존층의 파괴가 그것이다. 이것들은 제각각 개별적인 식물, 인간 육체, 거대한 생태적 실재를 지시하는 바, 자연의 상이한 모습을 대표한다. 그럼 네 유형들을 순서에 입각하여 하나씩 고찰하도록 하자.

1) 객체로서의 인간(저)/대상으로서의 자연(그것): 자연 머물기

이 범주에서 인간과 자연은 둘 다 생명 에너지를 교환하는 순수한 대상으로만 간주된다. 둘 간의 상호 작용이란 단순히 기계적일 뿐이다. 이 관점은 자연과학과 과학적 생태학의 영역에 속하며, 객관성·보편주의·법칙성 등을 추구하는 감화이다. 여기서 나무 한 그루를 심는 것은 기계론적 절차의 한 순서로 정식화된다. 어떤 한 사람의 죽음은 생리학적·생화학적 물리적 과정의 연쇄로 말해진다. 오존층의 파괴도 그와 유사하게 화학적 대기적·물리적 과정의 결합에 의해 정식화된다.

'저와 그것'의 관계라 규정된 이 범주에서 인간의 자연에 대한 태도를 생각할 수는 없다. 구태여 말해보면, 인간은 자연 속에 들어앉아 너와 나의 분별이 없이 함께 머물러 있는 상태라고 하겠다. 그런 자연 머물기에 대한 이해를 도가사상의 자연주의에서 구해보자. 노자가 『도덕경』에서 말하기를 "사람은 땅을 법받아 태어났고, 땅은 하늘을 법받아 생겨났으며, 하늘은 도를 법받아 열리고, 도는 자연을 법받아 나타난다〔人法地 地法天 天法道 道法自然〕"고 했다. 자연은 단연 최고의 개념으로 떠오른다. 이것은 주관 속에도 자연이 있고 객관 속에도 자연이 있다는 뜻이다. 이는 인간 속에 자연성이 들어 있고 자연이라고 하는 큰 틀 속에 인간이 있을 수 있다는, 즉 인간 내적인 자연성과 외적인 자연에서의 자연성을 한꺼번에 인정하는 진리의 단丹을 주장하는 것이다. 그러나 이 주장은 어디까지나 존재론적 통일의 상태를 말하므로 인식론적 영역으로 진입할 수 없다는 한계를 드러낸다. 왜냐하면 인식주체와 인식 대상 사이의 불일치·분열·모순 따위로 표명되는 존재론적 틈이 있어야 비로소 인식론적 문제 제기가 성립하기 때문이다.

2) 주체로서의 인간 (나)/대상으로서의 자연(그것): 자연 다루기

이 범주는 전통적인 이분법적 자연관을 보여준다. 인간은 의식이 있고 의지를 갖는 주체인 반면에 자연은 의식도 의지도 없는 인식의 대상 혹은 탐구의 자원일 따름이다. 따라서 둘 간의 관계는 일방적으로 자연에 대한 인간 행위로 굳어진다. 자연 알기의 형태는 예컨대 과학이랄지 기술이랄지 문명이랄지 하는 인간 간섭의 속 내용에 따라 규정된다. 가장 두드러진 관계로 인간의 자연에 대한 통제와 그에 대비되는 인간의 자연에 대한 책임을 들 수 있다. 인간과 자연의 관계에 대한 형식적 설명은 과학주의, 기술결정론과 같은 입장에서부터 책무라는 인간 규범을 되살리려는 통속적 요청에 이르기까지 폭넓게 걸쳐 있다. 인식론, 윤리학, 실천적인 과학은 모두가 '나와 그것'의 관계를 전제로 삼아 주장을 전개한다. 이 범주에서 인간의 자연에 대한 태도는 '다룬다'는 말로 상징된다. 인간은 자연을 인식과 소유의 대상으로 다루며, 정복과 착취의 수단으로 다루며, 연구와 개발의 자원으로 다룬다. 말하자면 인간은 주인으로서 자연을 노예처럼 부려먹는 것이다.

이 범주에서 한 그루의 나무를 심는 행위는 나무 심는 사람의 동기와 이유에 개입하는 것이다. 그 행위는 수확을 위한 단순한 수단에 불과한 것인가 아니면 자연에 대해 책임을 지려는 태도를 반영하는 것인가? 실제로 '나와 그것'의 관계는 그저 책임에 의해서만이 아니라 일정한 지식에 의해서도 충분히 정식화될 수 있다. 과연 우리는 어떻게 자연을 알 수 있는가? 앞에 들었던 다른 두 경우를 살펴보자. 어떤 한 사람이 자연사했을 경우, 그 자연스런 죽음을 긍정적인 선택(살 수 있는 때까지 계속 살아가는 일)을 취한 것으로 이해할 수 있다. 또한 동시에 부정적인 선택(굵고 짧게 살아가는 일)을 취한 것으로도 해석할 수 있다. 오존층의 파괴도 같은 방식으로 하나의 선택으로 여겨질 수 있다. 그 대신에 책임 영역을 넓히고 실천적 노력을 끌어내기 위해 오존층 파괴 기록기의 기록 평가를 윤리적인 것에서부터 인식적인 것으로 변경시킬 수도 있다. 그러나 이런 방식으로 추상적인 규범적 판단보다는 측정 가능한 정량적 평가에 의존하는 것이 도대체 가능한 일인가?

전반적으로 동양사상은 자연을 인간의 대상으로 삼는 이원론을 거부한다. 대신에 인간과 자연을 상호 분리할 수 없는 관계로 인식하는 경향이 있다. 그런 경향 속에서도 상대적으로 인간의 주체적 역할을 강조하는 것은 유학사상이라 할 만하다. 공맹사상은 하늘·땅·인간 중에서 하늘보다도 오히려 인간 속에 모든 진리가 담겨 있다고 강조하는 인문주의이다. 그런 인간중심적 환경관을 공자는 『논어』에서 다음과 같이 말한다. "어진 사람들이 사는 좋은 마을이 아름다운 마을로 된다. 그러니까 사람이 가려서 그런 곳에 살지 않는다면 어찌 지혜롭다고 하겠는가?〔里仁 爲美 擇不處仁 焉得知〕"

3) 대상으로서의 인간(저)/주체로서의 자연(너): 자연 모시기

이 범주는 인간이 대상이 되고 오히려 자연이 주체가 되는 뒤바뀐 관계를 보여준다. 이 관계는 자연의 인간에 대한 조치가 초점이 된다. 그것은 다음과 같은 근본 물음으로 압축된다. 우리 인간의 운명을 마음대로 조정하는 절대자(신, 절대정신, 역사 등)는 과연 존재하는가, 만일 그렇다면 그 절대자의 목적은 무엇인가? 이 의문은 개인과 집단의 운명, 숙명 혹은 목적을 파악하기 위한 시도와 연계된다. 이를테면 희랍의 정통적인 신화적 해석에 따른다면, 신들의 세계에서 인간을 특수하게, 즉 인간답게 만드는 것은 바로 인간이 차지하는 모순된 지위의 섞임에 있다. 신들 간의 위계질서 속에서 인간의 지위는 한편으로는 동물과 같은 객체에 불과하지만 다른 한편으로는 천사와 동일하게 주체로서 자리매김된다. 따라서 이런 지식 형태는 신화적이고 목적론적이며 또한 형이상학적인 담화를 통해 구성된다. 앞의 경우들을 보자. 나무 한 그루를 심는 것은 가이아Gaia(땅의 여신)의 재생을 위한 계획의 일환으로 생각할 수 있다. 어떤 한 사람의 죽음은 조물주의 목적이 수행되는 일련의 과정으로 간주될 수 있다. 또한 오존층의 파괴조차 숙명적인 차원에서 몇 천 년에 걸친 신의 계시에 따라 역사役事하는 것으로 판단할 수도 있다.

그렇다면 인간의 자연에 대한 태도도 마땅히 전도될 수밖에 없을 것이다. '저와 너'의 관계에서 곧이곧대로 한다면 인간은 머슴으로서 자연을 상전처럼 모셔야 할 것이다. 그런 식의 자연 모시기가 야만 혹은 미계몽의 시대라면 모를까 최첨단을 향해 발전하는 기술 문명 시대에 정착하리라고 기대할 수는 없다. 그러나 오늘날의 환경 위기는 인간이 갖추어야할 자세가 자연을 모시는 마음가짐이요 환경을 받드는 행동거지임을 역설적으로 웅변하고 있음에 틀림없다. 그런 자세를 동학사상에 기대어 요약해보자. 하늘과 사람과 물건이 다같이 '한생명'이라는 우주적인 자각에서 시작하여 우리 인간은 우주 생명인 한울을 님으로 섬기면서 모시고[侍天], 키워 살림으로써[養天], 모든 생명을 생명답게 하는 사회적·윤리적 실천을 수행해야만 한다. 그러기 위해선 한울을 공경하고[敬天] 사람도 공경할 뿐 아니라[敬人] 나아가서 사물까지도 공경해야만 한다[敬物].

4) 주체로서의 인간(나)/주체로서의 자연(너): 자연 더하기

마지막으로 이 범주는 인간과 자연 둘 다 더불어 주체가 되는 관계이다. 인간은 물론이거니와 자연도 인식력이 있고 반성적이며 의지를 갖는 존재로 간주된다. 자연도 이른바 일종의 인격체로 격상된다. 이런 인격체 간의 상호 작용은 진정한 교류, 곧 대화적 의사소통으로 특징지을 수 있다. 그것은 진실성과 주관성을 갖는 '나와 너'의 언어적 교섭이다. 그런 교섭은 개인적인 간담에서부터 집단적인 의식에까지 걸쳐 있다. '나와 너'라는 범주에서 인간은 자연을 합당하게 대우하는 태도를 가진다. 여기서 합당한 대우란 '평등한 것을 평등하게 불평등한 것을 불평등하게 대해야 한다'는 원리로 정식화할 수 있다. 만일 자연이 인간과 대등한 인격체라면 전면적으로 인간과 동일한 대우를 해주어야 한다. 혹은 만일 자연이 인간보다 열등하지만 그럼에도 불구하고 엄연한 인격체라고 한다면 그에 적합한 만큼의 대우를 해주어야 한다는 것이다. 이 범주에서 한 그루의 나무를 심는 일은 말 그대로 자연과의 실질적인 의사소통이라 할 법하다. 어떤 한 사람의 죽음은 죽은 자를 둘러싼 의식을 통해, 또한 죽은 자와 그의 가족들과 친지들의 신 혹은 조상과의 의사소통을 통해서 이해된다. 오존층의 파괴는 일단 지구에 대한 침해로서 파악될 수 있고 그런 파악에 토대를 둔 대화와 의식은 지구에 대한 달램과 북돋음을 지시하게 될 터이다.

　인간과 자연의 '나와 너'라는 방식의 대화적 상호 관계는 사실상 동양사상에서 보다 풍요롭게 발전해왔다. 불교사상을 살짝 보자. 부처님은 『중아함경』에서 지수화풍地水火風과 생명현상을 비롯한 모든 존재에 대한 앎을 설명한다. 한 예로 땅을 땅으로 여기는 것을 즉자적 앎, 땅을 생각하는 것을 대자적 앎, 땅에 있어서 생각하는 것을 주관적 앎, 땅으로부터 생각하는 것을 객관적 앎, 땅을 내 것이라 생각하는 것을 소유적 앎이라 분류하고는 결론적으로 "올바로 진리를 깨닫기 시작한 사람은 땅, 물, 불, 바람, 생명현상 등을 즉자적으로, 대자적으로, 주관적으로, 객관적으로, 소유적으로 아는 것을 중지해야 한다"고 설법한다. 왜냐하면 탐욕, 미움, 어리석음, 혼돈을 따라서 즉자적, 대자적, 주관적, 객관적, 소유적 의식이 생겨났기 때문이다. 요컨대 만물일체萬物一切는 상호 연기적緣起的인 불가분의 관계에 있으며 모든 것이 하나의 생명공동체임을 깨달아 우주를 총체적으로 파악하는 방법만이 결국 탐욕과 분노를 없애고 마음을 본래 모습으로 되찾을 수 있다는 것이다. 또한 주역사상도 자연을 기氣로써 이루어진 개체 생명들의 유기적 연결망으로 이해함으로써 각 개체들의 상호 의존성, 상함성相含性을 강조한다. 특히 자연의 단순한 생명성뿐 아니라 심적인 요소가 있음을 적극적으로 인정한다. 중요한 점은 이런 물아일체物我一切가 한갓 이론적인 차원에 그치는 것이 아니라 실천적인 수행修行과 끊임없는 탁마琢磨에 의해서만 지탱된다는 사실이다. 그것은 주객의 합일, 더 멀리는 천인합일天人合一로 가는 유일한 길이다.

3. 바람직한 자연 알기의 모델과 그 문제점

　자연과 인간의 관계를 규정할 때, 만약 주체/객체의 이분법을 타당하다고 수긍한다면 여태까지 살펴본 네 유형은 매우 효과적인 분석 틀로 평가된다. 그 논의를 따라온 사람이라면 누구라 한들 환경문제의 해결 방안으로 다음과 같은 대안을 들지 않을 수 없다. 우리의 자연을 알고 대하기를 기존하는 '나와 그것'의 유형으로부터 '나와 너'의 새로운 유형으로 변화시켜야만 한다는 주장이다. 먼저 바람직한 자연 알기의 모델을 간명히 파악하고 나서 그것이 안고 있는 어려운 문제점을 하나만 언급하도록 한다.

1) '나', '너' 그리고 '그것'이 조화된 대화적 모델

자연 알기의 모범적 전형은 물론 '나와 너'의 유형이다. 그러나 '나'와 '너'뿐 아니라 '그것'도 함께 녹아들어 서로가 조화를 이루는 대화론적 모델이어야만 바람직할 수 있다. 그 까닭을 두 갈래로 설명해보자. 첫째로, 이 모델에 대상으로서의 자연을 뜻하는 '그것'이 삼투되어야 함은 환경적 의사 결정을 좌우해온 인간중심주의와 자연환경의 가치를 현실적으로 규정하는 수단적 가치를 결코 무시할 수 없기 때문이다. 이 점은 뒤에서 상론할 것이다. 둘째로는, 이 모델에 있어서 자연과 인간의 의사소통이 인간들의 소망스런 담화 못잖게 대화적 구조여야 되겠기 때문이다. 대화적 구조를 사람들 사이의 교류 과정으로 특징화해보자. 두 사람 간의 대화 과정에서 한 대담자는 그의 상대 대담자의 말에 응답하거나 그와 상호 작용하면서 자신을 망각하거나 자기의식을 차단하는 것을 일차적으로 경험한다. 더 나아가서 그 대담자는 상대방이 자신에게 이바지한다는 의미를 진지하게 체득하게 된다. 그래서 그 상대방은, 즉 타자는 그 대담자에게 행위 주체자, 곧 '너' 혹은 '당신'으로 분명하게 부각되고 종국적으로는 그 대담자의 목적으로까지 전환되는 것이다.

요컨대 대화적 모델은 '나와 그것'의 관계와 '나와 너'의 관계가 서로 스며들어 침투하고 또한 짜여져서 구현되는 변증법적 과정이라 할 수 있다.

그것은 '나'로서의 인간과 '너' 혹은 '그것'으로서의 자연이 순환적으로 교차하는 의사소통 과정이기도 하다.

2) 인간중심주의 문제

자연 알기의 '나와 그것'의 유형과 '나와 너'의 유형은 둘 다 인간중심주의와 밀접하게 연관되어 있다. 그것을 두 측면으로 나누어 살펴보자. 첫째로는 가치론적 인간중심주의의 문제이다. '나와 너'의 유형은 물론 대화적 모델도 자연을 인식력과 반성력을 갖추고 또한 의지도 가진 대화 가능한 인격체로 가정한다. 그러나 이 가정은 본래적 가치 혹은 도덕적 지위를 오로지 인간에게만 부여하는 가치론적 인간중심주의에 의해 강하게 거부된다. 그 핵심 논거는 비인간에 비해 감각적·이성적·도덕적·심미적 능력 따위로 열거되는 인간의 탁월성에 있다. 오십 보 물러나서 동물이 즐거움과 고통의 감정을 느끼는 감각 능력을 소유하고 있다고 인정하고, 그에 비해 식물은 자라나고 성장하고 발전하는 번성의 능력을 가지고 있다고 승인해보자. 백보 후퇴하여 다양성, 종과 생태 체계 그리고 생명공동체 등의 본래적 가치를 수긍한다 해도, 비인간적 실재들을 대화 가능한 인격체적 능력의 소유자로 격상하기 위해서는 아주 자명한 근거가 제시되어야 한다. 적어도 인간들 간의 담화에 근접할 수 있는 인간과 비인간 사이의 시론적 대화 모델이라도 조직적으로 논증될 수 있어야 한다는 것이다.

둘째로는 인식론적 인간중심주의의 문제이다. 이는 자연환경에 부가되는 가치의 원천은 오직 인간의 마음이라고 주장한다. 또한 더 밀고 나가면 자연을 돌보는 근거란 인간이 그렇게 하는 것이 인간에게 적극적인 이익을 가져오기 때문이라는 실천적 인간중심주의로 그 모습을 바꾼다. 인식론적 인간중심주의는 비인간적 실재인 자연의 본래적 가치는 일단 그것이 인간에 의해 규정되고 나서야 오로지 표상되고 기능할 수 있다는 의미에서는 옳다. 하지만 가치는 인간에 의해 고안되는 게 아니라 자연 속에 있는 객관적 속성에 부속한다는 사실에서는 전적으로 그르다. 가치는 그것이 존재하는 객관적 속성이 없이는 누구의 탓으로 돌려질 수 없으므로 일정한 객관적 토대를 갖는다고 보아야 무난할 것이다. 아무튼 가치론적 인간중심주의와 마찬가지로 인식론적 인간중심주의도 전통적인 '나와 그것'의 유형을 논변적으로 두둔하면서 '나와 너'의 유형과 대화적 모델을 취약하게 만들 수 있는 난제임을 밝히고 있는 셈이다.

4. 맺음말:
대화적 모델의 실천적 의미

지금까지 자연에 대한 앎과 함의 네 유형—'저와 그것'의 관계와 자연 머물기 상태, '나와 그것'의 관계와 자연 다루기 태도, '저와 너'의 관계와 자연 모시기 태도, '나와 너'의 관계와 자연 대하기 태도 등—을 검토해보았다. 그 결과 '나와 너'의 유형을 기초로 삼되 '그것'이 함께 조화를 이루는 대화적 모델을 가장 바람직한 것으로 제안하였다. 물론 가치론적이고 인식론적인 인간중심주의라는 난제가 풀린다고 희망하면서 말이다.

이제 결론을 대신하여 그 대화적 모델의 실천적 의미를 간단하게 추려보자. 먼저 그 모델은 많은 사람들의 일상적인 자연과의 상호 작용에 큰 도움을 줄 수 있다. 그런 도움은 그 상호 작용을 자연의 '나와 너'로의 주관화와 '나와 그것'으로의 객관화의 형태가 상호 대화하는 것으로 여김으로써 보다 쉽게 펼쳐진다. 그런 주체화와 객체화의 상호 순환은 신화, 설화, 이야기, 은유, 담론 따위의 적절한 언어적 자원에 의해 보충된다. 그런 맥락에서 대화적 모델에서 특수한 실천의 지침과 프로그램을 추출하는 게 무엇보다 긴요한 일이다. 그런 지침과 프로그램은 한편으로는 환경을 보호하는 작업의 도덕성을 고양시키기 위해 보호 단체와 그 조직을 활성화하며, 다른 한편으로는 자연을 돌보는 과학적인 제도와 집단의 교육적, 문화적, 도덕적 잠재력을 구체화시킬 수 있다. 요약해서 말하자면 대화적 모델은 개인들에게나 혹은 집단들에게 자연을 옳게 알고 공정하게 대우하는 새로운 세계관으로의 도약을 도와주는 디딤판이다. 무엇보다도 각 개인들이 자신을 개방하여 자연으로 진입하려는 노력에서 빛이 날 수 있다. 도가에서 말하듯이 '사람이 능히 도를 넓히는 것이지 도가 사람을 넓히는 것은 아니기〔人能弘道 非道弘人〕' 때문이다.

제9장
환경교육과 생태적 책임

이 장은 '생태적 책임' 개념을 통해 환경교육에 철학적으로 개입한다. 환경교육이란 환경에 대해 알고, 흔경을 느끼며, 환경을 향해 행동하는 활동으로서 지식·기술 같은 인지적 측면과 태도·행위 같은 실행적 측면의 종합이다.

환경교육의 이념을 살펴보면 학제적 특성이 드러나며, 그에 따라 윤리교육, 정서교육, 과학교육으로 특화된다. 윤리교육은 도덕적 사고, 정서교육은 정서적 동감, 과학교육은 과학적 사고를 통하여 환경적 책임에 이른다고 파악된다. 나는 환경교육을 윤리교육의 틀로 보아야 한다고 주장한다.

환경교육에서 인지 과정과 사유 구조는 상호 의존의 관계를 가진다. 그런 맥락에서 콜버그는 특유의 도덕발달론에서 발생론적 인식과 생태적 사고가 통합될 가능성을 열어놓았다. 그러나 환경 책임을 감당할 수 있는 '책임 윤리학적 능력'은 아펠의 담론 윤리에 의해 보충되고 나서야 비로소 발현된다. 즉 도덕 발달의 제7단계에서야 생태적 책임은 자신의 능력을 확보함으로써 환경교육의 이론적 전제로 자리 잡게 된다.

생태적 책임이란 행위의 인과론적 결과를 뛰어넘어 행위에 대한 요청권을 제기하는 사태에 대한 의무를 뜻하는 존재론적 책임이다. 생태적 책임은 누구를 위한, 누구에 대한, 왜 그런가라는 세 항목의 관계 양상에 따라 그 유형이 다양하게 나타난다. 그 책임은 '책무의 합리적 근거'와 '능력의 심리적 근거'가 옳게 결합될 경우에만 실현되기 때문에 합리적 이성에 정초한 윤리교육(과학교육)과 심리적 감정에 정초한 정서교육이 상호 접변하는 전범을 보여준다.

생태적 책임은 인간을 포함한 생태계가 미래로 펼쳐갈 무한한 가능성을 결코 훼손하지 않도록 행위하라는 절대적 명령으로 표명된다. '너의 행위의 효과가 지상에서의 진정한 인간적 삶의 지속과 조화될 수 있도록 행위하라'고 정언적으로 명령하는 생태적 책임은 사랑, 정의, 돌봄, 존경 등의 도덕적 덕목을 함축하기 때문에 환경교육의 이론적 원리로서도 전혀 손색이 없다.

1. 들어가는 말

환경교육의 중요성은 갈수록 커지고 있다. 우리나라만 해도 각급 학교를 비롯한 공식적인 교육의 과정에서는 물론이거니와 비형식적인 교육의 현장에서조차 환경교육이 절실히 요청되는 형편이다. 학교교육만 살짝 본다면, 최근 들어 환경 과목은 초등 및 중학교에서 재량 활동의 한 선택과목으로 설정되었고, 고등학교에서는 환경 과목을 일반 선택과목으로 지정하고 있다. 이렇듯 환경교육이 점차 대접받는 까닭은 그것이 세계의 지속가능한 발전과 인류의 공동적 미래를 위해 본질적 역할을 한다는 공감대가 폭넓게 확산되고 있기 때문이다.

환경교육은 애당초 운동의 형태로 출발하였다. 환경교육운동은 1972년 스톡홀름에서 열린 유엔UN 주최의 '인간 환경에 관한 회의'에서 본격 태동하여, 유네스코UNESCO가 펼쳐온 '지속가능한 발전을 위한 교육 프로그램'과 유엔이 추진해온 '국제 환경교육 프로그램International Environmental Education Programme[IEEP]'의 활동으로 현재까지 이어지면서 끊임없이 발전해왔다.[1] 흔히 '지구적으로 생각하고 지역적으로 행동하라think globally, act locally'는 모토로 요약되는 환경교육운동은 세계의 모든 국가들에게 환경교육의 필요성을 주지시키는 데 일단 성공했으며, 더 나아가 각국 나름대로의 환경교육을 전개하게끔 자극하였다.

구미를 주축으로 한 환경 선진국에선 환경교육의 실천을 제도화한 지 벌써 오래이며, 그런 분위기를 반영하듯 환경교육을 둘러싼 이론적 담론마저 활발하게 개진되어왔다. 특히 환경교육의 이념, 성격, 방법, 이론 등과 연관된 많은 문제들은 당대의 철학적 논변들과 맞물려 토론되어온 터이다.

---

[1] 환경교육운동의 이념과 전개과정에 대해서는 http://www.unesco.org/education/esd/english/education에 들어 있는 자료 참조.

한편 우리나라에서 환경교육을 학교교육의 정식 내용으로 도입하기로 결정한 것은 1997년에 확정된 〈제7차 교육과정〉에서이다. 그리고 2001년에 들어서야 중학교용 환경 교과서 몇 종이 겨우 발간된 정도에 불과하다. 그런 사정을 감안할 때, 환경교육에 대한 이론적 논의가 거의 없는 것은 극히 당연한 결과인 것이다.

이 글은 '생태적 책임'이란 개념을 실마리로 삼아 환경교육에 철학적으로 개입하려고 한다. 먼저 환경교육의 대표적 이념들을 조리 있게 분석함으로써 그 학제적 특성을 밝혀내고 그에 따른 분류를 시도한다. 그런 가운데 환경적 책임의 중요성이 부각될 것이다(2절). 도덕심리학에 대한 성찰을 통하여 발생론적 인식과 생태적 사고를 유기적으로 융합시키는 시도를 감행한다. 그것은 환경교육의 이론적 전제를 확인하는 작업이기도 하다(3절). 생태적 책임의 개념과 유형을 분석하고 그것의 정언명령을 추출해봄으로써 환경교육을 통할하는 원리의 일단이 드러나리라 기대한다(4절). 끝으로 환경교육에서 생태적 책임의 독특한 위상을 정리해본다(5절).

2. 환경교육의 기본 이념과 학제적 특성

1) 한국, 미국, 일본, 영국에서 환경교육의 이념

먼저 우리나라에서 환경교육을 어떻게 파악하고 있는가? 교육부가 1997년 12월 30일에 고시한 〈제7차 초·중등학교 교육과정〉에 따르면, 환경교육의 목표란 "환경에 대한 이해를 바탕으로 올바른 가치관, 감수성 및 태도를 기르고, 환경문제의 해결 방안을 탐구하여 쾌적한 환경을 보전하기 위한 활동에 적극적으로 참여한다"는 것이다. 또한 환경 과목의 성격을 "생태계에 대한 이해를 바탕으로 환경 보전에 참여할 수 있도록 가치 탐구와 태

도 변화에 비중을 두는 과목"이라 특징짓고 있다.(교육부, 1997: 429)

미국이나 일본의 환경교육도 그 이념만 주목할 경우 우리나라와 별반 다르지 않아 보인다. 미국의 '국가 환경교육 자문 심의회National Environmental Education Advisory Council'는 환경교육을 다음과 같이 규정한다.

"환경교육이란 환경과 그것에 연계된 도전에 대한 사람들의 지식과 인식을 증대시키고, 그런 도전을 타개하기 위한 필수적인 숙련과 전문 역량을 개발하며, 그리고 정보에 근거한 결정을 내리고 책임 있는 행위를 실행하는 태도, 동기, 개입을 육성하는 학습 과정이다."(National Environmental Education Advisory Council, 1996: 1)

이번에는 일본의 경우를 보자. 초·중등학교 환경교육은 자신을 둘러싸고 있는 환경을 자기 행위가 미치는 범위 안에서 관리하고 통제할 수 있는 인성의 계발에 그 지향점을 두고 있다. 그 목적은 여섯 가지 범주로 구체화된다.

"① 인식: 환경 및 그것과 관련된 문제를 감지하고 또한 인지하는 인식. ② 지식: 환경 및 그것과 관련된 문제 그리고 환경을 위한 인간의 책임과 소명을 기본적으로 이해하는 지식. ③ 태도: 사회적 가치와 환경에 대해 감수성을 가지며, 환경 보호 및 보전에 참여하려는 욕구를 가지는 태도. ④ 기술: 환경문제를 어떻게 해결할지를 배우는 기술. ⑤ 평가 능력: 환경과 그 교육 프로그램의 측정법을 생태적, 정치적, 경제적, 사회적 그리고 미학적 관점에서 평가하는 능력. ⑥ 참여: 환경을 위한 책임감과 현재 상황의 위급성을 깊이 깨달음으로써 환경문제를 해결하는 행위에 대해 확신을 다지는 참여."(Amemiya & Macer, 1999: 109~115; http://www.biol.tsukuba.ac.jp/~macer/EJ94/ej94i.html: 3에서 인용)

세 나라의 경우를 살펴보건대, 환경교육이란 환경에 대해 알고knowing, 환경을 느끼며feeling, 환경을 의식해 행동하는acting 활동이라는 주장이다. 풀어 말한다면 점증하는 환경적 지식knowledge을 적절하게 터득하는 일은 환경적 태도attitude에서의 바람직한 변화를 유발하며, 그런 태도 변화는 최종적으로 환경적 행위behavior에 결정적인 영향을 미친다는 것이다. 이는 근본적으로 환경교육을 앎에 기초한 인지적 접근과 경험에 기초한 태도-행위적 접근의 통합체로 간주하는 견해이다.

환경교육을 '인지적 측면과 태도-행위적 측면의 통합'으로 파악하는 관점은 영국에서 보다 체계적으로 드러난다. 영국의 초·중등학교 환경교육의 이념은 세 가지 원리에 입각하여 표현되고 있다. 환경교육을 위한 '학교심의회Schools Council'는 그 이념을 대표적으로 '환경에 대해about, 환경을 위해for, 환경 안에서in'로 정식화하고 있다.

> "① 환경에 '대한' 교육은 학생의 가치와 태도에 대한 지식과 이해를 발전시키려는 목적을 가진다. ② 환경을 '위한' 교육은 학생이 환경을 위한 정보화된 관심을 증진하는 데 강조점을 둔다. 그 궁극 목적은 모든 학생들이 물리적 환경에 이익을 주는 행위로 자신을 인도하는 개인적인 환경윤리를 계발하는 데 있다. ③ 환경 '안에서의' 교육은 환경을 학습을 위한 유용한 자원으로 여긴다. 환경은 학생이 그것에 대한 지식과 이해는 물론 탐구와 의사소통의 기술을 터득하게끔 허용한다."(Uzzell, Rutland and Whistance, 1995: 172)

또한 위의 세 가지 원리가 학습 과정 전반에 고르게 스며든다면, 인지적 측면뿐 아니라 실행적 측면에서도 보다 세련된 성장으로 이어질 것이다. 그 구체적 내용은 다음과 같다.

"(1) 인지적 측면(=지식과 기술): ① 현실적이거나 잠재적인 문제들을 인식하기에 충분할 정도로 환경—조립된 것이든 전원적인 것이든 둘 다—에 관해 일관된 지식 체계를 발전시키는, ② 독립적으로 혹은 협동적 활동의 일부로 환경에 대해 그리고 환경으로부터 정보를 수집할 수 있는, ③ 연관된 환경 쟁점에 관해 상이한 의견을 고려할 수 있고 또한 균형 잡힌 판단에 도달할 수도 있는, ④ 환경 쟁점들이 상호 관련된 까닭으로 인해 한 요소가 다른 요소들에 영향을 끼치는 방식을 음미하는, ⑤ 상이한 출처로부터 나온 환경에 관한 정보를 평가할 수 있는 또한 환경문제를 해결하려고 애쓰는, ⑥ 환경적 변화를 초래하기 위해 사회에서 통용되는 기제를 어떻게 사용할지를 이해하고 깨닫고 있는 '지식과 기술'.

(2) 실행적 측면(=태도와 행위): ① 환경에 대한 음미와 자연적이거나 조립된 환경에 대한 비판적 인지를 발전시키는, ② 환경적 질료를 향한 관심에의 태도와 환경적 이해를 증진시키려는 소망을 발전시키는, ③ 자기 자신의 환경적 태도에 비판적일 수 있는 그리고 자기 자신의 행위와 행동을 점차적으로 변화시켜나가는, ④ 환경을 돌보거나 개선하기 위해 앞장서는 일에 참가하려는 욕구를 가지는, ⑤ 환경적인 의사 결정에 참여하거나 공공적으로 알려진 여론을 만들어나가길 원하는 '태도와 행위'."(UzzeⅡ, Rutland and Whistance, 1995: 173)

지금까지 여러 나라에서 표방하는 환경교육의 이념을 제법 길게 살펴보았다. 더 이상의 설명은 사족이 될 만큼, 가장 분명한 시사점은 환경교육이 종합 학문적 토대 위에 서 있다는 것이다. 즉 환경교육을 환경에 대한 올바른 인식, 이해, 지식, 숙련에 기초하여 바람직한 능력, 태도, 행위, 활동으로 인도하는 학습 과정으로 여기는 한, 환경교육은 어디까지나 여러 학문을 포괄하는 '학제적interdisciplinary' 환경교육의 형태로 정립될 수밖에 없다.

2) 환경윤리교육 · 환경정서교육 · 환경과학교육: 학제적 특성에 따른 분류

환경교육의 가장 두드러진 특성은 학제적이란 사실이다. 여기서 학제적이란 두 가지 뜻을 지닌다. 외적으로는 인간, 사회, 자연과 그것들의 관계에 대해 종합 학문적으로 접근해야 한다는 의미이며, 내적으로는 지식, 기술, 가치, 태도, 행위 등이 교육 내용 안에서 상호 인정되어야 한다는 뜻이다.

환경교육의 학제적 특성을 교사의 직분을 통해 이해해보자. 환경 교사로서 자기 역할을 다하기 위해선 다양한 학문 분야의 지식에 능통하면서 동시에 상이한 기술도 체득하고 있어야 한다. 예컨대 오존층 고갈 현상을 설명하기 위해선 과학도로서의 지식을 소유해야 하며, 학생의 태도와 행동에 영향력을 미치기 위해선 심리학도로서 갖추어야 할 행동 수정 기법을 터득해야 하고, 학생의 비판적 사고 능력을 도와주기 위해선 윤리학도로서의 지혜를 발휘할 수 있어야 하며, 학생의 정치적인 의사 결정 능력을 키워주기 위해선 정치학도로서의 훈련된 숙련까지도 겸비하고 있어야 한다. 그런 다방면의 능력을 발판으로 삼아, 환경 교사는 "[환경적] 이슈의 모든 측면에 익숙해야만 하고, 학생들 각자가 자기가 아는 것을 변론하게끔 견실하게 도와주고, 정보에 근거한 논쟁이 벌어질 수 있도록 중립적 분위기를 조

도표 9-1 환경교육의 학제적 특성에 따른 분류

환경교육의 종류	중요시하는 본성/ 강조하는 분야	중심학문/연계학문	환경적 책임에 이르는 방법
(1) 환경윤리교육	자연의 도덕적 본성/ 인식과 지식	윤리학/철학 · 인문학	도덕적 사고→ 환경적 책임
(2) 환경정서교육	인간의 심리적 본성/ 태도와 행위	심리학/인문학 · 예술	정서적 동감→ 환경적 책임
(3) 환경과학교육	자연의 과학적 본성/ 기술과 숙련	자연과학/사회과학	과학적 사고→ 환경적 책임

성해야만 한다."(Engleson & Yockers, 1994: 136) 나는 환경교육을 다음과 같이 세 가지로 나누어 논의하고자 한다.

먼저 (1)의 환경윤리교육이란 환경교육을 도덕교육의 일환으로 간주하려 한다. 윤리학적 견지에서 환경교육에는 근원적인 도덕적 문제가 내재해 있다고 판단한다. 즉 자연의 도덕적 지위와 권리문제 및 그에 따른 인간의 책임과 가치론적 근거가 그 핵심을 이룬다. 사실, 환경교육의 독특성은 지식에 기초한 인지적 측면과 체험에 기초한 태도-행위적 측면이 유기적으로 통합되는지 여부에서 드러난다. 거기에는 '환경을 어떻게 알고, 따라서 어떻게 대할 것인가?'란 철학적 물음이 숨어 있다. 그 물음에 응답하기 위해서 무엇보다 먼저 자신의 형이상학적 세계관을 확인해야 한다. 그래야 자연에 대한 자기 인식이 인간중심적인지, 동물 중심적인지, 생명(생태)중심적인지 혹은 제4의 입장인지를 판가름할 수 있는 것이다. 그리고 환경을 어떻게 대할 것인가 하는 문제는 자신의 가치론적 정향을 확정해야만 한다. 환경을 위한 행위가 구체적으로 실행된다는 것은 자기 나름대로 지향하는 가치를 갖고 있으며, 그런 가치를 구현하기 위한 방편으로 일정한 도덕적 원리에 입각하여 도덕 판단을 내리고 또한 의지의 발현에 힘입어 실제로 결행한다는 뜻이다. 그런 연후에 그 행위가 자연과 인간의 구분이 채 명확치 않은 '환경 머물기'인지, 자연을 노예적 대상으로만 간주하는 '환경 다루기'인지, 자연과 인간이 함께 주체로 나서는 '환경 대하기'인지, 혹은 자연을 새 주인으로 공경하는 '환경 모시기'인지 여부를 판가름할 수 있다.[2]

요컨대 환경윤리교육은 자연과 환경에 대한 인간의 책임을 도덕적 책임의 연장선상에서 구하려고 한다.

(2)의 환경정서교육은 환경교육의 두 축을 이루는 인식-지식적 측면과 태도-행위적 측면 가운데서 후자를 더욱 강조한다. 환경교육을 환경에 대

---

2) 자연에 대한 앎과 함의 기본 유형에 대해서는 이 책 8장 참조.

한 인간의 책임 있는 태도의 형성 과정이라 볼 경우, 환경정서교육은 심리학적 견지에서 인간의 심리적 기능에 주목할 것이다. 환경정서교육은 자연에 대한 책임 있는 태도를 사회적 상호 작용, 과학적 지식, 일상적인 개념, 숙련된 기술, 생태적 느낌, 도덕적 감각, 정서적 접촉 등이 한꺼번에 포괄되는 마음 안의 종합 혹은 심리적 일반화로 간주한다. 그중에서도 동물, 식물, 사물과 같은 자연적 대상과의 정서적 접촉이란 요소를 특히 중시한다. 이는 환경적 책임을 절감하는 일이 도덕적 사고를 통한 도덕적 자각보다는 정서적 접촉을 통한 심리적 동감에 더 의존한다는 견해이다. 결국 환경윤리교육이 환경적 책임을 형성하기 위한 윤리적 원리와 도덕법칙의 설정에 골몰하는 데 비해, 환경정서교육은 심리적 법칙과 마음의 규칙을 도출하려 애쓰고 있는 것이다.

(3)의 환경과학교육은 환경교육을 전문적인 과학교육의 일환으로 여긴다. 그리하여 과학교육으로서의 환경교육을 "해당 분야의 과학 활동으로 인해, 그리고 특히 그 결과물의 직·간접적 응용으로 인해 초래되는 즉각적, 혹은 중·장기적 환경 변형의 양상을 효율적으로 예견·평가하는 데 필요한 자세와 방법론을 습득하게 하는 것"(고인석, 2001: 421)이라 규정하고 있다. 이때 과학 활동의 범위를 자연과학적 활동뿐 아니라 사회과학적 활동까지로 확장시켜도 전혀 무리가 없다. 또한 환경적 책임에 도달하는 방법은 (1)과 (2)와는 다르게 자연 혹은 사회에 대한 과학적 사고를 통해 수행된다고 할 수 있다. 그러나 그것은 두 가지 조건이 충족되어야 성립되는 주장일 뿐이다. 하나는 전문적 과학교육 안에 환경에 대한 고려를 다루는 과학윤리교육이 한 부분으로 포함되어야 하며, 다른 하나는 과학과 인문학(특히 철학) 사이의 상호 비판적 교류가 활성화되어야 한다는 점이다.

여태껏 살펴보았듯이, 환경교육은 그 학제적 성향에 따라 윤리교육 혹은 정서교육 혹은 과학교육의 면모로 각각 특성화될 수 있지만, 환경에 대해 의무를 환기하는 의식과 책임을 다하려는 태도를 견지하게 만들 목표만큼은 모두가 일관되게 지향하고 있다. 환경에의 책임, 즉 '생태적 책임 ecological responsibility'이야말로 환경교육의 공통된 목적이자 궁극적 본질인 것이다. 그렇다면 환경교육에서 정서적 동감이나 과학적 사고의 중요성도 간과할 수 없지만, 책임의 원초적 기원인 도덕적 사고의 발달에 관심을 집중하는 것은 지극히 자연스러운 일이다.

3. 도덕적 발달과 생태적 책임:
환경교육의 이론적 전제

환경교육을 환경윤리교육으로 정립하는 게 바람직하다는 주장에 대한 가장 의미 있는 반발은 아마 경험적 관점에서 제기될 것이다. 주로 교육심리학적 접근에 의존하면서 오히려 환경정서교육을 더 강조하는 이 관점의 논지는 얼추 두 가지로 요약된다. 하나는 미래의 여론 형성자이면서 동시에 앞으로 지구 지킴이로 커나갈 어린 학생들이야말로 환경교육의 주요한 대상이라는 판단이다. 다른 하나는 환경교육에 대한 경험적 접근이 환경적 쟁점과 과정에의 이해를 고양시키는 측면에서 가장 강력하고도 효과적인 방법이라고 잘라 말한다. 전자의 판단은 누구나 인정할 만한 견해이므로 구태여 이의를 달 필요가 없다. 그러나 후자의 단언에는 반드시 검토해야 할 문제가 들어 있다.

경험적 접근이 내세우는 요점은 과연 무엇인가? 먼저 아메미야K. Amemiya와 마서D. Macer의 주장을 간추려보자. 환경교육은 환경을 제대로 알고, 환경에 대한 인간의 책임과 역할을 이해하며, 환경 보존에 참여하는 태도를 계발시키며, 환경문제를 해결하는 능력을 키우고자 한다. 그런 능력의 함양은 어린이→청소년→청년→성인으로 성장해나가는 인간의 발달 단계에 조응하여 이루어지는 게 마땅하다. 인성에서의 발달 과정은 다음과 같이 여덟 단계로 설정되고 있다.

"① 풍부한 감수성의 계발, ② 활동과 경험을 중요시하기, ③ 가까이에서 일어나는 사건들을 중요시하기, ④ 아이디어들을 종합적으로 파악하는 능력의 발달, ⑤ 문제 해결 능력의 발달, ⑥ 종합적으로 생각하고 결정하는 능력의 발달, ⑦ 독립적으로 행동하는 능력과 태도의 발달, ⑧ 특화된 분야에서의 지식과 기술적 숙련의 학습"(Amemiya & Macer, 1999; http://www.biol.tsukuba.ac.jp/~macer/EJ94/ej94i.html: 4에서 인용)

또한 윌슨Ruth A. Wilson에 따르면 삶의 경험에 기초한 환경교육은 어린 시기에 빨리 시작할수록 좋다고 역설한다. 왜냐하면 그런 경험은 살아가면서 계속 견지하게 될 환경에 대한 태도, 가치, 행동 양식 등을 형성하는 데 결정적이면서도 비판적인 역할을 수행하기 때문이다. 그는 경험적인 환경교육 프로그램에 대한 근본 지침으로 다섯 가지를 제안한다. ① 단순한 경험으로부터 시작하며, ② 야외에서의 적극적 경험을 자주 제공해주며, ③ '경험하는 것'과 '가르치는 것'을 대조하는 데 초점을 모으며, ④ 자연 세계에 대한 개인적 관심과 자연환경에서 얻는 주관적 즐거움을 표현토록 하며, ⑤ 자연 세계에 대한 존경과 자연환경을 위한 돌봄을 모델화하는 것이 그것이다.(Wilson, 1996; http://www.ericse.org/digests/dse96-2.html: 1~5 참조)

물론 위에서처럼 인성이나 경험의 발달에 기초한 경험적 접근들은 환경교육의 교육 심리적 측면을 무엇보다 강조한다. 그리하여 환경교육을 환경정서교육의 형태로 체계화하려 시도하는 경향이 있다. 그러나 나의 견해는 그와 다르다. 오히려 환경교육을 환경윤리교육의 틀로 체계화하는 것이 더욱 타당하다고 생각한다. 그 까닭을 두 갈래로 제시해본다. 첫째는, 환경윤리교육이 환경정서교육에 비해 환경교육의 과학적 측면을 감싸 안는 게 훨씬 용이하기 때문이다. 앞장에서 이미 살펴보았듯이, 환경과학교육 속에는 이미 과학윤리교육이 자리 잡고 있다. 둘째는, 환경교육의 피할 수 없는 이론적 전제라 할 수 있는 도덕적 발달과 생태적 책임의 연관 문제는 환경윤리교육의 틀 안에서야 비로소 해명 가능하기 때문이다. 이제부터 그 문제를 집중적으로 거론하고자 한다.

마음속에서 움직이는 심리적 감정과 머리 속에서 활동하는 도덕적 사고에 대해 둘 간의 밀접한 친화성보다는 좁히기 힘든 서로의 거리를 상정하기가 손쉬울 듯하다. 그러나 윤리적 사고와 심리적 정서는 일정한 조건하에서라면 언제든지 결합될 수 있다. 결론부터 말한다면 환경교육에서 발생론적 인지 과정과 철학적 사유 구조는 서로 모순되는 게 아니다. 오히려 둘은 상호 의존적 관계를 맺고 있는 것이다.

심리적 표상을 논리적 추상과 동일한 인식 형태로 볼 수 있다는 주장이 제안되고 있다. 이를테면 피아제Jean Piaget가 인지적 발달 단계의 표지로 제시한 '반성적 추상reflective abstraction'은 헤겔적 변증 논리에서의 '반성reflection' 개념에 의존하여 적절히 해석되고 있다.(Damerow, 1996: 1~27) 또한 환경교육의 이론적 뒷바탕을 이룬다고 평가되는 도덕발달론이란 다름 아니라 발달심리학과 규범윤리학을 통일적으로 매개하는 이른바 '도덕심리학Moral Psychology'이기를 자처해왔기 때문이기도 하다. 거칠게 말해서 피아제가 처음으로 도덕발달론을 발상하여 체계화했으며, 콜버그Lawrence Kohlberg는 그의 이론을 발전적으로 가다듬어 집대성한 바 있다. 그리고 이미 유력한 인지적인 도덕발달론으로 자리 잡은 콜버그의 이론에 대한 비판들 가운데에서 길리건Carol Gilligan의 여성주의적 도전은 특히 유명하다.

콜버그는 도덕 단계에 대한 심리학적 기술과 규범적 윤리 체계의 원리적 심층구조가 상응한다는 동일성 테제에 근거하여, 도덕적 판단 능력을 크게 여섯 단계로 나누어 설명한다. 아직 어린이가 오직 벌을 피하고 상을 받기 위해 문화적 규칙을 이행하는 '관습 이전의 수준'에 속하는 것이 제1단계(포상과 처벌에 따라서 복종하는 이기주의)와 제2단계(올바른 행위는 자신의 욕구를 만족시키고 타인의 동의도 구할 수 있다는 도구주의)이다. '관습적 수준'에서는 행위의 직접적 결과보다는 자기가 속한 가족, 단체, 국가 등의 공동체가 기대하는 바에 따라 행위하게 된다. 그 수준에 속하는 제3단계는 사람들 사이의 자연스런 동감과 인간적인 동조가 중심이 되는 관습주의이고, 제4단계는 자신이 속한 공동체가 부여하는 역할과 기대감에 따라 행위하는 사회계약주의를 말한다. '관습 이후의 수준'은 개인의 욕구를 자율적으로 넘어서서 윤리적 원리나 보편적 가치를 추구하는 도덕적 수준을 의미한다. 여기에 해당되는 제5단계는 올바른 행위가 개인의 권리와 사회의 복지를 함께 고려하는 범주 안에서 추출되는 결과주의이고, 제6단계는 '황금률'이나 칸트식의 '정언명령' 같은 보편적인 도덕원리를 추구하여 양심의 결단에 맡기는 최고의 단계이다.(Kohlberg, 1981; Flanagan, 1998: 504~505; Parker, 1998:, 267~273도 참조)

나는 위에 개괄한 도덕적 발달 단계로부터 생태적 책임을 안출할 수 있는지 여부에 주목한다. 그 까닭은 생태적 책임이야말로 환경교육의 가장 핵심적인 이론적 전제이기 때문이다. 여기서 생태적 책임은 전통적 규범윤리에서 통용되는 바, 이미 실행되었거나 예측 가능한 앞으로의 행위들 사이의 인과관계에 따라 책무를 따지는 구태의연한 책임의 범주에 머무는 게 아니다. 오히려 닥쳐오는 예측 불가능한 생태적 위기에 적극 대응하여, 자신의 행위와 그 결과뿐 아니라 '나의 행위에 대해 청구권을 가지는 생태계 내지 자연 세계'에 대해서도 응분의 책임을 져야 하는 새로운 형태의 환경에 대한 의무이자 당위를 뜻한다.

그런데 콜버그가 내놓은 최고의 제6단계에서 온갖 도덕성을 완전하게 확보할 수는 없다. 하버마스Jürgen Habermas는 콜버그의 제6단계에 대응하는 철학적 재구성이 형식주의 윤리학에 불과하다고 비판하면서, 보편주의적 의무들이 적용될 뿐 아니라 가상적인 세계 사회 구성원들과 함께 구체적인 의사소통을 하면서 도달하는 보편주의적 욕구 해석까지 적용 가능한 제7단계를 설정하라고 제안한 바 있다. 이에 대해 콜버그는 하버마스가 요구하는 제7단계는 자신이 말한 제6단계에 이미 포함되어 있다고 일단 반박한다. 그러나 그는 나중에 하버마스가 요청한 것과는 전혀 다른 새로운 유형의 제7단계를 제시한다. 즉 '도덕을 종교적-형이상학적으로 정초하는 단계'가 바로 그것이다. 이 경우, 제1단계에서 제6단계까지는 경험적 탐구의 대상으로서 채택되지만 제7단계는 규제적 의미에서만 사용된다고 한다. 종교-형이상학적인 제7단계는 앞 단계들과는 본래적으로 다른 형식적-구조적 발달 차원에 속하기 때문에 단지 은유적인 의미에서만 제6단계보다 높은 것일 따름이다.(김진, 1995: 371~374) 결국 파트리지의 지적처럼, 콜버그의 이론을 통해 "우리는 생태적 도덕성을 위한 능력을 갖추게 되었지만, 그런 능력은 도덕적 변형을 위해 필요한 것임에도 불구하고 충분한 것은 결코 아니다."(Partridge, 1985: 332) 그렇게 된 근원적 이유는 보편적인 규범윤리학을 가능케 하는 반성적 최후 정초를 채 마련하지 못했다는 사실에 있다.

아펠Karl-Otto Apel은 도덕 발달의 6단계와 관련하여 적용 능력의 결핍 때문에 실현이 불가능한 대표적 영역으로 '정치-역사적 현실'과 '생태학적 위기 문제'를 꼽는다. 결국 아펠은 도덕의식의 '책임 윤리학적 능력verantwortungs-ethische Kompetenz'을 발달시키는 제7단계를 제안한다. 이는 콜버그의 제6단계에 대한 담론 윤리학적 보충이자 대안이다. 실현될 수 없는 두 영역에 대해 '예견되는 이상적 의사소통 공동체가 그때마다의 실재적 의사소통과 상호 작용의 사회 문화적 조건 아래에서 공동 작업을 할 수 있는 능력'과 '인간의 조건이라는 관점에서 불가역적 형식으로 변화하는 현대 기술의 집단적 행위와 미래 세대에 지속되는 인류를 위한 생존 조건의 보존이라는 책임 조망을 할 수 있는 능력'을 요청하게 된다.(Apel, 1988: 363~368; 김진, 1995: 380~387 참조)

책임 윤리학적 능력을 강조하는 도덕적 발달의 제7단계 논의를 그대로 승인한다면, 거기에서 생태적 책임은 도출되고도 남음이 있을 것이다. 생태적 책임이란 심리학에 터전을 둔 발생론적 인식과 철학에 바탕을 둔 생태적 사고의 융합이기 때문에 환경교육 전반의 이론적 전제로서 아무런 손색이 없다. 그 생태적 책임은 의사소통 능력과 책임 조망 능력을 겸비한 일종의 의무 윤리로서 '자기중심성'은 물론 '인간중심성'으로부터 벗어나 '생명 혹은 생태중심성'을 지향하려는 강한 의지를 드러낸다.

4. 생태적 책임의 개념과 명령:
환경교육의 이론적 원리

1) 생태적 책임의 개념과 유형

책임의 철학자로 유명한 요나스Hans Jonas는 책임 개념을 크게 둘로 나눈다. 하나는 이미 실행된 행위에 대한 인과적 '책임 소재Zurechnung'로서의 책임이고, 다른 하나는 앞으로 '행위되어야 할 것Zu-Tuendes'에 대한 책임이 그것이다. 전자는 '인과적 책임'으로서 그 전제 조건은 인과적으로 연결된 권력이며, 따라서 도덕적 책임이기보다는 법적 책임을 말한다. 이런 책임은 스스로 목적을 설정하는 것이 아니라, 사람들 사이의 모든 인과적 행위에 대해서 해명을 요구할 수 있다는 전적으로 형식적인 책임 부담에 불과하다. 이에 반해 후자는 '존재론적 책임'으로서 인간의 자연에 대한 권력과 위협에서 수반되는 의무이며, 행위와 그 결과에 대한 책임이 아니라 행위에 대해 요청권을 제기하는 사태에 대한 책임을 말한다. 이때 그 사태는 인간 밖에 존재하면서도 분명 인간 권력의 작용 영역 안에 놓여 있기 때문에 자연 세계에 대해 책임을 져야 한다. 그것은 객체(자연)의 존재 당위와 그런 사태를 관리하기 위해 소명받은 주체(인간)의 행위 당위를 양대 조건으로 삼는 새로운 미래 책임의 윤리인 것이다.(Jonas, 1984; 요나스, 1994:

168~171 참조)

생태적 책임이 결코 인과적 책임일 수는 없다. 경험적이며 개인적이고 그리고 인과론적인 책임 소재는 도덕적 책임의 한 전제 조건일 수는 있지만 도덕적 책임 그 자체는 아니기 때문이다. 생태적 책임은 특화된 도덕적 책임이라 할 수 있는 존재론적 책임이다. 생태적 책임은 절멸의 위험에 처해 있는 자연 세계에 실재하는 온갖 생명체들의 생존을 보장하기 위한 인간의 책임이다. 이는 모든 생명체가 상호 의존적 관계 속에서 존재하고 있기 때문에, 하나하나의 생명체가 실재로 현존한다는 사실과 계속해서 상존 가능하다는 기대가 필수적으로 요청됨을 웅변해준다.

다시 요나스에 따른다면 책임의 공통 요건은 인간존재의 실존 및 행복과 관련된 총체성, 연속성, 미래라는 세 가지 개념으로 요약된다.(요나스, 1994: 179, 185~193 참조) 생태적 책임도 부모의 자녀에 대한 책임이나 국가 지도자의 국민에 대한 책임과 마찬가지로 세 요건으로 설명될 수 있다. 생태적 책임은 그 대상이 되는 전체적 존재, 즉 적나라한 실존에서부터 최고의 관심에 이르는 모든 양상들을 포괄하는 총체성을 지닌다. 그런 총체적 본성으로부터 연속성의 결과가 자연스럽게 생겨나는 데, 그것은 책임의 실행이 결코 중단되어서는 안 됨을 말한다. 왜냐하면 대상의 생명은 끊임없이 계속되며, 항상 새롭게 요구 조건을 만들어내기 때문이다. 마지막으로 생명에 대한 책임이 생명의 직접적인 현재를 넘어서서 관계를 맺는 것은 무엇보다도 미래이다.

생태적 책임은 보다 구체적으로 무엇을 의미하는가? 그 물음은 생태적 책임의 관계 양상을 분석함으로써 어느 정도 풀릴 수 있다. 후커C. A. Hooker에 의하면 환경적 책임은 누구를 위한for, 누구에 대한to, 왜 그런가why라는 3개 항목에 따라 무척 다양한 유형으로 나타난다고 한다. 다음의 그림을 통해 쉽게 알 수 있듯이, 우리는 자연이나 혹은 우리 자신을 위해 책임질 수 있고, 신(혹은 초월적 실재)이나 자연 또는 우리 자신에 대해 책임

그림 9-1 생태적 책임의 유형: 누구를 위한, 누구에 대한, 왜 그런가?

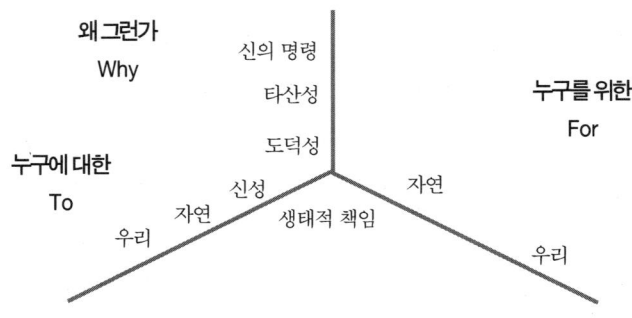

질 수 있으며, 그리고 신의 명령이나 '타산적인prudential' 우리 자신의 이익 또는 도덕적인 요청 때문에 책임질 수 있다. 그렇다면 실제 나타날 수 있는 유형의 경우 수가 무려 18가지나 된다.(Hooker, 1992: 148~150 참조)

생태적 책임의 유형들 중 대표적인 몇 가지만 고찰해보자. 인간만이 오로지 도덕적 주체일 수 있으며 윤리적 책무의 대상이라고 보는 인간중심주의가 함축하는 생태적 책임은 우리 자신을 위한 우리 자신에 대한 책임으로서 타산적(혹은 도덕적) 근거에 입각한 책임이다. 자연 세계의 비인간적 실재도 내재적 가치를 소유한다고 보는 생태(생명)중심주의에서 책임이란 도덕적 이유에 근거한 자연을 위한 자연에 대한 생태적 책임이다. 자연적 실재의 내재적 가치는 신의 은총에 힘입은 것이라고 보는 신학적 생명주의가 함의하는 생태적 책임은 자연을 위한 신성(초월성)에 대한 책임으로서 신(초월자)의 명령에 근거한 책임인 것이다.

이제는 생태적 책임이 어떻게 실현될 수 있는지 살펴보자. 요나스의 표현을 빌린다면, 생태적 책임은 "구속력 있는 당위에 대한 요청권의 배후에서 정당화하는 원칙인 '책무의 합리적 근거'"와 "의지를 움직일 수 있는 '능력의 심리적 근거'"가 적절하게 통합될 때 실현 가능하다.(요나스, 1994: 158) 전자는 윤리의 객관적 측면으로서 이성과 관련되며 타당성 문제가 관건이 된다. 후자는 윤리의 주관적 측면으로서 감정과 관련되며 소질적으로 응답하는 정서 문제가 핵심을 이룬다. 여기서 중요한 점은 도덕적 책무가 지시하는 명령을 실천적 태도나 행위로 직접 옮기는 동기 유발의 힘은 어디까지나 감정에서 나온다는 사실이다. 그런 감정이 모든 사람에게 실제적으로 주어져 있다는 사실은 바로 인간의 잠재적 능력을 확증하는 것이다.

또한 많은 심리학자들도 "환경적으로 책임 있는 행동을 위한 가장 영속적이고 강력한 동기화는 오직 동기 유발과 자기 결정에서만 발견될 수 있다"(Siebenhuner, in http://www.shaping-the-future.de/pdf_www/086_paper.pdf: 3)는 점에 동의하고 있기도 하다. 바로 여기서 생태적 책임이 환경교육의 주요한 이론적 원리로 작동할 수 있음을 깨닫게 된다. 왜냐하면 책무의 합리적 근거와 능력의 심리적 근거가 유기적으로 결합된 생태적 책임은 그 자체가 합리적 이성에 정초한 환경윤리교육(또는 환경과학교육)과 심리적 감정에 정초한 환경정서교육이 상호 접변할 수 있는 모범적 전형을 상징적으로 보여주고 있기 때문이다.

2) 생태적 책임의 정언명령

생태적 책임에서도 '인간에 대한 인간의 책임이 1차적이다'라는 명제가 역시 출발점이다. 생태적 책임의 제1명령은 당연히 '인류가 계속 존재해야 한다'는 존재론적 명령이 된다. 그렇지만 인류의 실존을 지시하는 최고 경령은 '인간은 행복해야 한다' 따위의 부차적 명령 속에 익명으로 숨어 있기 마련이다. 요나스는 칸트I. Kant 윤리학의 '정언명령kategorischer Imperativ'과의 대결을 통해 생태적 정언명령을 이끌어낸다. 칸트의 정언명령은 그 자체로는 도덕적인 것이 아니라 논리적인 것이다. 이에 비해 생태적 명령은 그 자체가 인류의 생명을 위태롭게 해서는 안 된다고 하는 지극히 규범적인 명령이다. 또한 칸트의 정언명령은 행위 주체의 자기구성 능력에만 관계하고 그 결과는 고려하지 않기 때문에 개인에 초점을 맞추고 있다. 생태적 명령은 이와 반대로 자신의 행위의 결과가 미래에서의 인간 활동이 지속되는 것과 일치할 것을 요구하기 때문에 공공적이면서 집단적인 성격을 가진다.

생태적 책임을 칸트의 '너의 격률이 일반적인 법칙이 되기를 원할 수 있도록 행위하여라'는 근본적 정언명령에 견주어 정식화하면, '너의 행위의 결(효)과가 지상에서의 진정한 인간적 삶의 지속과 조화될 수 있도록 행위하라'는 정언명령이 될 것이다. 이것은 다음과 같이 부정적으로도 표현된다. '너의 행위의 효과가 인간 생명의 미래의 가능성에 대해 파괴적이지 않도록 행위하라.' 또한 이것은 보다 간명하게 다음처럼 서술될 수도 있다. '지상에서의 인류의 무한한 존속을 가능하게 하는 제 조건을 위험하게 하지 말라.' 이것을 다시 긍정적 형태로 전환시키면 다음과 같다. '미래에서의 인간의 불가침성을 네가 의욕하는 동반 대상으로서 현재의 선택에 포함시켜라.'(요나스, 1994: 40~41)

생태적 책임의 정언명령은 인간을 포함한 생태계가 미래로 펼쳐갈 무한한 가능성을 결코 훼손하지 않도록 행위하라는 절대적 명령이다. 이것은 칸트의 저 유명한 '인간을 언제나 동시에 목적으로 대해야지 결코 수단으로 대해서는 안 된다'는 목적론적 정언명령을 온갖 생명체까지로 확장시킨 귀결이라 생각된다. 즉 온생명을 목적 존재로 파악하고 생명체에 대한 인간의 책임을 역설하는 것이다.[3]

---

3) 여기서 칸트의 정언명령을 결(효)과를 고려하는 정언명령으로 만드는 게 과연 가능한가라는 문제가 제기될 수 있다. 이는 정언명령의 요나스식 변형에 대한 타당성을 묻는 것이다. 나는 가능하다고 본다. 여기서는 그 논거를 상론하지 않고 그 취지만 간단히 밝힌다. 생태적 정언명령은 전통적 정언명령이 결여하고 있는 '미래'라는 시간 지평으로 도덕적 규범을 진입시킨다. 즉 '미래 윤리'의 새로운 정언명령을 구축하는 방법인 것이다.

그렇다면 생태적 책임을 충실히 다한다는 것은 과연 어떻게 행위 한다는 말인가? 그것은 행위를 지시하는 덕목과의 관계 속에서 많은 부분이 드러날 수밖에 없다. 생태적 책임에 함유된 도덕적 덕목들은 곧바로 환경교육에서 교수될 학습 내용이라 간주해도 큰 무리가 없을 것이다. 왜냐하면 교육 현장에서 인지와 지식을 능동적으로 실행할 태도와 구체적 행위로 인도하는 것은 역시 실천적 덕목의 교육과정을 통해서이기 때문이다. 여기서 생태적 책임이 함의하는 덕목에 대해서는 상론하지 않고 다만 그 윤곽만 간단히 가늠해보고자 한다. 생태적 책임은 에로스eros적 사랑과 아가페agape적 사랑을 어떤 방식으로든 수용할 것이다.[4] 환경자원에 대한 기회와 배분을 둘러싼 세대 간의 형평성 문제를 비롯한 환경적 정의justice는 생태적 책임 안에서 규제적 원리로 기능할 터이며 자연적 대상을 엄연한 주체로 대우하고 모시려는 돌봄care과 존경respect도 생태적 덕목으로 전혀 부족함이 없을 것이다.[5]

끝으로 우리의 고유한 사상에서 생태적 책임에 걸맞은 구체적 행동 규칙을 발견하는 것은 매우 신선한 일이다. 동학東學의 이른바 십무천十毋天은 생명의 덕목으로서 자격이 충분해 보인다. 그 도덕적 명령은 이러하다. "① 생명을 속이지 말라. ② 생명을 업신여기지 말라. ③ 생명을 다치지 말라. ④ 생명을 어지럽히지 말라. ⑤ 생명을 죽이지 말라. ⑥ 생명을 더럽히지 말라. ⑦ 생명을 굶기지 말라. ⑧ 생명을 부수지 말라. ⑨ 생명을 싫어하지 말라. ⑩ 생명을 굴복시키지 말라."[6]

---

4) 환경적 책임에서의 사랑의 의미와 역할에 대한 상론은 Hooker(1992: 159~161) 참조.
5) 환경교육에서 세대 간의 정의 문제에 대한 토론은 Li(1994), Vokey(1994) 참조. 또한 도덕성 발달에서 생태적 돌봄과 정의 문제를 둘러싼 토론은 Snauwaert(1995), Prakash(1995), Williams(1995) 참조.
6) 자세한 내용은 이 책 11장 참조.

5. 맺음말:
환경교육에서 생태적 책임의 의의와 역할

지금까지의 논의를 바탕으로 삼아, 환경교육에서 생태적 책임이 갖는 의의와 그 역할을 간추려보자.

첫째로, 환경교육의 이념을 한국, 미국, 일본, 영국의 경우를 들어 개괄적으로 살펴본 결과, 환경교육은 종합 학문적 성격을 지닌다는 사실이 드러난다. 그리하여 나는 환경교육을 그 학제적 특성에 따라 환경윤리교육, 환경정서교육, 환경과학교육으로 삼분하고 그 특징을 비교 고찰하였다. 셋은 서로 도달하는 방법에서는 다르더라도, 즉 환경윤리교육은 도덕적 사고에, 환경정서교육은 정서적 동감에, 환경과학교육은 과학적 사고에 의존할지라도, 환경적 책임의 인식과 그 실천을 목표로 한다는 점에서는 하나같이 일치하고 있다. 잘라 말하면 환경교육은 기본적으로 생태적 책임을 겨냥하여 구성되고 있다.

둘째로, 나는 환경교육을 앞의 세 형태들 중 윤리교육의 틀로 체계화하는 게 가장 바람직하다고 본다. 윤리교육으로 파악하는 관점에 대한 반발은 주로 교육심리학에 기초한 경험적 접근에서 표출된다. 그러나 환경윤리교육의 틀 속에서 심리학에 바탕을 둔 발생론적 인식과 철학에 근거를 둔 생태적 사고는 상호 의존적으로 통합될 수 있다. 도덕심리학의 진수를 보여 줬지만 다소 취약함을 가진 콜버그의 도덕발달론은 아펠의 담론 윤리에 의해 이론적으로 보충됨으로써 무릇 '책임 윤리학적 능력'을 발현하게 된다. 도덕적 발달의 제7단계에 이르러, 생태적 책임은 비로소 의사소통 능력과 책임 조망 능력을 겸비하게 된다. 그럼으로써 도덕발달론은 자신의 반성적 최후 정초를 마련하고 환경교육 전반의 이론적 전제로서의 역할을 당당하게 발휘하게 된다.

셋째로, 생태적 책임은 행위와 그 결과에 대해 책임을 묻는 인과적 책임이 아니라 행위에 대한 요청권을 제기하는 사태에 대해 책임을 지는 존재론적 책임이다. 즉 미래에 실천되어야 할 것에 대한 인간의 의무를 뜻한다. 전혀 새로운 형태의 책임 윤리를 미래라는 지평 안에서 체계적으로 발상한 것만으로도 벌써 충분하게 의의가 있다. 생태적 책임을 누구를 위한, 누구에 대한, 왜 그런가라는 삼각 구도로 해명해보는 것도 그것의 유형을 이해하는 데 썩 도움을 준다. 또한 개념 분석을 통해, 생태적 책임은 '책무의 합리적 근거'와 '능력의 심리적 근거'가 제대로 결합될 때에야 비로소 실현될 수 있음이 밝혀진다. 바로 그런 사실이 합리적 이성에 정초한 환경윤리교육(또는 환경과학교육)과 심리적 감정에 정초한 환경정서교육이 상호 접변할 수 있는 모범적 전형을 보여주고 있기 때문에 생태적 책임을 환경교육을 위한 이론적 원리로 자리 잡게 만든다.

마지막으로 생태적 책임의 정언명령은 '너의 행위의 효과가 지상에서의 진정한 인간적 삶의 지속과 조화될 수 있도록 행위하라'로 서술된다. 그 명령은 자연적 실재를 수단이 아닌 목적으로 대우하라는 절대 명령이기도 하다. 그런데 생태적 책임에 함유된 도덕적 덕목들—사랑, 정의, 돌봄, 존경 등—은 곧바로 환경교육에서 교수될 학습 내용이라 간주해도 별 무리가 없다. 왜냐하면 교육 현장에서 인지와 지식을 능동적으로 태도와 행위로 인도하는 것은 역시 실천적 덕목에 의존한 교육과정을 통해서이기 때문이다. 생태적 덕목들과 그것의 교육적 적용에 대한 더 자세한 논구는 앞으로의 당면 과제로 남겨두기로 한다.

제3부

전통 생명사상과 현대 환경윤리의 융합

제10장

생명사상·생명운동의 철학적 해명

사상운동으로서의 생명운동은 '자연 인식의 위기'에서 현실적 단초를 마련하고, 새로운 자연관의 정립을 이론적 발판으로 삼아 나름의 '철학적 세계관'의 구축을 시도한다. 그러나 다른 위기 인식, 특히 '맑스주의의 위기'에 대한 본질 인식의 부족과 편향적 태도로 인해 피할 수 없는 이론적 어려움을 안고 출발하고 만다.

생명운동은 동학을 기반으로 하여 동양 전통사상, 한사상, 기독교의 생명관 및 신과학의 자연관을 포괄하여 이른바 '생명(운동의)사상'을 구성하려 한다. 검토해보니, 그것은 시대 상황을 능동적으로 반영한다는 점에서 일정한 의미를 가질 수 있으나, 전체적으로는 어설픈 '사상적 감싸기'의 형태로 나타난다. 그런 짜임새 없는 사상에 대한 해명과 비판을 제대로 하기 위해서는 '사상적 감싸기'의 정당화 근거인 이론적 구조의 재구성이 필수적으로 요청된다. 내가 나름대로 구성한 생명운동의 이론 구조는 '생명적 세계관'이라는 철학이론의 유형이다. 그 세계관은 형이상학, 인식론, 실천철학 등으로 이루어진다.

생명운동의 형이상학적 주장은 존재론적, 자연론적, 인간론적 명제 등으로 정식화된다. 그 명제들을 분석해본 결과, 궁극적인 제일원리적 성격을 갖는 생명 존재론적 명제는 극단적인 형이상학적 관념론의 주장으로 옹호될 수 없다. 자연론적, 인간론적 명제도 존재론적 명제에서 곧바로 연역되어 구성된다는 문제가 드러나며, 인간·사회·자연에 대한 통일적 인식의 결여, 탈인간중심적 자연관, 인간 본질의 추상적 이해 따위의 결함으로 인해 지지되기가 어렵다고 판단된다. 그럼에도 불구하고 생명운동론의 난문적 문제 제기의 방식은 '존재론적 틈'에 관한 철학적 물음이므로, 그것을 '사상'으로 살아 있게 하는 근본 까닭이 된다. 이것은 한편으로는 생명운동에 취약하지만 일정한 이론적 의미를 부여하면서도 다른 한편으로는 여러 이론적, 실천적 결함을 산출하는 모태가 된다.

생명적 세계관은 존재론적 틈과 맞물려 있는 '인식론적 어려움'을 돌파하려고 시도한다. 그 방법은 '신령적 인식'이며, '아니다 그렇다'는 생명 논리이다. 전자는 이성적 사유와 언어의 한계를 넘어서려는 초월적 직관에 의존하므로 비합리적이다. 후자는 변증법적 사유를 넘어서는 '통논리'라고 스스로는 주장하지만 변증법의 핵심에 가까이 도달하지 못한 것임이 밝혀진다. 또한 너무 추상적이어서 '초논리'의 모습으로 변모하고, 결국에는 언어의 '논리'에서 언어의 '연금술'로 변하는 경향마저 보인다. 이런 경향의 불합리성에도 불구하고, 사람들은 언제라도 '초월적 인식'을 꿈꾸며, 더구나 '인식론적 어려움'에 지친 사람들은 일상을 넘어서는 그런 탁월한 방식에 자연스럽게 기대를 걸기 마련이다. 그런 현실적 바탕 위에서 생명운동은 자신의 사상적 의미를 잇달아 자아낼 수 있으며, 사상운동적 공감대가 확대될 가능성도 일정 정도 열려 있어 보인다. 그러나 그것은 현재적 의미에 그칠 뿐 미래의 전망으로 전진하기가 어렵다. 왜냐하면 이론적, 과학적으로 설명, 이해, 해석될 수 없는 사상운동은 끝내는 실천적으로도 옹호, 지지, 설득될 수 없기 때문이다. 진정으로 미래를 여는 세계관이 되기 위해서는 자신의 형이상학적 주장에 대한 원초적 비판부터 다시 시작하지 않으면 안 된다.

생명운동의 실천철학은 형이상학적 존재 원리를 사회 현실과 사회적 실천에 기계적으로 적용하는 전형적인 '규범적 사회이론'으로 규정된다. 그 사회이론은 사회운동론과 인간 행위론으로 구분된다. 우선 생명적 사회이론의 뼈대를 이루는 것은 '개벽적' 사회 이념이다. 그 이념은 우리의 올바른 역사 인식, 올곧은 사회 인식, 명료한 현실 인식을 왜곡하거나 가로막는 '환상적'인 것이다. 그런 이념에 바탕을 둔 '생명 총체적' 사회운동론과 '생명 그물적' 사회운동론도 사회 일각의 동감과 일부 계층의 호응을 유인하는 설득적 요소가 전혀 없는 것은 아니지만 현실의 물적 토대, 사회의 구조적 연관과 조직적 실체, 인간의 사회적 본질 등을 경시하는 비현실적 운동론에 불과한 것으로 규명된다. 인간 행위론도 사회적 실천을 배제함으로써 본래의 도덕 지향적 출발과는 판이하게 윤리적, 사회적 책임을 모두 개인의 문제로 환원시키는 지배 체제 옹호적 규범론으로 전락했음이 나타난다. 결국 생명운동의 사회이론은 그 현재적 의미를 볼 때 상당히 파행적인 것으로 드러난다. 그 파행을 벗어나기 위해서는 대상을 바르게 파악하는 비판적 사유를 통하여 현실을 옳게 담아내는 과학적 인식으로 돌아가야만 할 것이다.

1. 들어가는 글

1) 머리말

 어느 틈엔가 이른바 '생명론'이 우리들의 관심거리로 떠올라 있다. 그것의 대중적 지평이 급격히 확대된 큰 이유는 언론 매체를 중심으로 하여 벌어진 '생명론 논쟁'에 있다. '강경대군 타살사건(1991. 4. 26)'으로 촉발되고, 그 사건에 항의하는 젊은이들의 분신, 사망 사건이 잇달아 터져 나온 걷잡을 수 없는 위기의 5월 시국이 아직도 뇌리에 생생하다. 그 소용돌이 속에서 시인 김지하는 '죽음의 굿판 당장 걷어치워라'라는 요지의 글을 신문지상에 발표함으로써 격렬한 논쟁[1]에 불을 댕겼다. 그 논쟁은 제한된 지면, 당시의 격앙된 분위기 등을 감안하더라도, 일정한 성과를 남겨놓았다. 그 가운데에서 가장 중요한 것은 쟁점과 시각의 첨예한 양극화를 통하여 드러난 어떤 사실이다. 즉 우리 사회에는 서로 모순된 현실 인식과 접합적으로 이어질 수 없는 미래 전망이 엄연히 공존한다는 점이 새삼스럽게 재인식된 것이다. 이러한 '비동시적인 것의 동시성'은 우리 사회의 상황적 모순뿐 아니라 우리의 위기 인식의 대립되는 양극성까지도 극명하게 표상하는 것이라 할 만하다.

 그런데 진정한 의미에서 그 논쟁은 끝난 게 아니라 이제 새로운 단계를

---

[1] 김지하의 생명론을 둘러싼 논전의 주요한 것만 낱자순으로 추려보면 다음과 같다. 「선언에서 고백으로: 김지하의 생명사상 비판」(이재현, 1991: 74~79), 「젊은 벗들! 역사에서 무엇을 배우는가」(김지하, 1991d), 「생명 말살이 어찌 학생 탓 입니까」(장규홍, 1991), 「우리 그것을 배신이라 부르자」(김형수, 1991), 「경대가 숨질 때 당신은 어디 있었냐」(강선미, 1991), 「'다수의 침묵', 그 의미를 알라」(김지하, 1991e), 「지하에게 묻겠다」(윤구병, 1991: 295~299), 「'고백'의 개인과 우리: 지하에게 띄우는 공개 서신」(최하림, 1991: 115~125), 「김지하 시인, 돌아오십시오」(김종철, 1991: 32~35), 「김지하에게 보내는 공개서한」(방현석, 1991: 76~79).

향한 시작일 뿐이라고 나는 생각한다. 그 까닭을 2가지로 댈 수 있다.

첫째로는, 생명론이 가지는 현실적 맥락에서의 의미에 있다. 오늘의 우리 사회에 흐르는 전반적 사회의식은 '일차원적 사유'의 틀로 특징지을 수 있다. 총체적 통찰에 기반을 두고 숨겨진 본질을 꿰뚫어보기보다는 분절적 관찰에 의존하여 드러나는 현상에 집착하면서 모든 문제를 풀어나가려는 무비판적, 무반성적 태도이다. 그런 편향적 분위기 속에서 '생명론'은 폭넓은 사회적 공감대를 형성하고, 적지 않은 지지 세력을 확보해나간다.[2] 설령 그것이 긴요한 현안 문제로 도드라지지 않더라도 언제라도 그럴 가능성이 잠재하는 것이기도 하다. 그 점은 사회운동의 영역에도 그대로 투영되어 있다. 사실 냉정히 따져본다면, 다음과 같은 의문을 완전히 떨쳐버리지 못하고 있다. '생명사상'이 우리의 진보적, 비판적 이념 지형의 한 모서리를 이미 차지해버린 것은 아닌가? '생명운동'도 민주 변혁적 사회운동 대열의 틈서리를 벌써 비집고 들어와서 버티고 있는 꼴은 아닌가?

둘째로는, 그 논쟁의 발단을 제공한 김지하의 '생명론'이 너무나 추상적으로 개진되었기 때문이다. 그가 전개한 생명론은 주목에 상응하지 못할 정도로 내용도 산만했고, 논의 형식도 구체성과는 거리가 먼 것이라 할 수 있다. 애초부터 쟁점의 부각이 애매했으므로 겨냥점이 모호해진 비판의 화살은 일정한 한계를 가질 수밖에 없었다. 즉 예리한 반박을 쏟아 부었음에

---

[2] 당시의 '생명론'의 사회적 확산은 김지하의 앞의 글을 기폭제로 삼아, 즉각적인 정권 담당 세력의 극찬, 제도권 언론의 적극적 지지 표명, 일부 지성인의 분신 조정설 유포(특히 서강대 박홍 총장의 발언), 검찰의 분신 배후 세력 철저 조사 착수 등으로 전개된다. (91. 5. 5~5. 9 사이의 거의 모든 신문의 기사, 사설을 참조할 수 있다.) 이는 지배 체제(반민중 세력)와 민족민주운동 세력(민중 세력)의 갈등 양상을 '생명' 대 '파시즘'의 왜곡된 대결 구조 내지는 '살림' 대 '죽임'의 허구적 논쟁 구도로 몰고 가려는 지배 이데올로기의 기능적 표현일 뿐이다. 5월 시국 이후의 두드러진 몇 가지 구체적인 경우를 들어본다. 박홍 총장의 주도로 창립된 서강대 부설 〈생명문화연구소〉의 출범(91. 12), 김기설 유서대필 혐의로 전민련 총무부장 강기훈에 대한 검찰의 구속 기소 및 사법부의 실형 선고 판결(91. 12. 20) 등이 있다.

도 불구하고 그 생명론은 여전히 사정권 밖에 살아 있었지 않았나 하는 아쉬움이 남는다. 어쨌든 토론의 장이 본격적으로 펼쳐지지 못한 것은 생명론을 적극 옹호하려는 측에나 남김없이 비판하려는 측에나 결코 바람직하지 않은 일임은 물론이다.

생산적인 토론 마당의 열림에 조금이나마 도움을 보탠다는 의도 아래 나는 이 글에서 생명(운동)론을 가능한 한 체계적으로 해명하고, 거기에 의존하여 총체적으로 비판하고자 한다.

2) 이 글의 관점과 구성

이 글은 생명운동을 '철학적으로' 해명하고자 한다. 여기서 '철학적으로'란 수식어를 달아놓은 이유는 양면적이다. 우선은 생명운동의 관점을 역설하는 여러 이야기, 담화, 선언, 주장들이 형식적인 면에서 철학적 이론체계 혹은 논증 형태를 명시적으로 보여주지는 않지만, 그 속 내용을 면밀히 들여다보면 특유의 철학적 사유와 주장이 스며들어 있으며, 고유한 논리가 그 밑바탕에 깔려 있음을 알 수 있다. 다른 한편으로는 나의 능력과 또한 이 글의 한계—철학적 논의라는 그물 속에 철학적 체계가 아닌 생명운동론을 가두어 거둬들이려는 시도의 어려움에 기인하는 한계—와도 관계되지만, 생명운동의 기본 주장과 중심 논리를 밝혀내고 더불어 그 운동이 가지는 현재적 의미, 이론적 가능성 및 본원적인 결함과 회피할 수 없는 오류를 비판적으로 검토하는 데에 철학적 관점에 서는 것은 나름대로 유리할 수 있기 때문이다.

그렇다면 구체적으로 어떤 관점에 설 때, 생명운동을 총체적으로 이해하며 올바르게 비판해나갈 수 있겠는가? 이는 곧 내가 생명운동을 어떻게 파악하며, 분석하려는가 하는 이 글의 얼개를 이루는 전제를 제시하라는 말이다. 그것을 개념 파악 및 분석 틀의 문제로 추려 간단히 서술해보도록 하겠다.

첫 번째의 전제는 뻔한 상식에 속한 얘기로 들리겠지만, 생명운동은 구체적 현실 속의 인간과 매개된 '사회운동'으로 개념 파악되어야만 한다는 점이다. 근원적으로 사회운동이란 인간을 중심축으로 하는 운동이다. 즉 사회운동은 '인간의', '인간에 의한', '인간에 대한', '인간을 위한' 운동의 범주를 벗어날 수가 없다. 왜냐하면 우선 사회라는 세계는 인간 자신의 합목적적 행위를 실현하는 계기이자 수단인(인간을 위한) 인간의 존재 조건(인간의)이다. 또한 세계는 인간의 사회의식에 의해 매개되어지므로, 그 세계 속에서 일어나는 사회운동의 주체도 인간이면서(인간에 의한) 동시에 객체도 인간일 수밖에(인간에 대한) 없다

두 번째의 전제는 '사회운동'으로 파악된 생명운동은 '사상운동'으로 분석될 필요가 있다는 사실이다. 생명운동을 사상운동으로 분석해야 할 근거는 쪼개어서 이해하기 쉬운 생명사상과 생명운동을 통일적으로 포착하고, 현실운동으로서의 그것을 사회 현실과의 상호적 연관 속에서 가능한 한 총체적으로 독해하기 위해서이다. 그러기 위해 사회운동에 있어서의 사상, 이론, 실천의 개념적 관계를 명료하게 확정해야 할 것이다.

우선 사상과 이론의 관계에 눈을 돌리면, '사상'이란 각 개인 또는 집단이 그들의 자연적, 사회적, 역사적인 존재 조건에 바탕을 두고 주어진 현실을 이해, 해석, 변혁하려는 구상 혹은 전망이라고 규정할 수 있다. 그렇다면 '이론'이란 그런 사상의 구상 혹은 전망을 구체적으로 실현하려는 '실천'의 타당한 구도와 정합적 틀을 모색, 구성하는 것이 된다. 그러므로 '이론'은 가능한 한 일반화될 수 있는 지식의 형태로 존재함이 바람직하고, 궁극적으로는 체계적으로 정리된 진술 체계 혹은 엄밀하게 조직화된 형식 체계로 구축되어야 할 것이다. 사상과 이론은 둘 다 객관적 현실에 기초한다는 동일성을 나누어 가지지만 동시에 일정한 차별성을 드러내는 것이다. 즉 이론은 계기적인 측면에서는 사상에 전적으로 의존한다. 그러나 체계성

의 측면에서는 이론이 오히려 사상에 그 내용과 의미를 부여한다. 또한 이론과 실천의 관계는 언제나 둘을 따로 분해하지 않고 통합하여 보려는 통일적 시각으로 접근해야 할 것이다. 여기서는 오직 한 측면만을 명시하는 것으로 그치기로 한다. 이론은 무엇보다도 실천을 통하여 비로소 참된 규정을 얻을 수 있다는 사실이다. 그 까닭은 이론은 사회적 실천 속에서 자신의 물질적 토대를 발견하며, 실천에 준거하여 스스로의 체계나 구조를 형성하며, 마침내는 이런 실천적 형성을 매개로 하여 실천과 합치될 수 있기 때문이다.

따라서 생명운동이란 사상운동을 일차적으로는 사회 현실을 나름대로 이해, 해석, 변혁하려는 '사상'으로 분석해야 할 것이다. 또한 그 운동을 그 자신의 체계를 구성하는 '이론'의 맥락에서도 분석해야 한다. 그런데 그 분석과 비판을 성공적으로 수행하기 위해서는 이론의 맥락을 사회적 '실천'을 감싸는 객관적 조건과의 연관 안에서 검토해야만 할 것이다. 왜냐하면 이론은 사상을 위해서나 그 스스로를 위해서도 결국 현실에 관한 실천성을 담보해내야만 하기 때문이다.

이 글은 글의 의도를 최대한 살려내고, 글의 관점을 되도록 명확히 하는 방향으로 구성이 짜여져야 할 것이다. 그리하여 이 글은 단계적인 탐색적 물음들에 응답을 해나가는 절차에 따라 구성된다.

우선 폭넓은 의미에서 생명운동을 어떻게 보아야 할 것인가? 생명운동을 오늘의 우리 사회의 '위기'와 연관 짓는다면 그 문제의 위상은 어떻게 규정될 수 있겠는가?(2절) 그렇다면 생명운동의 실체란 무엇인가? 우선 사회현상적으로 그 실체는 어떻게 드러나고 있는가? 무엇보다도 그 사상운동적 실체란 무엇이며, 또한 그것을 받쳐주는 사상적, 과학적 기반이 가지는 뜻은 무엇인가?(3절) 이러한 시각과 관련하여 생명운동의 사상적 구조를 어떻게 파악할 수 있는가? 또한 그 구조의 본질적 내용과 의미는 무엇인가?(4절) 그 운동의 주장을 올바르게 읽어내기 위해서는 그것의 이론적 구조를 어떻게 구성해야만 하는가?(5절) 이러한 이론적 구조를 중심으로 생명운동을 분석, 비판할 때 오늘날 생명운동은 과연 어떤 명제로 함축되는 철학적 문제 지평을 열고 있는가? 그 운동의 형이상학적 명제는 무엇인가? 그것의 인식론적 주장과 논리는 어떠한 것인가? 이러한 논의에 비추어 그 운동의 실천 철학적 사회이론을 비판적으로 이해할 경우, 그것은 도대체 어떠한 이론적 성격을 드러내고 있는가? 그것이 주장하는 사회운동의 이념과 논리는 무엇인가? 그 운동이 함축하는 인간 행위에 관한 견해는 무엇인가?(6절) 끝으로 앞의 고찰에 근거할 때, 결국 생명운동이 가지는 의미를 어떻게 이해해야 하는가? 그것에 대한 전망은 어떠한가?(7절)

2. 현대의 위기, 우리들의 위기 인식 그리고 생명운동

나는 우선적으로 생명운동을 다소 '보편적'인 '현대'의 위기와 '특수적'인 '우리 사회'의 위기라는 큰 테두리 안에서 정확히 파악하는 일이 필요하다고 생각한다. 그것은 생명운동이란 문제의 위상을 우리의 위기 인식과 관련지음으로써 옳게 자리매김하려는 것이다. 그 까닭은 생명(운동)론을 편의상 그것의 사상과 운동으로 나누어 보는 것이 승인된다면, 생명사상은 오늘의 전환기적 위기 국면에 대한 독특한 일종의 사상적, 이론적 응답을 뜻한다. 또한 생명운동이란 그 사상이 통찰해낸 위기의 인식 및 극복론을 토대로 삼아 우리 현실의 새로운 사회 역사적 조건에 대한 나름대로의 실천적 응전 방식을 의미하기 때문이다.

현대사회가 직면하고 있는 위기 상황은 여러 증후들로 표현된다. 이를테면 자연의 훼손과 환경의 파괴, 핵무기의 위협과 핵발전소에의 공포, 정치의 분열 현상과 권력의 억압 강화, 자원 고갈과 인구 폭발, 악순환적인 불황과 경제구조의 모순 심화, 가치관의 전도와 도덕적 무정부 상태, 자살,

살인, 마약 범죄 등을 위시한 사회 병폐 현상의 점증 위가 바로 그것이다. 이러한 오늘의 위기 증후들은 그 일반적 성격으로 코아 전 세계적인 함의를 일정하게 드러내면서, 동시에 그 역사적 성격을 생각할 때 세계사적인 의미도 지니고 있다고 할 수 있다. 따라서 현대의 위기를 우리는 말 그대로 '총체적 위기'라 규정할 수 있을 것이다. 전 세계에 걸쳐 편재하는 위기 증후들 가운데에는 아예 그것 자체가 지구적 차원의 대응을 요구하는 게 있다. 나머지 것들조차도 나름의 자연적 환경과 사회적, 역사적 배경의 서로 다른 편차를 드러내면서도 밀접하게 상호 연관되어 있기 때문에 어떻든 총체적인 해결을 기다린다고 보아야 한다.

그러한 현대의 '위기'란 당대의 삶을 영위하는 사람들에게 '위기 상황'으로 다가온다. 그 상황은 '위기의식'으로 투영되어 나타날 것이다. 이때 그들은 원초적 '위기'를 돌파하려는, 즉 '위기 상황'을 탈출하고 '위기의식'을 해소하려는 길을 찾아 나서게 된다. 그 길이 다름 아닌 '위기 인식'인 것이다. 현대사회의 위기의 실치를 명확히 진단, 규명함으로써 궁극적으로는 위기 극복의 대안을 마련하려는 철학적, 자연과학적 및 사회과학적 '위기 인식'은 다양한 이념적, 이론적 입장에 따라 해당 시대마다 끊임없이 있어 왔다고 하겠다. 그런 인식의 경우를 대강 살피면 언제나 위기의 본질 인식이 관건이 된다. 예컨대 '생태계의 위기', '산업 기술 문명의 위기', '과학적, 이성적 세계관의 위기', '규범적 가치 체계의 위기', '지배 이데올로기의 위기', '전체 사회구조의 위기' 따위로 언뜻되는 위기 규정들과 그에 따른 위기 극복론의 전개가 그것이다. 그런 '위기 인식'들이란 기본적으로 실재하는 '위기'의 정신적 반영의 결과이다. 그것은 동시에 '위기 상황'을 더욱 촉진시키는 한 변인으로 작용한다. 어떤 경우에는 '위기 인식'이 사회적 '위기의식'을 전반적으로 증폭시키는 요인으로도 작동할 수 있다는 점에 주목해야 할 것이다. 결국 사회 위기 그 자체와 위기 인식 사이에는 어떤 단일적이고 본질적인 조응 관계가 성립한다고 결정론적으로 단정하기보다는, 이 둘 사이에는 다층적이며 복합적인 상호 작용의 관계가 있다고 파악하는 것이 훨씬 옳을 듯하다.

1990년대의 첫머리를 넘어서는 지금, 우리의 현실은 어떠한 상황에 처해 있는가? 설령 현 세기의 막다른 골목에 접어들었다는 세기말적 분위기를 감안하더라도 우리들은 여전히 허무주의적 사고에 젖어 있고, 곳곳에선 패배주의적 태도가 기세를 돋우고, 이윽고는 말세론이 고개를 쳐들고 등장하는 오늘의 우리 사회는 절박한 전환기적 위기의식을 폭넓게 공유하고 있음에 틀림없다. 이러한 때일수록 우리가 갖추어야 할 바람직한 자세는 본원적이고도 진지한 위기 인식적 성찰을 바탕으로 깨어있는 관점을 견지하는 일이라 하겠다. 그런 관점에 서기 위한 과정의 출발은 우선 그 위기의 본질을 제대로 그리고 철저히 깨닫는 것이다. 그런 과제를 여기서는 생명운동과 연관지어 수행토록 하겠다. 넓게는 우리가 맞닥뜨린 현실의 위기와 그것을 넘어서려는 위기 인식의 상호 연관성을 고려하면서, 좁게는 이론적 위기 인식과 실천적 대안 모색의 관계 양상에 초점을 맞추어 볼 때, 우리 사회의 저변에 흐르는 특징적 '위기 인식'을 3가지 '인식의 위기'로써 집약시켜 설명할 수 있을 것이다. 이때 '인식의 위기'란 기존의 '위기 인식'에 대한 비판과 반성을 함축하면서 새로운 인식을 위한 디딤돌이 됨을 뜻한다. 물론 이런 분류가 오늘의 위기의 성격과 경향을 가장 잘 반영하는 적합한 기준이라고 단정하지는 않겠다. 그렇지만 오늘의 현실 속에서 생명운동론의 문제성을 우리 사회의 위기 구조가 농축된 의미로 적절히 파악하려고 한다면, 적어도 다음과 같은 3가지 '인식의 위기' 문제를 고려 사항으로 삼지 않으면 안 될 것이라고 본다.

1) 모더니즘의 위기

근본적으로 모더니즘의 위기―근대적 계몽사상에 연원을 둔 이성적, 합리적 인간관 및 그에 기초한 자연관, 사회관, 역사관의 위기—라는 인식은 우리 사회에 내재하는 위기가 직접적으로 반영된 자생적 형태라기보다는 오히려 현 위기의 상황과 의식을 관찰, 설명하는 데 유용한 분석의 틀이란 성격에 보다 강조점이 두어져야 할 것이다. 왜냐하면 모더니즘의 위기라는 인식과 그 대안으로서의 포스트모더니즘Postmodernism—탈현대(주의) 혹은 탈근대(주의)라고 번역되는—의 구상이란 오늘날의 서구 사회, 즉 후기 자본주의사회의 위기 구조 속에서 배태되어 나온 것이기 때문이다. 그렇지만 우리 사회의 위기를 모더니즘의 위기와 무관하다고 주장하거나, '서구적 이성에 대한 전면적 도전 혹은 포괄적 자기비판'으로 간명하게 추려지는 탈현대(주의)적 전망에서 모로 비켜선 채 우리는 자유롭다고 선언하는 것은 위험한 발상일 수 있다.

  지금 한창 포스트모더니즘을 둘러싸고 광범위한 분야(철학, 문학, 예술, 사회학 따위)에서 다양한 문제(개념, 논리, 인식론, 방법론, 문화론 따위)에 관해 벌어지고 있는 국내의 논쟁적 토론[3]이 어떤 식으로 진행되어나가든지 간에, 그런 논의 자체가 시사적으로 함축하는 바가 있다. 즉 탈현대적 상황과 삶의 양식들이 제한된 영역에서나마 잠재적으로는 이미 우리 현실의 일부를 이루고 있다는 사실의 인정이다. 여기서 생명운동을 탈현대의 시각에서 고찰할 개연적 가능성이 열린다. 물론 탈현대(주의)의 이론적, 실천적 의미와 가능성 따위의 문제에 관한 본격적 검토와 유력한 결론은 현재 진행 중인 논쟁에 부여된 과제로 남겨진다. 다만 여기서 한 가지 짚고 넘어가야 할 점이 있다. 탈현대(주의)적 시각은 현존하는 위기보다는 그 자체의 분석 틀에 집착하는 경향이 있음을 경계하지 않으면 안 된다. 왜냐하면 그런 편향된

---

3) 국내에서의 포스트모더니즘 논쟁은 1980년대 말에 시작되어 지금까지에 이르고 있다. 그 논쟁의 과정, 성격, 범위, 경향 등에 관한 개괄은 한상진·김성기(1991: 220~236), 강내희(1991: 182~201)의 글에 비교적 잘 요약되어 있다.

시각은 우리가 마주한 위기의 본질을 사상捨象시킬 위험을 가질 뿐 아니라 우리의 위기의식을 허구적 맥락으로 왜곡시킬 여지가 충분하기 때문이다. 이 점이 생명운동을 탈현대의 시각에서 탐구하려 할 때에 언제나 부대낄 뿐 아니라 반드시 넘어서야 할 어려운 과제인 것이다.

2) 맑스주의의 위기

페레스트로이카 노선에서 촉발되어 소련은 물론 동구의 현존(실) 사회주의가 무너져 내리고 사회주의적 국제 질서가 사라져가는 오늘의 사회주의권의 급격한 변혁 과정은 우리 사회에 커다란 이념적 충격을 가했으며 여전히 다방면에 걸쳐 영향을 끼치고 있다. 우리 시대의 사상적 지표의 표류 상황을 대변해주는 이른바 '페레스트로이카 증후군' 또는 '포스트Post 증후군'이라 불리어지는 정신적 혼란은 현존 사회주의의 위기 혹은 붕괴의 국내적 반영으로서 진보적 진영의 흐름을 관통하고 있다고 하겠다.

신보수주의는 그런 맑스주의적 사회 인식의 위기를 주로 현상적 관찰에 입각하여 사회의 일부분에 불과한 사회운동 세력에만 결부시켜 바라보기도 한다. 사회주의의 위기는 사회변혁운동의 위기이며, 곧 자본주의의 승리를 반증하는 것이다. 때문에 그 위기가 우리에겐 위기이기는커녕 현재의 자본주의 체제의 안정을 의미할 따름이라고 주장한다. 그러나 그런 '신보수주의'의 득의에 찬 결론은 일면적이며 피상적인 것이다. 왜냐하면 그 위기의 본질적 의미를 파악하기 위해서는, 1980년대 이후 지금에 이르기까지 끊임없는 국민적 투쟁에 의해 열리고 성취되어가는 민중 주체적인 민주화 과정을 추동하는 이념적, 사상적 지형의 중심에 맑스주의적 인식 틀이 놓여 있음을 인정해야만 하기 때문이다. 달리 말하면 맑스주의적 관점에 서고 나서야 우리의 사회체제적 모순의 인식과 그에 역동적으로 대응하는 변혁적 대안 모색이라는 시대적 과제가 비로소 사회 현안적 문제 지평으로 떠올랐기에 그러하다. 이 맥락과 관련하여 나는 생명운동이 신보수주의와 유사한 성향을 드러내는 게 아닌가 하는 의구심을 가진다. 앞으로의 탐구를 통해 그런 성향이 뚜렷하며, 그 태도가 바로 그 운동의 본원적 결함을 만드는 근본 원인임이 밝혀지기를 희망한다.

맑스주의의 위기를 둘러싼 사상적 혼돈과 이론적 대결은 한편에서는 패배주의적 시각에서 혹은 청산주의적 관점에서 새로운 활로를 찾아 나서고, 다른 한편에서는 관성적 옹호론의 입장에서 옛 자리를 굳게 지키려고 한다. 맑스주의를 '고수'의 대상으로, '지양'의 대상으로, 혹은 '청산'의 대상으로 삼든지 간에 중요한 점은 이렇다. 맑스주의라는 이론 체계의 '사상적 정통성 혹은 근본성'에 내포된 위기의 의미를 하나의 역사적 형성물이면서 동시에 변동하는 현존의 활동체이기도 한 현존 사회주의의 몰락 과정 속에서 정확히 파악해내야 한다는 점이다. 또한 우리들은 종국적으로 한국 사회 현실에의 적용 가능성과 미래를 향한 구상적 전망이란 연관 관계 속에서 그 위기의 사회적 내용과 역사적 의미를 옳게 규정해야만 한다는 사실이다. 이 점과 관련하여 생명운동은 그런 진지한 성찰의 흔적마저 전혀 없는 게 아닌가 미심쩍기도 하다.

3) 자연 인식의 위기

오늘날 인간존재의 터전이요 삶을 일구어가는 텃밭인 자연과 환경의 위기 상황을 피부로 심각하게 느끼지 않는 사람은 아마도 없을 것이다. 그러한 생태계의 위기란 결국 잘못된 자연 인식에 기초한 세계관에서 비롯되었음을 깊이 자각하여, 새로운 자연관을 세우고 그에 따라 실천적 방안을 이끌어내려는 노력은 기실 이전부터 있어온 시도들 중의 하나라고 하겠다. 그렇지만 근래의 자연의 위기에 관한 인식 태도는 다소 다른 면모를 보여주는 듯하다. 그런 '인식 태도의 방향'에 특히 주목해볼 때 두드러진 점은

① 자연에 대한 자연과학적 개념과 인식을 토대로 하여 새로운 형이상학적 자연관(궁극적으로는 세계관)의 정립을 시도하며, 거기에 기대어 ② 이론적 인식과 실천적 대안의 통일을 구체적인 현존 사회체제 안에서 실제적으로 추구한다는 사실에 있다.

서구의 경우를 보면 뉴턴의 고전물리학적 패러다임에 대응하는 새로운 패러다임의 구성을 시도하는 물리학, 생성의 과학을 제창하는 신화학 및 인간은 결코 자연을 지배할 수 없다는 생태적 원리를 바탕으로 새로운 유형을 구축하려는 생태학 등을 중심으로 하는 이른바 '신과학New Wave Science/New Age Science운동'의 자연 개념과 관점이 그러하다. 그들의 자연관은 전통적 자연관과는 달리 인간중심의 사유 틀을 가능한 한 벗어나고, 인간과 자연에 동등한 존재(론)적 지위를 부여함으로써 새로운 패러다임 구성을 지향하는 것으로 판단된다. 이와 같은 자연관은 당연히 현대의 위기 본질을 '생태계의 위기'라고 단정한다. 따라서 그 위기 인식은 사실상 학적 토론과 이론적 논의에만 머물러 있기를 거부하고 사회적 현실이라는 실천의 장에 직접 뛰어들기를 요구하는 사회운동적 힘을 지닌다. 그 까닭은 '생태계의 위기'가 사느냐 죽느냐 하는 생존의 갈림길로 인류를 몰고 가며, 그런 위기 인식은 미래를 조망하는 사회운동의 사상적, 이념적 배경으로 자리를 잡아가기 때문이다. 그 사회운동이 경우에 따라서는 실천적 대안을 사회체제 안에서 모색하는 정치운동으로 전화되기도 한다. 많은 나라에서 사회운동적 차원에서 일어나는 청색 진영이나 적색 진영을 대체하는 소위 '녹색운동'들을 들 수 있으며, 보다 진전된 형태로는 독일의 '녹색당'을 필두로 한 서구 국가들의 '생태(주의)당'의 경우가 있다.

국내의 사정을 간단히 살펴보자. 우선 〈신과학연구회〉 중심의 활동은 신과학의 내용 소개 및 이론적 검토에 치중한다.[4] 그래서 앞에 거론한 ①의 방향에만 관련될 뿐이라 해도 무방할 것이다. 거기에 비해 기존의 주요한 공해추방운동, 환경운동들은 지금껏 우리 사회에 내재해온 자연에의 위기 인식을 일정 부분 드러내주면서, ①과 ②의 방향도 나름대로 대변해온 것으로 보인다. 그러나 그 운동들이 과연 그런 방향만을 명확히 지향하고 있었는지는 다소 의문의 여지가 있다. 왜 그러냐 하면 비록 그 운동들이 그것의 이념적 기반을 신과학 혹은 생태학에 두고 있다 하더라도, 그것보다 더 근본적인 다른 이념에 기초할 수 있음을 고려해야만 하기 때문이다. 즉 그동안 한국 사회운동의 흐름을 주도해온 이념적 경향과 궤적을 같이한다는 측면에서 그 운동들을 바라보는 것이 보다 정확한 이해에 가깝다고 생각되기 때문이다. 앞의 인식 태도적 방향이란 맥락에서 파악할 때, 마땅히 우리의 주목을 집중시키는 사상운동의 당찬 기운이 있다. '생명운동'이 바로 그것이다. 왜냐하면 그 운동은 무엇보다 이전의 환경운동들과는 다르게 ①의 방향을 '생명(살림)사상'이란 이름 아래에 철두철미하게 견지하고 있기 때문이다. 한걸음 더 나아가서, 현실 속에서 ②의 방향을 구체적으로 실천하고 있는 현존 활동체로서 '한살림운동'을 비롯한 유사한 '생명운동들'이 있기 때문이다.

이 글의 문제 제기적 전제는 생명운동이 현실적 실마리를 어디까지나 '자연 인식의 위기'에서 찾으며, 그 이론적 발판을 마땅히 새로운 형이상학적 세계관의 정립에서 마련코자 한다는 것이다. 그러나 그런 3가지의 '인식의 위기'들을 서로 관련 없는 것으로 보는 분절적 이해는 옳은 방식이 아니다. 왜냐하면 그것들은 중첩되고 상호 연관되어 있어서, 구체적 현실로 우리 앞에 그 양태가 드러날 경우 반드시 연관주의적 전제 위에서 이해할 것을 요구하기 때문이다. 더구나 어떤 사회운동이든 그것이 대면하고 있는 위기 상황을 감싸 안으면서 그 위기의 객관적 조건의 변화를 따라잡으려

---

4) 1985년 1월에 발족한 〈신과학연구회〉는 일년 가량 지속된 잠정적 모임으로 그치고 만다. 그것의 해체 이유는 신과학 자체가 어떤 고정된 실체를 가진 것이 아니기 때문이라고 한다. 결국 1988년 말에 그 모임에서 탈바꿈한 〈과학사상연구회〉가 새로 발족하여 활동 중이다. 신과학연구회 편(1986) 및 과학사상연구회 편(1990) 참조.

한다면, 사회 현실의 전반적 내용을 그 특유의 인식 틀로 재구성해내야만 할 것이다. 하물며 그 스스로 포괄적인 사상운동이라 자부하는 생명운동의 경우는 말할 나위가 없다. 그러므로 생명운동에도 3가지의 위기들이 나름대로의 방식으로 삼투되어 있으며, 그 위기 극복의 대안적 전망들도 독특하게 용해되어 있다고 본다.

3. 생명운동의 사상운동적 실체

생명운동의 실체란 무엇인가? 이는 우선 현실에서 가시적으로 나타나는 운동의 모습들, 즉 그 운동이 살아 움직이는 사회 안의 현상적 실체를 묻는 것이다. 우리는 사회적 삶 속에서 생명운동을 가장 주도적으로 구현하는 한살림운동의 활동 현황을 그 조직을 통해 대강 짐작할 수 있다. 한살림운동은 서울을 근거지로 한 〈한살림모임〉을 기본 축으로 하고, 〈한살림공동체소비자협동조합〉, 〈한살림생산자협의회〉, 〈한살림농산〉 등의 방계 조직과 대구, 대전, 광주 등을 비롯한 여러 지역 조직들을 매개 고리로 하여 '생활공동체운동'과 '생활협동운동'을 벌여나가는 전국적 규모의 연대운동이라 할 수 있다.[5] 물론 1980년대 초반 이후부터 〈가톨릭농민회〉 및 농촌 교회가 중심이 되어 농민운동의 테두리 안에서 부분적으로나마 유기농업운동, 직거래운동 등이 생명운동 차원에서 있어왔다. 그러나 그런 몇몇 개인, 소규모 집단 차원의 운동들이 본격적이고 전면적인 '사회운동'으로 구체화

---

5) 나는 한살림운동의 핵심 조직을 〈한살림모임〉으로 본다. 그런데 근거를 그 모임 결성의 역사적 과정에서가 아니라 모임의 이념적 성격에서 찾을 수 있다고 생각한다. 예컨대 한살림운동의 주요 조직체의 결성 시기만 보더라도 그 점은 확연히 드러난다. 〈원주소비자협동조합〉(85. 6), 〈한살림농산〉(86. 12), 〈한살림공동체소비자협동조합〉(88. 4), 〈한살림모임〉(89. 10) 한살림운동의 태동 배경과 구체적인 조직 형성 과정에 대해서는 한살림모임(1990c: 107~119) 참조.

한 시점은 〈한살림모임〉의 창립에서 비롯된다고 파악하는 것이 적절한 듯하다. 최근에 들어 생명운동 차원의 '생활협동운동'이 여러 유사 단체들르 계속 확산되는 추세에 있다는 것은 주목할 만하다.[6] 특히 천주교의 경우, 가톨릭농민회의 생명공동체, 의정부교구의 명석공동체, 안동교구의 생명공동체 등으로 표명되듯이 범가톨릭 차원에서 생명운동을 추진하고 있다.[7] 여러 생명운동 단체들 간의 조직적 유대의 징후가 전혀 없는 바는 아니지만, 현시점에서 〈한살림모임〉이 생명운동의 조직 체계 안에서 정점을 이룬다거나, 한살림운동이 모든 유사 생명운동들을 이끌어나가는 중심축이다고 간주하기에는 상당한 무리가 따를 것이다. 그렇지만 그 모임에서 『선언』의 형식으로 제안된 이른바 '생명사상'은 생명운동 활동체란 범주 속에 묶어낼 수 있는 여러 단체들의 주요한 이념적 토대라 여겨질 수 있다. 적어도 『선언』의 이념과 유사 단체들의 강령과 지침들 사이에는 아주 밀접한 사상적 유사성이 실재하기에 그러하다.

　이 글에서 중점적으로 탐구하고자 하는 대상은 생명운동의 사회현상적 실체가 아니라 사상운동적 실체이다. '사상'으로서 혹은 '이념'으로서 포착되는 생명운동의 실체는 여러 문건들에 담겨 있지만, 가장 체계적으로 집약된 것은 〈한살림모임〉이 창립총회(89. 10. 29)에서 채택한 「한살림선언」[8]

---

6) 「생산자-소비자 연대 녹색공동체 이룩」(『한겨레신문』 1991년 5월 29일자) 기사 참조. 〈서울기독교청년회YMCA〉의 '여성생명학교' 개설 및 '소비자조합' 운영, 유기농산물 직판장인 〈두레유통〉의 '두레소비자모임' 결성, 〈경제정의실천시민연합〉 산하의 '정농생활협동조합'이나 〈여성민우회〉 산하의 '함께 가는 소비자생활협동조합' 및 '늘푸른 두레먹거리회'의 회원 급증과 조직 확산 따위가 두드러진다.
7) 가톨릭의 5개 부문 사회운동 단체와 진보적 평신도 단체가 통합되어 출범한(91. 12. 15) '천주교정의구현전국연합'이 기본적 활동 지침을 생명운동과 민족민주운동의 결합에다 두고 있음도 주시할 필요가 있다. 「진보조직 통합, '천정연' 닻올려」(『한겨레신문』 1991년 12월 15일자) 기사 참조.
8) 이 선언문은 한살림운동의 이념과 실천 방향을 확립하기 위해 가진 공부 모임과 토론회에서 합의된 내용을 장일순, 박재일, 최혜성, 김지하가 정리하고 최혜성이 대표 집필한 것이라고 한다. 한살림모임(1990a: 43).

이다. 또한 무엇보다 주목을 요하는 것은 그 모임의 연구위원장을 맡은 바 있는 시인 김지하의 여러 형식의 글들이다. 사실상 그는 생명운동의 대표적 이론가의 자리를 굳힌 지 오래이다. 그의 주장들은 스스로의 표현대로 "직관으로 말하고 상상으로 쓰므로"(김지하, 1991a: 5) 아주 폭넓은 영역에 걸쳐 거침없이 펼쳐지고 있다. 또한 "모두 흩어져 버려 남는 것은 아마도 생명이란 말 한마디뿐일 것"(김지하, 1991a: 5)이기 때문에 썩 강한 어조로 생명운동을 역설하고 있다. 아무튼 김지하의 글을 주된 분석의 대상으로 삼을 수밖에 없는 형편이다. 그 점에 관해 나는 2가지의 제한을 두고자 한다. 첫째는 연대기의 문제로서 1987년에 간행된 수상록 『살림』 이후의 저작에 한정할 것이다. 그 까닭은 1980년대 초부터 그 일단을 보이기 시작한 것으로 추정되는 생명론이 그 요체를 체계적으로 드러내는 것은 극히 최근의 일이기 때문이다. 또한 이 글의 초점은 김지하의 글을 통해서 본 생명운동에 있지 김지하의 사상 자체에 있는 게 아니기 때문이다. 둘째는 글의 형식에 관한 문제이다. 김지하는 이 시대의 영향력 있는 시인들 중의 한 사람으로 꼽히는 이다. 따라서 그의 생명관은 시, 담시譚詩, 대설大說 따위의 형식에도 녹아들어 있을 것이다. 그러나 나는 이야기, 좌담, 강연, 산문 등의 '서술적' 형태의 말과 글에 국한하여 논의하고자 한다.

이 자리에서는 생명운동이란 사상운동적 실체를 지탱하는 뼈대의 윤곽을 그려내고자 한다. 그러기 위해 그것의 이론적 배경을 과학적 기반과 사상적 기반으로 구분하여, 그 기반의 의미를 큰 흐름의 시대적 계기─즉 '인식의 위기' 문제와의 관련성─속에서 헤아려보면서, 더불어서 우리가 처한 오늘의 사회 역사적 조건에 비추어가며 그 뜻을 파악하고자 한다.

1) 과학적 기반

생명운동은 자신의 자연과학적 기반을 신과학운동에 두고 있다. 생명운동의 여러 이념들이 조직적으로 짜여져서 공표된 「한살림선언」은 이렇게 말하고 있다.

> 〈한살림〉은 그 세계관에 있어서는 물질, 생명, 정신이 역동적인 과정을 통하여 하나의 우주 생명에 통합되어 가고 있으며 인간, 자연, 우주 모두가 동요를 통해 새로운 질서로 자기를 조직하는 생명이라는 점을 감지하고 있는 새로운 과학에서 그 이론적인 전거典據를 찾고 있다.(한살림모임, 1990a : 43)

또한 같은 글에서 신과학을 기존 과학에 의해 "분할된 것을 다시 통합하여 자연의 전체적인 본래의 모습을 보려고 노력하는 과학의 새로운 경향"(한살림모임, 1990a : 17)이라고 규정하면서 그것의 탁월한 업적을 2가지로 압축한다. 첫째는 현대 산업 문명의 파멸을 예고하는 엔트로피 법칙에 대한 놀라운 재해석이다. 둘째는 진화에 대한 새로운 모형의 제시이다.(한살림모임, 1990a : 17~19 논의 참조) 그리하여 "오늘날 생명에 대한 공동체적, 생태적, 우주적 각성이 더욱 요청되고 있음"(한살림모임, 1990a : 19)을 힘차게 주장하기 위한 이론적 근거로서 신과학적 설명 방식을 고스란히 채용하고 있다. 여기서 신과학은 '전일적, 유기체적, 생태적 세계관'을 새로운 세계관으로 제시하는, 여러 영역에 걸친 다양한 법칙, 가설, 설명, 이론들을 한꺼번에 아우르는 개념이다. 국내에 번역 소개된 것을 중심으로 그 내용을 간단히 들추어보면 다음과 같다. 카프라, 주커브 등의 현대물리학과 동양사상의 유비론, 신발끈 가설, 관계망 사고, 프리고진의 비평형 열역학, 베이트슨의 마음의 생태학, 얀츠의 자기 조직하는 우주론, 마구리스와 러브록의 가이아 가설, 라즈로의 시스템이론, 베르트란피의 유기체론 및 일반 시스템이론 따위가 그것이다.[9]

그렇다면 생명운동의 사회 과학적 기반이란 무엇인가? 생명운동의 사회과학적 인식과 방법은 일단 신과학의 이론 틀에서 추론된 '사회이론'에 기초한다고 추정할 수 있다. 달리 표현하면 신과학적 사유망으로 사회 현실을 건져올린 녹색적인 사회이론이다. 왜냐하면 그들의 논지에서는 자연의 생태적 균형이나 순환의 원리는 자연 생태계의 원리일 뿐 아니라 인간 삶의 질서이며 인간공동체의 원리이기 때문이다.(한살림모임, 1990b: 57, 61~62) 또한 새로운 자연 인식, 패러다임을 근거로 한 새로운 세계관을 지향하는 신과학운동은 그 전환된 관점을 마땅히 인간 사회에도 확대 적용하는 경향을 띠기 때문이기도 하다.[10] 요컨대 새로운 사회로의 '문명 전환'을 창출하기 위한 방도로 '의식 전환'과 연계된 현실적 사회운동을 제안하는 것이다. 김지하의 말을 빌리면, "자연과학(즉 신과학)을 공부해서 사회과학의 신선한 창조적 대전향을 우리 사회 특유의 동양적 배경에서 유도할 수 있어야"(김지하, 1991b: 242) 하는 것이다.

생명운동은 자신의 자연과학적 토대를 신과학에서 마련하는데, 나아가 사회과학적 토대마저 신과학에서 도출한 녹색적 대안에서 찾으려 한다. 오늘의 산업 문명 시대에서 이른바 '생명운동의 태동'이라는 문명사적 전환의 계기를 그 스스로는 크게 3가지의 변화에서 찾아낸다.

① 사회, 경제, 정치의 모든 영역, 특히 국제정치, 경제의 영역에서 지배

---

9) 신과학운동의 전반적인 개요와 경향을 알려면 신과학연구회 편(1986) 참조. 대표적인 번역서를 열거하면 다음과 같다. 『현대물리학과 동양사상The Tao of Physics』(카프라, 1979), 『춤추는 물리The Dancing Wu Li Masters』(주커브, 1981), 『새로운 과학과 문명의 전환The Turning Point』(카프라, 1985), 『탁월한 지혜Uncommon Wisdom』(카프라, 1989), 『있음에서 됨으로From Being to Becoming』(프리고진, 1988), 『혼돈 속의 질서Order Out of Chaos』(프리고진, 스텐저스, 1990), 『마음의 생태학Steps to an Ecology of Mind』(베이트슨, 1989), 『정신과 자연Mind and Nature』(베이트슨, 1990), 『자기 조직하는 우주The Self-Organizing Universe』(얀츠, 1989), 『가이아Gaia』(러브록, 1990), 『시스템철학론Introduction to Systems Philosophy』(라즈로, 1986), 『일반체계이론General System Theory』(베르트란피, 1990).
10) 이현구, 1991: 101~102. 그에 따르면, 그런 확대 적용의 예로 '물리학의 불확정성의 원리, 상보성 원리→생물학의 시스템이론→경제학의 소규모 이론→정치권력의 분산이론→전일적, 유기체적, 생태적 세계관'으로의 유추 방법을 들 수 있다.

권력적 힘의 상실, ② 자연환경에 대한 인식의 변화, ③ 사상과 이념의 영역에서의 탈계급화, 탈이데올로기화 및 자본주의와 공산주의의 수렴화 현상(한살림모임, 1990a: 33~34)이 그것이다. 이런 시대적 계기를 앞(2절)에서 우리의 객관적 조건을 위기로 추상할 때 특징적으로 집어낸 '인식의 위기'와 관련시켜 보자. ①과 ③은 모두 1) 모더니즘의 위기, 2) 맑스주의의 위기가 이중적으로 투영된 것이며, ②는 3) 자연 인식의 위기와 조응한다. 생명운동은 우리 사회의 현실에 내재하는 3가지의 중첩적 위기를 나름대로 인지하고 있다. 그런데 그것이 적어든 큰 갈래의 길은 3)의 위기 극복론인 신과학운동이다. 그 운동은 1)의 위기를 극복하려는 서구 자본주의에 기초한 포스트모더니즘적 전망과 일정 부분은 공감하면서도 지향하는 방향이 상이한 듯하다. 한편 2)의 위기를 타고 넘어서려는 '새로운' 혹은 '포스트' 맑스주의적 구상에는 아예 그 '주의ism'의 완전한 포기를 권고하고 있기도 하다.

 나는 바로 그 점에서 피할 수 없는 오류가 생겨난다고 본다. 왜냐하면 우선은 생명운동이 3)의 위기에 지나치게 집착함으로써 1)과 2)의 위기를 상대적으로 축소하거나 거의 무시하는 결과를 산출한다. 그것은 위기 상황을 '자연의 위기'라는 한 방향으로 몰고 가면서 동시에 사회적 위기의식을 그 방향으로만 증폭시켜 버린다. 물론 자연의 위기가 총체적임을 강조하는 것은 지극히 당연한 일이지만, 그렇다고 그 위기가 곧 문명사적 전환의 계기라는 논거일 수는 없는 것이다. 그런 섣부른 논지에 대한 확신은 현실의 관점에서 위기를 보는 게 아니라 거꾸로 위기의 문명론으로 현실을 바라볼 때 가능한 것이다. 보다 구체적인 이유는 신과학을 과학적 기반으로 확실히 다지는 전제 조건은 오늘의 한국 사회가 실제적으로 "역사의 끝" 혹은 "탈역사"의 단계[11]에 진입했다는 현실 판단의 상정에 있기 때문이다. 말하

---

11) "역사의 끝" 혹은 "탈역사"의 개념과 그것에 관한 비관론적 및 낙관론적 관점의 내용은 송두율(1991: 60~63) 참조.

자면 서구와 미국 등 이른바 제1세계에서 유행하는 탈역사적 시각을 그대로 차용하여 우리 현실을 고찰함으로써, 요청되는 것은 정치적, 사회적 혁명이 아니라 '과학과 기술의 혁명'일 뿐이라는 현실 인식을 이름이다. 토플러식의 미래학적 용어로 말한다면 우리는 기술혁신과 정보혁명으로 설명되는 "제3의 물결" 시대 및 그 물결의 파고에 기존 체제가 무너져 내리는 "권력이동의 시대"(토플러, 1981; 1990 참조)에 살고 있다는 판단이다.

그것은 부분적 현실에 토대를 둔 조급한 판단이거나 표피적 분석에 입각하여 얻은 적절치 못한 결론임에 틀림없다. 왜냐하면 '탈이데올로기의 시대'라 불리는 미래 사회의 구상으로 제시되는 그 '정보화사회론'도 본질적으로 이데올로기적 틀에서 한 발짝도 벗어나 있지 않기 때문이다. 그것은 과학은 그 자체가 객관적이라는 '과학주의'의 우상과, 기술에는 내재적, 보편적인 발전 법칙이 있으며 그 법칙은 다른 모든 영역을 초월하는 가치중립적인 것이라는 '기술결정론'의 신화에 의해 설정된 이념이다.[12] 결국 그것의 정치적 함축은 기본적으로 부르주아적 세계관에 터를 잡은 지배 이데올로기의 새로운 형태라는 점이다. 그러기 때문에 그것은 사회 현실의 부조리와 사회구조의 모순에 대한 비판과 대안 모색을 위한 사회적 실천을 수용하기는커녕, 그 실천을 과학기술 발전에 대한 무지, 곡해에서 비롯된 잘못된 행위로 간주하여 무력화시키려는 정치적 성향을 내보인다.

현시점에서 현실 인식에만 초점을 모을 때, 생명운동은 그것의 자연과학적 기반은 물론이거니와 사회과학적 기반을 우리 현실의 이해에 입각하여 '안'에서 마련하기보다는 우리 현실의 이해를 위해 '밖'으로부터 수입한 것으로 보인다. 그 운동은 과학이론적 배경 자체가 자생적 성격보다는 외래적 속성을 짙게 드리움으로써[13] 그것의 과학성 자체를 손상시킬 위험을 애

---

12) 과학주의, 기술결정론 등을 포함한 과학기술혁신의 다양한 의미와 구체적 논의는 「토론: 과학기술혁명과 한국 사회」(『사회와 사상』 1991년 가을호)를 볼 것.

초에 안고 출발하고 있다고 하겠다. 그러므로 '옮김〔移〕'[14]에서 야기되는 위험을 해소하기 위한 그럴 듯한 방도이면서 또한 민족적 자존을 일껏 드높이는 뜻도 깃들 법하게, 생명운동이 우리의 고유한 전통사상에 크게 의존하는 것은 결코 놀라운 일이 못된다.

2) 사상적 기반

생명운동은 자신의 사상적 기반을 동학에서 찾고 있다. "실제로 동학은 한살림의 중요한 사상적 배경을 이루고 있기 때문에"(한살림모임, 1990b: 59의 김지하의 발언)「한살림선언」은 다음과 같이 언명하고 있다.

> 〈한살림〉은 가치관에 있어서는 한민족의 오랜 전통과 맥을 이어오고 있는 동학의 생명사상에서 그 사회적, 윤리적, 생태적 기초를 발견하고 있다. 동학은 물질과 사람이 다같이 우주 생명인 한울을 그 안에 모시고 있는 거룩한 생명임을 깨닫고 이들을 '님'으로 섬기면서〔侍〕 키우는〔養〕 사회적, 윤리적 실천을 수행할 것을 우리들에게 촉구하고 있다. 자연과 인간을 자기 안에 통일하면서 모든 생명과 공진화해가는 한울을 이 세상에 체현시켜야 할 책임이 바로 시천侍天과 양천養天의 주체인 인간에게 있음을 동학은 오늘 우리에게 가르치고 있다.(한살림모임, 1990a: 36)

---

13) 예컨대 김지하는 생명운동의 사회운동적 의미를 1960년대의 서구나 미국의 학생운동그룹이 1980년대에 녹색운동의 주도 세력으로 다시 등장하는 점과 비교하여 세계사적인 사이클에 어떤 연관을 가진다고 주장한다.(한살림모임, 1990b: 49~50)
14) 생명운동을 '옮기지않기운동〔不移運動〕'이라 달리 규정하기도 한다. 옮길 수 없는 모든 생명의 본래적 자리, 흐름, 운동으로부터의 '옮김'은 곧 '죽임'이라 단정하기 때문이다.(김지하, 1987: 52, 57, 112, 117)

오늘의 생명운동은 '동학'이라는 전통사상을 자신의 외투로 껴입을 뿐 아니라 숫제 세계를 인식하는 시각의 안경으로 걸치고 있어 보인다. 왜 하필이면 동학인가? 또한 어떻게 동학을 자신의 사상으로 만들고 있는가? 그 까닭을 대략 2가지 면에서 살필 수 있다. 그것은 생명운동이 동태적 시각에서 포착해낸 ① '동학의 시대적 계기 및 사회 역사적 의미'와, 정태적 시각에서 바라보는 ② '동학사상 자체가 함축하는 뜻'에서 찾을 수 있다. 여기서는 ①의 맥락에서만 사상적 기반으로서의 동학의 뜻을 헤아리기로 하겠다. ②는 생명운동의 사상적 구조를 형성할 뿐 아니라 그것의 이론적 구조에서 자리를 지정하는 역할도 담당하므로 4절에서 다루도록 하겠다.

생명운동에서는 앞서 살펴본 신과학에서보다는 동학에서 훨씬 의미심장한 시대적, 문명사적 계기를 읽어낸다. 예컨대 동학의 우주 질서 전체가 바뀐다는, 혹은 오만 년의 인류 문명사 전체가 대전환한다는 뜻의 '후천개벽 後天開闢'의 사상이나(김지하, 1991a: 38~40, 166~169; 김지하, 1991b: 212~215), '궁을이 문명을 되돌린다〔弓乙回文明: 궁을은 '아니다 그렇다'의 이치를 압축한 동학의 상징이다〕'는 주장은(김지하, 1991a: 21, 74, 200; 김지하, 1991b: 6~7, 72~73) 사실 문명 전환의 새로운 이념으로 해석되고 있다. 즉 후천개벽의 관점에서 세계를 인식해야만 비로소 "생명의 새로운 지평이 우리 앞에 열리기 시작한다"(한살림모임, 1990a: 42)고 선언하고 있는 것이다. 더 나아가서 새 문명의 중심지를 동북아시아, 그중에도 한국을 동학의 예언적 언명과 관련지어 지목하기도 한다.(김지하, 1991a: 82~85, 257) 요컨대 문명 전환 시대를 주도할 "'우주 속의 인간', '인간 안의 우주'라는 이미지를 지닌 새로운 이념"(한살림모임, 1990a: 42)으로서 동학을 설정한다. 왜냐하면 동학만이 "낡은 세계관의 위기"(한살림모임, 1990a: 11)를 극복할 수 있는 사상이기 때문이다. 그런 위기는 산업 문명을 옹호하는 기계론적 모형의 지배 이데올로기의 위기이다. 생명운동은 그런 이데올로기를 일곱 가지 유형으로 분류하고 있지만, 나는 그것의 본질적 의미는 바로 '자연관', 즉 '자연 인식'에 있다고 본다.[15] 결국 낡은 세계관의 위기는 앞(2절)에서 거론한 '자연 인식의 위기'로 판명된다.

또한 동학의 사회 역사적 의미를 생명운동은 어떻게 해석하고 있는가? 여기서는 그것을 주로 민중관을 통하여 살펴보도록 하자. 김지하는 「후천 개벽」이란 글에서 우리의 민중적 민족사상의 내용을 "동학의 '인간의 사회적 성화聖化론'에서 찾아야 할 것"(김지하, 1987: 137) 이라고 주장한다. 또한 「문화혁명」이란 글에서는 동학을 철두철미하게 민중의 삶에 기초하며, 민중을 그 구체적 삶을 통해 사회적으로 거룩하게 드높이는 "민중해방사상"으로서 "민중적 삶의 '지금-여기'의 현실로부터 출발하여 '지금-여기'의 현실로 돌아오는 살아 있는 실천사상"이라고 규정하고 있다.(김지하, 1987: 91)

위의 글만 주시한다면, 동학을 민중적 삶이란 객관적 현실에 기초하여 합당하게 해석하고, 그 사상도 사회적 실천으로 농축되는 현실에서 물질적 토대를 발견한다고 옳게 간주하고 있는 듯하다. 그러나 속 내용의 뜻은 사뭇 다르다. 이를테면 동학혁명 과정에서 가장 처절한 전투로 손꼽히는 '우금치전쟁(1894년 12월 공주 우금고개에서 있었던 동학민중의 2차 봉기의 마지막 전투)'에 대한 그의 해석이 그렇다. 김지하가 소위 '우금치 현상'이라 부르는 바, 그 전쟁은 "민중의 자각된 집단적 신기神氣가 자기들을 향해 쏟아져 내려오는 역사적 악마의 물줄기 속에서마저 그 역사의 근원적 신기와 일치하려는, 그 기의 음양운동에 일치하려는 엄청난 우주적 운동"(김지하, 1987: 33)이라 풀이되고 있다. 즉 역사적 사회 현실의 운동이 '우주적 현실의 운

---

[15] 지배 이데올로기의 유형은 ① 과학 지상주의적 신념과 태도, ② 이원론적 존재론, ③ 물질과 우주를 기계 모형으로 보는 고전역학, ④ 요소론적 생물관, ⑤ 영혼 없는 행동과학과 육체 없는 정신분석, ⑥ 직선적 성장 추구의 경제이론, ⑦ 반생태적 자연관 등 이다.(한살림모임, 1990a: 13~16) 여기서 ⑦은 물론 ①~④는 곧바로 넓은 의미의 자연관에 포괄된다. 또한 ⑤, ⑥도 근본적으로는 자연 인식을 전제로 한 학문적 입장이다. 따라서 핵심은 '자연 인식'에 있다.

동'으로 대체되며, 민중의 저항 의식은 '신기'에 의해 진정한 의미가 부여되고 있는 것이다.

더 나아가서 '우금치 현상'식의 역사관에 서서 참된 민중의 주체를 새로이 찾아나서야 한다고 역설한다.(김지하, 1987: 34) 그런 역사 인식의 귀결은 그 후의 글 속에 계급 인식으로 나타난다. 역사의 주체란 "민중 개념만이 주체일 수 없고 국민, 민중, 시민, 주민, 중생 등의 좁고 넓은 다양한 개념들이 한 사회 실재 안에 역동적 중층성, 다차원적 복합 연관 속에서 총체적으로 파악되어야 한다"(김지하, 1991b: 23)고 잘라 말한다.[16] 이러한 단언의 추상성을 다소 벗어나려는 의도를 드러내면서, 또한 아마도 지방자치제를 염두에 둔 듯, "특히 현시기(91년 5월)는 국민 개념에서 국민, 민중, 시민 개념을 모두 함축한 포괄적인 주민 개념으로 민중 주체가 이동하는 것이 옳다"(김지하, 1991b: 23)고 주장하기도 한다. 나의 분석에 앞선 견해로는 그의 계급 인식은 '생명'에 대한 독특한 형이상학적 전제(뒤의 6절에서 상론됨)에서 직접 도출됨으로써 현실과 매개되지 않는 추상적인 것이라는 것이다. 물론 맑스주의적 계급론에 근거한 기존의 사회운동론을 대체하려는 통通계급적, 탈계급적, 비계급적 논리로 이론적 무장을 서두르는 서구의 '신사회운동론'[17]과 맥락이 닿아 있는 것으로 그것을 해석할 여지가 도무지 없는 것은 아니다. 그러나 그의 계급론은 아직도 현존하는 우리 사회의 계급투쟁의 구도, 여전히 온존하는 개개인의 계급의식, 중산층의 주체적 실천력의 미성숙 따위에 관한 이론적 탐색의 부족으로 인해 환상적 대안의 성격을 넘어서지 못

---

16) 다른 곳에서 그는 이렇게 말하고 있기도 하다. "극소수의 생명 파괴자, 암세포, 기생충들을 제외한 모든 사람이 민중이며 이 민중 안에는 자연 생태계의 중생도 포함되어야 한다."(김지하, 1991a: 120)
17) 서구의 신사회운동New Social Movememts에 대한 이해는 송태수(1991: 80~97)와 김용창(1991: 98~104)을 보라. 또한 다음의 특별 기획 안에 있는 3편의 번역 논문도 유익하다. 「특별 기획: 신사회운동과 포스트마르크스주의」(『사회와 사상』 1991년 가을호).

하고 있다. 더 나아가서는 현실의 계급적 대립을 은폐하면서 기존의 계급 지배 구조를 합리화할 개연성마저 함유하고 있는 듯하다.

아무튼 위와 같은 역사 인식은 역사 주체에 대한 실체주의적, 계급론적 접근을 정면으로 거부하는 입장으로서 오랫동안 마르지 않을 논쟁의 샘물로 남을 것이다. 우선은 김지하 자신에 관한 문제로서 생명사상과 그 이전 사상—흔히 '민중사상' 혹은 '저항정신'이라 얘기되는—을 연속선상에서 보아야 하는가, 혹은 단절로 볼 것인가 하는 것이다. 이 문제는 따로 논구되어야 할 사항이다. 다른 한 가지는 탈현대(주의)적 구상과 김지하 생명론의 친화성 문제이다. 한 예로 송두율은 리오타르J. F. Lyotard의 탈현대적 논의와 김지하의 민중론 사이는 사상적 배경의 차이에도 불구하고 어떤 친화력이 있다고 본다. 그것은 전자에게는 주관 중심적인 모더니즘에 대한 비판으로서 '큰 이야기grand récit'의 탈현대적 구성으로, 후자에게는 민중의 탈현대적 작업으로 표출된다. 민중의 탈현대란 현대가 강요하는 범주화, 일률화의 '동시성'의 철학에 대한 저항이라고 한다.[18] 또한 김성기는 생명론의 탈현대적 측면을 탈현대사상과 생명론 사이의 일종의 '상호 텍스트성inter-textuality'이라 부르면서, 김지하식의 '생명운동'을 진보적 사회과학의 입장에서도 변혁운동의 한 갈래로 인정할 것을 제안하고 있다.[19]

위의 두 논자가 거론한 민중관뿐 아니라 앞에서(3절의 '과학적 기반'을 보라)

---

[18] 송두율, 1990: 208~210. 그러나 그는 김지하의 민중 개념에 대하여 비판적 이해의 당연함을 잊지 않고 있다. 민중은 동태적으로 보면 흐름이지만 정태적으로 보면 구조를 지니고 있는 바, 김지하의 경우 그의 민중 개념이 역사적이라고는 하지만 민중이 지니고 있는 구조적 문제를 간과할 수 있다고 한다.
[19] 김성기, 1991, 204~205. 그는 김지하의 계급 해체적 경향이 뚜렷한 민중론에 상당히 우호적이다. 왜냐하면 자크 라캉Jacques Lacan의 '주체이론'을 민중에 그대로 적용하기 때문이다. 그에게 민중이란 의식·상징·담화이지 계급적 구성 요소로 규정되는 게 아니며(203쪽) 민중은 사회관계, 역사 안에서 '상호주관적으로 의미지어지는' 유적 존재이다. 요컨대 "민중의 실질적 층위는 추상화된 사회적 관계의 영역이 아니라 상징적인 의사소통의 영역이다."(145쪽)

언급한 '역사의 끝' 혹은 '탈역사' 개념, '탈중심화의 경향과 다원주의적 해체 전략',[20] '탈현대적 미학의 가치 기준'[21] 따위의 여러 개별적 범주에서 김지하의 사상은 탈현대주의와 미약하지만 어떤 친화적 연관을 가진다고 생각할 수 있다. 그러나 나는 그것 사이의 친화성보다는 차별성을 더 본질적인 상관관계로 간주하는 것이 타당하다고 본다. 왜냐하면 탈현대 사상에 비해, 생명운동론은 무엇보다도 현저히 다른 위기 인식(모더니즘의 위기가 아니라 자연 인식의 위기)에서 출발한 현실 이해[22]를 가진다. 또한 그것은 서로 다른 사

20) 탈현대(주의)는 '총체성'보다는 '차이성'의 인식을 강조하며, '동일성'보다는 '다양성'의 논리를 내세운다. 이런 경향을 김지하에게서 발견해 낼 수 있다. 그의 글 도처에서 만나는 생명의 '순환성, 다양성, 관계성' 강조 및 개체, 지역, 소집단 중심의 사회운동론 강조 등이 그것이다. 2가지 대표적인 언급만 들어보자. "점차적으로 분산, 확산 추세에 있는 세계 진화 운동의 실상을 전혀 못보고 있다고 생각됩니다."(김지하, 1991b: 226) "(21세기의 새 비전을 가능케 하는 모든 것은) 개인이 바로 자기 자신이 해체와 개방 추세 속에서 아주 드넓은 주체를 새로 형성해야 된다는 요구와 일치합니다."(김지하, 1991b: 228)
21) 현대적 미학의 가치 기준이 '아름다움'에 있다면 탈현대적 미학의 가치 기준은 '장엄함Sublimité'에 있다는 료타르의 주장에 준거하여, 송두율은 장엄함의 미학을 "서술할 수 없고 표현할 수 없는 것을 서술하고 표현하는 것"이라 정리한다.(송두율, 1990: 169~172 참조) 결국 '장엄함'이란 얼추 경외감을 자아내는 것, 놀라움을 일으키는 어떤 것, 돌발성으로 표현되는 순간적 감동 같은 것을 이름이다. 그렇다면 다음과 같은 김지하의 미적 기준을 지적하는 말은 그 '장엄함'에 꽤 밀접한 친화력을 내보인다. 차라리 그 '장엄함'을 어떤 면에서는 가장 장엄하게 묘사한 것이 아닐까 쉽기도 하다. "사슴의 뛰어오름을 보기 직전에 사람은 이상하게 설레는 마음이나 상서로운 예감을 느끼게 되며, 사슴이 뛰어오를 때 그 사슴의 뛰어오름[外景]이 사람의 지각에 주어짐과 동시에 통각에 그 사슴의 뛰어오름의 어떤 신령한 형상이 개시開示되어오고, 이때 사람은 그 상서로운 예감 속에 숨겨진 미적 판단의 형식으로 '아! 우아하다!'라고 느낀다."(김지하, 1987: 96) "(전율적인 아름다움을 느끼는 것은) 비약적 감촉이랄까, 이것이 현실에 있어서는 바로 우주체험이라고 생각합니다. [중략] 현실적으로 우리가 스스로 우주에 살아 있음을 느낄 때, 마치 파란 별이 뜨는 것을 볼 때나 꽃이 꽉 하고 열리는 것을 볼 때, [중략] 우리의 삶에서 마치 첫사랑의 그 신선한 떨리는 느낌, 자기가 뭔가 전 세계로 확장되는 느낌, 배고팠을 때 밥 한 그릇 먹을 적의 그 이상한 충족감과 감미로움, [뒤 생략]"(김지하, 1991b: 186)
22) 김지하의 포스트모더니즘에 관한 이해는 깊은 수준은 아닌 듯하다. 어쨌든 그는 그것을 다음과 같이 비판하고 있다. "세계의 실상은 포스트모더니즘에서 중층성을 단순화하는 단층적 엔트로피 증대과정이 아니다. 따라서 포스트모던 세계 속에서 이미 치명적인 암세포 분열은 병적 현상일 뿐이다."(김지하, 1991b: 24)

회 역사적 조건 아래에서 전개되어나가고, 더욱이 상이한 사상적, 이론적 배경에 기반을 두고 형성되어나가기 때문이다. 그러기에 김지하의 입장을 주체 해체적, 탈중심적인 '작은 이야기'로 해석하기 위해서는 치밀한 체계적 분석이 수반되어야 하겠지만, 그런 시도는 좌절되기가 십상일 것이다.

4. 생명운동의 사상적 구조

앞(3절)에서 동학을 사상적 기반으로 삼는 생명운동의 근거를 간단히 캐보았다. 그 점과 밀접한 관계를 이루는 것으로서, 그 운동은 과연 어떻게 동학을 자신의 사상으로 소화해내는가 하는 물음이 자연히 불거져 나온다. 그런 의문은 운동의 사상적 구조를 밝힘으로서 해소될 수 있는 것이다. 그 구조 파악의 핵심은 생명운동이 체화體化해낸 '동학사상 자체가 함축하는 의미'에 있다.

따라서 생명운동의 사상적 구조의 분석은 그것이 동학을 어떤 형태로 해석하는가에 달려 있다고 하겠다. 즉 인류 전체의 진화냐 파멸이냐 하는 세계사적 분기점에서 "우리에게 지혜와 희망을 줄"(현살림모임, 1990ㄴ: 25) 동학사상의 포괄적인 보편성을 어떤 방식으로 설명하는가 하는 점이다. 전반적으로 볼 때, 그 특징은 첫째로 동학을 '생명'사상 혹은 '생명'의 세계관으로 해석한다는 점이다. 둘째는 그런 생명사상으로서의 동학은 다른 여러 사상들을 아주 '폭넓게 포섭하는'(나는 이를 '사상적으로 감싸는'이라 달리 표현

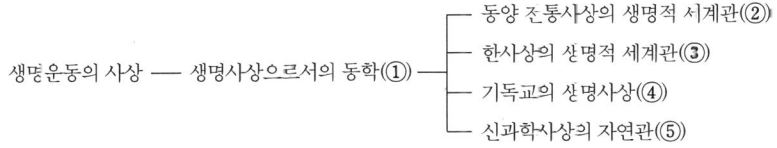

그림 10-1 생명운동의 사상적 구조

하려고 한다. 그 이유는 뒤에 상론할 것이다) 체계라고 본다는 사실이다. 여기서는 '생명사상'으로서의 동학과 동학의 '감싸기' 문제를 알기 쉬운 꼴로 그려놓은 그 운동의 사상적 구조와 연관지어 논의하도록 하겠다.

1) '생명사상' 으로서의 동학

생명운동의 관점에서 동학을 '생명사상'으로 해석하는 것은 과연 타당한 것인가? 이 물음에 응답하기 위해서는 생명의 개념을 먼저 살펴보아야 한다. 생명운동에서 '생명'이란 모든 문제를 풀어내는 "열쇠말"(김지하, 1991a: 6, 16; 김지하, 1991b: 179)이며,[23] 동시에 동학을 다른 여러 사상들과 연결시키는 매개 개념이다. 생명운동이 규정하는 '생명' 개념은 인간은 물론 자연의 모든 존재자들까지도 포함하는 '우주적 생명'이다. "모든 생명은 그 환경으로부터 고립된 존재가 아니고 우주적 관계의 그물 속에서 상호 작용을 하면서 연결되어 있는 것이고 자신 안에 우주적 생명을 지니고 있는 하나의 통합된 전체라 할 수 있기"(한살림모임, 1990a: 19)때문이다. 그런데 오늘의 현실 속에서 인간과 자연이란 우주적 생명은 기계적인 질서에 의해 서로 단절, 고립됨으로써 원래의 참모습, 즉 생명의 모습에서 소외되어 있고 그 본성을 억압받고 있다고 본다. 따라서 생명의 의미는 기계적인 질서와의 양극적인 대비를 통해 보다 분명하게 드러난다고 한다. 그 요점은 다음과 같다.(한살림모임, 1990a: 19~22)

첫째, 생명은 '자라는 것'이고 기계는 '만들어지는 것'이다. 둘째, 생명은 부분의 유기적 '전체'이고 기계는 부품의 획일적 '집합'이다. 셋째, 생명은

---

23) 또한 '생명'이란 말은 대전환 시대의 기준이 되고, 새로운 문명이 지향하는 가치를 함축하는 '화두話頭' 혹은 '메타포metaphor'라고 언명되기도 한다.(김지하, 1991b: 17 참조)

'유연한' 질서이고 기계는 '경직된' 통제이다. 넷째, 생명은 '자율적'으로 진화하고 기계는 '타율적'으로 운동한다. 다섯째, 생명은 '개방'된 체계이고 기계는 '폐쇄'된 체계이다. 여섯째, 생명은 순환적인 '되먹임고리 feedback'에 따라 활동하고 기계는 직선적인 '인과 연쇄'에 따라 작동한다. 일곱째, 생명은 '정신'이다.

위와 같은 생명의 폭넓은 개념을 가장 잘 포섭하여 재구성할 수 있는 사상 체계를 생명운동은 동학에서 구한다. 그 실마리를 동학이 '한울님'을 결코 초월자나 절대자가 아니라 오히려 자기실현적, 창조적으로 진화하는 생명 그 자체라 보는 점에서 찾는 것이다.(한살림모임, 1990a: 22)[24] 범신론적인 우주 종교의 교의를 가지는 동학은 사람만이 아니라 모든 동식물, 무생물까지도 우주 생명인 '한울님'을 모시고 있다고 보기 때문이다.[25] 그러므로 "동학사상은 하늘과 사람과 물건이 다같이 '한생명'이라는 우주적인 자각에서 시작해서 우주의 생명을 모시고[侍天] 키워 살림으로써[養天] 모든 생명을 생명답게 하는 체천體天의 도道를 설파하는"(한살림모임, 1990a: 24) 생명사상이라고 해석된다. 나의 견해로는, 이러한 동학의 생명사상적 해석은 오늘의 위기 인식이 적극적으로 반영된 충분히 가능한 해석의 한 줄기로 인정될 수 있다고 본다. 그 까닭을 '동학의 개방된 체계'와 '생명론적 해

---

[24] 김지하는 그런 점을 수운水雲(崔濟愚)의 사상과 행장을 서사적 구조로 엮은 시에서 다음과 같이 표현하기도 한다. "크고 넓고 깊고 기인 출렁이는 바다, 참생명/그것만이 있으니/생명이 바로 한울이요 한울이 바로 생명이다."(김지하, 1988: 44).

[25] 한살림모임(1990b: 58)의 김지하 발언. 동학의 신관神觀에 대해서는 크게 2가지의 해석이 엇갈려 있는 듯하다. 하나는 '한울님'이란 개념은 초월적인 '절대적 존재'이면서 또한 인간과 통하는 '인격적 존재'라는 모순의 문제를 그대로 안고 있다는 것이다.(최동희, 1987: 209~227 참조) 다른 하나는 '한울님'은 신의 초월성(일신관)과 내재성(범신관)이라는 양극의 도순을 극복하는 개념이라는 견해이다. '한울님'은 모든 존재의 근원이면서 인격적인 것이며, 초월적 신이면서 또한 내재적 신이고, 절대적인 무궁의 신이면서 동시에 변화, 생성하는 상대적 조화造化의 신기라 설명된다.(홍장화, 1990: 110~115; 표영삼, 1987: 64~66) 물론 생명운동은 후자의 입장에서 생명의 개념을 독특하게 연관시키는 것이다.

석의 기존 해석과의 연속성'에서 댈 수 있기 때문이다.

(1) 동학의 개방성은 그 시운론時運論만 살펴봐도 알 수 있다. 동학에서는 시운, 즉 시세의 운수[運數], 풀어 말하면 시대적 흐름과 민심의 동향을 썩 중요하게 다루고 있다. 예컨대 수운은 「교훈가敎訓歌」에서 유교, 불교에 대한 배척 이유를 시운에서 찾아낸다.[26] 「권학가勸學歌」에서 그는 동학 창건의 근거로서 역시 시운을 제시한다.[27] 해월海月(崔時亨)은 '용시용활用時用活'의 뜻을 보다 분명한 어조로 다짐하고 있다. 즉 "우리 도道의 운수는 세상과 같이 돌아가는 것이다. 때와 민심을 짝하여 나아가지 않으면 우리 도는 죽은 물건이라"(김지하, 1991b: 84에서 재인용)고 한다. 시운, 즉 시대의 뜻과 민중의 마음은 끊임없이 변화하는 것이라는 사실을 승인할 때, 동학에 대한 해석도 고정불변의 것이기보다는 가변적 여지가 풍부하다고 할 수 있다. 이런 견지에서 본다면 동학의 생명론적 해석을 그것의 기왕의 해석 방향―전통화, 개화開化, 세계화의 방향[28]―에다 오늘의 시대 상황을 나름대로 투사한 새로운 방향으로 규정할 수도 있다.

(2) 생명론적 해석은 기존의 해석과 다른 측면을 애써 강조하는 경향이 있다. 그것은 동학의 기존 해석 혹은 천도교의 시운을 따라잡지 못하는 구태의연함과의 차별과 거기에서 생기는 새로움의 역설로 나타난다. 이를테면 천도교의 굳어 있는 교리 및 수행 체계 비판, 기독교사상이나 신과학사상까지도 포괄하는(앞의 〈그림 10-1〉 참조) 창조적 생명 원리의 깨달음 등으로

---

26) 최제우, 1990: 553~554. "유도儒道 불도佛道 누천년累千年에/운이 역시 다했던가./윤회輪廻같이 돌린 운수/내가 어찌 받았으며 [뒤 생략]"
27) 최제우, 1990. "시운을 의론議論해도/일성일쇠一盛一衰 아닐런가./쇠운衰運이 지극하면/성운盛運이 오지마는 [뒤 생략]"(578쪽) "이제야 이 세상에/홀연忽然히 생각하니/시운이 울렸던가/만고萬古없는 무극대도無極大道/이 세상에 창건하니/이도 역시 시운이라"(582쪽)
28) 유병덕, 1987a: 225~240. 그는 동학의 사상적 발전을 이러한 3가지 방향으로 나누어 설명한다.

표출된다.[29] 그 요점을 한마디로 말하면 동학 자체가 가지고 있는 생동성, 생명력에 착안하여 당대성에 접근해야 한다는 것이다. 그럼에도 불구하고 생명론적 해석은 여러 개념들을 기존의 해석에서 빌려왔다는 면에서나, 기본적으로 그 사상적 구조를 고려할 때(뒤에서 다시 다루어나갈 터이지만), 기존 해석의 연장선상에서 이해할 수밖에 없다. 예컨대 우주적 생명, 우주 종교의 개념이나[30] 후천개벽의 문명사적 의미[31] 따위도 기존 해석에서 벌써 그 뿌리를 내리고 있으며, 무엇보다도 동학 자체의 개방성과 생동성[32]도 다소 격의 차이는 있지만 이미 주지의 사실로 공인되었기에 그러하다.

따라서 생명론적 해석은 기존 해석의 바탕 위에서, 2가지 측면의 새로운 시대 인식을 능동적으로 반영한 것이라 하겠다. 즉 (1) 현대의 위기, 특히 '생태계의 위기'로 단언되는 자연 인식의 위기를 훨씬 민감하게 수용하여 재해석한다. (2) 이전과 차원을 달리한 깨달음—생명에 대한 우주적 각성,

---

29) 김지하는 천도교를 다분히 간접적인 어법을 동원해 비판한다. "나는 동학을 믿는다. 천도교가 아니라 원原동학, 수운 선생과 해월 선생의 동학."(김지하, 1987: 71, 121) 때로는 보다 직접적인 비판을 감행하기도 한다. "철저한 반성과 쇄신, 교리의 재해석, 개편이 필요합니다."(김지하, 1991a: 45) 또한 그에 따르면 개벽의 인식에서 '각비覺非'라는 말이 함축하는 생명의 비밀, 마음의 움직임의 비밀, 생체와 영靈의 소통의 비밀이 매우 중요하다. 그런데 "사실 천도교가 이걸 못 알아듣고 지금 자기비판, 자기 개혁, 변화를 안 하고 있다"고 한다. 결국 동학의 가장 큰 몰락 원인을 서양 종교 흉내 내기에서 찾아낸다. 더 나아가서 동학을 살리는 길은 그 사고 체계를 살아 생동하는 생명 원리에 따라 재구성하는 수밖에 없다고 잘라 말한다.(김지하, 1991b: 215~216 참조)
30) 안진오, 1987: 35~36, 52; 김경재, 1974. 이들은 수운, 즉 동학의 신관을 독창적인 '지기至氣' 일원론적 범재汎在신관'이라 보고 있다. 이 신관의 요체는 신이란 무궁한 생성과 진화 과정을 통하여 그 자신을 표현하는 무궁한 생존 그 자체 혹은 대우주 대생명 혹은 본체 대생명이라는 뜻에 있다.
31) 일찍이 야뢰夜雷 이돈화는 『신인新人철학』(1930년에 발행됨)에서 개벽사상을 3가지의 개벽(1. 정신개벽, 2. 민족개벽, 3. 사회개벽)으로 체계화한 바 있다.(유병덕, 1987b: 445~448 참조)
32) 한 예로 홍장화는 동학=천도교를 세계의 대립된 모든 사상의 극복을 지향하는 창세기적 일대 전환의 새로운 사상 이념 체계라 주장한다.(홍장호-, 1990: 149~150)

자연에 대한 생태적 각성, 사회에 대한 공동체적 각성―을 돋보이게 강조한다. 결국 동학의 요체를 다음과 같이 다소 새롭게 풀이한다.(한살림모임, 1990a: 25~29) 첫째, 사람은 물건과 더불어 다같이 공경해야 할 한울이다. 둘째, 사람은 자기 안에 한울을 모시고 있다. 셋째, 사람은 마땅히 한울을 길러야 한다. 넷째, '한 그릇의 밥'은 우주의 열매요 자연의 젖이다. 다섯째, 사람은 한울을 체현體現해야 한다. 여섯째, 개벽은 창조적 진화이다. 일곱째, 불연기연不然其然은 창조적 진화의 논리이다.

2) 동학의 '감싸기' 문제

생명운동은 동학을 자신의 중심 이념으로 삼고 있다. 그 ① 동학의 생명관은 ② 동양 전통사상 및 ③ 한사상의 생명적 세계관은 물론 ④ 기독교의 생명사상과 ⑤ 신과학사상의 자연관까지도 자신의 틀 안에 포용하는 역동적이고 창조적인 개방의 체계라고 하고 있다. 그들 스스로의 주장대로라면 "동학은 유불선과 기독교 그리고 무속, 풍류도風流道를 창조적인 통일 체험으로 계시에 의해 결합했다고 보기 때문에"(김지하, 1991b: 196) "동학으로 모든 것을 통합한다."(김지하, 1987: 73) ①이 ②③④⑤등을 포섭하는 매개 개념은 앞서 살펴본 '생명'이다. ①이 ②③을 통괄적으로 포섭할 가능성은 원동학이 그것들을 창조적으로 수용하려 했다는 잘 알려진 사실에서 어느 정도 열려있다. 또한 지금까지의 고찰만 봐도 개연적인 측면에서 ①과 ④⑤ 사이에 사상적으로 상호 접근할 통로도 놓여 있는 듯하다. 그런데 내가 정작 문제시하려는 점은 그것들 사이의 관계를 규정하는 실질적 내용에 있다. 그 내용의 본질이 무엇인가가 초점이다.

맨 먼저 ②의 경우를 보자. 생명운동에서는 힌두교의 '브라만梵Brahman' 사상, 불교의 근본사상, 중국의 역易사상과 노장사상 등을 한결같이 우주와 생명의 역동적, 순환적 활동을 중시하는 세계관의 체계라고 주장한다.

한마디로 동양 전통사상의 직관적 지혜는 보편적 일자—者를 우주의 생명으로 파악한다는 것이다.(한살림모임, 1990a: 23) 그것의 기본 세계관을 숫제 생명이라 본다.(김지하, 1991b: 17)

③의 경우, 우리 겨레의 고유한 '한韓'이란 개념을 우주의 근원적 생명을 뜻하는 '한울'로 풀이하는 데서 시작한다. 즉 '한'을 "많은 개체를 하나의 전체에 통합하면서 확산과 수렴의 순환적 활동을 수행하는 한울이라"(한살림모임, 1990a: 24)고 규정한다. 고조선 시대 이래 우리 민족의 얼을 면면이 이어온 한사상의 핵심을 다음과 같이 말하고 있다.

> 풍류도는 진화하는 우주 생명의 전일성全一性, 즉 '한'에 이르는 지극히 그윽한 길(玄妙之道)이다. 현묘지도는 우주의 궁극적 실재인 생명에 합일되어 가는 도정道程이다. 우주 생명인 '한'에서 하늘과 땅과 사람이 생겨나고(一折三極) 하늘과 땅과 사람이 각각 생명을 지니면서 하나의 우주 생명에 합일되어 가는 것이다(大三合). 따라서 '한'은 없는 곳이 없고 포용하지 않는 것이 없다는 것이다(無不在 無不容).(한살림모임, 1990a: 24)

그런 한울님의 관념은 '한', '길道', '태극太極', '기氣' 등으로 표상되어온 바, 한마디로 한(大)생명인 것이다. 그 한생명을 가장 성공적으로 계승, 발전시킨 것이 바로 동학이라고 한다.

④의 경우를 볼 때, 기독교의 생명사상이 김지하의 글에서는 꽤 거론되지만「한살림선언」에는 그것의 흔적조차 전혀 보이지 않는 점이 매우 흥미롭다. 그러나 나는 ④가 생명운동의 주요한 사상적 구조를 이룬다고 간주한다. 왜냐하면 앞(3절)에서 살펴보았듯이 생명운동에서 실제 활동의 주도세력이 바로 가톨릭 및 기독교 단체이며 그 구성원은 여하튼 기독교적 생명관을 담지하는 것으로 판단되기 때문이다. 생명운동에서는 기독교의 기

본 세계관도 '생명'에 있다고 본다.(김지하, 1991b: 17) 왜냐하면 예수의 복음은 전체가 생명론으로 일관하기 때문이다.(김지하, 1991a: 265) 그런데 기존의 기독교는 생명, 창조, 영靈의 움직이는 동적인 모습과 약동을 살려내기보다는 언제나 보수적, 체제 옹호적 경향 아래 생명의 생동성을 억누르고 가두어놓는 길을 걸어왔다고 본다. 따라서 다양하고 깊고 다차원적인 열려 있는 세계인 생명 세계를 살리기 위해, 복음의 재해석과 토착화의 성공을 위해 동학에 사상적으로 의존함이 긴요하다고 역설한다. 왜냐하면 동학은 진화론적인 범신론적 우주 종교이며(한살림모임, 1990b: 58~59의 김지하의 발언) 신에 대한 날카로운 '계시 체험'을 가지고 있고, '내유신령 외유기화內有神靈 外有氣化'의 생명 원리의 인식 틀이 있고, 그것은 영성적인 생명체험으로 가는 출발점을 정확히 자기 자신 안으로 되돌려 놓았기 때문이다. 그 출발은 개인적인 명상, 치유 체험, 기氣 체험 등에서 촉발된다.(김지하, 1991b: 196~201) 아무튼 기독교는 동학사상의 도움을 발판으로 삼아 영성적 공동체운동의 형태로 생명운동을 이끄는 '생명공동체적 교신망'이 되어야 한다고 주장한다.(김지하, 1991a: 234~235, 254~257)

마지막으로 ⑤의 경우를 따져보자. 앞(3절)에서 다룬 바 그대로, 신과학은 형식적인 면으로는 생명운동의 자연과학적, 사회과학적 기반으로 보이지만, 그 내용에 들어가면 결코 '과학성'을 보증하는 게 아니라고 평가된다. 진정한 의미에서 신과학의 자연관은 그 운동의 과학적 기반이기보다는 사상적 토대로 기능한다고 보는 것이 옳다고 하겠다. 그 연유를 2가지로 설명해본다.

첫째로는 신과학 자체의 성격에 기인한다. 신과학은 그 이론의 엄밀한 과학성을 아직 확증적으로 구비하지 못했으며, 그 체계의 일관성도 상당히 결여한 채로 남아 있는 듯하다. 그러므로 신과학은 그 이론이 허점이 많은 잠정적 제안 혹은 가설에 불과하므로 짜임새 있는 과학적 이론으로 정착하여, 이로부터 새로운 패러다임을 구성하려는 시도는 무리라는 비판적 평가(김두철, 1986: 13~18)가 나오는 것은 당연한 귀결이다. 신과학의 개념을 자연과학적인 것이라기보다는 철학, 종교와 같은 다른 분야의 개념 혹은 용어로 보는 것(김용준, 1986: 89~93)이 오히려 적절하고 설득적일 수 있다. 그런 측면에서 왜 신과학이 구태여 동양사상에 의존하려 하는가 하는 의도를 읽을 수 있다. 하지만 그런 유비類比적 시도조차도 본질에 이르지 못하고, 이론적이지도 않다[33]는 평가가 나오고 있다. 둘째로는 생명운동이 신과학을 받아들이는 인식 태도에 기인한다. 생명운동의 수용 방식은 아주 '피상적 수준'에 머물러 있다. 이때 '피상적 수준'의 뜻이란, 신과학의 용어와 개념을 본뜻과 무관하게 남용하거나, 엉뚱하게 확대 해석하거나, 신과학이론의 일부분을 자신의 주장을 합리화하는 방향으로 두루뭉수리 얽어매는 방식을 말한다.[34] 그러나 그것의 본질적인 의미란 과학을 과학적 시각을 벗어나지 않은 채 냉정히 다루어나가지 않고, 철학의 문제를 철학의 입장에서 진지하게 맞서나가지 않고, 과학이나 철학이나 이론의 문제들을 모두 모호한 사상의 문제로 환원시키는 태도를 지적하는 데에 있다.

이제 내가 겨냥한 ①과 ②~⑤ 사이에서의 관계의 본질 문제로 나아가자. 일단 ①이 ②~⑤를 포섭한다고 할 때, 그것들의 관계에서 드러나는 특징을 나는 '계승', '발전', '종(융)합', '통합' 따위의 용어를 구사하여 설명하기보다는 "감싸기"[35]라 부르려고 한다. 정확하게는 '사상적 감싸기'이다. 즉 ①은 ②~⑤를 사상적으로 폭넓게 감싸고 있는 것이다. 여기서 '사상적

---

33) 김교빈, 1991: 116~139; 김상일, 1991. 김상일은 신과학의 방법상의 문제점을 지적하지만(22~40쪽), 원칙적으로 신과학을 지지한다. 그는 한철학의 관점에서 신과학과 한사상의 연관 관계를 폭넓게 그리고 이론적으로 탐색하고 있다. 그의 중심 논리는 "가장 한국적인 것이 가장 과학적이다"(17쪽)라는 것이다.
34) 신과학의 피상적 이해의 경우는 예를 드는 게 번잡할 정도로 많다. 김지하는 가끔 그런 점을 솔직히 시인하기도 한다. "[앞 생략] 저는 두루뭉수리로, 항상 두루뭉수리니까, 우선 그렇게 생각을 합니다."(김지하, 1991b: 188~189)
35) 이 용어는 바슐라르Gaston Bachelard에게서 따온 것이다. 그러나 용법은 다소 다르다. 요컨대 그의 '감싸기enveloppement'는 자연과학이론의 인식론적 관련성을 가르키는 말이다. 나는 그 겨냥점을 사상의 측면으로 돌려놓았다.(김현, 1976: 142~144)

감싸기'란 기본적으로 한 사상이 결코 다른 사상을 완전히 배제, 무효화할 수 없는 관계이며, 따라서 한 사상은 다른 사상을 인식론적 방해물로 고려하면서도 결국은 그것을 확장, 포함하는 것을 말한다. 다시 말해서 ①은 ② ~⑤에서 도출되지 않았다는 근거에서 전혀 새로운 사상임을 자처하지만, 그 새로움의 속성은 인식론적 단절을 지시하기보다는 오히려 인식론적 연속선상의 확충을 뜻하는 것이다. 그러나 엄격히 말하면 이런 식의 설명은 어디까지나 그 '사상적 감싸기'의 관계를 굳게 지탱해주는 체계화된 '이론'의 뒷받침을 전제로 깔고 나서야 가능한 것이다. 유감스럽게도 생명운동은 그 이론적 토대가 대단히 취약할 뿐 아니라,[36] 그 점에 걸맞게 그것에 관한 이론적 논의[37]마저 매우 빈곤한 상태라 할 수 있다.

5. 생명운동의 이론적 구조

생명운동은 이론의 문제를 모두 사상의 문제로 돌리려는 뚜렷한 경향을 보여준다. 그 경향은 그 운동에 대한 이론적 접근의 어려움을 유발하면서, 동시에 운동 자체를 피할 수 없는 결함의 덫에 걸려 있게 하는 이유이다.

---

36) 이론적 취약성은 생명운동의 '사상'과 '이론'을 소리 높여 말하는 김지하의 이율배반二律背反적 태도에서 이미 필연적 귀결임을 알아챌 수 있다. 다음의 말은 사상, 이론에 대한 그의 부정적 태도를 극명히 보여준다. "생명은 가둘 수 없다. 현실의 삶에서도 그렇지만 이론이나 사상에 있어서도 그렇다. 가두면 생명은 파괴되고 분열되고 굳어진다."(김지하, 1991a: 122)
37) 김지하의 생명론을 둘러싼 설왕설래說往說來에도 불구하고, 정작 이론적 논의는 빠져 있다. 생명론에 관한 지나가는 식의 논의(송두율과 김성기의 경우, 앞의 주석 18, 19를 보라)를 빼면, 조남호(1991: 140~145), 이재현(1991), 정지련(1991: 224~254) 의 글이 어느 정도 생명운동을 이론적으로 다룬 것이다. 그런데 앞의 두 글의 논의는 너무 간단하여, 그 운동의 사상적 전모조차 알기가 어려울 정도이다. 맨 뒤의 글은 김지하의 사상만을, 그것도 1987년 이전의 저작을 중심으로 종교사상의 맥락에서 살펴본 글로서 이론적 검토의 성격이 썩 미약하다.

예컨대 그런 경향은 '이론'보다는 '직감'에(김지하, 1991b: 179), '철학적 이성'보다는 '종교적 신비'에(김지하, 1991b: 17, 186~188) 호소하며, '과학적 설명'보다는 '영성적 이해 혹은 체험'을(김지하, 1991b: 196~203), '체계화' 보다는 '해체화'를 강조하며(김지하, 1991b: 63, 141), '엄밀한 논리'보다는 '포괄적 문법'(한살림모임, 1990a: 32)을 중시하는 것으로 나타난다.

그러나 어떤 사상이든지 간에 엄정한 과학적 틀로 짜인 이론 구조의 완비는 어렵다 하더라도, 체계적으로 정리된 명제들이 있든지 아니면 적어도 일반화 가능한 지식 내용이 일정한 형태로 구성될 수 있어야 할 것이다. 왜냐하면 그런 이론 구성은 그 사상에다가 본질적 내용을 부여하고 명료한 의미 근거를 제공해준다. 또한 사상을 주창하는 그들 스스로의 이해를 도와주는 것은 물론 다른 사람과의 의사소통을 용이하게 해주는 데 무척 이바지할 것이기 때문이다. 더구나 이른바 새로운 문명사적 패러다임의 전환을 누누이 역설하는 생명론의 경우야 더 말할 나위가 없는 것이다. 바꿔 말하면 소위 '메타시스템 전환metasystem transition'적 작업의 수행에는 "기존 지식의 양적 종합관으로 이루어지는 것이 아니라 이를 체계적으로 정리하여 그 가운데 드러나 보이는 새로운 (이론) 구조를 찾아내고"[38] 이를 다시 정교히 하여 새로운 지식의 틀로 다듬어내야만 가능할 것이기 때문이다. 요컨대 생명운동이 펼쳐 보이는 사상적 내용과 주장들은 이미 정립된 기존의 이론 체계와 일부는 정합하기도 하며 일부는 모순되기도 할 것이므로 그 모순점을 해명, 설명하려는 이론적 노력이 필연적으로 요청된다고 하겠다. 즉 여러 이념들을 얼기설기 얽어놓은 매우 소박한 '사상적 감싸기'에서

---

[38] '메타시스템 전환'이란 어떤 한 차원의 현상이 어느 정도 이상의 양적 성장을 이룩하면 필연적으로 이보다 한 차원 높은 새로운 단계로의 질적 변화가 일어난다는 것이다. 이는 물질 및 생명의 진화로부터 정신, 과학, 문화의 진화에 걸친 모든 진화적 발전의 단계에서 성립한다고 보는 관점이다.(장회익, 1990: 8~9 참조)

빠져나와, 그 감싸기를 가능케 하고 나아가 정당화시키는 근거인 이로 정연理路整然한 '이론적 감싸기'로 나아가야만 한다.

따라서 나는 생명운동의 이론적 구조를 나름대로 구성하려는 시도를 감행할 것이다. 이는 한편으로는 생명운동의 구조를 이론적으로 정형화함으로써 그것을 훨씬 정확히 해석, 비판하기 위한 한 방법이다. 다른 한편으로는 생명운동의 의미론적 근거를 명확히 함으로써 그것에 관한 이해의 폭을 보다 넓혀보자는 뜻도 깃들어 있다. 나는 생명운동을 자연과학이나 사회과학의 이론 유형과 비슷한 '과학적' 이론 구조가 아니라 '철학적' 이론 구조와 유사한 형태로 구성할 수 있다고 본다. 〈그림 10-2〉와 같은 간단한 도식적 그림이 그것이다.

그림10-2 생명운동의 이론적 구조

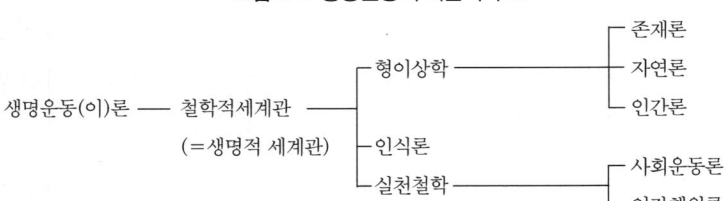

〈그림 10-2〉로 윤곽을 그려본 생명운동이론의 구조는 뚜렷이 시론試論적 성격을 가진다. 왜냐하면 애당초 철학의 체계도 아니고 철학이론도 아닌 그것을 자의적으로 구성하려 덤볐기 때문이다. 그렇지만 내가 상당한 위험 부담을 떠안은 채 탐색적 모험을 감행하는 최소한의 가능 근거는 있다. 그 근거는 생명운동이 현실적 단초를 자연 인식의 위기에서 마련하면서 보여준 근원적인 문제 제기 방식이 과학적이기보다는 철학적이라는 데 있다. 그 방식의 특징은 한마디로 난문aporia[39]의 형태를 취하는 것이다. 그 난문이란 스스로가 철학적 문제이기 때문에 철학적인 사고로 이끄는 첫걸음이 된다. 풀어 말하면 난문적 문제 제기는 그것 자체가 '존재'의 문제를 함축

한다. 즉 인식주체와 인식 대상(세계, 자연, 사회, 인간 등) 사이의 불일치, 분열, 모순 따위로 표명되는 '존재론적 틈'이 있어야 문제 제기가 성립된다. 그 문제 제기가 '앎'의 문제라면 인식주체가 앎의 본질을 직관하지는 못하므로 '인식론적 어려움'의 문제로 빨려 들어갈 것이다. 또한 그 문제 제기가 '함'의 문제라면 행위 주체가 자신의 의지대로 실행하기 어렵다는 '실천철학적 물음'으로 진입할 것이다.

나는 생명운동론의 전반적 성격을 '철학적 세계관'으로 설정한다. '세계관Weltanschauung/World View'이란 자연, 인간을 포괄하는 존재와 사회, 역사 그리고 사회적 실천 속에서의 인간 행위에 관한 하나의 구조화된 체계를 이루는 총괄적 견해 혹은 이론을 말한다. 그런 세계관의 성격과 내용은 주로 그 밑에 깔려 있는 철학적 관점에 의해 규정된다고 보기에 '철학적'이란 수식어를 달아놓은 것이다. 여기서 생명운동론은 합리적 방법과 학적 체계를 회피하는 경향을 가진다는 측면에서 그것을 '종교적 세계관'으로 보아야 옳다는 반론이 있을 수 있다. 그러나 나의 생각은 다르다. 그 세계관의 종교적 성격을 바르게 통찰하고, 그 신비주의적 경향을 제대로 비판하기 위해서도 그것을 철학적 세계관으로 바라보아야만 할 것이다. 왜냐하면 현실을 지향하고 담아내려는 철학의 관점에 설 때에야 마침내 종교를 그 환상적 현실성에서 타당하게 이해할 수 있기 때문이다. 맑스K. Marx의 말을 빌리면, "종교는 철학에 대해서 어떠한 참된 대립도 형성하지 못한다. [중략] 그러므로 종교는 철학의 입장에서 볼 때―철학이 현실성이고자 하는 한에서―자기 자신 안으로 해소된다."(Marx, 1976: 294) 〈그림 10-2〉의 순서에 따라 다음 절에서 생명운동의 이론적 주장을 추출, 구성하고 그것을 분석, 비판해나갈 참이다.

---

39) 아포리아aporia의 어원은 '(각다른 곳에서) 나아갈 길이 없음'이다. 일반적인 뜻은 '해결할 수 없는 물음 혹은 문제'이다.

6. 생명적 세계관 비판

1) 형이상학적 주장

생명운동은 이른바 '생명적 세계관'에 설 때만이 새로운 문제 지평이 열린다고 주장한다. 다름 아닌 생명의 지평이 그것이다. 그 지평의 본질적 차원과 내용을 나는 '형이상학적인 것'이라 본다. 즉 생명적 세계관은 일종의 형이상학적 세계관이다. 따라서 그 세계관은 궁극적으로 '존재론적 주장들'을 담고 있을 것이다. 이쯤에서 한 가지 단서를 달아야 한다. 존재론이란 존재 그 자체를 존재로 탐구하는 이론이다. 달리 말하면 현존하는 온갖 것들―신이든 인간이든, 물질적인 것이든 관념적인 것이든, 자연이든 사회이든지 간에―에 관하여 보편적 규정을 내리려는 학문이다. 존재론적 논의의 대상은 무척 포괄적이며, 그 방법도 다양하며, 또한 그 영역도 아주 광범위하다. 여기서는 다만 생명론이 '생명'이란 존재론적 개념을 사용하여 존재론적 견지에서 어떤 주장을 하는지 간단히 파악하는 데에 그친다는 단서가 그것이다.

존재론적 명제는 생명관을 중심으로 하여, 자연론적 명제는 자연과 인간의 관계에 특히 주목하여, 인간론적 명제는 인간의 본성과 사회적 속성에 주로 초점을 맞추어 명제를 구성해보자.

(1) 존재론적 명제: ① 진정한 실재는 '생명'이다. ② 그 생명의 통일적 존재자는 '우주의 큰 생명'인 '한울 생명'이다. ③ 그 '한울 생명'은 궁극적 실재로서 생성적·과정적·진화적 존재이다. ④ '한울 생명'은 물질, 인간, 자연, 등의 모든 존재자에 내재한다. ⑤ 생명의 본질은 정신이다. ⑥ 모든 생명은 전체의 일부분인 동시에 부분들의 통합된 전체라는 전일적 구조를 갖고 있다.(한살림모임, 1990a: 19, 22, 25, 31, 36 참조)

(2) 자연론적 명제: ⑦ 자연 혹은 생태계는 자율적으로 자기를 조직하는 체계이며 동시에 마음을 가진 인간보다 큰 생명이다. ⑧ 그러므로 인간은 자연과 협동하여 공진화共進化해나가야 하며, 생태계에 대해 책임을 가진다.(한살림모임, 1990a: 22, 37)

(3) 인간론적 명제: ⑨ 인간은 지혜롭고 성스러운 본성을 지닌 한 생명이다. ⑩ 그러나 그 본성은 가변적인 것이다. 예컨대 현대의 기계론적 세계관은 인간의 생명적 본성을 잃어버리게 한다. ⑪ 사회도 한 생명인 바, 그것은 개인들의 단순한 집합이 아니라 부분으로서의 개인과 전체로서의 사회가 전일적으로 통합된 공동체이다. 따라서 인간은 이웃과 협동하여 공진화해나가야 한다.(한살림모임, 1990a: 38~40)

(1) 존재론적 명제

존재론적 명제는 모든 것을 규정하는 궁극적인 제일원리적 성격을 가지고 있다. 나는 그 성격의 특징을 '연역적 방법'과 '환원적 방법'이란 인식적 사유 절차에 의해 설명해 보이려고 한다. (1)명제는 (2)와 (3)의 명제를 논리적으로 함축한다. 왜냐하면 (1)에서 (2)와 (3)이 연역적으로 도출되기 때문이다. 풀어 말하면 생명 개념의 내포(본질은 정신이다, 전일적 구조를 가진다 등)와 외연(자연, 인간, 사회 등)이 (1)명제에서 우선적으로 규정되었고, 그 명제에서 도출되는 것이 (2)와 (3)명제이기 때문이다. 거기에다가 (2)와 (3)의 명제가 실천철학, 즉 규범적 사회이론의 근본 원칙으로 자리 잡는 것은 너무나 자명한 일이다. 따라서 논리적 설명의 견지에서 볼 경우, 생명운동의 모든 주장은 (1)의 존재론적 명제에서 연역되는 형식이 될 것이다. 그러나 그런 '연역적 방법'은 그것과 대립되는 '환원 절차'에 의해 보완되지 않을 수 없다. 왜냐하면 환원과 연역은 우리의 인식에서 '변증법적 통일'을 이루기 때문이다. 쉽게 말하면 연역적 도출은 결코 절대적인 방법이 아니므로, 실질적으로는 환원에 의해 획득되는 명제들로 소급될 수밖에 없기 때문이다. 따라서 생명운동론에서는 우주, 물질, 객관적 실재 등으로 표현되는 자연의 본질에 관한 자연론적 문제((2)명제)가 존재론적 문제((1)명제)로 환원되는 특징이 있다. 물론 인간의 본질과 속성을 탐구하는 인간학(론)적 문제((3)명제)도 역시 존재론적 문제((1)명제)로 환원된다. 그렇다면 실천철학의 문제는 물론이거니와 모든 사회적, 현실적 문제조차도 결국 존재론적 명제로 환원되는 것이라 하겠다.

그런 설명 방식은 생명운동의 전체적 이론 구조에도 그대로 적용될 수 있다. 이 이론에서 존재론적 명제로 언표된 형이상학은 '논리적'으로 인식론에 선행한다. 뿐만 아니라 실천철학 영역의 사회이론을 결정하는 우월적 지위를 누리는 것도 형이상학이다. 그렇지만 '실질적'으로는 규범적 사회이론이 그 이론 구조에서 핵심 축으로 비쳐진다. 그 까닭을 우리는 그 운동의 발생론적 계기와 현실적 활동 안에서 쉽게 찾아낼 수 있을 것이다. 이론적으로는 환원적 사유 방식에 의해 설명된다. 즉 생명운동은 존재론적 전제에서 연역적으로 도출된 귀결로서의 사회이론의 주장들을, 그 전제와 결론 사이의 적합한 연관 관계 안에서 입증하려 하기보다는 환원의 절차에 의존하기 때문이다.

다음으로 생명적 세계관이 존재론적 물음을 제기하는 방식을 고찰해보자. 그 방식은 앞(5절)에서 잠시 보았듯이, 그 세계관이 끌어안고 있는 철학적 난문, 즉 '존재론적 틈'과 '인식론적 어려움'을 해결하는 태도에 달려 있다. 생명운동은 자신의 존재론적 주장 전개를 서양철학적 전통의 큰 흐름을 형성해온 '이원론적 존재론'에 대한 강한 부정으로부터 시작한다.(한살림모임, 1990a: 13) 그들은 그 대안으로서 전일적, 유기체적, 생태적인 관점이라 규정하는 '생명 존재론'을 제안한다. 위의 ①~⑥의 주장이 그것이다. 그 주장들은 역시 일원론적 존재론의 형태로 표명되고 있다. 그러한 생명운동의 착안점이 비록 학문적 체계나 논증 구조를 갖추지는 못했지만 일종의 '사상'으로 살아남을 수 있게 하는 유일하지만 힘 있는 근거로 파악된다. 또한 그런 출발이 그 '운동'의 철학적, 이론적 의의를 어느 정도 산출하는 생산적 모태가 아닌가 생각한다. 그러나 결론부터 말하면 생명론이 비록 일원론적 존재론의 입장에 섰음에도 불구하고 '존재론적 틈'을 한 뼘도 좁혀내지는 못한다는 것이 나의 의견이다. 실상은 풀 수 없는 존재론적 문제에 다시 부딪칠 뿐 아니라 도리어 문제의 초점을 흐려버려서 헤쳐 나갈 기색조차 안 보인다는 점을 환기시키고 싶다. 그렇다면 도대체 그 난해한 존재론적 틈의 문제—인식 방법론상의 문제와 맞물려 있는—란 무엇인가? 간단히 말해 '노동Arbeit labour[40]'의 존재론적 개념 파악을 통해서 충분히 이해 가능하다. 왜냐하면 설령 인간존재의 현상 양식은 다양한 것들에 의해 매개되겠지만 가장 본질적인 것이 노동이기 때문이다. 노동에 의해 비로소 인식주체와 객체 사이의 관계가 발생하며, 주객 사이의 그 '존재론적 틈'은 인간의 필연적인 존재 조건인 것이다. 그 틈은 존재론적 차원에서의 객체와 주체 사이의 이원론적 대립 관계를 시사하면서, 동시에 인식론적 이원성을 노출시킨다.[41] 그 이원적 관계를 매개하고, 궁극적으로는 그 이원성의 모순을 극복하기 위한 타당한 인식 방법은 과연 무엇인가? 그것은 어쩔 수 없이 '이성적 사유'와 '언어적 수단'에 의지하는 길밖에 없다는 불가피한 그러나 분명한 자각일 것이다. 왜냐하면 노동을 통해 존재론적으로 분열된 주-객은 '언어적 사유' 혹은 '사유적 언어'를 통해 새롭게 정립

---

40) 여기서 노동이란 '인간이 노동수단을 써서 자연적 대상을 자기 것으로 만들고 변화시키며 자기 목적에 이용하는 합목적적이고 의식적인 활동'이라 규정되는 폭넓은 개념이다. 노동에는 의식, 사유, 언어, 의지 등과 같은 인간의 본질적 특성이 포함된다.
41) 생명운동에서도 "존재의 이원론적 분열과 대립의 성립"을 언급한다. 그 성립의 계기를 "실재들을 정태적 구조 안에 '존재하는 것'으로만 보고 실재들의 생성과 진화를 간과하는" 데서 찾는다. 이는 곧 동태적인 직관적 지혜에서 보면 그 대립이 통일된다는 결론으로 이어진다.(한살림모임, 1990a: 31) 그러나 이는 존재론적 이원성에 또 하나의 이원론적인 인식 방법으로 접근하는 것일 뿐이다. 왜냐하면 동태적 인식은 정태적 인식과 동시적으로 상호 관련되어 있다는 중요한 사실을 놓치는 문제를 지니기 때문이다.

되기 때문이다. 즉 언어를 통해서야 인식주체인 인간은 인식론적으로 객체로부터 떨어진 존재론적 틈을 비로소 사유할 수 있으며, 반대로 객관적, 대상적으로 존재하는 객체는 그때서야 자신의 개념―인식주체가 수행한 언어 혹은 사유의 귀결물인―으로부터 분리되어나가기 때문이다.

그러므로 생명운동론도 자신의 존재론적 입장을 의미 있게 주장하기 위해서는 2가지의 조건을 만족시켜야 할 것이다. 첫째로는, 노동에서 야기되는 존재론적, 인식론적 이원성이란 사태를 필연적 전제로 삼아 존재 해명을 해야 한다. 그런데 생명론의 존재 해명 방식은 그렇지 못하다. ①, ⑤명제에서 보이듯이 존재 해명의 궁극적 틀은 '정신'을 속성으로 하는 '생명'이다. 여기서 생명을 그것의 존재론적-발생론적 계기인 노동보다 앞선 전제로 두는 잘못을 범함으로써 생명의 존재론적 자립성을 합당한 논증 없이 불쑥 내미는 결과를 빚고 만다. 둘째로는, 이성적 사유와 언어적 이해, 해석, 설명에 기대야 한다. 사실 그 경우에만 위에서 제시한 연역과 환원의 사유 절차가 인식론적 내용 속에서 제자리를 잡을 수 있다. 그런데 그 운동이 손쉽게 취한 것은 '초월적 직관'에 의한 인식이다. 그때 직관은 "역사적 과정의 지식이며 진화하는 우주의 전일적 과정의 기억"으로서 "바로 시천侍天의 각성이다."(한살림모임, 1990a: 31) 그것은 존재론적, 인식론적 이원성의 해결 방법이기는커녕 그 대립적 관계의 철저한 인식마저 좌절시키는 방향이라고 나는 단정한다. 왜냐하면 그것은 존재론적 차원의 인식론적 물음을 다른 차원의 설명할 수 없고, 이해 불가능한 비인식적 물음으로 환원시켜버리기 때문이다. 사정이 그러함에도 불구하고, 존재론적 이원성과 맞물려 있는 그러한 '인식 방법론적 어려움'이 생명적 세계관을 하나의 사상운동으로 추동해내는 현실적 근원이 된다는 사실은 썩 역설적이다. 그것은 저 유명한 중세의 "불합리하기 때문에 믿는다"는 신학적 명제를 충분히 연상케 하고도 남는다. 비유적으로 말하면 그것은 생명운동의 이른바 '아킬레스Achilles의 발뒤꿈치'[42]인 것이다. 이론적, 과학적 사고의 그물 안에서는 존재하기가 어렵지만 비합리적 감성의 강물과, 초논리적 직관의 바다에서는 살아 생동하는 물고기 같은 것이라 해도 결코 어긋난 표현이 아닐 것이다.

마지막으로 존재론적 명제의 구체적 내용을 따져보자. 명제 ①이 지시하듯 존재하는 모든 것을 포괄하는 보편적인 '존재 그 자체' 혹은 '존재'는 '생명'이다. '생명'은 존재 전체를 총괄하는 진정한 실재이다. 그런데 ②, ③, ④에 따르면 '한울생명'은 통일적 존재자로, 궁극적 실재로, 또한 존재로도 규정되고 있다. 결국 '생명'과 '한울생명'은 동일하게 '초월적 보편자'로 말해진다. 또한 ②~④를 살펴보면 '생명'은 모든 존재자에 적용될 수 있는 존재론적 범주로도 쓰인다. 이는 시급히 극복해야할 생명 개념의 혼동이다. 그것의 원인은 존재하는 것들 사이의 관계를 논리적으로 설명하는 실체론적 틀을 회피하기 때문이다. 따라서 생명 존재론은 실체-속성 범주를 중심으로 한 실체론적 존재 해명을 무조건 반박하는 데만 열중할 게 아니라 타당한 논증 방식을 진지하게 수용해야만 할 것이다.

또한 '존재'의 보편적 연론은 개별적인 존재자들 사이의 연관 양상을 통하지 않고서는 현상해낼 수가 없다. 바꿔 말하면 존재자는 그것이 존재 전체 안에서 개별적으로 어떤 지위를 차지하는가에 의해 그 연관이 판별될 수 있을 뿐이다. 그런 연관은 아주 일면적이긴 하지만 ②, ④, ⑦, ⑪의 명제에 나타난다.[43] 그것을 '생명 사슬'이라 부를 수 있겠다. 그 사슬의 관계는 '물질(생명)→인간(생명)→사회(생명)→자연(생명)→우주(생명)=한울(생명)'이라 규정된다. 이때 '→' 표시는 보다 큰 생명이라는 뜻을 지시할 뿐이다. 그런 사슬과 관련하여 각각의 개별 생명들은 우주 생명을 모시거나

---

42) 아킬레스는 호머Homer의 서사시 '일리아드Iliad'에 등장하는 인물이다. 그는 발뒤꿈치를 빼고는 불사신이었다. 결국 적장의 화살을 발뒤꿈치에 맞고 죽었다고 한다.
43) 그런 연관에 관한 다음과 같은 주장도 참고할 만하다. "인간은 우주 생명이라는 큰 나무의 일부분을 구성하고 있는 작은 생명이면서 동시에 보다 작은 생명들을 통합하그 있는 큰 생명이다."(한살림모임. 1990a: 36)

한울생명이 자신 안에 내재함으로써 독립적인 존재자가 될 수 있다(④)고만 주장된다. 여기서도 심각한 문제는 개별 생명들 간의 '존재론적 의존성'에 관한 어떠한 설명도 없다는 점이다. 그 의존성에 대한 일관성 있는 해석을 위해서 실체 존재론적 논의에 비추어 봄이 필요하다.

또한 생명의 본질을 ⑤명제를 통해 한마디로 정신(혹은 마음)이라 잘라 말한다. 그 주장에는 "정신의 본성은 창조적인 것이다"라거나 "정신은 생명의 근원적 활동"이라는(한살림모임, 1990a: 22) 부연 설명이 따라붙는다. 정신은 생명이란 실체의 속성이라 해석되고 있다. 모든 존재자—분자, 무기물, 지구 등등—의 본질을 '정신'이라 보는 견해는, 상식적 견지에서 마음에서 발생하는 심리적 속성만을 '인간의' 정신적 속성으로 규정하는 일반적 견해와 어떻게 정합할 수 있는지 논리적으로 설명되어야만 수긍될 터이다. 내가 보기에 인간의 정신과 자연적 사물 사이의 동일성과 차별성의 설명은 양자의 상보적, 변증법적 발전 과정을 인식하는 데에서 비롯될 수 있다고 본다. 그러나 생명사상에는 그런 인식이 결여되어 있어 보인다. 그러므로 '정신'과 '정신의 물질적 담지자'를 준별하여 그것들의 관계를 설명하는 데도 설득적일 수 없다. 개인(별)화된 정신의 존재 양식과 객관화된 정신의 존재 양식을 혼동하고 있는 견해라는 비판에도 견뎌내기 어려워 보인다.

전반적인 의미에서 생명 존재론은 옹호되기 어려운 형이상학적 관념론의 형태를 취하는 것이라 판단된다. 왜냐하면 '존재'를 '생명'이라는 추상적(개별적 존재자들에서 현상하는 방식에서), 탈역사적(인간의 역사적 과정과 무관하다는 뜻에서), 비사회적(사회적 실천을 배제하므로) 개념으로 규정하기 때문이다. 즉 그러한 '생명'을 근거로 보편타당한 사변적 '존재 진술'을 만들 수 있다는 견해인 것이다.[44] 이는 "'생명'은 '존재 그 자체'임"을 참되게 인식하고 있다는 논증하지 않은 앞선 전제를 본래적으로 깔고 있는 것이다. 즉 '선결문제요구의 오류'를 범하면서 여러 명제들을 도출해내는 방식이라 할 수 있다. 더구나 그 생명 존재론이 인간의 삶과 사회 역사의 원리로도 당연히 관철된다는 것은 썩 온당치 못한 것이다.

(2) 자연론적 명제와 인간론적 명제

자연에 대한 물음은 인간에 대한 물음과 따로 떼어서 제기될 수 없다. 자연과 인간은 분명히 달리 존재하지만 서로 규정하는 관계에 있기 때문이다. 그런 상호 규정적 관계 속에서 (2) 자연론적 명제와 (3) 인간론적 명제를 검토하면 얼추 2가지의 핵심 문제로 정리된다. 인간과 자연의 개념적 연관과 인간의 본성 문제가 그것이다.

우선 ⑦, ⑨, ⑪의 명제를 볼 경우, 인간, 사회, 자연은 모두가 정신을 가진 하나의 생명으로서 이중 가장 큰 생명은 자연이다. 다라서 ⑧, ⑪명제가 언명하듯이 인간은 이웃은 물론 사회, 자연과 협동해야 하며, 다른 생명에 책임을 가져야 한다고 한다. 여기서 특징적인 점은 전통적인 인간중심의 사유 틀을 완전히 벗어난 관점에서 인간, 사회, 자연에 동등한 존재(론)적 지위를 부여한다는 것이다. 이는 앞에서 논의한 '생명'이란 존재론적 개념에 크게 의존하기 때문에 처음부터 결함을 떠안고 출발하는 셈이다. 이것에 대한 비판을 전통적인 자연관의 흐름과 관련하여 수행하는 게 훨씬 효과적일 듯하다.

서양철학에서 자연관의 전개 과정은 간략히 두 가지의 개념 축으로 나누어 서술될 수 있다. 첫째로 자연은 인간 앞에 현존하는 인식과 노동 및 지배의 '대상으로서의 자연'으로 개념화된다. 달리 말하면 '사회적 자연'이며 '(인식)주관과 관련된 자연'이다. 이러한 자연은 그것 자체로는 인간과 대

---

44) 장회익, 1990. 그는 "현재로서 이것(우주 생명의 마음 문제)은 완전히 새롭고 어떤 확고한 논의의 근거를 포착하기 어려운 사변적인 문제인 것이 사실이나, 인간이 중심이 되어 전개되는 지구상의 모든 문화 활동이 어쩌던 우주적 생명의 마음을 형성해가는 어떤 과정인지도 모른다"(238쪽)고 조심스럽게 그 문제를 제기한다.

개되지 않은 잡다한 질료에 불과하기 때문에 인과율과 인간의 합목적성에 지배되어야 한다고 보는 기계론적, 인과론적, 결정론적 자연관으로 발전하여왔다. 이 관점은 데카르트의 이원론의 성립 이래 서구사상의 주요한 흐름을 형성해왔다. 둘째로 자연은 인간을 포함한 모든 존재자를 있게 하는 존재 원리이며 또한 지배하는 근원이라는 뜻에서 '주체(원리, 근원)로서의 자연'이다. 즉 '탈사회적 자연'이며 '(인식)주관과 관련되지 않은 자연'이라는 의미이다. 이러한 자연은 자연 스스로가 자기원인성과 합목적성을 지니는 주체라는 점에서 유기체적, 목적론적, 변증법적 자연관으로 전개되어왔다. 이런 관점은 스피노자, 라이프니츠, 셸링, 헤겔, 맑스 등에 의해 서로 다른 해석 양식을 보여주지만 자연과 인간의 존재론적 이원성을 극복하려는 철학적 시도로 나타난 것이다.

생명운동론의 자연관은 물론 위의 둘째 흐름과 일맥상통한다. 그러나 결정적 차이는 '인간중심적'이 아니라는 사실이다. 즉 존재와 인식의 지평에서 주체로서의 인간을 과감히 밀어낸다. 나의 견해로는 그 '생명'으로서의 자연 개념을 "인간과 분리되어 형이상학적으로 변조된 자연"(Engels und Marx, 1980: 147)이라 잘라 말할 수 있다고 본다. 왜냐하면 인간을 전제로 하지 않는 자연은 진정한 자연이 아니다. 달리 말하면 자연의 존재는 인간의 현존에 의해서야 비로소 의미 있는 존재가 되기 때문이다. 자연 인식은 결국 인간에 의해 추진될 수밖에 없다는 점을 전제로 승인하지 않고, 어떻게 자연과 인간의 존재론적, 인식론적 이원성을 극복할 수 있는가? 또한 앞(2절)에서 거론한 생명운동의 단초인 '자연 인식의 위기'는 '자연의 위기' 그 자체의 드러남이 아니라 그것에 대한 우리의 인식적 반영이 아니던가?

물론 우리는 인간과 아무런 상관없는 자연을 상정할 수 있다. 인간이 없어도 자연은 충분히 존재 가능하므로 인간에 대한 존재론적 선차성先次性은 받아들일 수밖에 없다. 사실 인간의 실존적 삶이란 자신을 '밑으로부터' 떠받치고 있는 자연환경에 철저히 속박되어 있기도 하다. 그러나 그 자연을 인식하는 인간이란 존재자가 없다면 자연은 결코 파악되지 않고, 아무런 자연 개념도 있을 수 없다[45])는 점도 분명하다. 인간은 자연과의 관계 속에서 스스로 자연 개념을 만들어낸다. 그러므로 "인간과 분리되어서 그 자체가 추상적으로 파악된 자연은 인간에게 아무 것도 아니다."(Marx, 1985: 587) 이런 자연과 인간의 근원적 통일 관계를 무시한 채로는 '인간, 사회, 자연의 통일체'로서의 '사회적 노동'이라는 변증법적 과정과 구조를 이해할 수 없다. 오히려 그것을 단순한 추상으로 환원시키는 잘못을 범할 뿐이다. 왜냐하면 인간과 자연의 진정한 관계의 정립은 사회를 매개로 하여 이루어지기 때문이다. 물론 이때 인간은 사회적 실천의 주체, 즉 사회화된 인간이어야 한다.

한 개인의 사회화란 '인간의 자연화'와 '자연의 인간화(사회화)'가 동시에 이루어지는 과정이기 때문이다. 무엇보다도 중요한 사실은 그런 탈인간중심적 관점이 고스란히 사회적 맥락으로 이행할 경우, 비인간주의적 성향을 드러낼 소지가 농후하다는 점이다. 아니 그것은 자명한 이치이다. 인간의 사회적 관계와 실천을 자신의 영역에서 추방하여 인간적 삶의 현실에 이바지하기보다는 그 현실을 왜곡, 호도하기 십상이기 때문이다.

다음으로 인간의 본질 문제를 보자. 생명운동론은 인간의 본질을 이중적으로 규정한다. 한편으로는 ⑨명제에서 보듯 인간을 다른 '생명'과 구분하는 의도로 성(聖)스럽다고 한다. 다른 한편으로는 ⑩명제가 주장하듯 인간의 본성을 변질 가능한 것으로 상정하고 있다. 인간의 생명 본성인 성스러움은 기계문명에 의해 소외, 억압되었고, 그 스스로는 자기 안에 모시고 있는

---

[45] 맑스는 자연과 인간의 존재 이유를 형이상학적으로 묻는 방식을 다음과 같이 비판한다. "그대의 물음은 추상화의 산물이다. [중략] 만일 그대가 자연과 인간의 창조에 대해 물을 때, 그대는 인간과 자연을 추상화한다. 그대는 인간과 자연을 '비존재자'로 정립하면서, 내가 그대에게 인간과 자연을 '존재자'로 증명하였다고 고집한다."(Marx, 1985: 545)

우주 생명을 망각한 것이 그 예이다.(한살림모임, 1990a: 39) 이는 인간의 본질을 아주 추상적인 '종교적 심성'에서 구하며, 그 본성의 사회 역사적 규정성을 전적으로 배격한 관념론적 견해이다. 이는 인간의 '이성 활동'이라는 전통철학적 본질로부터도 멀리 비켜서 있다. 더욱 심각한 문제는 그런 관념론적 인간 규정은 인간이란 수동적 객체, 즉 '직접적으로 자연 존재'이면서 동시에 능동적 주체, 즉 '인간적인 자연 존재'이기도 하다는 이중적 본질 규정을 전혀 고려하지 않는다는 점이다. 따라서 인간의 합목적적이며 의식적인 실천 활동이자, 인간과 자연적인 물질대사를 매개, 규제, 조절하는 생명 과정인 '노동'을 "사회적 관계들의 총체"(Marx, 1978: 6) 속에서 파악해내는 유물론적인 인간 본성의 인식을 정면으로 거부한다. 이를테면 다음의 발언을 보라. "밥과 곡식은 사람이 노동하여 얻은 결실이라고만 할 수 없고 오히려 우주와 자연의 밭에서 자라난 열매이며 한울[天]과 땅[地]의 젖이라 할 수 있다."(한살림모임, 1990a: 26)[46]

2) 인식론적 문제

앞에서 살펴보았듯이, 난문적 문제 제기인 철학적 물음은 존재론적 이원성에서 출발하므로 '인식 방법론적 어려움'에로의 귀결은 필연적이다. 그런 어려움에 맞서온 대응의 흐름은 대충 2가지의 철학적 인식 방법으로 정리될 수 있다. 첫째는 존재하는 것의 실체와 본질을 탐구하여 그것을 성질, 속성 등으로 서술하는 방법이다. 이는 논리적 질서와 범주화의 체계에 역점을 두는 정태적, 원자론적, 실체 중심적 사유 혹은 직관의 방법이다. 둘째는 존

---

46) 김지하는 동학의 노동관을 다음과 같이 말한다. "노동에 대한 형상론적 파악에 대하여 기氣(陰陽) 또는 지기至氣의 창조적 생명순환론으로 대답한다."(김지하, 1987: 91) 따라서 그는 노동을 "생명 체험"이라 규정하며, "총체적 생명 체험에 연결된다"고 주장한다.(김지하, 1991a: 280)

재하는 것의 과정, 기능, 관계, 연관을 보다 중시하는 방법이다. 이는 변화, 운동, 상호 작용, 변증법적 관계 등에 비중을 두는 동태적, 전체론적, 관계 (과정) 중심적 사유 혹은 직관의 방법이다. 이런 2가지 방법을 대립적 관계에서 선택하기보다는 상보적 관계에서 파악해야 한다는 점이 중요하다. 그 방법들은 어쨌든 이성적 사유와 언어의 한계 안에서 서로 의존하면서도 결국은 서로를 지양해야 할 대상으로 간주하는 게 합리적이기 때문이다. 그러므로 주관과 객관, 정신과 물질 등의 이원성을 극복하려는 '양의성兩儀性' 개념[47]을 축으로 한 인식론적 접근도 그런 태도에서 일탈할 때, 인식론적 논의의 테두리를 벗어날 위험이 상존한다. 나는 생명운동의 입장을 바로 그런 경우의 극단적인 예로 생각한다. 그 점을 두 가지 측면에서 살펴본다.

(1) 신령神靈적 인식 방법

김지하는 동학의 인식론을 존재론, 우주론, 노동관 등을 일관하는 기본 틀의 하나라고 주장한다.(김지하, 1987: 95, 98) 그 요점은 이렇다. 우리의 참된 인식[本覺]을 자각 가능케 하는 근원은 시각始覺(즉 靈)의 활동이다. 반면에 그런 시각을 움직이는 것은 본각(한울생명)이다. 그 본각을 일으키는 결정적 계기는 인식주체와 인식 객체의 근원에서 활동하는 기화신령氣化神靈의 기운[一氣]이다. 그러니까 우리의 인식 과정은 인식하기 때문에 신령이 움직이는 게 아니라 신령이 움직이기 때문에 인식을 하게 된다고 말한다.(김지하, 1987: 95)[48] 나아가서 그런 시각이 완전한 인식이 되려면 온몸의 인식[體認]이 되어야 하며, 사회적 인식, 사회적 시각始覺, 협동적 시각 혹

---

[47] 김용정, 1990: 1~39. '양의성'은 물리학의 상보성과 주역의 양의[易有太極 是生兩儀] 개념을 합한 것으로 실재의 이원적 대립을 지양하려는 인식 태도가 함축된 용어이다.(7~8쪽)
[48] 다른 곳에서 "'기화신령'이란 단순히 인식론적인 '앎'일 뿐이 아니라 '끊임없이 음양으로 생성 변화하며 창조적으로 진화하는 신령한 일기一氣'"라 정의 내리고 있다.(김지하, 1987: 77)

은 시각의 협동으로 심화 확장돼야만 한다고 주장한다. 왜냐하면 그래야만 집단적 신령이 사방 팔방 시방으로 기화 활동을 진행하는 과학적 인식으로 보증되기 때문이다.(김지하, 1987: 97)

  이런 신령적 인식 방법은 존재론적이면서 동시에 인식론적인 이원성 문제를 신령에 의해 완전히 해결된 것으로 종결지어버리므로, 철학적 반성이나 이론적 비판은커녕 최소한의 인식적 성찰조차 잠재워 버리려는 신비주의적 발상이다. 물론 나는 신비주의적 색채를 드러내는 초월적 인식 방법 모두를 송두리째 배격할 의도를 가지고 있지는 않다. 우리는 대개의 위대한 동양사상의 핵심에 자리 잡은 고도의 형이상학적 사유 속에서 이미 알고 있는 개념들로는 번역되기 어려운 인식 논리와 자주 마주치게 됨을 알고 있다. 그와 같이 생명론의 본질적 내용에도 근원적으로는 합리적인 사유의 대상이 될 수 없다거나 언어의 형태로 서술해서는 안 된다는 독특한 사고 유형이 있음을 인정할 여지가 있을 것이다. 그럼에도 불구하고 생명론이 지극히 뛰어난 직관적 사상가나 몇몇의 지혜인의 '독자적인 깨달음의 경지'에 의존하는 게 아니라, 일반 대중에 호소하는 '지식' 혹은 '이론'이고자 바라는 한에 있어서 신령적 인식은 그 스스로가 인식 방법적 의미를 갉아먹는 꼴이다. 자칫하면 신령적 방식은 일상적 삶 속의 우리들로서는 잡아내기 어려운 인식 내용을 따르기 어려운 인식 방법으로 추구하라고 촉구하는 허울 좋은 굴레일 수도 있다.

(2) '아니다 그렇다(不然其然)'라는 생명 논리

  생명운동론은 자신의 논지를 해명, 설명하는 거의 유일한 방법으로 이른바 '아니다 그렇다'의 동학 논리를 내어놓고 있다. 그 논리는 "불연속적 연속 관계"를 표현하며(김지하, 1991a: 226) "이중 구속적인 이중 메시지"를 말하며(김지하, 1991a: 175) "공존의 원리"이기도 하다.(김지하, 1991a: 259) 무엇보다도 중요한 점은 '아니다 그렇다'는 전통적인 존재론에 대한 진화론적 극복의 논리라 설파된다는 사실이다.(한살림모임, 1990a: 29) 그것은, "변증법적 이성의 실패를 극복하고 인간, 자연, 그리고 우주의 역사를 이해할 수 있는 창조적 진화의 문턱"이기도 하다.(한살림모임, 1990a: 32) 이른바 그 '생명 논리'의 특징은 창조적 진화의 논리라는 점과, 동태적 논리인 변증법의 좌초를 극복했다는 주장이다. 따라서 그 논리를 변증법과의 연관 속에서 검토하는 게 요청된다.

도대체 생명운동론은 생명 논리로서 진화 과정의 진상을 어떻게 규명해 내는가? 앞서(6절) 제시된 ③, ⑥, ⑪명제는 생명의 생성(과정) 문제와 생명의 존재(구조) 문제에 관한 것이다. 즉 생명은 정태적으로는 전체의 일부분인 동시에 부분들의 통합된 전체라는 구조를 가지는데, 동태적으로는 생성적·과정적·진화적인 존재이다. '진화'의 개념 규정을 보자. 진화란 '복잡화(하나가 많은 것으로의 분화)'와 '질서화(많은 것이 하나로의 통합)'가 중층되는 순환적 역동과정이다. 그 '복잡화'는 모든 생명이 자신의 존재 한계를 뛰어넘는 '자기 초월'을, '질서화'는 모든 생명이 요동을 통해 질서를 만드는 '자기 조직화'를 이른다.(한살림모임, 1990a: 30) 그런 우주의 진화는 인간 정신에 내재해 있지만 그것을 깨닫지 못할 뿐이라고 한다. 즉 인간은 실재를 정태적 구조 안에서만 봄으로써, 그 틀에 맞는 것에는 '그렇다'라고 긍정한다. 반면에 인간의 감성과 오성을 넘어서는 생성과 진화에 대해서는 '아니다'라고 판단한다. 그러나 시천侍天이라는 직관적 지혜에 도달하면, '아니다'가 '그렇다'로 전환 가능하다고 한다. 결국 시천의 깨달음이 불연기연의 논리를 통한 모든 생명의 통일성을 인식하는 방법이다.(한살림모임, 1990a: 31)[49]

우선 생명의 논리는 존재에 관한 생성의 우위 관점과 내용, 관계, 운동,

---

49) 수운의 관점에서 긍정과 부정의 이원론은 생성 진화를 존재 구조로 보는 점과 더불어 시간개념에서도 성립한다고 한다.(한살림모임, 1990a: 29~30)

발전의 논리라는 모습을 띠므로 외면상으로는 변증법적 사유 형태로 나타난다. 그러나 많은 면에서 변증법의 '합리적 핵심'과 동떨어져 있는 것이라 평가된다.[50] 주된 것만 살펴보자.

첫째 형식논리적 인식 혹은 정태적 인식을 변증법 혹은 동태적 논리의 주요한 계기로 인정하지 않는 점이다. 예컨대 생명의 존재 구조에 대한 분석이 결핍되어 있다. 그러기에 생명에서 전체와 부분의 상호적 연관 관계를 드러내는 정태적 '구조 형식'이 생명의 진화라는 동태적 '발전 형식'에서 어떻게 기능하는지 하는 점이 전혀 설명되지 않는다. 이는 두 형식을 매개시켜 상호 모순되면서도 통일된 것으로 인식해야 함을 요청한다. 이점이 생명사상에는 결여되어 있다.

둘째 변증법의 '모순'에 대한 곡해이다. 생명 논리는 변증법의 모순개념이 상보성을 놓침으로써, 존재의 이원성을 벗어나는데 실패했다고 탄핵한다.(한살림모임, 1990a: 32) 이는 사태의 관계는 동일성, 구별, 상이성, 대립, 모순 등의 순서로 발전해가는 운동이라는 점은 물론, 폭넓은 모순개념에 대한 곰새김에서 비롯된 무지의 소치이다. "대대對待적 이분법"[51]으로 특징지을 수 있는 상보성은 사실 모순의 한 계기 내지 단계일 뿐이다. 모순은 모든 운동의 원천이며 운동이란 모순의 현존재라는 변증법의 가나다를 알고 있는지조차 의심스럽다.

셋째 구체적인 인식을 지향하는 변증법과는 달리 지나치게 추상적인 성격이 강하다. 이른바 "通通논리"[52]의 일종인 '아니다 그렇다' 논리는 그 추

---

50) 생명운동론자의 변증법 이해는 형식에서 도식적이고 내용에서 초보적이다. 예컨대 "정반합의 형상론적 논리"라거나 "3분법의 형식논리적 변증법"이란 설명이 그렇다.(김지하, 1987: 91~92)
51) 이는 대립물의 모순적 관계보다는 상호 의존적, 상호 함축적, 상호 성취적 관계의 정립을 표현하는 말이다. 즉 '모순적 이분법'과 반대되는 것이다.(최영진, 1991: 20~21)
52) 통논리에 대한 해설은 김상일(1991: 239~243) 참조.

상성으로 인해 '초超논리'로 변모해버린다. 인식 대상을 관계 속에서 파악하고, 그로부터 모순을 포착하여 그 모순의 전개에 따른 대상의 운동과 발전을 탐구하여, 결국 대상을 총체적, 역사적으로 서술해내는 것이 변증법이다. '아니다 그렇다'의 논리는 매개를 통해 펼쳐지는 변증법적 이성에 의존하기보다는, 단번에 직접적으로 통찰하려는 초월적 직관(즉 신령적 인식 방법)에 호소함으로써 우리의 현실적, 사회적 역사적 조건과 내용을 극히 추상적으로 인식한다. 그런 추상성은 곧바로 그 논리를 거의 무차별적인 대상과 현상에다 적용하는 신통력의 발휘로 이어지고 기어이 언어의 '논리'에서 언어의 '연금술'로 비상하고 만다.[53] 그럴수록 생명 논리의 생명력은 점차 죽어갈 따름이다.

3) 규범적 사회이론 비판

(1) 생명운동의 규범적 성격

생명운동의 실천철학은 전형적인 '규범적 사회이론'의 형태를 보인다. 앞(6절)에서 검토했듯이 생명적 세계관에서 최고 원리는 생명 존재론적 원리이고, 사회이론도 결국 그 원리에서 연역적으로 도출되기 때문이다. 규범적 사회이론은 현실에서 일어나는 사회적 실천, 실증적 자료, 경험 가능한 사회관계 따위의 '사회 내용'에 근거하여 원리를 설정하지 않는다. 오히려 사회의 본질 규정과 원리 구성을 보편타당하다고 간주하는 존재론적 명

---

53) 거의 모든 글의 갈피마다 감지하는 어려운 문제의 빗장을 걷어내는 해결사처럼 생명의 논리를 되풀이 동원해 마지않고 있다. 예컨대 '아니다 그렇다' 논리는 컴퓨터, 생물학, 물리학, 정신분석의 원리로 자리 잡는가 하면(김지하, 1991a: 70~72, 223) 신이면서 인간인 예수의 이중성 신비를 풀어내는 데로 상승하기도 하며(김지하, 1991a: 222) 사람 얼굴이 천차만별한 이유를 설명하는 데로 하강하기도 한다.(김지하, 1991a: 227) 또는 동의학의 근거 논리로 둔갑하기도 하며(김지하, 1987: 26~29) 마침내는 우리의 삶을 정초할 실천철학의 원리로 못을 박기도 한다.(김지하, 1991a: 259)

제에서 단도직입적으로 추론한다. 이때 가령 사회 내용에의 개입이 실행되더라도, 그 차원은 존재론적일 것이므로 추상성에서 한 치도 못 벗어날 가능성이 짙다. 풀어 말하면 규범적 이론은 사회 내용의 경험적 귀결들을 추상해버린 나머지, 그 귀결들의 사회 실천적 규정성과 분리된 채로 존재론적 원리로 그 스스로를 환원시켜버린다. 그리하여 그 환원 절차의 종국에서는, 규범이론이 구체적 현실성에 상응하지 않는 '순수한' 형이상학적 주장에로 몸을 숨긴 채 반성적 숙고를 통해 현실을 감싸 안는 시늉을 한다. 그야말로 일면적, 표피적, 추상적 범주에 안주하는 것이다.

  생명운동론의 그런 성격은 지금까지의 고찰만으로도 얼마간은 선명하게 부각됐으리라 짐작한다. 예컨대 그 운동이 우리 사회에 내재하는 위기 본질을 생태계의 위기로 파악하며, 생명적 세계관을 제창하는 경로에서 우리는 그것의 대사회 발언이 규범적으로 나아갈 것임을 예감할 수 있었던 것이다. 즉 그 운동에서 사회 내용을 직접 규정하는 생명 존재론적 원리는 사실상 사회적 관계와의 매개 고리가 끊겨 있다. 그런 고리를 끼우기 위해 생명적 세계관은 사회 내용의 객관적 척도로서 '규범적' 사회운동론을 제안한다. 더불어 사회적 실천의 보편적 지침으로서 '규범적' 인간 행위론을 내어놓는다. 생명운동의 사회이론을 정교하고 치밀한 '과학'의 차원이 아니라 '실천철학'의 차원에서 추적하는 것은 상당한 한계를 노출할 수 있다. 그러나 생명운동의 논의 수준이 철학적 검토조차 쉽게 허용치 않을 만큼 난삽하고 짜임새가 없음을 충분히 감안해야만 할 것이다. 따라서 그 사회이론의 뼈대와 논리를 개념적으로 파악, 비판하는 도리밖에 없다.

  (2) 사회운동론

  근원적으로 사회운동은 인간이 주체가 되면서 동시에 인간을 대상으로 삼는 것이다. 이때 인간은 구체적 삶의 세계에서 사는 사람을 말한다. 사회운동도 구체적 사회 현실 속에서 일어나고 진행되어나간다. 뿐만 아니라 사회운동은 자신의 물질적 토대, 사상, 이론 및 실천까지도 사회 현실로부터 구하고 그것에 의존하는 길밖에 없다. 이것은 너무 뻔한 이치이지만 자주 부정되는 이치이기도 하다. 그런 부정의 모범을 이제 보게 될 것이다. 왜냐하면 생명적 세계관은 자신의 존재 원리를 사회운동의 처음에서부터 끝까지 관철시키려 하기 때문이다. 생명운동의 견해로는 "생명의 세계관, 생명 사고로 사회를 보아야 탁월한 의미에서 사회의 과학적 인식이 가능하다"(김지하, 1991c: 9)는 것이다. 그런 견해를 2가지 문제로 나누어 비판해 들어가자.

① '생명적' 혹은 '개벽적' 사회 이념

생명의 세계관에서 사회이론의 골격을 이루는 것은 '생명적' 사회 이념이다. 그 이념의 근본 성격을 나는 '개벽적'이라 간주한다. '후천개벽'[54]은 "현실적으로 '인간과 우주의 자연적 통일(侍天)', '인간과 인간의 사회적 통일(養天)', '인간과 사회의 혁명적 통일(體天)'을 요구하며 나아가 창조적으로 진화하는 우주 질서의 인위적 실천 조정을 요구하는 것"이라 규정된다.(김지하, 1987: 135) 이는 인간의 '사회적 성화聖化론'이다. 이것이 개벽적 사회 이념을 정초한다. 달리 말하면 개벽은 선천 세계의 죽임의 질서를 해체하고 새로운 생명의 질서를 창조하는 것이다. 그런데 그 후천개벽은 인간의 인위적인 혁명에 의해 성취되는 게 아니라 무위이화無爲而化로 되어진다. 무위이화에서 인간이 할 바는 우주의 진화에 협조하여 자신의 생명을 능동적, 적극적으로 진화시켜 나가는 것이다.(한살림모임, 1990a: 29) 그것은 시천, 양천, 체천의 실천이다.

개벽이 함축하는 사회운동적 의미란 과연 무엇인가? 무엇보다도 개벽적 사회 개념에서는 사회운동의 장場이요 사회적 실천의 매체인 '사회'란 구

---

54) 김지하는 후천개벽을 본격 주제로 삼은 글을 5편 이상 낼 정도로 많은 언급을 하고 있다.(김지하, 1987: 132~139; 1991a: 35~88; 1991b: 66~105 참조)

체적 인간의 시간적, 공간적 행위들을 통해 구성된다는 점이 마땅하게 승인되지 않는다. 그리하여 사회운동의 공간은 '인간의 생활세계'에서 '우주 생명의 세계'로 확장되고, 그 역사는 '인간의 역사'에 그치지 않고 '선천과 후천을 통괄하는 만물의 역사'까지 걸쳐 있다. 사회운동의 현실 인식과 미래 전망도 '오늘의 한국 현실'에서보다는 '후천세계의 생명적 개벽'에서 준거점을 발견한다. 그렇다면 그 운동의 주체도 '지금-여기의 살아 움직이는 우리들'이 아니라 '인간 생명 혹은 인류 생명'이라고 할 수밖에 없다. 이 얼마나 놀라운 발상인가! 그것은 추상적이기보다는 차라리 '환상적'이다.

　이런 개벽적 인식이 앞(3절)에서 논의한 계급 해체적 민중관, 동학혁명에 대한 생명론적 해석[55] 등으로 이어지는 것은 당연한 일이다. 아무튼 중요한 사회 이념을 모조리 개벽적인 의미로 고쳐버린다. 한반도의 분단 원인을 죽임의 질서인 "억압적인 기계문명"에서 찾고(한살림모임, 1990a: 35) 민족 통일의 이념도 생명적 세계관에 바탕을 두어야 한다.(김지하, 1991a: 18~21, 196~197) 따라서 통일운동은 "생명의 대통일운동"의 일환으로 추진되어야 한다고 주장한다.(한살림모임, 1990a: 41~42) 민족적, 국가적, 계급적 투쟁을 위시한 모든 대립적 투쟁을 사랑과 평화의 '생명의 투쟁'으로 변질시키기도 한다.(한살림모임, 1990a: 40) 마침내는 '인간해방'의 의미마저도 "생명의 대통일 사업"에 동참하여 생명의 본질을 회복하는 것이라고 규정한다. 즉 "개성적 인격 완성"이다.(한살림모임, 1990a: 42; 김지하, 1987: 185)

　이렇게 되면 그들이 갈파해 마지않는 모든 문제를 여는 '생명'이라는 '열쇠말'의 본질은 거꾸로 현실의 문제를 가두어버리는 '자물쇠말'임이 밝혀진다. 왜냐하면 그들의 것은 물론이거니와 우리들의 역사적 공간과 사회적 현실로부터 해방적, 변혁적 사회 이념들을 숨겨진 골방에 가둔 채 격리시

---

55) 김지하는 동학혁명의 사회변혁적 의미를 배제한다. 오히려 개벽적 세계관에 의한 정신 혁명의 뜻을 강조한다.(김지하, 1991a: 167~169)

키기 때문이다. 그 한 예로 "인간을 인간의 최고의 본질로서 선언하는 바로 그러한 이론의 관점에 서 있는"(Marx, 1976: 391) 인간 주체적, 노동 중심적 해방의 의미가 탈인간적, 상경중심적 해방으로 변질되어버린다. 이는 무엇보다도 생명적 세계관이 자신의 형이상학적 원리를 절대적 사회규범으로 추상하고, 그 규범을 모든 사회적 내용과 실천에 기계적으로 적용하여 얻은 결과이다.

② '생명 총체적' 사회운동론과 '생명 그물적' 사회운동론

생명운동의 사회운동적 이념은 "인간 사회에서는 개인과 공동체를, 생태계에서는 자연과 인간을 다시 통일시키면서 이 모든 것을 '한울생명'에 통일시키는 생명의 대통일운동을 전개해 나아가려"(한살림모임, 1990a: 42) 하는 데에 있다. 그러나 그런 이념을 구현하는 구체적 운동론은 조직적으로나 체계적으로는 펼쳐지지 못하고 있다. 그 까닭을 생명적 세계관의 "뭉치면 죽고 헤치면 산다"는 조즈 해체주의의 발언이나,[56] "체계화하면 죽고 해체하면 산다"는 이론 해체주의의 경향에서[57] 구하는 것은 가당찮은 일이다. 왜냐하면 그러한 결정적 이유는 그들의 생명적 사회운동의 이념이 표출하는 추상성에 기인하기 때문이며, 생명적 이념에서는 마치 우주 공간에서의 이방인이 현실을 관찰한 것처럼[58] 도대체 지금 여기의 사람들과 매개될 아무런 이론적, 실천적 근거도 찾을 수 없기 때문이다.

그럼에도 불구하고 따져본다면, 하나는 생명적 관점이 모든 사회운동의 사상적, 이념적, 가치적 측면에서 중심축을 이룬다는 뜻에서 '생명 총체적

---

56) 김지하는 '뭉치면 죽고 헤치면 산다'를 생명의 근본 원리라 말한다.(김지하, 1991b: 21, 62) "조직하지 말라/ 부패할 것이다."(김지하, 1991b: 63)
57) "체계화하지 말라/ 죽을 것이다"(김지하, 1991b: 63)
58) 이를테면 다음의 언급을 보라. "현실을 파악할 때 현실 파악은 현실로부터 시작되어야 된다는 매우 중요한 명제는 있으나 이 현실을 변화 속에서 역동적으로 파악하기 위해서는 이 현실 속에 숨어 있는 삶의 특징을 잘 파악하고 그 삶의 특징에 대한 메타메시지, 초메시지로서의 처방을 내야 한다"(김지하, 1991a: 193~194)

사회운동론이 추출될 수가 있다. 다른 하나는 모든 사회운동의 조직 체계상의 중심축, 즉 연대운동의 중심체는 반드시 생명운동이어야 한다는 의미에서 '생명 그물적' 사회운동론이 가능하다.

생명 총체적 사회운동론의 요체는 생명운동이 여러 개별적 사회운동의 '총화', '총체', '총괄'이라는 것이다.[59] 이는 기존의 전체 운동을 편의상 보수적인 '시민운동'과 진보적인 '민족민주운동'으로 나눌 때 그 둘 다를 총괄한다고 한다. 노동운동, 농민운동, 여성운동, 청년운동, 학생운동 따위의 부분(계급, 계층)운동이나 문화운동, 과학기술운동, 종교운동, 환경운동 등의 부문(계열)운동을 하나의 틀로 묶어내는 통합적 원리를 생명적 세계관에서 끌어내야 한다고 주장한다. 또한 생명운동의 특징은 다음과 같이 정리된다. ① 생명적 세계관에 근거한 포괄적 인간운동이다.(김지하, 1991b: 24) ② 민족적 성격의 민중운동이다.[60] ③ "환경에서 생명으로"라는 명제로 규정되는 미래지향적인 환경운동이다.(김지하, 1991a: 107~113; 1991b: 153~155, 176) ④ 생명 가치를 창출하는 대안운동이다.(김지하, 1991a: 114, 269)

여기서 생명운동은 기존의 사회운동들을 전부 포괄한다는 기본 원리나 혹은 ①과 ②의 주장은 이제까지의 비판만으로도 그 설 자리가 위태롭다는 것을 알 수 있다고 본다. 생명운동을 형식적으로는 몰라도 그 속 내용에 있어서는 사회운동의 포괄 원리라고, 인간운동이라고, 민족적 민중운동이라고 평가할 수 없다. 우선 그것은 운동의 주체에서 현실의 살아 있는 구체적 인간을 밀어내는 운동이다. 인간 자신의 근원적 욕망과 그 충족 활동으로서의 노동의 연관 안에서 파악되는 구조적, 사회적, 역사적 의미가 배제된

---

[59] 그런 주장은 곳곳에 널려있다.(김지하, 1991a: 30, 51~69; 1991b: 176) 다케다니 미쯔오(1991: 243~244)의 김지하 발언.
[60] 생명운동은 우리 민족의 풍류가 깃든 생명문화운동이라고 한다.(김지하, 1991b: 243) 따라서 풍류운동이고 풍수운동이기도 하다.(김지하, 1991a: 115) 또한 "민중의 영원히 움직일 수 없는 기본 가치관은 생명이다"라고 갈파한다.(김지하, 1991b: 14)

개별적 인간만을 주체로 파악하기 때문이다. 사회운동의 동력을 담지하는 어떠한 민중 지향적인 집단, 조직에도 무관심 하며, 운동적 실천력을 담보하는 계급성, 민족성도 벌써 초월해버렸음을 애써 강변한다.

③과 ④의 경우를 잠시 살펴보자. 일반적으로 생명운동은 생태론적인 환경운동의 일종이라고들 사람들이 대강 알고 있듯이, 생명운동은 기본 성격상 삶과 환경을 살리는, 나아가서 '공경恭敬'하고자 하는 운동이라 할 수 있다. "환경문제의 복합성, 중층성, 다차원성, 그리고 가속성과 확산성"을 인지하고 대안을 포괄적 생명운동 차원에서 찾아야 하는 바 그 미래지향적 이념의 지표는 "환경에서 생명으로"의 전환에 있다.(김지하, 1991b: 157, 176) 그 지표를 몇 가지 들어보면, 생명 가치를 중심으로 경제 가치의 질을 변경시켜 나가는 양자의 역등적 통합, 생명 경제학의 도색과 실현, 유기 농림어업을 바탕으로 한 공업의 유기화, 고부가가치 산업 기술에서의 생명 연관의 강화 및 중소화, 지역화 모색 따위가 그것이다.(김지하, 1991b: 168) ④의 경우 서구의 '신사회운동론'에 기반을 둔 녹색운동을 감안한 입장인 듯하나 그 전개가 관념 배후의 차원에 머물러 있다. 생명운동이 기존사회운동을 통괄적으로 대체하는 내실 있는 '대안적 환경운동'으로 거듭나기 위해서는 자신의 형이상학에 대한 혹독한 자기비판으로부터 다시 시작해야만 할 것이다. 그런 비판을 통해 재구성된 사회과학적 관점은, 만일 사회현실을 온전하게 수용하려 한다면, 아마도 맑스주의적 인식 틀의 테두리를 완전히 벗어날 수는 없을 것이다.

생명론의 결정적 결함을 사회운동과 관련된 한 근원적 문제를 가지고 지적해보자. 생명운동은 도대체 사회적 행위와 사회구조의 관계 및 거기에서 파생되는 기능 기제들을 염두에나 두고 있는지 의심스럽다. 사회운동의 주체인 개별적 인간이 순수하게 개별적인 행위자임을 멈추고 (소규모) 집단적 행위자, 집합체적 행위자(계급의식, 혹은 민족의식에 따른 행위 따위), 조직적 행위자(국가기구, 정당, 노동조합 등의 조직 체계의 원리에 따른 행위 따위)로 행동할 경우 모두가 '구조적 능력'에 의존하며, 조직적 행위자일 때는 '조직적 능력'조차도 발휘한다는 사실을 간과하고 있어 보인다. 바꾸어 말하면 구조나 조직은 한편으로는 개인의 행위를 억압하는 '제약 조건'이면서 다른 한편으로는 그 행위를 할 수 있게 보장하는 '가능 조건'이라는 점을 전혀 고려하지 않고 오로지 전자만을 중시한다는 사실이다. 생명운동은 기본적으로 개별적 인간을 사회의 구조나 조직과의 구체적 연관 관계 속에서 개념 파악하고 있지 않다. 예컨대 개인들의 사회관계를 '자연적 관계'로 본다든가[61] 혹은 생명운동의 주체이면서 원동력을 집단, 집합체, 조직 따위의 구조에서가 아니라 오로지 '개별적 개인'에서만 구하는 것이[62] 그것이다. 더구나 그들은 오늘의 사회경제적 현실을 추상시켜버릴 뿐 아니라 그 현실의 구조와 운동 논리에 대한 과학적 인식과 정치경제학적 비판을 완전히 결여하고 있어 보인다. 그 결과 생명운동은 그것의 의지와는 상관없이 자본과 지배 권력의 논리에 충실히 따를 수밖에 없는, 기껏해야 일부 중산층을 중심 세력으로 하는 '생활양식운동'의 영역에 머무를 따름이다. 가장 심각한 귀결은 사회운동의 변혁적 전망에 빗장을 걸어놓음으로써 허무주의적 사고와 패배주의적 태도에 안주하려는 개량주의적 폐해를 양산시킨다는 사실에 있다. 아무튼 현재의 그 운동은 생산양식의 차이를 무차별화시킴으로써 환경운동 자체를 신비화시킨다거나, 자본주의적 상품생산 기제에 의존하는 자기모순에 빠져있다거나,(김용창, 1991: 111) 환경문제의 책임을 개별적 생활자에게 전가함으로써 주범인 독점자본의 이해를 옹호하고 만다거

---

[61] "개인의 사회관계는 물론 사회구성체론에서 보이듯이 계급적 구조식이 아니다. 그것은 일면의 타당성은 있으나 역시 도식이지 실상이 아니다. 그 자연적 관계는 생태적 그물이다."(김지하, 1991b: 89)

[62] 생명운동의 주체는 "생명의 가치관을 자기 삶 속에 실현하려는 개인", "드넓은 개방적 주체로서의 개인", "탁월하게 개성화된 개인" 등으로 표현되는 바, 어디까지나 개별적 개인에 국한되고 있다.(김지하, 1991b: 89, 90, 228; 1991a: 31, 264)

나, 미래 전망이 없는 프티부르주아지운동(박상철, 1991: 121~122)이란 신랄한 비판의 과녁에서 벗어날 도리가 없는 것이다.

생명 그물적 사회운동론의 요지는 모든 사회운동은 그 본질에 있어서 정신적, 영성靈聖적 운동이므로 '영혼의 의사소통 그물'의 설치가 긴요하다는 것이다. 그 그물의 조직 원리는 생명의 원리에서 추출된다. 그 생태학적 소통 그물을 짜내는 생명 원리는 '공생'과 '우애'를 포괄하는 '창조적 공경의 원리'이다.[63] 그것은 자유롭고 개방적이며 각각 자립성을 유지하면서 활동하는 독특한 연대의 원리이다. 그 특징은 영성적 연대, 지역 연대, 소규모 공동체 간의 연대 따위를 강조한다는 점이다. 더 나아가서 생명 경제학, 영성(명상) 정치, 생명적 지역자치론 따위의 개념을 제시하면서 아주 길게 논의하고 있다.(김지하, 1991a: 82~88, 100~102, 198~200; 1991b: 91~100, 112~150) 다른 자리에서 상론할 수 있기를 바라면서 여기서는 이 정도로 넘어가고자 한다.

그렇지만 그런 주장도 지금까지의 논의를 통해 설득되기가 어렵다는 점을 미루어 짐작할 수 있을 것이다. 생명 그물적 사회운동론은 개별적 행위자, 집단, 집합체, 조직 따위의 사회운동 주체들 사이에 엄연히 존재하는 구조 관계와 기능 기제에는 짐짓 등을 돌린 채 그것들 간의 정신적, 영혼적 연관에서 논의 기반을 탐색하는 듯하다. 그것은 물신숭배적 생활양식보다는 정신적 삶의 질을 높이 산다는 점에서 긍정적 의의를 가지겠지만, 근본적으로는 사회적 내용과 사회 실천적 의미를 추방하고 개인의 종교적 심성에 호

---

63) 김지하는 '창조적 공경의 원리'에 따른 영적 소통 그물의 원형을 동학의 포접包接의 사발통문沙鉢通文에서 발견하고 있다. 접은 생태적 공생공동체(계, 두레, 친인척)이지만 도소都所와 포로부터의 통둔이 원심적으로 확산되되 접꾼 가개인의 영적 생명의 질적 성취를 통해서 무궁 확산하는 소통공동체라고 한다. 그래서 집강소執綱所란 포접의 그물이 자율적인 지방자치의 주민 권력으로 돌출한 것이라고 주장한다.(김지하, 1991b: 95~99, 217~219 참조)

소하고 마는 규범적 사회운동론으로 그 정체성을 확립하는 데로 귀결된다.

(3) 인간 행위론

이른바 "생명의 대통일운동"에서 근원적 시발점은 '한울을 모시는 일[侍天]'이다. 개인의 자아실현을 위한 '명상', '생활 수양', '영성 학습'을 사회 실천의 실마리로 삼아야 한다는 것이다.(한살림모임, 1990a: 28, 40~42)

생명운동의 개인윤리적 행위에 관한 실천 강령은 동학의 "십무천十毋天"을 그대로 따온 것이다. 인간의 살림 활동을 가장 구체적으로 집약한 것이며 체천體天의 소극적 표현인 십무천의 내용은 이렇다. ① 생명은 속이지 않는다. ② 생명 앞에 오만하지 않는다. ③ 생명에게 상처를 입히지 않는다. ④ 생명을 어지럽히지 않는다. ⑤ 생명을 일찍 죽이지 않는다. ⑥ 생명을 더럽히지 않는다. ⑦ 생명을 굶기지 않는다. ⑧ 생명을 파괴하지 않는다. ⑨ 생명을 혐오하지 않는다. ⑩ 생명을 예속시키지 않는다.(한살림모임, 1990a: 28; 김지하, 1987: 178~185)[64]

생명운동의 사회윤리적 주장은 무엇인가? 한마디로 줄여 그 운동의 대사회적 함축은 "고백운동" 내지는 "대고발운동"이며, 그 핵심 논리는 '모두가 도적놈들이다'라는 명제이다.[65] 생명적 세계관의 확립을 위해서는 일대 정

---

64) 생명문화연구소(서강대 부설)가 제창한 이른바 '생명(운동) 10계명'도 동학의 "십무천"을 그대로 따온 것이어서 이채롭다. ① 속이지 말라. ② 거만하게 대하지 말라. ③ 상하게 하지 말라. ④ 어지럽게 하지 말라. ⑤ 일찍 죽게 말라. ⑥ 더럽히지 말라. ⑦ 굶주리게 하지 말라. ⑧ 파괴하지 말라. ⑨ 싫어하지 말라. ⑩ 굴복시키지 말라. 또한 그 연구소를 실질적으로 이끌고 있는 박홍 신부는 생명운동의 목적을 "어둠의 세력을 존재론적으로 규명, 이를 폭로함으로써 모든 사람들이 이 바이러스에 감염되지 않도록 하는 것"이라고 천명하고 있다.(『피플』 창간호(1992. 1. 12): 10~11)
65) 김지하의 "'나는 도적' 고백운동 벌이자"와 "도적놈들!"이란 글을 보라.(김지하, 1991b: 31~44) 앞의 글은 『동아일보』 1991년 2월 15일자에 실린 것이다. 또한 그는 "모로 누운 돌부처"라는 제목의 고백록을 『동아일보』 1991년 3월 8일자부터 연재한 바 있다. 이런 고백운동은 종교계를 위시한 사회 일각의 '내 탓이요' 운동 따위와도 일정한 연관이 있는 듯하다.

신 혁명이 필수적이다. 왜냐하면 우리 사회는 "도적과 예비 도적으로 가득 찬 도적 사회"로서 "그놈이 그놈인 사회"이기 때문이다.(김지하, 1991b: 33) 그런 사회를 돌파하는 대정신 혁명의 실천 방안이란 개인적 명상과 더불어서 "전면적 고백운동, 사회적 고발운동, 주민자치를 위한 시민운동"으로 요약된다.(김지하, 1991b: 33, 44; 1991a: 96~97) 그런 운동의 원칙은 ① 인간생명과 자연 생명에 대한 침해, ② 영靈적 순결성에 대한 오염, ③ 인간과 자연에 대한 공경으로서의 사회적 윤리와 책무의 위배, ④ 암적인 도적 집단과의 공범 여부 등으로 제시된다.(김지하, 1991b: 43)

생명론의 인간 행위론은 지극히 종교 윤리적 맥락의 규범론적 형태를 취하고 있다. 생명운동의 규범은 정언명령적 도덕원리로 확정된 듯하다. 물론 10가지로 명시화된 '생명의 덕목'은 행위의 옳음과 그름, 좋음과 나쁨을 판가름하는 훌륭한 기준일 수 있다. 오히려 누구도 거역할 수 없는 행위의 최우선적 전제 조건이라 할 만하다. 그렇지만 그런 덕목만을 보편타당한 것으로 상정하는 동시에 주관적 신념과 개인적 의지에 의한 실천만을 강조하는 것은 정당화되기 어려운 문제가 아닐 수 없다. 왜냐하면 그런 행위 원리는 그것의 본래 성격과는 무관하게 사회 역사적 변화와 역동적으로 발전하는 사회 내용을 이론적으로 배제할 뿐 아니라, 실천적으로는 불변의 틀 안에서 자신만을 절대적인 것으로 고착시키려 하기 때문이다. 그 결과로 생명적 인간 행위론이 가지고 있는 원래의 긍정적인 도덕규범의 실천 유도적 성격마저 상실된다. 그리하여 다른 행위 가치에 대해 간섭적 경향을 보이거나, 권위적 위세를 선명히 떨치고자 시도하기도 한다.[66] 그것을 극단적으로 몰고 가면 자신과 상충되지만 당위적인 여러 행위규범들을 결코 용

---

[66] 김지하의 젊은이의 분신 사건과 민족민주 운동권의 운동 행태에 대한 야멸친 비난은, 그의 어설픈 생명 잣대로 모든 행위를 심판하려는 대표적 사례이다. 이는 다른 행위규범이나 실천 원리에 관한 간섭적, 권위주의적 태도로 판단된다.(김지하, 1991d; 1991e 참조)

납하지 않으면서, '생명 덕목'이란 칼날로 살아 숨 쉬는 현실의 행위 양식들을 난도질하고 마는 '전체주의적 성향'마저 드러낼 소지가 충분함을 알 수 있다.

더욱 심각한 점은 생명적 행위론이 실천의 직접적 집행자인 행위 주체자와 사회규범의 매개적 담지자인 사회 정치 체계를 따로 떼어내 본다는 점이다. 그런 분리는 모든 도덕적 의무뿐 아니라 사회문제의 책임까지도 개인의 자유로운 결단적 의지 혹은 양심의 문제로 환원시켜버린다. 바로 '모두가 도적놈들이다'라는 주장이 그것이다. 또한 우리의 '자유민주주의 체제'는 자유를 사회적으로 제도화한 개방의 체계이므로 그 체제에서 발생하는 모든 것은 자율적인 것이라 일방적으로 규정한다. 그래서 결과적으로는 그 체제의 억압성과 자의성이 멋대로 발휘되게끔 하는 터전을 마련해주고 만다. 이 행위론은 설령 의도적인 것이 아니라 해도, 지배 체제의 강제와 자의를 용인함으로써 우리들의 진정한 자유와 자발성이 그 체제에 의해 비도덕적인 방식으로 억압되는 것을 눈감아 버리기 십상이다. 이 점이 생명운동론이 드러내는 또 하나의 '신보수주의적'인 얼굴인 것이다.

7. 맺음말:
생명운동의 의미와 전망

여태껏 생명운동의 체계적 해명과 동시에 그 운동에 대한 총체적 비판을 수행하려고 애써 왔다. 이제까지의 논의를 집약적으로 간추리고, 그 속에서 생명운동이 함축하는 의미를 헤아려보고 그 전망도 가늠해보자.

첫째, 하나의 사상운동으로서의 생명운동은 오늘의 '자연 인식의 위기'에서 현실적 단초를 마련하고, 새로운 자연관의 정립을 이론적 발판으로 삼아 나름의 '철학적 세계관'의 구축을 시도한다. 그러나 다른 위기 인식,

특히 '맑스주의의 위기'에 대한 본질 인식의 부족과 편향적 태도로 인해 피할 수 없는 이론적 어려움을 안고 출발하고 만다. 그 출발은 자신의 어려움을 극복하기 위해서는 변증법적 사유에의 복귀와 맑스주의적 사회 인식과의 만남이 불가피하다는 점을 애당초 함축하는 것이다.

둘째, 생명운동은 동학을 기반으로 하여 동양 전통사상, 한사상, 기독교의 생명관 및 신과학의 자연관을 포괄하여 이른바 '생경(운동의)사상'을 구성하려 한다. 자세한 검토에 따르면, 그것은 시대 상황을 능동적으로 반영한다는 점에서 일정한 의미를 가질 수 있으나, 전체적으로는 어설픈 '사상적 감싸기'의 형태로 나타난다. 그런 짜임새 없는 사상에 대한 해명과 비판을 제대로 하기 위해서는 '사상적 감싸기'의 정당화 근거인 이론적 구조의 재구성이 필수적으로 요청된다. 내가 나름대로 구성한 생명운동의 이론 구조는 '생명적 세계관'이라는 철학이론의 유형이다. 그 세계관은 형이상학, 인식론, 실천철학 등으로 이루어진다.

셋째, 생명운동의 형이상학적 주장은 존재론적 명제, 자연론적 명제, 인간론적 명제 등으로 정식화되어진다. 그 명제들을 분석해본 결과, 궁극적인 제일원리적 성격을 갖는 생명 존재론적 명제는 극단적인 형이상학적 관념론의 주장으로서 옹호될 수 없다. 자연론적, 인간론적 명제도 그 존재론적 명제에서 연역될 뿐 아니라 인간, 사회, 자연에 대한 통일적 인식의 결여, 탈인간중심적 자연관, 인간 본질의 추상적 이해 따위로 인해 지지되기가 어렵다고 보았다. 그럼에도 불구하고 생명운동론의 난문적 문제 제기의 방식은 '존재론적 틈'에 관한 철학적 물음이므로, 그것을 '사상'으로 살아 있게 하는 근본 까닭이 된다. 이것은 한편으로는 생명운동에 취약하지만 일정한 이론적 의미를 부여하면서도 다른 한편으로는 여러 이론적, 실천적 결함을 산출하는 모태가 된다.

넷째, 생명적 세계관은 존재론적 틈과 맞물려 있는 '인식론적 어려움'을 돌파하려고 시도한다. 그 방법은 '신령神靈적 인식'이며, '아니다 그렇다'

는 생명 논리이다. 전자는 이성적 사유와 언어의 한계를 넘어서려는 초월적 직관에 의존하므로 비합리적이다. 후자는 변증법적 사유를 넘어서는 '통通논리'라고 스스로는 주장하지만 변증법의 핵심에 가까이 도달하지도 못한 것임을 밝혔다. 또한 너무 추상적이어서 '초超논리'의 모습으로 변모하고, 결국에는 언어의 '논리'에서 언어의 '연금술'로 변하는 경향마저 보인다. 이런 경향의 불합리성에도 불구하고, 사람들은 언제라도 '초월적 인식'을 꿈꾸며, 더구나 '인식론적 어려움'에 지친 사람들은 일상을 넘어서는 그런 탁월한 방식에 자연스럽게 기대를 걸기 마련이다. 그런 현실적 바탕 위에서 생명운동은 자신의 사상적 의미를 잇달아 자아낼 수 있으며, 사상운동적 공감대가 확대될 가능성도 일정 정도 열려 있어 보인다. 그러나 그것은 현재적 의미로서만 그렇지 미래의 전망으로까지는 나아가지 못할 것이다. 왜냐하면 이론적, 과학적으로 설명, 이해, 해석될 수 없는 사상운동은 끝내는 실천적으로도 옹호, 지지, 설득될 수 없기 때문이다. 진정으로 미래를 여는 세계관이 되기 위해서는 자신의 형이상학적 주장에 대한 원초적 비판부터 시작하지 않으면 안 된다고 나는 전망한다.

다섯째, 생명운동의 실천철학은 형이상학적 존재 원리를 사회 현실과 사회적 실천에 기계적으로 적용하는 전형적인 '규범적 사회이론'으로 규정된다. 그 사회이론은 사회운동론과 인간 행위론으로 구분된다. 우선 생명적 사회이론의 뼈대를 이루는 것은 '개벽적' 사회 이념이다. 그 이념은 우리의 올바른 역사 인식, 올곧은 사회 인식, 명료한 현실 인식을 왜곡하거나 가로막는 '환상적'인 것이다. 그런 이념에 바탕을 둔 '생명 총체적' 사회운동론과 '생명 그물적' 사회운동론도 사회 일각의 동감과 일부 계층의 호응을 유인하는 설득적 요소가 전혀 없지는 않지만 현실의 물적 토대, 사회의 구조적 연관과 조직적 실체, 인간의 사회적 본질 등을 경시하는 비현실적 운동론에 불과한 것으로 규명된다. 인간 행위론도 사회적 실천을 배제함으로써 본래의 도덕 지향적 출발과는 판이하게 윤리적, 사회적 책임을 모두 개인의 문제로 환원시키는 지배 체제 옹호적 규범론으로 전락했음이 나타난다. 결국 생명운동의 사회이론은 그 현재적 의미를 볼 때 상당히 파행적인 것으로 드러난다. 그 파행을 벗어나기 위해서는 대상을 바르게 파악하는 비판적 사유를 통하여 현실을 옳게 담아내는 과학적 인식으로 돌아가야만 할 것이다.

제11장

한국에서 생명의 개념, 규범, 가치

한울생명론은 독특한 형이상학적 생명 개념을 제안한다. 한울생명론은 그 형식적 요건을 분석해보면 논리적 일반화 가능성과 일관성을 확보한다. 다만 결정 가능성과 정당성에서 결함을 드러내는 바, 그것은 생명 개념을 보다 정교화함으로써 수정 가능하다. 온생명론은 자연과학적인 온생명을 실체적 개념으로 제안한다. 그 논리는 꽤 설득적이지만, 지나치게 사변적임이 밝혀진다. 또한 기생명론은 기를 생태계에서의 생명 에너지로 간주하면서 온가치에 토대를 둔 환경윤리 정식을 내어놓는다. 하지만 기생명의 추상성 때문에 기대에 못 미친다. 따라서 생명론은 보편화 가능한 생명 개념과 윤리적 지식에 기초하여 도덕이론을 체계화하는 방향으로 나아가야 한다.

한울생명론의 규범 체계를 고찰해보니, 생명 모심 및 수단과 목적의 원리에 입각한 두 도덕 준거가 정립되며 그 준거를 통과한 도덕원리로서의 도덕 규칙이 곧 십무천과 삼전론이다. 그 생명 덕목들은 그 자체로 도덕적 의의를 지니며 이론적 타당성도 일부 획득하고 있다. 그러나 정당화에서 신비적 방식에 의존하는 문제가 노출되며 타당성의 수준도 취약해진다. 일반적으로 적용될 가능성이 희박하며, 이론적 비공허성·유용성·신빙성도 제대로 갖추지는 못한다. 결국 생명윤리가 실질적인 성공을 거두려면 상황적 응용력과 실행적 규정력을 겸비해야 하며, 치밀한 인식론적인 설명 구도를 구비하면서 동시에 일반적 상식에 강하게 호소하는 힘도 키워야 할 것이다.

생명론을 실질적으로 정초해주는 온가치 논증은 형식적 강점에도 불구하고 중심 개념이 불명확한 탓에 소기의 결실을 얻기가 어렵다. 내가 나름대로 구성한 생명 가치 논증은 인간의 본래적 가치를 전제로 하되, 그 가치와 대등한 것으로서의 비인간의 본질적 가치를 내세워 동일한 생명 가치로 개념화했다. 그렇지만 개념이 아직도 썩 분명하지는 않으며 주관적 가치론자를 설득할 방안도 못 찾고 있다. 또한 온생명 가치 논증도 꾸려보았지만 인간중심주의라는 난문에 봉착하고 만다. 한편 인간-비인간 관계 논증은 인간 생명과 비인간 생명 사이의 관계에 기초하여 일단 둘에 대한 평등한 대우라는 결론을 이끌어내는 데는 성공한다. 그러나 대부분의 인간에게 깃들어 있는 인간중심주의적 성향에 기인하는 인간의 자기 방어 및 자기 보존의 원리를 생명윤리가 이론적으로 감싸 안지는 못하는 상태이다. 그러므로 주관적 가치론자도 납득시키면서 동시에 인간중심주의적 원리도 해소시킬 요령 있는 논증의 안출이 요청되는 실정이다. 그런 철학적 논변이 등장하여 의미 있는 논쟁을 촉발함으로써 생명윤리는 훨씬 내실 있는 이론으로 다져질 터이다.

1. 들어가는 글

최근 들어 생명에 대한 담론들이 다소 유행처럼 번져 나가는 듯하다. 일 반인들은 생명의 문제에 남다른 관심을 나타내고, 시민단체들에선 나름대로 생명운동을 모색하고, 여러 공동체 모임에선 생명의 가치와 문화가 진지하게 논의된다.

이렇듯 다양한 생명담론들 가운데서 우리가 주목해야 할 것은 단연 시인 김지하의 논의이다. 김지하는 스스로의 표현대로 "직관으로 말하고 상상으로 쓰므로"(김지하, 1991a: 5) 아주 폭넓은 영역에 걸쳐 이른바 '한울생명론'을 거침없이 토로해왔다. 그는 1984년에 '밥이 곧 하늘이다'는 테제로 압축되는 이야기 모음집 『밥』을 발간한 이후, 자신의 입장을 집대성한 1996년의 『생명과 자치: 생명사상·생명운동이란 무엇인가』에 이르기까지 십여 권에 달하는 저술 속에서 생명담론을 십수 년에 걸쳐 개진하여왔다. 한울생명론은 비록 이론적 토대가 다소 취약할지라도, 아주 포괄적이고도 매우 진보적인 생명적 세계관을 표방한다. 그 새로운 생명 지평의 본질적 성격이란 지극히 한국적이기도 하다.

또한 장회익과 한면회의 생명담론도 우리의 관심을 끌기에 충분하다. 우선 그들의 논의도 한국적인 특성을 견지하려 애쓴다는 사실이 두드러진다. 거기에다가 '사상'임을 자처하는 데 그친 김지하에 비해 둘은 분명하게 '이론'을 지향하는 면모를 보여준다.

물리학자 장회익은 1988년에 진정한 생명의 단위로서 '온생명global life'이란 개념을 처음으로 제안한 이후,[1] 1998년의 『삶과 온생명: 새 과학 문화의

---

[1] 장회익은 '온생명' 개념을 1988년 4월 유고슬라비아 두브로브닉에서 있었던 과학철학 모임에서의 발표문("The Units of Life: Global and Individual")을 통해 맨 먼저 도입했다. 그 논문의 우리말 표현이 바로 「생명의 단위에 대한 존재론적 고찰」(장회익, 1988)이다.

모색』에 이르기까지 여러 글들 속에서 독특한 '온생명론'을 펼쳐오고 있다. 그는 자연과학자답게 생명에 대해 과학이론적 견지에서 치밀하게 접근하는 장점을 보여준다. 그러면서도 온생명을 인간 자신의 확대된 주체로 느끼도록 하는 생명윤리를 잠정적인 수준에서나마 모색하고 있는 것이다. 젊은 철학자 한면희는 박사 학위논문을 발전시켜 1997년에 발간한 『환경윤리: 자연의 가치와 인간의 의무』에서 '기생명론'이라 부를만한 관점을 제시한다. 그는 생명 담론을 윤리학적 이론 틀에 비추어 체계적으로 거론한다. 서양적인 생태중심적 환경윤리에는 동양적인 기 중심적 환경윤리로 대처하고, 서구적인 전통적 가치론에는 나름대로 꾸려낸 온가치론으로 응수할 수 있다고 본다.

이 글은 생명의 개념, 규범, 가치에 초점을 맞추어 한울생명론·온생명론·기생명론을 윤리학적으로 검토하고자 한다. 먼저 그것들이 내세우는 생명의 개념을 분석해보고, 그 개념을 생명윤리의 이론 틀, 과학 논리, 근본 정식과 연관시켜 따져본다(2절). 그런 다음 생명의 규범을, 그것을 가장 구체적으로 풀어낸 한울생명론을 통해 체계적으로 해명, 평가해본다(3절). 생명윤리가 함축하는 온가치와 생명 가치에 관한 논증을 모색해보고, 인간중심주의 문제와 관련된 논증도 고려해본다(4절). 마지막으로 한국적 생명론의 의미와 전망을 가늠해본다(5절).

2. 생명의 개념과 생명윤리의 이론

생명이라는 개념에는 매우 많은 뜻이 들어 있다. 생명이란 말은 일상생활에서조차 다르게 쓰여질 수 있거니와, 물리학·화학·생물학·의학 등의 자연과학에서부터 철학·종교·문학 등의 인문학에 이르기까지 다양한 학문 영역에서 썩 다의적으로 사용되고 있다.[2] 우리는 생명을 일회적인 것, 살아 숨쉬는 것 등이라 여기는 상식을 믿으며, 또한 역동적이고 존귀한 것, "의미 있고 가치가 충만한 것"(진교훈, 1998: 106) 등이라 규정하는 직관적 견해에도 쉽게 동의한다. 그렇지만 정작 생명에 대해 객관적 정의를 내리는 일은 거의 불가능에 가깝다.

오늘날 생명의 현상은 과학적 설명의 대상으로 탐색되고 있다. 그러나 생명의 본질은 어쩌면 이해의 대상으로서 신비적 영역에 속할지도 모른다. 문제는 현 상황이 우리에게 생명의 본질적 의미를 분명하게 인식하고, 그에 따라 바르게 행위할 것을 요청하고 있다는 사실에 있다. 그런 맥락에서 한울생명·온생명·기생명이란 세 개념에 주목하지 않을 수 없다. 그것들을 특히 생명윤리의 이론적 차원과 결부시켜 논의할 참이다.

1) 한울생명과 생명윤리의 이론 틀

김지하의 한울생명론은 그 사상적 기반을 동학東學에서 찾는다. 생명론적으로 재해석된 동학에는 동양 전통사상(儒·佛·仙·道·易 등)은 물론 한국 고유사상(한·氣·南朝鮮·韓醫 등)의 생명관이 녹아들어 있다고 본다. 또한 그것은 과학적 근거를 신과학의 가설과 이론에서 구하고 있다. 김지하는 이른바 '생명적 세계관'이란 철학적 관점에 설 때만이 새로운 문제 지평이 열린다고 주장한다. 다소 자의적이긴 하지만, 나는 그 세계관을 크게 ① 생명 형이상학(생명 존재론+생명 자연론+생명 인간론), ② 생명 인식론, ③ 생명 사회철학(생명 사회론+생명운동론), ④ 생명 윤리학 등으로 분류할 수 있다고 판단한다.

앞의 10장에서 그 이론적 구조 등을 자세하게 검토했으므로[3] 여기서는

---

2) 생명의 다양한 개념들과 생명현상에 대한 여러 가지 인식들을 위해서는 박인원 외 4인(1993) 및 차건희 외 5인(1997) 참조.
3) 김지하의 '생명사상' 혹은 '생명운동'의 사상적, 이론적 구조 및 생명적 세계관의 주장과 그 비판에 대한 상론은 이 책 10장 참조.

단지 그 윤곽만을 대강 새겨보도록 하겠다. 생명 형이상학은 생명이란 존재적 개념의 규명에 초점을 모으는 생명 존재론, 자연의 본성과 그것의 인간과의 관련에 주목하는 생명 자연론, 인간의 본질과 그 사회적 속성의 파악을 중심으로 한 생명 인간론으로 이루어진다. 생명 인식론이란 기화신령氣化神靈에 의존하는 주문呪文 공부, 단전丹田 수련, 각비覺非 등의 신령적 인식 방법과 '아니다 그렇다〔不然其然〕'라는 역설적인 생명 논리로 대표된다. 생명 사회론은 '무위이화 조화정無爲而化 造化定'으로서의 주민자치론, 시장의 성화聖化론, 이중 경제론, 동북아시아 생명공동체론 등으로 짜여진다. 생명운동론은 개벽開闢적 사회 이념에 기초하여, 여러 개별 운동의 총화를 지향하는 생명 총체적 사회운동론과 영성靈性의 의사소통 그물을 설치하려는 생명 그물적 사회운동론으로 요약된다. 여기서 주로 다룰 생명 윤리학은 사람들 간에나 통용될 법한 모심〔侍〕의 태도를 살아 있는 생명체뿐 아니라 죽어 있는 물건들에까지 확대할 것을 주장하고 있다.

김지하는 '생명'을 새로운 문명사적 패러다임의 전환 개념으로 설파한다. 도대체 어떤 생명의 개념을 가지고 우리들을 설득하려 드는가? 그에 따르면, 생명은 자라는 것이고, 부분의 유기적 전체이고, 유연한 질서이고, 자율적으로 진화하고, 개방된 체계이고, 순환적인 되먹임 고리feedback에 따라 활동하는 것이고, 또한 정신이라고 규정된다.[4] 그러나 무엇보다도 생명의 요체는 '생성의 과정'에 있다고 주장된다.(김지하, 1996: 42) 달리 말하면 '생명은 실체가 아니라 생성이다'(김지하, 1996: 36, 41) 또는 '세상에 존재하는 것은 어디에도 없고, 오직 살아 존재하는 생존만 있을 뿐이다'로 표명된다.(김지하, 1996: 81~2, 156~157)

---

4) 한살림모임, 1990a: 19~22. 이 「한살림선언」은 '한살림모임'이 창립총회(89. 10. 29.)에서 채택한 것으로 한살림운동의 이념적 기반으로서의 생명사상을 집약하여 체계적으로 서술한 것이다. 김지하는 그 모임의 연구위원장으로서 문안 작성을 주도하였다. 따라서 이 「한살림선언」을 김지하의 글로 간주해도 전혀 무리가 없다.

한울생명론의 생명에 대한 존재론적 주장들을 명제들로 정리하면 다음과 같다.

① 진정한 실재는 생명이다. ② 생명의 본질은 실체가 아니라 생성(생존)에 있으며, 생명의 본성은 영성(정신)에 있다. ③ 생명의 통일적 존재자는 우주의 큰 생명인 한울생명이다. ④ 한울생명은 궁극적 실재로서 생성적·고정적·진화적 존재이다. ⑤ 한울생명은 물질, 인간, 사회, 자연 등의 모든 존재자에 내재한다. ⑥ 모든 생명은 전체의 일부분인 동시에 부분들의 통합된 전체라는 전일적 구조를 갖고 있다. ⑦ 인간은 자신 안에 한울생명의 생성을 모시는 한 생명이다.(한살림모임, 1990a: 19~42; 김지하, 1996: 36~38, 55, 97, 111, 127~32)[5]

위의 명제들에서 생명 개념의 특성이 분명히 드러난다. '한울생명'은 존재하는 모든 '존재자'들을 포괄하는 '생명'으로서, 보편적이고 초월적인 '존재(그 자체)'인 궁극적 실재이다. 또한 한울생명의 본질은 '정신(혹은 마음)'이다. 그 정신의 본성은 창조적인 것으로 생명의 근원적 활동을 통해 표출된다. 그런데 생명들 간의 존재론적 위계 문제가 다소 뚜렷하지 않다. 김지하는 진정한 실재인 '한울생명'은 물질, 인간, 사회, 자연 등의 모든 존재자에 내재한다고 누누이 역설한다.(한살림모임, 1990a: 19, 25; 김지하, 1996: 43, 55) 그런 까닭에 생명의 존재적 계층과 위계가 엄청나게 크고 넓게 나타나는 문제를 가진다.

그런데 이런 생명 개념이 도덕이론에서 주요한 역할을 수행할 만큼 적절한 것인지에 대한 의구심을 완전히 지울 수는 없다. 모든 생명중심적 환경

---

[5] 여기서 ①, ③, ④, ⑤, ⑥은 10장의 존재론적 명제들과 동일하지만, ②와 ⑦은 새롭게 추가된 것이다.

윤리를 겨냥한 그런 문제 제기는 실질적으로 도덕적으로 특수화된 생명관을 적극적으로 요구하는 것이다.(Agar, 1997: 147) 그런 문제의식을 갖고서, 한울생명론이 제안하는 채 이론화되지 못한 생명윤리가 과연 환경윤리학의 이론적 틀을 갖출 수 있는지를 살펴보자. 도덕이론의 합당성을 보장해 주는 형식적 요건을 나는 다음과 같이 설정하고자 한다. (1) 논리적 일반화 가능성, (2) 정당성, (3) 일관성, (4) 결정 가능성 등이 그것이다.[6] 이제 김지하가 그려보는 생명윤리의 이론 틀을 그것들에 비추어 차례대로 생각해 보자.

(1) 논리적 일반화 가능성: 이것은 동일한 종류의 상황 아래에 있는 모든 행위자들이 어떤 행위 규칙을 동일하게 신봉하는 경우에만 일반화 가능하다는 의미이다. 달리 말하면 어떤 행위 규칙의 일반화 가능함이란 행위 규칙이 그 자체 안에 논리적인 일반화 가능성을 함유할 때 성립한다. 생명윤리에서 행위 규칙들은 논리적 일반화 가능성을 충분히 확보하는 것으로 판단된다. 예를 들어 만일 어떤 사람이 환경이 파괴되는 상황 속에서 '생명을 죽이지 말라'란 행위 규칙을 신봉하면서 그에 따라 도덕 판단을 내린다면, 다른 사람들의 경우에도 마찬가지로 그런 상황에서 그런 행위 규칙을 믿으면서 유사한 도덕 판단의 결심을 논리적으로 함축한다는 뜻에서 일반화 가능하다는 말이다.

(2) 정당성: 정당성이란 실천적으로 정당화를 시도하는 방법적 절차에서 성취되는 바, 상식에 호소하거나, 인식론적으로 설득하거나, 혹은 형이상학적 믿음에서 직접 추리하는 경우가 있겠다. 생명윤리의 경우, 우선 일반적 상식에 호소하기가 그리 쉽지 않다. 또한 누구나가 공감하는 데 큰 어려움을 느낄법한 신령적 인식 방법이나 역설적 생명 논리를 인식 방법으로

---

6) (1)과 (2)는 Little & Twiss(1978: 34~35, 101~116)에서, (3)과 (4)는 Thompson (1990: 150)에서 가려 뽑은 것이다.

취하기 때문에 타인을 설득하는 데 명백한 한계를 가진다. 다만 생명윤리는 존재론적 주장으로부터 윤리적 주장이 추론되는 전형적인 형이상학적 윤리설이므로, 존재론적 주장의 참에 의해 자신의 정당성을 확보할 도리밖에 없다.

(3) 일관성: 일관성은 환경윤리 이론이 자의적이어서는 안 된다는 것을 강조한다. 어떤 도덕이론 내의 명제는 그 이론 내의 다른 명제들과 논리적으로 모순되지 않아야 한다. 생명윤리는 전반적으로 일관성을 유지하는 것처럼 보인다. 이를테면 이 세상의 일체 만물을 한울생명으로 보는 '생명의 패러다임'(한살림모임, 1990a: 25; 김지하, 1996: 55)에서 "스스로 성실하게 적극적으로 그 생성 변화하는 생명을 제 몸에 모시고 살던서 그 삶 속에서의 삶의 이치를 산 채로 깨우쳐 산 채로 실천하는'(김지하, 1996: 38) 행위의 기본 원리가 이끌려 나온다. 생명 존재론의 핵심 명제들에서 생명윤리의 도덕원리들이 곧바로 연역되는 형편을 고려한다면, 생명윤리 전체를 관통하는 일관성조차 읽을 수가 있다.

(4) 결정 가능성: 이것은 갈등 상황을 일으키는 도덕적 딜레마를 해결하기 위해 환경윤리학은 가치 있는 것과 가치 없는 것을 명백히 가름할 수 있어야 한다는 것을 뜻한다. 단일 결정 가능성이 없다면 환경윤리학은 도덕 현실 안으로 직접 스며들어 행위로 표출되는 실천적 능력을 상실하고 만다. 생명윤리에서 본래적 가치를 가진 것인지의 여부는 한울님의 내재함에 달려 있다고 판단된다. 생명윤리는 "한울님은 사람과 생물 심지어 무기물에까지 내재해 있다"(한살림모임, 1990a: 25)고 보기 때문에 가치 있는 것과 가치 없는 것을 분명하게 제시해주는 결정 가능성을 만족시킬 수 없음이 자명하다.

요컨대 생명윤리는 자신이 내세우는 윤리적 주장에 규정적 힘을 불어넣고, 도덕적 규범에 잠재하는 실천적 능력을 회복하기 위해 위의 형식적 요건들을 더욱 잘 만족시키는 이론 틀로 재구축되어야 한다. 그것이 바로 도덕이론적 합당성을 확보하는 지름길인 것이다.

2) 온생명과 생명윤리의 과학 논리

장회익은 물리학자답게 생명의 문제를 자연과학적 견지에서 탐구한다. 앞에서 철학적 개념으로 분석된 한울생명과는 사뭇 다르게, 그는 온생명을 "전체론적 관념의 산물이 아니라 과학적 고찰의 결과물이며 관측적으로 구획되는 실체적 개념"(장회익, 1998: 298)이라고 주장한다. 그것은 형이상학에 바탕을 둔 게 아니라 과학적 법칙과 경험적 사실에 근거한 개념이다. 또한 그는 궁극적으로 온생명 중심의 가치를 주축으로 하는 생명윤리의 체계를 구상하고 있다. 그 윤리 체계는 인간이 온생명을 "확대된 주체"(장회익, 1998: 240)로 느끼고, 자신을 온생명의 신경망으로 깨달아 전혀 새로운 생명 가치관을 정립해나가는 틀을 이른다.(장회익, 1998: 214, 240~241, 284~286) 한마디로 온생명론은 생명윤리를 과학의 논리에서 이끌어내려고 한다.

온생명의 개념을 규정하기 이전에 생명의 뜻부터 살펴보자. 장회익에 따르면 생명 현상에는 안과 밖이 있다고 한다. 생명의 밖이란 네 가지의 외적 형성 조건을 말한다. 곧 ① 체계 유지 기능(대사), ② 자체 복제 기능(생식), ③ 변이 계열의 형성(진화), ④ 협동 체계의 형성 등이 그것이다. 한편 생명의 안이란 '내적 의식의 발현이 가능한 존재라는 사실을 스스로 깨달아 알게 된다'는 내적 특성을 말한다.(장회익, 1998: 198~211) 그는 온생명을 바로 그런 생명의 판결 기준을 가장 잘 충족시키는 것으로 선택한 것이다.

결국 그는 온생명을 "우주 내에 형성되는 지속적 자유에너지의 흐름을 바탕으로, 기존 질서의 일부 국소 질서가 이와 흡사한 새로운 국소 질서 형성의 계기를 이루어, 그 복제 생성률이 1을 넘어서면서 일련의 연계적 국소 질서가 형성 지속되어나가게 되는 하나의 유기적 체계"[7]라 정의한다.

혹은 "기본적인 자유에너지의 근원과 이를 활용할 물리적 여건을 확보한 가운데 이의 흐름을 활용하여 최소한의 복제가 이루어지는 하나의 유기적 체계"(장회익, 1998: 227)라고 규정하기도 한다. 말하자면 온생명이란 대략 35억 년 전에 태양-지구계를 바탕으로 출현했고, 매우 정교한 물리적, 화학적 여건을 갖추고 있으면서 나름대로 유기적 구조를 이루며 생존해나가는 존재로서, 지속적인 성장을 거듭하다가 급기야는 인간이라는 영특한 존재까지 배출한 하나의 온전한 생명을 뜻한다.

온생명의 속성은 어떠하며 다른 생명들과는 어떤 관련을 가지는가? 장회익이 여러 곳에서 서술한 내용들을 명제적으로 정리해보면 다음과 같다.

① 온생명은 생명의 진정한(정상적인) 존재 단위로서 전일적 실체이다.
② '개체생명individual life'은 내적 결속을 유지하면서 시간에 따라 지속적으로 전개되어나가는 시공간적으로 국소화된 실체이다.
③ '보생명co-life'은 온생명에서 해당 개체생명을 제외한 그 나머지 부분을 말한다.
④ 온생명은 생명의 전체를 포괄하는 완결적(독자적) 존재 단위이고 개체생명은 생명의 각 단계의 개체들을 나타내는 조건부적(의존적) 존재 단위이다.
⑤ 어떤 한 개체가 생명성을 갖는다는 것은 온생명의 틀 안에서 개체생명과 보생명을 동시에 보유함을 의미한다.
⑥ 개체생명과 보생명은 생존을 위해 경쟁을 본성으로 하는 종적 관계와 협동을 본성으로 하는 횡적 관계를 맺고 있다.

---

7) 장회익, 1998: 178. 또는 "우주 내에 형성되는 지속적 자유에너지의 흐름을 바탕으로, 기존 질서가 새로운 질서의 모터가 되어, 지속적인 성장을 가능케 해나가는 그 어떤 '정보적 질서'의 총체"라 정의내리기도 한다.(장회익, 1998: 223~224)

⑦ 하나의 개체생명인 인간은 온생명의 신경세포적 기능을 지닌 존재로서 자신은 물론 보다 큰 개체생명인 인류, 그리고 전체생명으로서의 온생명을 '나'라고 의식하는 다중적 주체이다.(장회익, 1990: 197~208; 1993: 11~19; 1998: 167~309 참조)

위에서 ①은 가장 핵심적인 주장으로서 생명의 존재론적 구조가 본질적으로 우주적 규모이어야 함을 잘라 말한다. 온생명이란 개체성만을 제외한 모든 포괄적 의미의 생명을 함축하는 자족적 존재 단위로서의 생명 실체이다. ②와 ④가 주장하는 바는 이렇다. 개체생명은 온생명의 시공간적 전개에 의한 역사적 산물로서 그것의 가장 중요한 기능은 자체의 생존 유지 기간 이내에 자신과 대등한 다른 개체생명을 평균 하나 이상 형성해내는 일이다. 그것은 개체의 존속을 위해 그 구성물에 대한 물질적 연속성을 포기하는 대신 그것이 지닌 정보적 연속성을 취함으로써 자신의 정체성을 유지해나가는 '생명의 개체화 전략'에 힘입은 것이다. ③, ⑤, ⑥이 지적하는 주요한 내용은 개체생명과 보생명이 한 개체의 생존에서 서로 상보적 관계를 이룬다는 점이다. 개체생명이 생존을 위해 보생명과 맺어가는 관계는 자유에너지 및 기타 생존에 필요한 소재들의 수급 과정에서 나타나는 종적 관계와 유사한 여건 속에서 함께 생존해나가는 동류 개체들 사이에 맺어지는 횡적 관계이다. 예컨대 인간이 그 보생명과의 관계에서 가지는 종적 그리고 횡적 측면은 바로 인간의 활동이 지니는 생산 소비적 측면과 사회구조적 측면을 말한다. ⑦의 주장에서 비로소 온생명론의 생명윤리가 그 윤곽을 드러낸다. 그것은 인간이 온생명에 대해 자기동일화하고, 온생명을 '나'로 의식하는 집합적 지성이 형성됨으로써 온생명 자신이 스스로의 자아의식에 이르는 직접적 계기를 마련한다. 여기서 한걸음 더 진입한다면 새로운 온생명 중심적 관점이 여러 영역에서 구축될 수 있다. 한 예로 이상 사회란 "온생명을 구성하는 하나의 하부구조로서 온생명에 속하는 여타 부분과의 긴밀한 조화 아래 온생명을 지탱해나가는 데에 기여함과 동시에 안으로는 구성원들의 안위를 보살펴 나가는 조직'(장회익, 1998: 248)이라 말해진다.

위의 7가지 명제를 비판적으로 고찰해본다면, 과학적 사실에 근거하여 추리되었다고 강변하지만, 관념론적 색채가 여전히 남아 있는 사변적 논변에 가까워 보인다. 설령 ①~⑥을 모두 옳은 사실적 주장이라 승인한다 해도, ⑦은 결국 받아들이기 어려울 터이다. 왜냐하면 ⑦은 인간의 의지와 가치판단이 함유된 규범적 주장이기 때문이다.

3) 기생명과 생명윤리의 근본 정식

한면희는 김지하 못잖게 동양의 전통적 자연관에 기대어 생명을 바라본다. 그는 한의학을 위시한 한국적 기학에서 제시하는 기氣를 생태학적인 것으로 이해하는 데서부터 출발한다. 그 생태학적인 기는 생태계에서의 생명 에너지이며 기의 흐름은 생명 에너지의 흐름이다. 그래서 자연을 "기가 흐르는 자연적 존재의 복합적인 망"(한면희, 1997a: 247)으로 여긴다. 인체에 흐르는 기도 알고 보면 자연에 흐르는 기가 국지적으로, 즉 인간이란 생물종에 나타난 일면일 뿐이다. 기중심적 환경윤리를 내놓은 그는 기생명을 '온가치onn-value'와 연결하여 개념화한다. 그에 따르면 온가치란 "자연적 존재와 그 과정이 유기적으로 연관되어 상보적으로 생명 에너지의 흐름을 잇는 가치"(한면희, 1997b: 744)이다. 자연적 존재는 그것이 생물체이든 무생물체이든 간에 기를 품고서 생태학적 기의 원활한 흐름에 이바지하는 한 온가치를 갖는다. 온가치란 결국 어떤 것에 내재하는 기가 표상하는 가치이다.

한면희는 온가치에 토대하여 기중심적 환경윤리의 근본 정식을 공식화한다. 이 정식은 통상 인간을 지칭하는 '도덕적 행위(주체)자'와 동물·식물 등 비인간으로까지 넓혀져 있는 '도덕공동체의 구성원' 사이의 관계에 특히 주목하여 진술되고 있다.

> 어떤 구성원 X가 온가치를 갖는 자연이고 그 속에서 통일적으로 엮어져 생태학적 기, 즉 생태계의 생명 에너지 흐름을 잇는 구성원일 경우 그리고 오직 그 경우에만 그 X는 모든 도덕적 행위자에 의해 도덕적으로 고려되어야 한다.(한면희, 1997a: 249)

이 생명윤리의 정식에서 기의 가치, 즉 온가치는 자연의 온갖 구성원들이 얽혀서 생명 에너지를 교환하는 장場이 드러내는 가치로, 또한 구성원들이 서로 밀접하게 연결되어 이어지는 망網이 만드는 가치로 설명되고 있다. 그럼에도 불구하고 추상적인 기 개념에 바탕한 온가치이기에 그 의미가 명확하게 드러나지는 않고 있다.

3. 생명의 규범:
한울생명론의 규범 체계를 중심으로

앞 절에서 살펴보았듯이, 한국적 생명론은 한울생명 · 온생명 · 기생명이란 독특한 생명 개념에 기초하여 생명윤리를 지향한 이론 틀, 논리, 정식을 펼쳐 보이고 있다. 이번에는 생명론이 제안하는 도덕적 규범론에 대해 고찰할 차례이다.

장회익의 온생명론은 규범 체계에 대해 아직은 운을 뗀 정도에 불과하다. 이를테면 인간의 본원적 당위에 대한 잠정적 명제는 이렇다. "우리는 장엄한 우주의 질서와 그 안에 주어진 삶의 기회를 경건한 자세로 받아들여야 하며, 모든 삶의 모체인 동시에 한층 고차적인 존재 단위가 되는 전체

생태계(즉 온생명)의 보존과 발전에 기여해야 할 것이며, 또한 이것의 일부를 이루는 모든 의식 주체들의 주체적 삶의 존엄성을 보장해야 한다."(장회익, 1990: 281~282) 어떻든지 온생명론은 종국적으로 온생명 중심의 규범윤리의 정립을 목표로 삼고 있음에는 의심할 여지가 없다. 반면에 한면희의 기생명론은 규범윤리적 정향을 표방한 짜임새 있는 환경윤리의 체계를 선보이고 있다. 그렇지만 그것은 실행적인 행동 지침을 구체적으로 풀어내기보다는 근본적이고 일반적인 도덕원리의 정식화에 집중하는 경향을 보인다. 아무튼 온생명론이나 기생명론은 둘 다 '우리는 과연 무엇을 그리고 어떻게 행위해야만 하는가?'라는 물음에 실천적 행동 강령과 구체적 행위 덕목의 체계로 대답하고 있지는 않다. 다만 김지하의 한을생명론만이 응용적이고 규범적인 환경윤리로서 나름대로의 규범 체계를 제시하고 있다.

우리가 일상적으로 도덕원리에 대해 반성하는 일은 그 성격상 체계적이다. 보통 그 순서는 '도덕적 신념'에서 나온 '도덕 판단'으로부터 출발하여, 더 일반적인 도덕원리인 '도덕 규칙'을 거쳐서, 마침내 가장 기본적인 도덕원리라 할 수 있는 '도덕 준거'로 진행되어나간다. 그러나 도덕이론을 검증하는 경우에는 그 단계를 거꾸로 진행하는 게 더 적합해 보인다. 도덕 준거는 가장 근본적이고 최고의 자리를 차지하는 도덕원리, 즉 하나의 도덕이론 안에서 옳음·그름 혹은 좋음·나쁨의 결정 기준을 제공하는 원리이다. 중간 단계의 도덕 규칙은 매개적인 것으로 도덕 준거로부터 도출된 일반적인 도덕원리들로 구성되어 있다. 도덕 판단은 개인과 행위에 대한 도덕적 평가이거나 아니면 적어도 도덕 규칙에서 다룬 것보다 더 구체적인 행위와 개인에 대한 윤리적 평가를 말한다.[8] 이 자리에서는 도덕이론의 세 단계에서 도덕 준거와 도덕 규칙에만 관심을 집중시켜 생명윤리의 도덕적 내용을

---

8) 해리스, 1994: 61~70. 그와 비슷한 논의가 이진우(1997: 153~157)에서도 펼쳐지고 있다.

검토하도록 한다.

1) 생명윤리의 도덕 준거

생명윤리는 형이상학적 윤리설의 한 형태를 취한다. 그 특징은 생명 윤리의 도덕원리를 생명적 세계관의 형이상학적 원리에서 직접 추론하는 데에 있다. 즉 앞에서 거론했던 생명 존재론의 ①~⑦명제(2절 1항)에서 곧바로 다음과 같은 두 도덕 준거가 추출된다. 한 준거는 생명윤리에 고유한 '생명 모심의 원리'에 정초한다. 다른 준거는 썩 일반적인 '수단과 목적의 원리'를 적용시킨 것이다.

> 도덕 준거 1: 생명을 모시는 일로 구현되는 생명 가치를 증진하는 행위들은 도덕적으로 옳(좋)다.
> 도덕 준거 2: 자기 자신은 물론 다른 모든 사람들뿐 아니라 동물·식물·사물 등 모든 대상을 단순한 수단으로서가 아니라 목적으로 대하는 행위들은 도덕적으로 옳(좋)다.

실제로 김지하는 분명한 표현을 동원하지는 않았지만, 곳곳에서 위의 도덕 준거를 지지하는 견해들을 개진하고 있다. 몇 가지 예를 들어보자. "사람은 물건과 더불어 다같이 공경해야 할 한울이다."(한살림모임, 1990a: 25) 사람의 사회적·윤리적 책임이란 "사람이 한울을 모시고 키우는 주체로서 한울님다운 도덕적, 사회적, 생태적 행위를 해야 함을 의미하는 것이다." (한살림모임, 1990a: 28) "모심을 자각적으로 실천하는 주체적 모심일 경우에만 그것은 윤리적 태도가 되며"(김지하, 1996: 154) 나아가서 "'모심'은 완성된 제품인 도구나 기계를 사용할 때에도 기본적으로 일관되어야 한다"(김지하, 1996: 54)라고까지 언급한다. 위의 도덕 준거는 보다 구체적인 도덕 규칙을 정하는 데 결정 원리로서 작동된다. 물론 어떤 규범이 도덕 규칙으로 확정되기 위해서는 두 가지 도덕 준거 모두에 들어맞아야 한다. 줄여 말하면 도덕 준거란 어떤 도덕원리들이 도덕 규칙으로 적합한지를 판별하는 잣대가 되기도 하며, 여러 도덕 규칙들 간의 상호 관계를 적절하게 조정하는 저울일 수도 있다.

2) 생명윤리의 도덕 규칙

도덕 규칙은 많은 개별적 도덕 판단들을 정당화시키는 역할을 수행한다. 도덕 규칙은 대체로 도덕 준거에서 진술된 기준을 바탕으로 하여 옳거나 그른(좋거나 나쁜) 행위의 윤곽을 그려 나간다. 도덕 규칙을 일부러 나눈다면, 개인들 간의 관계에 주목하는 개인윤리적 규칙과 개인과 집단, 집단과 집단의 관계에 관심을 기울이는 사회윤리적 규칙으로 양분할 수도 있다. 생명윤리의 도덕 규칙은 동학東學의 십무천十毋天과 삼전론三戰論을 재해석한 것이다. 둘은 그 성격상 개인윤리와 사회윤리를 넘나드는 것으로 판단된다. 구태여 따져 본다면, 십무천은 소극적인 개인 지향적 도덕 규칙이고 삼전론은 적극적인 사회 지향적 도덕 규칙이라 할 수 있다. 동학은 도덕을 "모든 사람이 함께 살아갈 크고 넓은 길이요 그 모든 목숨을 살리는 활인기活人機"(김지하, 1994: 46)라고 부른다. 그렇다면 십무천은 활인기를 실제로 움직이는 도덕 규칙이요 생활 규범이다. 그것은 우리의 행위를 실제적으로 인도하는 '생명의 덕목'이다.

① 무기천毋欺天: 한울, 즉 생명(=신명, 사람, 사람의 본성, 중생, 민중, 삶, 우주 등등)을 속이지(기만하지) 말라.
② 무만천毋慢天: 생명을 업신여기지(깔보지) 말라.
③ 무상천毋傷天: 생명을 다치지(상하게) 말라.

④ 무란천毋亂天: 생명을 어지럽히지(교란하지) 말라.
⑤ 무요천毋夭天: 생명을 죽이지(살해하지) 말라.
⑥ 무오천毋汚天: 생명을 더럽히지(오염시키지) 말라.
⑦ 무뇌천毋餒天: 생명을 굶기지(착취하지) 말라.
⑧ 무괴천毋壞天: 생명을 부수지(파괴하지) 말라.
⑨ 무염천毋厭天: 생명을 싫어하지(혐오하지) 말라.
⑩ 무굴천毋屈天: 생명을 굴복시키지(예속시키지) 말라.(김지하, 1987: 178~184; 한살림모임, 1990a: 28; 김지하, 1994: 32, 240~244 참조)

이런 도덕 덕목을 행위로 옮기는 체천體天의 근원적 시발점은 어디까지나 한울을 모시고〔侍天〕 한울을 키우는〔養天〕 일이다. 체천의 현실적 실마리는 개인의 실천적 활동에서 찾을 수밖에 없다. 예를 들면 개인의 자아실현을 위한 명상, 단전 같은 생활 수양, 주문 같은 영성 학습, 각비覺非라는 참회, 성실한 삶 등이 있다. 그런 활동은 무엇보다도 '자기 자신 내부에 신령한 가르침의 스승이 살아계심을 깨달아 느끼는' 자재연원自在淵源의 태도에 입각하는 것이기도 하다.

삼전론이란 죽임과 억압의 질서에 대한 도덕적, 정치적 투쟁을 뜻하는 도전道戰, 소외와 분열의 세계에 대한 사회적, 경제적 투쟁을 이르는 재전財戰, 조작과 기만의 문화에 대한 싸움을 의미하는 언전言戰을 말한다. 김지하는 생명적 세계관의 확립을 위한 실천 방안으로서 한때 '전면적 고백운동' 내지는 '사회적 고발운동'을 제안하였다.[9] 이것은 생명윤리의 사회윤리적 함축으로서 도전道戰의 일환으로 이해된다.

요컨대 생명윤리가 주창하는 도덕적 실천은 사람들이 죽임의 세계에 대한 적극적인 싸움을 벌이면서〔三戰論〕 동시에 일상생활에선 생명에 대한

---

9) 보다 자세한 내용은 앞의 10장 참조

존엄성과 외경심을 잃지 않은 채 행위해야만 한다는 정언적 명령인 것이다 [十毋天]. 그것은 "신령하고 무궁한 우주 생명을 모신 생존"(김지하, 1996: 113)으로서의 인간이 생성을 모신 삶을 "자각하고 그 생명의 흐름에 그대로, 그러나 동시에 자주적이며 창조적, 영성적으로 동역同役, 동사同事하는"(김지하, 1996: 111) 자신의 책무를 다하는 일이기도 하다.

3) 생명윤리의 규범 체계에 대한 평가

나는 한울생명론이 구축한 규범 체계를 다섯 가지 기준에 따라 평가하려 한다.

(1) 일반적 적용 가능성: 도덕원리의 일반적 적용 가능성은 어떤 도덕 준거나 도덕 규칙이 유사한 상황에 처해 있는 유사한 행위자에게 동일하게 적용될 수 있는 경우에만 일반화 가능하다는 의미이다. 달리 말하면 도덕의 준거나 규칙이 모든 행위자들에게 일반적으로 적용 가능할 때 성립한다. 보통 사람들이 십무천이란 생명윤리의 도덕 규칙들을 일반적으로 행위로 옮기는 것은 그리 가능성이 높아 보이지 않는다. 그 까닭은 뒤(4절)에서 상세히 다루겠지만, 대다수 사람들은 행위를 할 때 여전히 인간중심적인 입장을 고수하는 성향이 있기 때문이다.

(2) 타당성: 타당성은 도덕 원리들을 동원하여 구체적인 행위규범들을 실천적으로 이끌어 낼 때 성취하는 수준을 말한다. 바꾸어 말하면 타당성의 수준이란 도덕 준거나 도덕 규칙이 얼마나 잘 정당화될 수 있는지의 여부로 가름된다. 도덕이론 안에서 시도하는 일반적인 도덕 규칙의 정당화는 기본적인 도덕 준거에 의거하여 수행하면 된다. 그런데 그 도덕 준거는 더 고차적인 도덕 준거에 의존해야만 스스로를 변호할 수 있다. 따라서 도덕이론 안에서 제일원리적인 도덕 준거를 엄밀히 입증하는 것은 사실상 불가능하다. 결국 초점은 도덕 준거나 도덕 규칙의 정당화를 도덕이론 밖에서

이끌어낸 근거들에 의존하여 수행하는 데로 모아진다. 생명윤리 안에서 십무천이란 도덕 규칙은 두 도덕 준거에 의거하여 충분히 정당화되기 때문에 일정한 타당성을 갖는다. 그러나 도덕이론의 밖에 주목할 경우, 생명윤리는 합리적 인식이나 도덕적 직관에 호소하기보다는 종교적 심성이나 신비한 직감에 기대는 성향을 내보임으로써 타당성 면에서 결함을 스스로 불러들이는 듯하다.

(3) 비공허성: 이 기준은 도덕이론이 규정적 힘을 상실해서는 안 된다는 것을 말한다. 생명윤리에서는 모심(侍)이란 윤리적 기본 원리가 대인 관계는 물론이거니와 대물 관계, 대생명 관계, 대자연 관계 등에도 그대로 관철된다고 본다.(한살림모임, 1990a: 24; 김지하, 1996: 54, 154~156) 그러기 때문에 한울생명론은 본래적 가치를 갖는 실재들을 격에 맞게 차별화하기가 난감하여서 공허한 이론에 그치기가 십상이다. 달리 말해서 개인의 개별적 행위를 향해 정언적 명령을 내려야 할 도덕 규칙으로서의 십무천이 자신에게 고유한 규정적인 능력을 점차적으로 잃어간다는 점이다.

(4) 유용성: 이 기준은 도덕적 딜레마의 상황을 해결하는 데 이론이 얼마만큼 쓰임새가 있는가를 따지는 것이다. 생명윤리의 이론은 두 측면에서 유용성을 획득하는 데 결함을 드러낸다. 하나는 그 이론에서 쓰는 개념들(예: 생명 모심, 생명 가치 등)이 애매모호해서 실제적인 도덕 판단에 관해 함축하고 있는 것이 명료하지가 않다는 점이다. 다른 하나는 십무천 같은 도덕 규칙이 서로 상충되는 덕목들을 중재하는 지침으로서의 역할(예: 본래적 가치를 지닌 생명과 본질적 값어치를 지닌 생명을 분명히 가르는 일 따위)을 제대로 수행하지 못한다는 것이다. 이렇게 되면 현실적인 도덕 판단에서의 실행 능력은 거의 무망한 것이 되고 만다.

(5) 신빙성: 이 기준은 도덕이론이 구체적인 문제에 관해 함축하는 내용과 이미 우리가 가지고 있는 도덕적 신념과의 일치의 정도를 말한다. 일치의 정도가 높을수록 신빙성 있는 이론이 된다. 생명윤리의 이론은 현재로

서는 신빙성이 매우 낮아 보인다. 왜냐하면 그 이론의 주장(예: 물건도 한울로서 모셔야 한다는 경물敬物의 원리)은 알게 모르게 인간중심주의에 물들어 있는 우리의 상식적인 신념과 매우 어긋나기 때문이다. 그러나 이 기준은 상당히 상대적인 것이어서 생명윤리에 큰 타격을 가하지는 못한다. 그런 까닭으로 인해 생명윤리는 생명 형이상학의 주장에서 이론적 타당성을 얻으려고 온 힘을 쏟을 수밖에 없다.

4. 생명의 가치 논증과 인간중심주의 문제

어떠한 환경윤리도 설득력을 갖기 위해선 자신이 내세우는 도덕적 주체가 본래적 가치를 소유한다는 점을 성공적으로 논증해야 한다. 인간이 아닌 환경적 주체를 앞세울 경우에는, 거기에다가 그 주체가 인간과 어떻게 관련을 맺는가 하는 문제를 조리 있게 설명해내야 한다. 말하자면 다소 추상적인 '생명'을 도덕적 주체로 내세우는 생명윤리는 풀기 어려운 인간중심주의 문제를 떠안고 있는 형국이다. 따라서 먼저 기생명론이 요령 있게 제시한 온가치 논증을 간단히 개괄한다. 그런 다음에 나는 아직 논증을 갖추지 못한 한울생명론과 온생명론에 걸맞은 생명 가치 논증을 안출해보고, 끝으로 인간중심주의 문제를 명료하게 부각시키는 인간-비인간 관계 논증을 검토하려고 한다. 그런 논증들은 생명윤리의 이론을 뒷받침하는 실질적 역할을 맡게 될 것이다.

1) 온가치 논증

한면희는 '온가치 틀거리'와 '가치와 의무의 상관관계'를 연결하여 다음과 같은 논증을 제시한다.

① 어떤 X(=도덕공동체의 구성원)가 생태학적 기, 즉 생명 에너지의 흐름을 잇고 그리고 도덕적 행위자가 기의 흐름을 존중하는 생명 에너지 흐름의 존중 조망을 갖는다면, 그것은 온가치를 갖는다.
② 어떤 X는 생명 에너지 흐름을 잇는다.
③ 도덕적 행위자가 생명 에너지 흐름의 존중 조망을 갖는다.
④ 따라서 어떤 X는 온가치를 갖는다.
⑤ 그러므로 어떤 X를 존재하게 만들 위치에 있는 도덕적 행위자는 기의 흐름을 존중하는 조망을 가짐으로써 생명 에너지가 흐르는 자연이나 자연의 구성원으로서 그것 없이는 생명 에너지가 끊길 가능성이 높은 그런 자연적 구성원을 존재하게 할 의무가 있다.(한면희, 1997a: 252)

위의 논증은 전체로서의 자연, 생태계, 종 그리고 개체가 생명 에너지 흐름에 기여하는 한 X로서는 좋다는 것을 말해준다. 물론 X에는 생태학적 기가 흐르는 자연과 그 흐름을 잇는 수많은 자연적 실재가 들어갈 수 있다. 위의 논증은 형식논리적으로는 지극히 타당하다. 그러나 내용상으로 다음의 비판을 견디기가 쉽지 않을 듯하다. ①~④를 놓고 볼 때, 애당초 기 개념에 기인한 애매모호함이 온가치의 불명료성으로 계속 이어짐을 알 수 있다. 마침내는 도덕 판단을 내려 도덕적으로 의무인 행위로 옮겨가는 절차에서, 즉 ⑤가 말하는 의무를 수행하는 데서 현실적 응용성이 썩 부족하다고 귀결될 여지가 많다.

2) 생명 가치 논증

먼저 한울생명론을 살펴보자. 생명을 둘러싼 개념적 언급은 꽤 많지만 그것에 대한 가치론적 논의는 거의 없는 형편이다. 단 두 곳에서 지나가듯이 언급될 뿐이다. 김지하는 생명 가치를 '인간과 우주 자연, 인간과 인간,

인간과 자기 자신 상호 간의 관계성, 순환성, 다양성과 영성을 특징으로 하는 생명 과정이 조화하고 서로 통합될 때 발생하는 가치'(김지하, 1995: 159~200)로 정의한다. 또한 생명 가치를 경제적 측면에서 포착하여 "생명 과정이 이러저러하게 탈상품화되는 조건에서 성취되는 가치"(김지하, 1996: 453)라고 보다 구체적으로 말하기도 한다.

이제 나는 나름대로 '생명 가치 논증'을 제시하고자 한다. 이것은 한울생명론이 정립하려는 생명윤리의 열쇠 개념에 속하는 생명 가치를 가능한 한 명확히 규정하려는 시도이다.

① 인간 생명은 다른 어떤 생명보다도 우월한 능력(감각적·이성적·도덕적·심미적 능력 등)을 가지고 있으므로 본래적 가치를 지닌다.
② 비인간 생명(동물·식물·온갖 환경적 실재)도 감각 능력이나 번성 능력을 가지며, 다양성을 보유하며, 종과 생태 체계를 이루며, 생명공동체의 구성원이기 때문에 본질적 값어치를 지니거나 혹은 체계적 가치를 지니고 있다.
③ (정의) 생명 과정의 융합에서 발현하는 생명 가치란 생명들 간의 관계성, 순환성, 다양성, 영성이란 속성을 보유한다. 생명 가치는 인간 생명이 소유한 본래적 가치뿐 아니라 비인간 생명이 소유하는 본질적 값어치나 체계적 가치 즉 본질적 가치까지도 모두 포함하는 목적적 가치이다.
④ (전제 ①, ②, ③으로부터) 그러므로 인간 생명은 물론 비인간 생명도 동일하게 생명 가치를 가지며, 인간과 비인간의 복지와 번성은 동등하게 그 생명 가치를 실현하는 것이다.

위의 논증에서 ①, ②, ③→④의 추론은 타당하므로 형식적으로는 전혀 문제가 없다. 그것은 인간 생명과 비인간 생명이 소유하는 가치가 일단 동일한 게 아님을 인정하면서도, 결국에는 둘을 생명 가치란 한 개념 안에 수렴시킨다. 또한 생명 가치가 다양한 생명주체들 간의 생명 과정의 조화와 통합을 통해 산출됨을 보여준다. 그러나 추상적인 생명 과정의 속성을 곧바로 생명 가치의 내용으로 전환시킴으로써 생명 가치가 무엇을 의미하는지를 직접 서술하지는 않는다. 그런 서술은 온갖 생명들 간의 관계성, 순환성, 다양성, 영성이란 속성들을 구체적으로 규정하는 또 다른 논의를 필요로 한다. 그리고 어떤 사물의 가치는 그것이 실제로 가진 질적인 속성 때문에 생긴다고 보는 객관적 가치론자는 위 논증을 능동적으로 수용할 터이다. 그러나 어떤 사물의 가치는 단순히 인간이 그것에 가치를 부여했기 때문에 생긴다고 여기는 주관적 가치론자는 그 논증을 결코 승인하지 않으려는 한계를 지니고 있다.

온생명론도 온생명 가치와 개체생명 가치를 거론하면서 새로운 생명 가치관을 목청 높여 강조한다. 그 요지는 "온생명의 이상적 존재 양상 속에서의 개체생명의 존엄성이라는 기준이 설정되고, 이에 가장 적합한 가치 판단을 위해 지속적인 노력을 해나간다는"(장회익, 1998: 283) 방향 제시 안에 들어 있다. 그러나 장회익의 논의도 역시 정치한 논증의 형태와는 거리가 멀다. 이에 나는 논점을 분명히 하기 위해 '온생명 가치 논증'을 의도적으로 꾸려보았다. 온생명론이 주장하는 테두리 안에 머물고자 애썼음은 물론이다.

① 인간은 온생명의 한 구성원에 불과한 개체생명이다.
② 모든 개체생명들은 온생명의 안에서 보생명들과 상호 의존의 질서를 이루면서 서로 간에 관련되어 있다.
③ 온생명은 모든 개체생명들의 목적론적 중심이다.
④ 인간의 우월성에 대한 주장은 자명한 근거가 없다.
⑤ 그러므로, 우리는 모든 개체생명들의 평등한 본질적 값어치를 인식

해야만 한다.

위 논증에서 ①~③의 전제는 온생명의 관점에 동감하면서 지나치게 인간중심주의에만 매달리지 않는다면 일반적으로 받아들일 수 있는 주장이라 생각된다. 문제는 ④의 전제이다. 그것은 장회익이 명시적으로 주장한 게 아니지만, 온생명론의 밑바탕에 깔려 있다고 짐작하는 것이다. 우리는 다른 개체생명들에 대한 인간의 지배를 정당화하기 위해 여러 방면에서 인간의 우월성을 내세워왔다. 그렇지만 자기반성을 동반한 과학적 지식의 결과물에 기반을 두고 온생명론을 제시한 입장으로서는 인간의 우월성을 밑받침하는 근거를 결코 승인할 수 없다. 바로 여기에 결정적인 어려움이 도사리고 있다. 만일 ④를 수용한다면, 일단 인간이 다른 존재보다 우월하지 못하다는 것을 선선히 인정하는 것인 데, 그렇다면 다른 존재의 복지에 비해 어떻게 인간의 복지를 보다 중시할 수 있겠는가 하는 난문이 그것이다. 이른바 인간중심주의의 문제인 것이다.

3) 인간중심주의와 인간-비인간 관계 논증

먼저 인간중심주의가 어떤 것인지를 아는 게 순서일 것이다. 그것은 크게 두 종류로 나뉜다. 하나는 인식론적 견해를 표방하는 '서술적 인간중심주의descriptive anthropocentrism'이다. 이는 인간만이 세계를 이해하는 유일한 존재라고 한다. 따라서 인간적 관점을 벗어나서는 결코 세계를 적절하게 서술할 수가 없다. 다른 하나는 윤리적 견해를 견지하는 '규범적 인간중심주의normative anthropocentrism'이다. 이는 인간과 인간의 이해 관심만이 가치의 궁극적인 준거라고 한다. 결국 인간이란 도덕적 행위자만을 유일무이한 도덕적 주체로 내세우는 것이다. 비록 "인간중심주의가 인간주의의 유일한 형태는 아니며, 또한 인간의 복지와 번영에 관한 관심이 반드시 인간중심주의적일 필요는 없다"(Martell, 1994: 79)는 주장이 다소 힘을 얻는다 해도, 그것만으로 인간중심주의를 극복할 수 있는 형편은 아니다.

이제까지 살펴보았듯이, 한울생명론·온생명론·기생명론은 각각 인간이란 생명이 자연과 사회 속에 산재한 다른 생명들과 동등하게 한울생명을 나누어 갖고, 온생명에 포섭되며, 기생명을 주고받는다고 볼 뿐, 인간과 비인간 사이의 관계 설정을 정교하게 논하지는 못하고 있다. 그러므로 내가 초점을 인간-비인간 관계에 모아 논증을 내놓는 것은 극히 당연한 일이다. 그런 과정에서 인간중심주의 문제가 의미 있게 불거져 나올 것이다.

① 인간 생명은 만일 침해하는 것에 대한 자명하거나 혹은 선결문제가 요구되지 않는 근거가 없는 한, 어떤 생명도 침해하여 그 생명 가치를 파괴해서는 안 된다.
② (정의) 인간 생명을 다른 생명보다 전면적으로 우월하게 다루는 것은 인간의 비근본적인 필요를 충족시키기 위해 다른 생명의 근본적인 필요를 희생시킴으로써 다른 생명을 침해하여 그 생명 가치를 파괴하는 것이다.
③ (전제 ①과 ②로부터) 그러므로 우리 인간은 만일 인간 생명을 우월하게 다룰만한 자명하거나 혹은 선결문제가 요구되지 않는 근거를 가지지 않는 한, 인간 생명을 다른 생명보다 전면적으로 우월하게 다루어서는 안 된다.
④ 우리는 인간 생명을 다른 생명보다 전면적으로 우월하게 다룰만한 자명하거나 혹은 선결문제가 요구되지 않는 근거를 가지고 있지 않다.
⑤ (전제 ③과 ④로부터) 그러므로 우리는 인간 생명을 다른 생명보다 전면적으로 우월하게 다루어서는 안 된다.
⑥ (정의) 인간 생명을 다른 생명보다 전면적으로 우월하게 다루지 않는 것은 인간 생명과 다른 생명의 생명 가치를 동등하게 인식함으로써

인간 생명을 다른 생명과 전면적으로 평등하게 다루는 것이다.

⑦ (전제 ⑤와 ⑥으로부터) 그러므로 우리 인간은 인간 생명을 다른 생명과 전면적으로 평등하게 다루어야만 한다.[10]

위의 논증에서 명제 ①은 거부하기가 거의 어려운 원리처럼 보인다. '평등한 것을 평등하게 불평등한 것을 불평등하게 다루어야 한다'는 형식적 평등의 원리처럼 우리의 일반적 직관이 손쉽게 받아들이기 때문이다. 전제 ②는 비록 인간의 필요와 다른 생명의 필요 사이의 관계를 분명하게 보여주지는 못하지만, 인간에 대한 전폭적인 예우를 다른 생명에 대한 침해로 정의하는 점에는 큰 문제가 없다고 생각된다. 따라서 ①, ②→③의 추론은 건전하다. 또한 명제 ⑤를 일단 참이라 가정해보자. 평등의 개념을 보다 실질적인 차원에서 이해한다면, ⑥의 정의도 별 무리가 없어 보인다. 그러므로 ⑤, ⑥→⑦의 추론도 타당하다. 물론 명제 ④를 옳다고 친다면, ③, ④→⑤의 추론도 타당할 것이다. 정작 문제는 사실적 주장인 ④에서 발견된다. ④는 전체 논증의 관건이라 할 수 있는 바, 그것의 참 혹은 거짓 여부를 가리는 것은 사실상 이 글의 범위를 벗어난다.

여기서 중요한 쟁점은 인간-비인간 관계 논증의 최종적 결론에 해당하는 ⑦에서 발생한다. 생명윤리는 물론 그 명제가 지시하는 명령 그대로 실천에 옮길 것을 주장할 것이다. 그러나 인간중심주의를 여전히 청산하지 못하고 있는 일반적 관점에서는 그 명제에 실제로 스며들어 있는 의미에 오히려 주목한다. 모든 생명들을 차별 없이 평등하게 다루어야 한다는 그 주장에는, 모든 인간들을 평등하게 다루는 것에서 아직 자기 자신에 대한

---

10) '인간-비인간 관계 논증'은 그 구조상 스테바가 제시한 비인간중심주의의 논증에 기대고 있다. 하지만 그 구체적 내용에는 많은 차이가 있다.(Sterba, 1995a: 200; 이 책 3장도 참조)

선호가 허용되는 것과 동일한 방식으로, 인간 생명과 비인간 생명에 대한 공평한 대우에서도 역시 인간에 대한 선호가 암묵적으로 허용된다는 뜻이 들어 있다는 사실이다. 그런 인간에의 선호를 스테바James P. Sterba는 방어와 보존의 개념에 기초하여 다음과 같이 정식화한다.(Sterba, 1995a : 201)

> (1) 인간 방어의 원리: 해로운 공격으로부터 나 자신과 다른 인간존재를 방어하는 인간 행위는 설령 그 행위가 동물 혹은 식물을 죽이거나 해치는 일을 필연적으로 수반할지라도 허용될 수 있다.
> (2) 인간 보존의 원리: 나 자신의 근본적인 필요나 혹은 다른 인간존재의 근본적인 필요를 충족시키기 위한 필연적인 인간 행위는 설령 그 행위가 동물 혹은 식물의 근본적인 필요를 침해하는 것을 요구할지라도 허용될 수 있다.[11]

(1)은 인간 윤리에서 통용되는 자기 방어의 원리에서 추론된 것으로서 생명윤리에서도 결코 소홀히 할 수 없는 기본 원리이다. 왜냐하면 인간에게 가해지는 다른 존재의 해로운 공격으로부터 방어를 허용하는 것은 당연한 이치이기 때문이다. 반면에 (2)의 경우는 사정이 다르다. 인간중심주의적 성향을 취하는 입장에서는 (2)의 원리를 인간 생존을 위해 매우 긴요한 것으로서 간주한다. 그 원리를 적용할 때, 침해의 대상에 인간은 빼고 다른 생명체만을 집어넣을 것이다. 동·식물과는 전혀 차원이 다른 인간만의 특권을 인정한다. 그러나 생명윤리는 아마도 이 원리를 거부할 것이다. 왜냐하면 인간의 근본적인 필요가 위태로울 때마다 무조건 인간에의 선호를 고려해야 한다면, 그 선호의 정도가 다른 생명과의 평등적 관계를 크게 손상시킬 만큼 지나칠 수 있기 때문이다. 결국 그 두 원리는 생명윤리가 자신의

---

11) 두 원리에 대한 상론은 3장을 참조할 것.

이론 틀 안에서 해소시켜야 할 가장 큰 이론적 난관인 셈이다.

5. 맺음말:
한국적 생명론의 현재적 의미와 전망

여태까지 나는 한국적 생명론에 대한 윤리학적 성찰을 생명의 개념 · 규범 · 가치에 대한 분석과 해명을 통해 탐색해보았다. 이제 우리에게 유력한 이론으로 떠오른 한울생명론 · 온생명론 · 기생명론의 현재적 의미를 세 가지 측면에서 파악하면서, 그 전망도 함께 가늠하는 것으로 결론을 삼고자 한다.

첫째로 생명의 개념에 주목해보면 한울생명론은 독특한 형이상학적 생명 개념을 내놓고 있다. 도덕이론을 곧바로 밑받침하기엔 역부족이지만, 잘 이론화한다면 도덕이론의 합당성을 확보할 희망이 엿보인다고 생각한다. 형식적 요건을 동원해 분석한 결과, 한울생명론은 논리적 일반화 가능성을 확보하면서, 일관성도 전반적으로 유지하고 있다. 다만 결정 가능성과 정당성에서 결함을 드러내는 바, 그것은 생명 개념을 보다 정교하게 다듬음으로써 수정될 여지를 남겨두고 있다. 온생명론은 철학적 관념이 아닌 과학적 탐구의 소산으로서 온생명을 실체적 개념으로 제안한다. 내심 온생명 중심의 생명윤리를 겨냥하면서 풀어내는 자연과학적 논리는 설득력 면에서는 일정한 성공을 거두지만, 과학이론적 장점을 상실한 만큼 지나치게 사변적임이 밝혀진다. 또한 기생명론은 기를 생태계에서의 생명 에너지로 간주하면서 온가치에 토대한 환경윤리 정식을 내어놓는다. 하지만 기생명의 추상성 때문에 기대만큼의 성과를 바랄 수 없는 형편이다. 한국적 생명론은 앞으로 보다 보편화 가능한 생명 개념과 윤리적 지식에 기초하여 도덕이론을 체계화하는 방향으로 나아가야 한다. 그것이 생명윤리의 이론화를 앞당기는 지름길이기 때문이다.

둘째로 생명의 규범을 이해하기 위해선 한울생명론의 규범 체계를 고찰할 도리밖에 없었다. 왜냐하면 온생명론이나 기생명론에는 구체적인 행동 강령에 대한 실행 지침이 없기 때문이다. 그 규범 체계를 도덕적 준거 · 규칙 · 판단에 따라 검토하고 그에 대한 평가도 수행했다. 생명 모심 및 수단과 목적의 원리에 입각하여 도덕 준거를 두 가지로 정립했으며, 그 도덕 준거를 무난히 통과한 도덕원리로서의 도덕 규칙을 십무천과 삼전론으로 풀어 설명하였다. 그 생명의 덕목들은 그 자체로 풍부한 도덕적 의의를 지니고 있고 어느 정도 이론적 타당성도 획득하고 있다. 그렇지만 그 생명윤리는 다른 영역에서 정당화를 구할 때, 신비적 방식에 의존하는 문제점을 노출하여 타당성의 수준이 취약해 진다. 그리고 그 생명의 규범 체계는 인간 중심적인 보통 사람들에게 일반적으로 적용될 가능성이 희박하며, 이론적 비공허성 · 유용성 · 신빙성도 제대로 갖추지는 못하고 있다. 결국 생명윤리가 실질적으로 성공을 거두려면 상황적 응용력과 실행적 규정력을 겸비해야 하며, 치밀한 인식론적인 설명 구도를 구비하면서 동시에 일반적 상식에 강하게 호소하는 힘도 키워야 할 것이다.

셋째로 생명론을 실질적으로 정초해주는 온가치 논증을 살펴보고, 생명 가치 논증과 인간-비인간 관계 논증을 내 나름대로 만들어서 분석해보았다. 온가치 논증은 형식적 강점에도 불구하고 중심 개념이 불명확한 탓에 소기의 결실을 얻기가 어려워 보인다. 생명 가치 논증은 인간의 본래적 가치를 전제로 하되, 그 가치와 대등한 것으로서 비인간의 본질적 가치를 내세워 동일한 생명 가치로 개념화했다. 그렇지만 개념이 아직도 썩 분명하지는 않으며 주관적 가치론자를 설득할 방안도 못 찾고 있다. 또한 온생명 가치 논증도 꾸려보았지만 인간중심주의라는 난문에 봉착하고 말았다. 한편 인간-비인간 관계 논증은 인간 생명과 비인간 생명 사이의 관계에 기초하여 일단 둘에 대한 평등한 대우라는 결론을 이끌어내는 데는 성공한다.

그러나 대부분의 인간에게 깃들어 있는 인간중심주의적 성향에 기인하는 인간의 자기 방어 및 자기 보존의 원리를 생명윤리가 이론적으로 감싸 안지는 못하고 있는 상태이다. 그러므로 주관적 가치론자도 납득시키면서 동시에 인간중심주의적 원리도 해소시킬 요령 있는 논증의 안출이 요청되는 실정이다. 그런 철학적 논변들이 속속 등장하여 의미 있는 논쟁을 벌임으로써 생명윤리는 훨씬 내실 있는 이론으로 다져질 것이라고 전망된다.

제12장
전통 생명사상과 현대 환경윤리의 이론적 만남

이 장은 한국 전통 생명사상과 현대 환경윤리이론의 접합을 고찰한다. 그 접합의 질적 수준을 나는 이론화의 정도로 가늠할 수 있다고 본다. 이론화를 개념적 사상 틀→명제적 논변 틀→설명적 체계 틀의 3단계로 설정한다. 국외의 추세는 적어도 2단계에 속하거나 혹은 3단계에 진입하고들 있다. 국내의 현황은 대개의 이론화가 아직 1단계조차 넘어서지 못하는 형편이다.

임재해는 우리 고유의 민속문화가 함유한 생명담론을, 박희병은 한국 성리학 및 실학에 내재한 생명사상을 개념적 사상 틀을 넘어서서 명제적 논변 틀로 구축하는 데 일단 성공한다. 그러나 나는 보다 진전된 설명적 체계 틀로 재구성되어야만 비로소 설득력을 갖춘 생명이론으로 거듭 날 수 있다고 생각한다.

동학의 생명사상은 김지하에 의해 한울생명론으로 정립된다. 이는 개념적 사상 틀의 전형에 다름 아니다. 그리하여 나는 명제적 논변 틀을 포섭하는 설명적 체계 틀로 그것을 재구성해보았다. 전체를 아우르는 설명적 체계 틀은 형이상학, 인식론, 사회철학, 윤리학 등으로 짜여진 생명적 세계관으로 구축된다. 그것의 생명윤리 규범은 명제적 논변 틀로 분석되는 바, 생명 모심과 수단-목적의 원리가 응용된 두 도덕 준거와 동학의 십무천과 삼전론이란 구체화된 도덕 규칙으로 압축된다. 또한 한울생명론에 걸맞은 생명 가치 논증도 새로 안출해 추가해보지만 아직 부족해 보인다. 그 결핍은 현대 환경윤리이론에서 논급되는 도덕 규칙들 간의 갈등 해결을 위한 윤리적 우선성 원리를 요령 있게 도입함으로써 채울 수 있다.

전통 생명사상의 이론화를 위한 과제를 간명히 적시해보자. 첫째, 전통적 생명사상이나 문화는 그 자체로는 단지 개념적 자원에 불과하므로 논리의 치밀함과 주장의 설득력을 갖추도록 다시 해석되어야 한다. 둘째, 학문적으론 인문학적 본성을 지니고 구조적으론 사상적 특징을 가진 한국의 생명사상과 그 문화는 가능하다면 철학 이론의 형태로 재구성하는 게 바람직해 보인다. 셋째, 전통 생명사상의 이론화 작업은 우리의 자연과 생명에 대한 격조 있는 판단과 정성스런 태도를 일반화 가능한 지식의 형태로 조직화하는 일이므로 나름의 고유 논변을 개발하되 서양의 수준 높은 논증까지 유연하게 포용할 필요가 있다.

1. 들어가는 글:
전통 생명사상과 환경윤리이론의 접합

'우리의 전통 생명사상이란 과연 무엇인가?'

그런 물음에 응답하기 위해 동양철학자들이 전통사상에 내장되어 있는 환경 관점과 생명윤리를 본격적으로 탐구하기 시작한 것은 십 년이 채 안 되었다. 한국불교환경교육원이 1993년에 실시한 '동양사상과 환경문제' 강좌(한국불교환경연구원 엮음 1996)가 기점이 되어 지금까지 여러 분야에서 다양한 연구가 수행되어왔다. 수많은 개별 연구를 전부 열거할 여유가 없기에, 단지 집단 연구의 대표적 경우를 몇 가지 들어본다. 한국동양철학회가 주최한 학술회의 『새 천년의 동양철학-환경윤리』(한국동양철학회, 2000), 우리사상연구소가 편집한 논문집 『생명과 더불어 철학하기』(우리사상연구소 편, 2000), 계간지 『불교평론』의 특집인 『불교가 보는 환경과 생태』(불교평론, 2001), 소성학술연구원이 주관한 학술심포지엄 『전통사상과 생명』(경기대학교 소성학술연구원, 2003) 등이 그것이다.

그런데 전통사상에 대한 생명론적 접근을 처음 시도한 사람은 흥미롭게도 김지하이다. 그는 1980년대 이후 전통 생명사상을 자기 나름대로 거침없이 해석해왔다. 그것에 대해 나는 생명운동의 사상적·이론적 구조를 체계적으로 해명하고, 거기에 의존해 전면적으로 비판한 바 있다.(이 책 10장 참조)

그런 배경 아래에서 서양의 생태철학과 환경윤리에 정통한 서양철학자들도 차츰 전통 생명사상에 관심을 드러내기 시작했다. 그리하여 전통 생명사상을 서양 환경철학과 비교 분석하며, 나아가서 서양적 세계관의 유력한 대안으로 간주하기도 한다. 이를테면 철학연구회는 동·서양철학자들을 대거 동원하여 동·서양사상이나 종교에서의 자연관, 자연과 정치, 자연과 도덕, 자연과 과학, 자연과 역사, 자연과 예술의 문제를 폭넓게 다비하여 조망하는 성과를 내놓은 바 있다.(송영배 외, 1998) 또한 박이문은 힌두교, 불교, 도교, 유교로 대표되는 동양의 전통사상이 일원론적·순환론적 형이상학과 자연중심적·유기체적 자연관의 결합이면서, 그 안에 미학적·감성적 사고까지 내포하고 있기 때문에 전환 시대를 이끄는 생태학적 세계관의 모델이 될 수 있다고 주장하기에 이른다.(박이문, 1997: 93, 103 참조)

전통적 환경사상과 현대적 환경철학의 만남은 더 이상 새삼스러운 일이 아니다. 그런데 문제의 핵심은 서로 대화하고 있다는 사실 자체가 아니라 그 대화의 질적 수준에 놓여 있다. 이제 '둘은 상대방에게 무엇을 줄 수 있으며, 또한 상대방으로부터 무엇을 얻어야만 하는가?'라는 다소 실질적 논의로 옮겨가야 할 시점이다. 나는 대화의 질적 수준을 가늠하는 척도로서 '이론화의 정도'를 제안한다. 즉 전통 생명사상과 현대 환경윤리가 이론적 측면에서 얼마나 긴밀하게 접합하고 있는지가 관건인 것이다. 그것이 전통 생명사상의 독특성을 오늘의 문제 지평 위에서 되살려내는 바른 길이라 판단하기 때문이다. 진작 미국의 환경철학자 롤스턴은 그런 방향을 예리하게 지적한 바 있다. 서양이 동양에 기대하는 것은 유익한 대화의 확대나 풍부한 사상의 나열이 아니라 진정으로 '논증과 창조적 해결 방안의 제시'에 있다는 주장이다.(Rolston Ⅲ, 1987: 189)

전통 생명사상의 이론화 문제에 대해 필요성, 개념 그리고 그 단계를 먼저 설정하고 나서, 국내외 현황을 점검할 참이다(2절). 그런 다음 이른바 한울생명사상의 이론적 체계화 작업을 살펴보겠다(3절). 끝으로 전통 생명사상의 이론화를 위한 과제를 헤아려 볼 것이다(4절).

2. 전통 생명사상의 이론화 문제:
  필요성, 개념, 단계 그리고 현황

1) 이론화의 필요성, 개념, 세 가지 단계

전통사상의 외연을 한국의 사상으로 국한한 채 그 생명사상에만 주목한다면, 유가·불가·도가의 사상보다 동학이나 민속의 사상이 더 부각되지 않을 수 없다. 물론 우리의 유·불·도 사상도 중국의 그것과 비교할 때 두드러지게 '경(敬)'을 강조하는 일반적 성향을 보여주기 때문에 주목할 만하다. 그렇지만 우리 고유의 민속사상이나 동학사상이야말로 다른 무엇보다도 '돌봄'이나 '모심(侍)'을 역설하는 독특한 생명윤리사상이라고 생각된다.

나는 전통 생명사상의 이론화 문제를 한국의 사상에 초점을 맞추어 살펴보려고 한다. 그러기 위해 먼저 '이론화'의 필요성부터 살펴보자. 오늘날 생명담론은 거대한 틀 바꿈에 대해 이야기한다. 다양한 시각에서 천차만별의 주장이 난무하지만, 궁극적으로는 생태학적 세계관에 입각한 생활양식의 전환을 지향하고 있기 때문이다. 그런 틀 전환의 시기에는 논리보다는 아름다움이나 가치가 선도해나가는 법이다. 과학사에서 패러다임의 전환은 순수한 논리적 과정만으로는 설명이 잘 안 되고, 사상적·문화적·종교적·상징적 관념이나 가치와 의미 있게 연관되어야 설명 가능하다는 것은 잘 알려진 사실이다. 전통 생명사상에 매력을 느끼는 연유도 아주 흡사하다고 본다. 전통 생명사상이 함축하는 미적인 조화, 단순성, 종교적 신티성, 영적 참신성 등이 현대인들에게 새로운 영감을 불어넣고 잠재했던 상상력을 발동시키는 게 이채롭기까지 할 정도이다. 그러나 그런 탈논리적이고 이론 외적인 요소들은 결국 오래가지 못한다. 어떤 사상이나 담론도 합리적이고 논변적인 공적 의사소통을 통해 이론적으로 검증되지 못한다면 문화적 취향 수준이나 종교적 선호 차원을 벗어나기 어렵다고 생각한다. 과학적 엄밀성은 차치하더라도, 학문적 객관성을 일정 수준 확보해야만 하는 것이다. 바꾸어 말하면 사상이나 담론은 이론화를 통하여 타당한 설명력과 논리적 설득력을 겸장할 때 비로소 사람들이 제대로 수용할 수 있다. 또한 이론적인 질서 틀이 분명하게 잡힌 다음에야 현실 정책에의 실질적 반영을 겨냥한 실천적 능력까지도 배양될 수 있다.

이번에는 이론화의 개념을 규정해보자. 이론화란 한마디로 사상에서 이론으로의 전환을 뜻한다. 즉 전통적인 생명사상을 현재의 학문 흐름에 들어맞는 생명이론으로 체계화하는 작업일 터이다. '사상'이란 각 개인 또는 집단이 처한 자연적·사회적·역사적 존재 조건에 기초하여 주어진 현실을 이해·해석·변혁하려는 구상 혹은 전망이라 할 수 있다. 그렇다면 '이론'이란 그런 사상이 표명하는 구상 혹은 전망을 구체적으로 실현하려는 실천의 타당한 구도와 정합적 틀을 모색·구성하는 일이 된다. 따라서 이론은 가능한 한 일반화될 수 있는 지식의 형태로 존재하는 것이 바람직하고, 궁극적으로는 체계적으로 정리된 진술 체계 혹은 엄밀하게 조직화된 형식 체계로 구축되어야 할 것이다. 물론 둘의 관계는 상호 보완적이어야 한다. 이론은 계기적인 측면에서 사상에 전적으로 의존한다. 그러나 체계성의 측면에서는 이론이 오히려 사상에 그 내용과 의미를 부여한다.

이번에는 이론화의 단계를 생각해볼 차례이다. 나는 이론의 의미를 '질서 짓는 틀', '개념화', '가설 혹은 설명'으로 이해하는 세이어Andrew Sayer의 견해(세이어, 1999: 81~82)에 기대어 나름대로 3단계를 설정한다.

(1) 개념적 사상 틀로서의 이론: 개념화의 1단계
(2) 명제적 논변 틀로서의 이론: 개념화의 2단계
(3) 설명(가설)적 체계(질서) 틀로서의 이론: 체계(질서)화

여기서 이론은 개념화 내지 체계화이다. 개념화란 탐구 대상의 기본적인 성질들이나 속성들을 추상화하거나 고립화하는 것을 뜻한다. 그렇게 추상화된 개념들을 엄격하고 사리에 맞는 형태로 재현하는 질적 작업이 다름 아닌 체계화이다. 굳이 개념화를 두 단계로 구분한 까닭은 개념으로 이루어진 사상 틀과 명제로 짜인 논변 틀을 차별화하기 위해서다. (1)은 여러 연관된 이념, 개념, 관념들이 짜임새 없이 소박하게 얽혀 있는 상태를 말한다. 그것의 포괄성은 매우 폭넓게 나타날 터이지만, 한 개념이 다른 개념들을 타당한 방식으로 포섭하지 못하는 결함이 드러난다. 그에 비해 (2)는 테제 혹은 명제로 구성된 주장들이 일정한 논리적 구조를 갖춤으로써 이로 정연하게 논증할 수 있는 수준을 말한다. 마지막 (3)단계는 체계(질서)화로서 명실 공히 이론화되었음을 의미한다. 이론이 학문의 정수라면 설명은 그 이론의 절정을 보여주는 것이다. 기존의 개념·논변·지식들을 질서 있게 정리하면서 그 가운데 드러나 보이는 새로운 이론 구조를 찾아내고, 이를 다시 정교하게 만들어 종합적이면서도 설명력 있는 체계 틀로 다듬어내는 수준에 도달했음을 뜻한다.

2) 국내외 이론화의 현황에 대한 분석

전통 생명사상의 이론화에 대한 국내 현황을 살피기에 앞서 외국의 동향부터 파악하는 게 유익할 듯하다. 미국을 중심으로 한 서양은 벌써부터 동양의 생명사상에 대한 탐구를 진행해왔다. 예를 들어 1980년대 후반에 철학 전문학술지에서 동양 환경윤리에 관한 특집을 꾸려냈고("Special Issue: Environmental Ethics", 111~190) 아시아 전통사상에서 환경철학을 위한 개념적 자원을 탐색하는 논문들로 이루어진 단행본이 발간되었다.[1] 최근 들어서는 불교·유교·도교의 생태사상을 집중적으로 분석한 방대한 논문집이 시리즈로 발행된 바 있다.[2]

서구학자들로서는 동양사상을 최근 발달한 생태과학이나 평소 익혀온 환경철학에 준거하여 이론화하려는 노력을 기울이는 게 너무나 자연스런 일이다. 그들의 작업은 대체로 개념화의 1단계, 즉 개념적 사상 틀을 넘어서, 2단계, 즉 명제적 논변 틀을 구축하고 있어 보인다. 어떤 접근들은 체계화, 즉 설명적 체계 틀의 구성을 시도하고 있기도 하다. 여기에서는 그들의 이론화에 대한 방향만을 살짝 보도록 한다. 그 방향성은 그들의 방법론적 관심을 통해 읽을 수 있다. 불교·유교·도교와 생태학이란 시리즈에 참여한 학자들이 공통으로 입각하고 있는 방법론은 대략 세 가지로 요약된다. 직접 들어보면 다음과 같다.

역사적으로 자연을 향한 다양한 태도를 서술하는 데 있어서, 우리는 그 종교가 나름의 견해를 정교화하는 복합성, 맥락성, 그리고 틀에 대한 '비판적 이해'를 목표로 한다. 덧붙여서 우리는 전통을 그것의 생태학적 잠재력을 이상화하거나 그것의 환경적 불찰을 무시함이 없이 '감정 이입적으로 음미'하려 애쓸 것이다. 마지막으로 우리는 인간-지구 관계를 상호적으로 고양시키기 위한 '창조적 재해석'을 겨냥하고 있다.(Tucker and Williams, 1997: xxii; Tucker and Berthrong, 1998: xxii; Girardot, Miller and Xiaogan, 2001: xx)

국내에서의 전통 생명사상의 이론화 현황을 앞에서 제시한 3단계에 의

---

1) Callicott and Ames, 1989. 335쪽에 이르는 이 책에서 중국, 일본, 불교, 인도 사상은 각각 한 장씩 다루면서도 한국사상에 대한 언급은 아예 찾을 수가 없는 게 매우 안타까울 따름이다.
2) Tucker and Williams, 1997; Tucker and Berthrong, 1998; Girardot, Miller and Xiaogan, 2001. 이 책들에서 한국의 불교·유교·도교는 거의 무시되는 형편이다. 무려 65편에 이르는 논문들 중에 이율곡에 관한 글 하나가 구색 맞추기로 간신히 들어 있어 아쉽기 그지없다.

거하여 검토해보자. 한국의 생명사상에 대한 대표적 논의를 발표순으로 개괄하면 다음과 같다. 뒤에서 따로 언급할 김지하의 저작들은 여기서 제외된다.

(1) 최근덕, 「한국의 전통 속에 나타난 환경윤리」, 『동양사상과 환경문제』(1996)
(2) 박희병, 『한국의 생태사상』(서울: 돌베개, 1999)
(3) 이동희, 「한국 성리학의 환경철학적 시사」, 『사 천년의 동양철학과 환경윤리』(2000)
(4) 진월, 「불교의 생명사상」, 『생명과 더불어 철학하기』(2000)
(5) 표영삼, 「동학에 나타난 생명사상」, 『생명과 더불어 철학하기』(2000)
(6) 정인재, 「하곡 정제두의 양지생리설」, 『생명과 더불어 철학하기』(2000)
(7) 이경숙·탁재순·차옥숭, 『한국 생명사상의 뿌리』(서울: 이화여대출판부, 2001)
(8) 윤형근, 「한국 생명운동의 뿌리와 전통사상」, 최병두 외, 『녹색전망: 21세기 환경사상과 생태정치』(서울: 도요새, 2002)
(9) 주요섭, 「생명사상과 한국적 생태담론」, 위의 책
(10) 임재해, 『민속문화의 생태학적 인식: 제3의 민속학』(서울: 당대, 2002)
(11) 김용정, 「불교전통과 생명」, 『전통사상과 생명』(2002)
(12) 박일영, 「무교전통과 생명사상」, 『전통사상과 생명』(2002)

먼저 논문부터 살펴보자. (1)은 토속신앙·유교·도교·불교의 영향에 힘입어 온존해온 전통사상을 인도주의·자연주의·현실주의로 특징지으면서 그 자연주의에서 환경적 대안을 찾을 수 있다고 말한다. (3)은 성리학

이 인문주의적 생태주의로 불릴 수 있을 만큼 자연 친화적이기 때문에 환경철학의 형성에 일조할 수 있다고 주장한다. 한편 (6)은 성리학을 비판하며 양명학을 주창한 하곡霞谷의 생명사상을 양지良知의 생리生理설에서 찾아낸다. 한국불교의 생명사상을 (4)는 불교와 연관된 옛날이야기와 언어생활에서 이끌어내며, (11)은 중도中道를 통한 공空의 깨달음에 기초하여 정혜쌍수定慧雙修라는 선불교의 전통 안에서 도출해내고 있다. (5)는 동학의 생명사상을 독특한 한울님의 관념, 마음, 기운을 통해 고찰하며, (12)는 무교의 생명사상을 생명을 주관하거나 담지하는 주체 문제와 생명 보장술의 근원인 생명의 원리 문제로 접근하고 있다. (8)과 (9)는 이채롭게도 전통 생명사상을 현재 진행 중인 한국적 생명운동의 사상적 뿌리로 간주하고 있다. 그것을 전자는 동양사상과의 연관, 무속전통, 동학사상 등에서 구하며, 후자는 만신萬神사상(샤머니즘과 風流道), 삼재三才론(天地人 생명의 세계관), 천지부모(동학과 근대민족종교의 생태적 사유) 등에서 발견하고 있다.

   이제까지 개괄한 논문들은 제각각의 독특성을 보여줌에도 불구하고, 모두가 개념적 사상 틀의 단계를 채 벗어나지 못하고 있다고 평가된다. 물론 논제에 따라 이론화에 대한 내부 사정도 다르고 요구되는 수준에도 차이가 있을 터이다. 그렇지만 명제적 논변 틀을 구축하는 작업이 무엇보다 시급해 보인다. 왜냐하면 개념적 사상 틀의 형성에 만족하는 연구는 설령 성공적으로 수행되었다손 치더라도, 전승되어온 고전 혹은 원전을 단순하게 개념적으로 복원하는 데 그치기 십상이기 때문이다.

   이번에는 단행본을 들쳐보자. (7)은 동북아시아 한민족이 품어온 생명사상의 실마리를 '한'사상, 대전大全적 생명관, 두레, 공생 정신, 한恨, 신명 등에서 발견한다. 그런 다음 동학(수운과 해월), 함석헌, 김지하의 생명사상을 유기적으로 연결짓지 않은 채 따로 논의한다. 결론적으로 한민족의 친자연적 생명사상이 틈, 공생, 공명과 같은 부드러운 여성적 사고로 전개되고 있다고 주장한다. 함석헌을 통해 한국적인 기독교 생명사상의 가능성을 엿본 것이나, 여성주의적 시각에서 전통 생명사상을 바라볼 수도 있다는 신선함이 일단 두드러져 보인다. 그러나 개념적 사상 틀을 이탈하지 못한 까닭에 새로운 주장에 전혀 무게가 실리지 못하고 있다.

(10)은 우리 민속사상을 생명담론의 차원으로 단번에 끌어올린 역작이라 생각된다. 무엇보다도 개념적 사상 틀을 넘어서서 명제적 논변 틀을 잘 보여주는 본보기이다. 임재해는 풍수지리설, 농촌 문화, 민속신앙 등 이른바 민속문화가 오늘의 생명 모순을 해결할 수 있는 가장 유력한 대안 문화임을 실증적 자료의 분석을 통하여 웅변하고 있다. 속신의 생태학적 자연 인식과 자연 친화적 성격에 대한 해명만을 살짝 들여다보자. 속신은 모든 자연물의 생존권을 인정하며, 자연 생명 보호의 이로움을 일깨우며, 자연과 인간이 운명공동체임을 일깨우며, 자연현상을 인과론적으로 인식하며, 자연 생명이 행운을 가져다준다고 믿으며, 인간과 자연의 인과적 관계를 믿으며, 자연현상을 날씨의 조짐으로 믿으며, 자연 자원 절약과 환경보호를 일깨운다고 한다.(328~357쪽 참조)

나의 욕심으로는 (10)이 설명적 체계 틀을 구축하는 이론화로 한 발짝 더 나갈 것을 조심스럽게 제안해본다. 물론 민속문화는 그 학문적 성격을 고려할 때 그의 말대로 "전둔적이고 딱딱한 이론 체계에 집착할 필요가 없다."(172쪽) 그럼에도 불구하고 만일 다른 인접 학문들을 논리적으로 설득하려 한다면, 그 생명적 세계관이 실천적 대안으로서 실제의 정책에 반영되기를 바란다면, 또한 개인의 일상적 의사 결정에서 생태적 가치가 핵심 지침으로 작동되기를 원한다면 체계적 이론화로 나아가는 게 적절하다고 본다.

마지막으로 (2)도 한국의 유학사상에 들어 있는 생태담론을 치밀하게 밝혀낸 역작이라 여겨진다. 유학자들의 논급을 다루는 만큼 명제적 논변 틀을 가능한 한 분명하게 구성하는 미덕까지 보여준다. 박희병에 따르면, 생태적 관점에서 이규보는 도가적 성향을 이에 비해 서경덕은 성리학적 면모를 보이는 데 비해, 홍대용은 실학자다운 근대적 태도를 유감없이 발휘한다. 신흠은 생태적 마음을 자연시학의 견지에서 그에 반해 박지원은 그것을 산문시학의 견지에서 표명한다. 여기서 유학적 생명사상의 논변을 전부 거론할 수는 없기에 그 핵심에 해당하는 3가지 명제만 짚고 넘어간다. ① 만물은 근원적으로 평등하다. ② 인간의 본성을 물物의 관점에서 파악한다. ③ 인간도 자연의 도道를 따른다.(특히 15~36쪽 참조) ①은 사람과 사물이 하나라는 존재론적 통찰에 근거한 것으로 비인간적 존재도 주체로 인정될 여지를 마련한다. ②는 인간과 사물이란 본래 깊은 내적 연관을 가지고 있기 때문에 둘은 서로 상대적 관점에서 파악되어야 비로소 반성적 인식에 도달할 수 있다는 발상이다. ③은 자연의 도는 모든 존재에 내재해 있으므로 인간의 삶도 그 도를 체득하거나 체현함으로써만 완성될 수 있다는 말이다.

한국의 성리학자와 실학자의 생명사상을 다루고 있기 때문에 마땅히 더 진전된 설명적 체계 틀로 재구성될 필요가 있다. 즉 설득력을 갖춘 철학이론의 한 형태로 거듭나야 할 터이다. 우리의 고전을 현재의 맥락에서 살아 숨 쉬게 하고 면면히 이어온 전통을 자신 있게 세계화하는 일은 정합적인 설명 체계의 정립에서 비롯된다고 믿기 때문이다. 그런 일과 관련하여, 비록 중국의 유가사상에 치중하고는 있지만 유가철학과 서구 환경윤리를 비교하는 예비 작업(김세정, 2003a; 2003b)이나 자연의 '온가치'에 바탕하여 '기중심적 환경윤리'라는 설명적 체계 틀을 구성하려는 과감한 시도(한면희, 1997a: 227~293 참조)가 큰 도움이 될 것이다.

3. 동학의 생명사상:
김지하의 한울생명사상의 체계화

김지하는 십여 권에 달하는 저술 속에서 이른바 '한울생명사상'을 개진해왔다. 그의 입론은 이론적 틀이 매우 취약하다는 약점에도 불구하고 포괄적이면서도 진보적인 생명적 세계관을 표방한다는 점에서 독보적인 지위를 차지한다. 그의 생명사상은 개념적 사상 틀의 전형이라 할만하다. 한울생명사상의 이론화를 살펴보기 위해, 그것의 설명적 체계 틀을 개괄해 본 후, 그것의 윤리 규범 체계가 명제적 논변 틀로 구성됨을 확인할 것이다.

한울생명사상의 사상적 기반은 동학東學이다. 생명론적으로 재해석된 동학에는 동양 전통사상(儒·佛·仙·道·易 등)은 물론 한국 고유사상(한·氣·南朝鮮·韓醫 등)의 생명관이 녹아들어 있다고 본다. 또한 그것은 과학적 근거를 최근 대두한 신과학의 가설과 이론에서 구하고 있다. 또한 독특한 생명 가치를 내세우고 있기도 하다. 따라서 한울생명사상이 깔고 있는 기본 전제는 다음과 같이 압축된다.

(1) 한울생명사상은 폭넓은 인문학적 기반 위에 서 있다.
(2) 한울생명사상은 나름의 과학적 기반 위에 서 있다.
(3) 한울생명사상은 독특한 생명 가치관을 표명한다.

위의 전제에서 (1)은 문학·역사·철학(文·史·哲)을 균형 있게 발전시켜온 한국의 전통사상을 집약했다고 간주하는 동학에 전적으로 기대고 있음을 보여준다. 그중에서도 철학사상이 가장 중요한 토대로 역할하리라 여겨진다. (2)는 아직도 그 과학적 엄밀성을 확증받지 못한 신과학에 크게 의존하는 한계를 드러낸다. (3)은 지극히 선언적 수준에 그치는 주장이기 때문에 환경윤리이론의 도움이 긴요한 바 뒤에서 거론할 예정이다.

요컨대 한울생명사상의 생명적 세계관은 철학적 이론 틀로 재구성될 때에야 새로운 문제 지평이 열린다고 판단된다. 나는 그 세계관을 생명 형이상학, 생명 인식론, 생명 사회(실천)철학, 생명 윤리학으로 분류하여 체계적으로 검토한 바 있다.(10장 5절 참조) 또한 한울생명사상의 중핵을 이루는 생명 존재론의 주장을 7개의 명제로 축약하여 상세히 분석하였다.(10장 6절 및 11장 2절 참조)

이번에는 한울생명사상의 명제적 논변 틀을 살펴보도록 하자. 생명윤리 규범은 형이상학적 윤리설의 형태를 취한다. 그 특징은 도덕원리를 형이상학적 원리에서 직접 추론하는 데에 있다. 생명존재론의 중심 명제에서 곧바로 두 도덕 준거가 추출된다. 한 준거는 생명윤리에만 고유한 '생명 모심의 원리'에 정초한다. 다른 준거는 썩 일반적인 '수단과 목적의 원리'를 적용시킨 것이다. 또한 한울생명사상의 도덕 규칙은 동학의 십무천十毋天과 삼전론三戰論의 재해석이다. 십무천은 소극적인 개인 지향적 도덕 규칙이고 삼전론은 적극적인 사회 지향적 도덕 규칙이라 할 수 있다. 한울생명론이 주창하는 도덕적 실천은 사람들이 죽임의 세계에 대한 적극적인 싸움을 벌이면서, 동시에 일상생활에선 생명에 대한 존엄성과 외경심을 잃지 않은 채 행위해야만 한다는 정언적 명령인 것이다. 나는 이런 생명윤리 규범의 체계를 일반적 적용 가능성, 타당성, 비공허성, 유용성, 신빙성 등의 기준에 따라서 평가를 내린 바 있다.(11장 3절 참조) 그런데 독특한 생명 가치관을 표명한다는 한울생명론에서 정작 가치론적 논의를 찾기는 쉽지 않다. 그런 사정을 감안하여 나는 나름대로의 생명 가치 논증을 이미 제시한 바 있다.(11장 4절 참조)

나는 한울생명론이 내세우는 생명윤리의 규범 체계를 도덕 준거와 도덕 규칙의 상관관계로 포착한 도덕원리에 의해 가늠해보았으며, 더불어서 한울생명론에 걸맞은 생명 가치 논증도 제시해보았다. 그러나 그런 작업은 실상 첫걸음에 불과할 따름이다. 한울생명론의 체계적 이론 틀을 구성하는 게 작업의 전체적 기조를 반영한다면, 그것의 치밀하고도 설득력 있는 논변을 개발하는 일은 세부적으로 특화된 작업이라 할 수 있다. 그런 본격적 작업은 다음 기회로 미루도록 한다. 대신에 서구의 환경윤리이론의 한 흐름을 대변하는 도덕원리 논변과 간단히 비교해보고, 환경 가치 논변을 유익하게 원용할 여지를 짚어보기로 한다.

테일러로 대표되는 생명중심biocentric 윤리는 살아 있는 존재는 내재적 intrinsic 가치를 갖고 있거나 혹은 도덕적 지위를 누릴 수 있다고 본다. 그리하여 환경정책의 결정이나 개인의 가치판단에서 살아 있는 온갖 존재를 미래 세대의 인간 못잖게 고려해야 한다고 주장한다. 그 윤리가 제시하는 기본적인 도덕 규칙은 다음과 같이 요약된다.

① 불악행의 규칙: 우리는 다른 살아 있는 존재를 다치게끔 하거나 괴롭게끔 해서는 안될 의무를 지닌다. ② 불간섭의 규칙: 우리는 다른 살아 있는 존재의 자유를 제한하거나 침해해서는 안될 의무를 지닌다. ③ 성실성의 규칙: 우리는 야생동물을 속이거나 그것들이 갖는 우리에 대한 믿음을 오용해서는 안 될 의무를 지닌다. ④ 배상적 정의의 규칙: 우리가 다른 살아 있는 존재를 도덕적으로 받아들일 수 없는 방식으로 다루었을 경우, 말하자면 위의 ①, ②, ③의 규칙 중 어느 것이든 위반하는 방식으로 다루었다면 우리는 그것들에게 보상할 의무를 지닌다.(Taylor, 1986: 172~187; Stenmark, 2002: 64~69 참조)

①과 ②는 인간이 삼가야 할 부정적 의무를 표현한다. ③은 주로 사냥과 낚시에 적용된다. ④는 개별자로서의 유기체, 집단으로서의 종, 전체로서의 생명공동체 등 대상에 따라 다르게 적용될 수 있다. 위의 도덕 규칙들을 살펴 볼 때, 십무천이란 도덕 규칙과 공통적인 성향을 나누어 갖고 있지만 그 세밀함에서는 오히려 못해 보인다. 그렇지만 규칙들 간의 갈등 상황을 해결하는 다음의 윤리적 우선성 원리는 한울생명론보다 탁월한 면을 드러내준다. 그 원리는 대강 다섯 가지로 정리된다.

① 자기 방어의 원리: 우리는 다른 살아 있는 존재가 우리의 실존을 위협할 경우 그에 대항하여 자신을 방어할 도덕적 의무를 지닌다. 그런 상황을 피하기 위해 우리에게 기대될 수 있는 모든 조치를 취했다고 가정할 경우와 필요로 하는 것보다 더 많은 힘을 행사하지 않았을 경우에 한해 그러하다. ② 균등성의 원리: 우리의 말초적이고 비근본적인 이해와 다른 살아 있는 존재의 근본적인 이해가 양립 불가능한 상황에서, 우리는 후자의 이해에다가 더 큰 도덕적 비중 혹은 중요성을 할당해야 할 의무를 지닌다. ③ 최소 잘못의 원리: 우리의 중심적인 비근본적 이해가 다른 살아 있는 존재의 근본적 이해와 상충하게 되는 상황에서, 우리는 그런 인간의 이해를 다른 살아 있는 존재에게 가능한 한 최소의 다침과 괴롭힘만 유발하게 하는 방식을 통해 만족시키려 노력할 의무를 지닌다. ④ 배분적 정의의 원리: 우리의 근본적 이해와 다른 살아 있는 존재의 근본적인 이해가 불가피하게 충돌하는 상황에서, 우리는 양측의 이해에 평등한 비중을 두도록 할 의무를 지닌다. ⑤ 배상적 정의의 원리: 우리가 다른 살아 있는 존재의 근본적인 이해보다 앞서서 우리의 중심적인 비근본적 이해나 근본적 이해에 우선성을 부여했을 상황에서, 우리는 그 존재의 손실을 배상할 의무를 지닌다.(Taylor, 1986: 264, 278, 296, 304~305, 309; Stenmark, 2002: 69~76)

위의 우선성 원리들은 한울생명론이 입각하고 있는 두 가지 도덕 준거(생명 모심의 원리와 수단과 목적의 원리)보다 선택의 결정력이 강해서 규칙들 간의 갈등을 해소할 가능성을 훨씬 높여준다. 우리는 이 원리들을 적절하게 채용함으로써 생명윤리의 규범 체계를 더욱 건실하게 만들 수 있다고 기대한다.

또한 한울생명론은 그 특유의 생명 가치를 개념화하고 가능한 한 객관적으로 논증하기 위한 방도로 캘리코트의 인간 기원적인 내재적 가치론이나 롤스턴의 자율적인 내재적 가치론이 함의하는 철학적 주장들(Callicott, 1989; Rolston Ⅲ, 1988 참조)을 요령 있게 수용함으로써 중요한 시사점을 얻을 수 있다고 본다.

4. 나가는 글:
전통 생명사상의 이론화를 위한 과제

  21세기는 환경 위기에 의해 촉발된 틀 바꿈이 대대적으로 일어나는 전환의 시기임에 틀림없다. 이 시대에 우리의 전통 생명사상이 과연 변화를 주도하는 대안일 수 있는가? 일단 유력한 후보로 꼽을 수 있다고 생각한다. 무엇보다도 과학·기술 지향적 서구 문명이 인문 성향적 아시아적 가치를 대폭 수용하여 문화적 통합을 이루어야 한다는 절박함에 몰려 있기 때문에 그렇다. 그중에서도 문학·역사·철학이 균형 있게 발전해온 동북아시아의 전통이 주목의 대상으로 부상하는 게 사실이다. 앞에서 살펴보았듯이, 우리의 민속사상이나 동학사상은 독창적인 생명관을 함유하고 있으며, 유·불·도의 사상들도 거기에 뒤질 게 없어 보인다.
  그러나 대안적 사상으로 자리 잡기 위해선 우리의 고유한 사상과 문화를 세계화해야 한다는 조건을 충족시켜야 한다. 그러기 위한 지름길은 생명사상을 이론적으로 정당화하는 데 있다. 객관화·일반화를 추구하는 이론화 작업을 성공적으로 수행해야만 지구촌 시대에 들어맞는 주장과 이론을 누구에게나 자신 있게 내놓을 수 있는 법이다. 만일 전통 생명사상의 이론화가 모범적으로 이루어진다면, 인문학적 전통을 보유한 우리 생명 문화의 위상과 생명사상의 품격을 한 차원 더 드높이는 성과를 얻게 될 것이다. 그런 맥락에서 전통 생명사상의 이론화를 위한 과제를 적시하는 것으로 이 글의 결론에 대신하고자 한다.

첫째로, 한국의 전통적 생명사상이나 문화는 그 자체로는 단지 개념적 자원에 불과하다. 그런 자원들을 인문학적으로 발굴하여 나름의 원칙에 따라 대강 엮어놓은 상태가 바로 개념적 사상 틀인 것이다. 생명사상을 문화적 취향이나 종교적 선호 수준에서 학문적 논리나 과학적 설명 차원으로 전환시키는 지름길은 바로 이론화에 있다. 따라서 논리의 치밀함과 주장의 설득력을 채 갖추지 못한 사상 틀을 짜임새가 있음은 물론 설명력도 겸비한 명제적 논변 틀이나 설명적 체계 틀로 만들어야 한다.

둘째로, 학문적으로는 인문학적 본성을 지닌, 구조적으로는 사상적인 특징을 가진 한국의 생명사상과 그 문화는 가능하다면 철학이론의 형태로 재구성하는 게 바람직해 보인다. 이때 철학적 이론화란 내적으로는 개념, 가설, 명제, 논증, 구조, 모델, 함축 따위로 추려지는 지적 내용과 그에 관한 추론들로 이루어진다. 또한 외적으로는 변동하는 현실의 도전에 대한 철학적 응전이면서 특히 서양에서 기대해 마지않는 이론적 요청(논증과 창조적 해결 방안의 제시)에 대한 응답인 셈이다.

셋째로, 전통 생명사상의 이론화 작업은 단순한 관념의 형태로 남아 있거나, 관습적 행위에 숨어들어 있는 우리의 자연과 생명에 대한 격조 있는 판단과 정성스런 태도를 일반화 가능한 지식의 형태로 외화시키는 일이다. 물론 생명사상의 이론화는 한편으론 우리 나름의 논변에 확고히 서 있으되, 다른 한편에선 서양의 의미 있는 논증을 유연하게 포용함으로써 그것들과 대등하게 견줄 수 있도록 해야 한다.

제4부
환경지표·환경지속성지수의 가치론적 분석

제13장

국제 · 국가 환경지표의 가치론적 독해

먼저 국제적 차원을 대변하는 UNCSD, OECD의 환경지표와 국가 차원을 대표하는 미국 SDI Group의 지표를 가치론적 맥락에서 읽어낸다. UNCSD, OECD의 환경지표에 깃들어 있는 가장 두드러진 가치는 생태환경, 자연 자원, 생태 체계에 관한 것이다. 그러나 그런 생태 가치의 옹호를 뒷받침하는 근거지움은 아직 미약해 보인다. 그 취약성을 담론적 접근으로 보충해보면, 환경지표에 함축된 생태 가치라는 규범은 보편적인 지속가능성 원리의 적정한 응용으로 간주된다.

이에 비해 미국 SDI Group의 환경지표는 미래 세대를 유난히 강조하면서 아예 지표 산출의 중심축으로 삼는다. 그러나 미래 세대에 대한 고려를 가치론적 맥락으로 제대로 반영하지는 못하고 있다. 환경지표 안에 미래 세대 가치를 측정, 평가하는 구체적 항목들이 추가되어야 함을 시사해준다.

동북아시아 주요 국가들—한국, 일본, 중국 3개국—의 환경지표 추세 및 환경부가 제시한 우리나라 공식 지표를 가치론적으로 독해한다. 그 결과 UNCSD, OECD, 미국 SDI Group의 지표에서 공식화된 생태 가치와 미래 세대 가치가 유사한 방식으로 대립하는 것으로 밝혀진다. 물론 아시아 대륙에 속하는 개별 국가 특유의 문제의식도 드러나고 있다. 지금까지의 성찰을 토대로 하여 지역에 걸맞은 환경지표를 위한 제안을 내놓는다

1. 들어가는 글

'환경지표environmental indicators'란 환경을 구성하고 있는 여러 부문의 관측 값 중에서 현상을 가장 잘 설명해줄 수 있는 대표적인 값을 일정 기준에 따라 선정한 것을 의미한다. 즉 환경에 관한 어떤 상태를 가능한 한 정량적으로 계측, 평가하기 위한 척도이다. 바꾸어 말하면 환경지표는 인간과 환경 사이를 매개하는 의사소통의 한 수단이기도 하다. 그 지표는 우리들에게 자연적 대상이나 생태적 상황이 시간에 따라 어떻게 변화하는지를 잘 보여주는 정보일 터이다. 따라서 환경지표는 최대한 단순화되어야 하며, 가능한 한 계량화되어야 하고, 최적의 의사 전달 기능을 가져야만 제 역할을 수행할 수 있다.

그러면서도 이론적 타당성과 과학적 객관성에 기반을 둔 '신뢰성'은 물론이거니와, 환경의 현상과 조건을 제대로 반영하는 '적절성'뿐 아니라 기준과 자료로서의 '효용성'을 모두 갖추고 있어야 한다. 기존의 환경지표들은 그런 요건들을 충족시키는 방향에만 초점을 맞춰 개발되어왔다. 그 결과 신뢰성·적절성·효용성을 일정 정도 얻었지만, 지표가 함축하는 가치론적 의미를 놓치는 경향이 있다. 그런 문제의식에 입각하여 나는 이미 환경적 가치판단의 규범적 준거가 될 수 있는 가치론적 환경지표를 나름대로 설정한 바 있다.(이 책 14장 참조)

이 글은 가치론적 환경지표의 근거와 그 타당성을 보다 강화하기 위한 시도이다. 먼저 국제적 차원을 대변하는 UNCSD, OECD의 환경지표와 국가 차원을 대표하는 미국 SDI Group의 지표를 가치론적 맥락에서 읽어내고자 한다. 특히 생태 가치와 미래 세대의 가치문제를 집중적으로 다룰 참이다. 그런 다음 동북아시아 주요 국가들—한국, 중국, 일본 3개국—의 환경지표도 가치와 연관지어 비교·분석해본다. 우리나라의 국가지표를 가치론적으로 독해한 연후에 지역에 걸맞은 환경지표를 위한 제언을 내놓을 것이다.

2. UNCSD 및 OECD의 환경지표와 생태 가치

1) 유엔지속가능발전위원회(UNCSD)의 환경지표

〈도표13-1〉은 2001년도에 UNCSD가 새롭게 제시한 지속가능한 발전의 지표들 가운데서 환경 부문만을 추려내 나름대로 정리한 것이다. '유엔지속가능발전위원회United Nations Commission on Sustainable Development'가 지속가능한 발전지표를 설정한 목적은 가입 국가의 환경 성과를 평가하고, 각 정부의 정책 결정에 유용한 수단을 제시하기 위해서이다. 지표란 이를테면 "지속가능한 발전으로의 길을 안내해줄 수 있는 이정표"(UNCSD, 2001a: 1)이기 때문이다. 그 위원회는 지속가능한 발전지표의 구성을 'DSR 틀Driving Force-State-Response Framework'로 체계화하고, 지표를 크게 네 영역으로 나누어 사회 부문 39개, 경제 부문 23개, 환경 부문 43개, 제도 부문 26개 등 총 131개에 이르는 지표를 개발하였다.

DSR 틀에서 "'구동력' 지표는 지속가능한 발전에 영향을 끼치는 인간의 활동, 과정 그리고 형태를 포괄하며, '상태' 지표는 지속가능한 발전의 '상태'를 언급하며, '대응' 지표는 지속가능한 발전의 상태에서 일어나는 변화에 대한 정책적 선택과 다른 대응들을 강조하는 것이다."(UNCSD, 2001a: 2) 또한 대부분의 환경지표에서 채택됨으로써 대세를 이루고 있는 'PSR 틀 Pressure-State-Response Framework' 대신에 굳이 DSR 틀을 채택한 이유를 직접 들어보면 이렇다. "'구동력'이란 용어의 사용은 지속가능한 발전에 대한 영향력을 때때로 사회지표, 경제지표, 제도지표를 위한 경우로서 긍정적이거나 부정적인 것으로 분명하게 표출할 수 있기"(UNCSD, 2001a: 2) 때문이다. 달리 말하면 환경지표가 사회 · 경제 · 제도지표의 추가를 보다 정확히 수용하게끔 하기 위한 것이다.

DSR 구조는 지속가능한 발전의 모든 부문에 대해 사용자의 의도에 맞게 정보를 구축하고, 지표를 도식화하기 편리하므로 이해하기 쉽다는 장점을 가진다. 그러나 환경의 질에 대한 인식 차이에서 오는 환경 상태 변화에 대한 손익을 계량화할 수 없다는 한계가 있다. 또한 환경지표만을 따로 설정하지 않을 뿐 아니라 발생하는 문제의 우선순위에 따라 지표 군을 선정하기 때문에 지표의 종류를 아주 세밀하게 분류하지 않는 약점을 드러낸다.

도표 13-1 UNCSD의 지속가능한 발전지표 중 환경지표[1]

주제	하위 주제	지표	정의/측정 단위	구동력	상태	대응
대기	기후변화	온실 가스의 배출	온실 가스=CO_2(이산화탄소), CH_4(메탄), N_2O(아산화질소), HFCs, PFCs, SF_6, CFCs, HCFCs 등/연간 온실 가스의 배출량(Gg)	O		
	오존층 고갈	오존층 고갈 물질의 소비	오존층 고갈 물질=염소(Cl)나 브롬(Br)을 포함한 물질로서 CFCs, 할론, 4 염화탄소, HBFC, 메칠 크로로포름, 메칠 브로마이드 등/오존층 고갈 물질의 소비량(ton)	O		
	공기 질	도시지역 공기 오염 물질의 대기 농도	대기오염 물질=일산화탄소(CO), 아산화황(SO_2), 질소산화물(NOx), 특수 물질(PM_{10}, $PM_{2.5}$, SPM, 검정스모그), 휘발성 유기화합물(VOCs), 오존 등/ g/m^3, ppm 혹은 ppb, 기준치 혹은 한계치를 넘어선 날의 비율		O	

[1] UNCSD, 2001b. 여기서 도표의 형식은 주로 UNCSD(2001b: 24~25, 300~303)를 참조하여 재구성하였고, 도표의 내용은 UNCSD(2001b: 124~203)에서 많은 부분을 추출하여 정리하였다.

주제	하위 주제	지표	정의/측정 단위	구동력	상태	대응
땅	농업	경작 가능한 영구곡물경지	경작 가능한 영구 곡물 경지=경작 가능한 땅과 영구 곡물 재배지의 총합/1000 ha		O	
		비료의 사용	농업 경작 지역 단위당 비료 사용의 범위와 정도/kg/ha	O		
		농약의 사용	농업 경작 지역 단위당 농약 사용량/경작 지역의 10km^2 당 활합성분 1ton에서의 농약 사용량	O		
	산림	토지 지역에 대한 산림 지역의 백분율	산림지역= 자연림 지역과 인공 조림 지역의 합계/%		O	
		목재 수확의 강도	목재 수확의 강도=산림 벌채 총량과 순수 일년 생장량 비율의 비교	O		
	사막화	사막화에 의한 토양의 변화	사막화 영향을 받은 토양의 면적과 그것의 국가 영토에서의 비율/토양 면적(km^2)과 그 비율(%)		O	
	도시화	공식,비공식의 도시 정착지역	공식, 비공식의 정착에 의해 점유된 제곱킬로미터의 도시 거주 지역/km^2		O	
대양 바다 연안	연안 지대	연안 바다의 해조류 집중	해조류 집중도=연안 지대 생태계 건강의 척도 및 바다로 흘러드는 유수량으로부터 영양분 투입을 측정하는 척도/입방미터 당 엽록소의 mg 혹은 연간 제곱미터 당 탄소(g)에서의 생산율		O	
		연안 지역에 사는 총인구의 비율	해안(대양으로 흘러 들어가는 주요 강변도 포함)으로부터 100km 안에 사는 총인구의 비율/%	O		
	어자원	주요 어종의 연간 어획량	주요 어종의 연간 어획량의 산란 · 채란 생물자원과의 비교 혹은 최대 어획년도 생산량과의 비교/ton	O		

주제	하위 주제	지표	정의/측정 단위	구동력	상태	대응
민물	물의 양	총용수에서 지하수·지표수의 연간 추출 비율	지하수와 지표수의 연간 총량=재생 가능한 민물의 연간 총량에서 물 사용을 위해 그것을 추출한 비율/%	O		
	물의 질	물의 생화학적 산소요구량 (BOD)	BOD=물에서 유기체적 물질의 미생물학적 분해(즉 산화)를 위해 요구되거나 소비되는 산소의 총량/ 20°C라는 일정한 온도에서 5일간 소비되는 산소의 mg/l		O	
		민물의 침전물 대장균 농도	음용으로 공급되는 민물자원의 WHO가 제시한 대장균 농도 기준을 넘어서는 비율/%		O	
생물 다양성	생태계	선택된 주요 생태계 지역	생태계 수준에서 또는 지정된 지역이나 그 역에서 생물 다양성을 유지, 보존하기 위한 조사, 판단, 평가의 척도 / 해당 지역의 면적 (km² 혹은 ha)		O	
		총면적에 대한 보호 지역의 비율	전체 육지 생태계, 내수 생태계, 해양 생태계 면적에 대한 제각각 보호 생태계 지역 면적의 비율/%			O
	종	선택된 주요 종의 풍부성	생물 다양성에서의 변화를 나타내는 선택된 종자(족)수의 추이/주어진 지역이나 종자(족)수 안에서의 성숙한 개체수 혹은 풍부성과 관련된 다른 지수		O	

2) 경제협력개발기구(OECD)의 환경지표

도표 13-2 OECD의 핵심 환경지표[2]

문제	하위문제		압력지표	상태지표	대응지표
오 염 문 제	기후변화		온실 가스 배출지수 (CO_2, CH_4, N_2O, PFC, HFC, SF_6의 배출량)	온실 가스 대기 농도 지구평균기온	에너지 효율(에너지 강도, 경제적·재정적 수단)
	오존층 고갈		오존층 고갈 물질의 소비지수, CFCs와 할론의 소비량	오존층 고갈 물질의 대기 농도, 지상에서의 UV-B 방사	성층권의 오존 수준 CFC 회수율
	공기질	산성화	산성화 물질지수(NOx, SOx 배출량)	pH의 임계부하 초과 (산성비의 농도)	촉매전환장치가 설치된 차량 비율, 고정오염 원의 SOx, NOx 감소 설비의 용량
		도시	대기 배출량(도시 교통 밀도와 자가운전자 수)	대기오염에 노출된 인구 (대기오염 물질의 농도)	경제적, 재정적, 규제적 수단들
	폐기물 발생		도시·산업·유해·핵 폐기물의 발생량, 유해 폐기물의 이동	물·공기·토양 질과 토지 사용에 대한 영향, 유독물의 오염	폐기물 최소화(폐기물 재활용율), 경제적, 재정적 수단과 예산
	민물 의질	부영 양화	물과 흙에서 N, P의 배출량(영양소 균형), 비료 사용에서의 N, P 배출량	내수에서의 BOD/DO, 내수에서의 N, P의 농도	생물학적 그리고/혹은 화학적 하수 처리시설에 연결된 인구 비율
		유독물 오염	중금속 배출량 유기화합물 배출량 (살충제 소비량)	환경 매개체에서의 중금속과 유기화합물 농도	
	민물자원		민물자원의 사용 강도 (추출물/사용가능한 자원)	물 부족의 빈도, 기간, 정도	물가격과 하수처리를 위한 이용자 부담금

[2] OECD Environment Directorate, 2001. 이 도표는 OECD Environment Directorate(2001: 8~31)을 참조하여 나름대로 작성하였다.

문제	하위문제	압력지표	상태지표	대응지표
자연자원 및 자산	산림자원	산림자원 사용의 강도 (실제 수확/생산적 능력)	(생물 군계에 의한) 산림분포의 면적과 양	관리·보호 산림지역 (총산림 중 관리·보호 지역의 비율)
	어자원	물고기 어획량	산(채)란업 재고의 규모(남획되는 어장 면적)	어업쿼터(쿼터로 규제되는 재고량)
	에너지 자원	·	·	에너지효율성(에너지 강도, 경제,재정적 수단) 에너지 공급의 구조
	생물 다양성	자연 상태르부터의 서식지 변경과 토지 전환	전체 종 중 멸종 위기이거나 멸종된 종수 주요 생태계 지역	생태계 유형별 국토 면적 중 보호 지역의 면적비율

〈도표 13-2〉는 OECD가 2001년에 10개로 간추려 내놓은 핵심 환경지표에 주목하여 정리한 것이다. '경제협력개발기구Organisation for Economic Co-operation and Development'가 환경지표를 제시한 목적은 세 가지로 요약된다. "환경의 진보를 추적하고, 정책이 가령 수송, 에너지, 농업 등과 같은 다양한 부문을 위해 입안되고 시행될 때 환경적 관심이 참작됨을 확인하고, 환경적 관심이 경제 정책 속으로 근사하게 통합됨을 확인하기 위해서이다."(OECD Environment Directorate, 2001: 34) 요컨대 환경지표는 환경위협과 지속가능한 개발에 대한 각국의 관심을 증대시키면서, 각국 정부의 국내 환경정책의 성과와 국제 협약 가입에 따른 지속가능한 미래를 위한 계획을 결정·평가하는 수단으로 역할하는 것이다. OECD는 지속가능한 발전지표를 PSR 틀로 포착하고, 9개 분야 18개 지표로 이루어진 환경지표와 6개 분야 15개 지표로 이루어진 사회·경제지표를 개발한 바 있다.

OECD가 UNCSD의 DSR 틀과 다른 PSR 틀을 채택한 까닭은 두 가지 것도이다. 하나는 가입 국가들이 공동의 모델을 PSR 틀로 하기로 합의했기 때문이다. 다른 하나는 그 틀이 정책적 연관성, 분석적 건전성 그리고 측정 가능성에 기반하고 있다고 여기기 때문이다.(OECD Environment Directorate, 2001: 34) 여기서 압력Pressure은 인간 활동이 환경에 대해 부가하는 영향을 말하며, 상태State는 환경이나 자연 자원이 처하고 있는 상태를 뜻하며, 대응Response은 환경적 관심에 대한 사회적 응답을 이른다.

이 환경지표는 여러 국가의 환경 상태와 정책들을 비교함으로써 환경 행위의 평가, 환경적 관심과 부문 정책과의 통합, 환경적 관심사와 관련 경제 정책과의 통합 등 국가나 기관의 의사 결정에 중요한 지침을 제공해주는 장점을 가진다. 따라서 OECD의 이 지표가 여러 국가와 기관들에게 지표의 정립을 위한 유용한 틀로서 많은 공감을 얻고 있는 것은 당연하다. 그러나 지속성을 나타내는 지표 상호 간의 인과성이 명확히 파악되지 않으면 효용성 측면에서 문제가 발생한다는 약점을 보인다.

3) UNCSD 및 OECD의 환경지표에서 생태 가치의 문제

앞에서 살펴보았듯이, UNCSD와 OECD의 환경지표는 각각 DSR 틀과 PSR 틀의 원형으로 간주되는 가장 권위 있는 지표이다. 실제로 여러 국가지표나 지역지표의 대부분이 그 틀에 준거하여 설정되고 있는 형편이다.

두 환경지표에 깃들어 있는 가장 두드러진 가치는 생태환경, 자연 자원, 생태계에 관한 것이라 생각한다. 먼저 생태적 자연환경에 주목해보자. UNCSD의 경우, 〈도표 13-1〉이 보여주듯이, 기후변화, 오존층 고갈, 사막화 등의 하위 주제 아래에 각각 온실 가스의 배출, 오존층 고갈 물질의 소비, 사막화에 의한 토양의 변화라는 지표가 설정되어 있다. 〈도표 13-2〉를 보면 OECD도 UNCSD와 유사하게 기후변화, 오존층 고갈이란 하위 문제와 지표를 두고 있지만, 사막화 대신에 산성화, 부영양화라는 하위 문제를 따로 만들고 있는 게 특이하다. 이 정도라면 생태적 자연환경의 가치가 남김없이 투영된 것이라 판단된다.

생태적 자연 자원에 주목한다면 UNCSD나 OECD 둘 다 모두 산림자원, 민물자원, 어자원 등을 하위 주(문)제로 삼아 그에 따른 지표를 제시하고 있다. 단지 OECD는 독특하게 에너지 자원을 따로 하위 문제로 올려놓고 있다.(《도표 13-1 및 13-2》 참조) 그러나 그 내용이 주로 경제적 효율성에 치중된 게 불만이다. 또한 원시 삼림, 자연 습지, 자연 갯벌 등에 대한 배려가 없다는 것도 문제이다.

생태계에 주목한다면 OECD가 생물 다양성만을 하위 문제로 올려놓은 것에 비해, UNCSD는 생물 다양성이란 주제 아래 생태계, 종이란 하위 주제를 두고 각각 선택된 주요 생태계 지역?총면적에 대한 보호 지역의 비율, 선택된 주요 종의 풍부성이란 지표를 설정하고 있다.(《도표 13-1 및 13-2》 참조) 그러나 그런 지표만으로 과연 '생태적 생명 유지 체계ecological life support systems'의 상태나 '생태계 온전ecosystem integrity'의 가치를 제대로 반영할 수 있는지는 의문이다. 그런 까닭들로 인해 나의 가치론적 환경지표에서는 기존의 환경자원지표나 생물가치지표와는 독립된 항목으로서 생태가치지표를 하위 주제 내지 중간지표로 따로 설정했던 것이다.(이 책 14장 참조)

그럼에도 불구하고 생태 가치가 그렇게 강조되어야 할 근거지움은 아직 미약해 보인다. 그런 근거를 담화론적 접근에 기대어 찾아보자. 요점은 생태 가치라는 다소 특수한 규범을 어떻게 정당화하느냐에 있다. 보다 구체적으로는 비과학적인 가치판단에 의존하지 않은 채 정당화 과정으로 이끄는 과학적 지식을 어떻게 마련하느냐 하는 점이 관건이다. 그러나 그 난제는 생태과학이 풀 수 있는 게 아니다. 과학적 엄밀성을 추구하는 '견고한hard' 생태학과 규정적 개념 틀을 구축하는 '유연한soft' 생태학의 이론적 대결은 여전히 경쟁적이다. 후자는 자연에 숨어 있는 생태 가치를 객관적으로 발굴할 수 있다고 주장하지만, 전자는 그런 가치란 기껏해야 발견적인 과학적 도구에 불과하다고 잘라 말한다.

따라서 그것을 기본적으로 윤리적 다차원성에서 기인하는 문제로 바라볼 필요가 있다. 담화론자에 따르면, 그 다차원성은 정의와 자유라는 두 기본 규범과 자기실현과 '물질 생명 지속material sustenance'이라는 두 근본 가치에서 도출된다고 한다. 이 네 가지는 물론 생태계의 상태, 구조, 과정과 관련해서만 자신을 표명할 따름이다. 더 나아가서 인간과 관련해서는 세대 간 정의, 하부 세대 정의infragenerational justice, 사회적·경제적·생태적 현상에 대한 의무론적 고려라는 규범과도 성공적으로 연계되어야 한다. 그래야만 지속가능한 발전의 원리가 환경적 의사 결정이나 토론에서 규정적 역할을 수행하는 조정 원리로 성립될 수 있다.(Barkmann & Windhorst, 1999: 2) 그러나 그런 규정 원리가 담화의 결정적인 준거로서 규범적 주장의 보편적 타당성을 반드시 확증해야 할 이유는 없다. 오히려 규범 응용의 적정함으로 대체하는 게 훨씬 유익할 터이다. 왜냐하면 담화적 규범을 정당화하는 것과 그 규범을 적절히 응용하는 것은 충분히 차별화 가능한 문제이기 때문이다. 요컨대 환경지표에 함축된 생태 가치란 규범을 일단 보편적인 지속가능성 원리의 적정한 응용으로 간주하자는 것이다.

3. SDI Group의 환경지표와 미래 세대의 가치

1) 미국의 지속가능한 발전지표 관계부처실무그룹(SDI Group)의 환경지표

미국의 환경지표에 대한 개발은 '미국의 지속가능한 발전지표 관계부처

실무그룹U.S. Interagency Working Group on Sustainable Development Indicators(약칭 SDI Group)'에서 담당하고 있다. 그들은 지속가능한 발전을 "현세대와 미래 세대의 이익을 위하여 경제, 환경, 사회를 증진시키는 진보 과정"(SDI Group, 2001: Foreword 참조)이라 정의하고, "지속가능성의 주요한 도전은 '다가오는 오랜 기간을 전망하는over the long-term' 우리의 다양한 목적과 열망을 통합하는 일"(SDI Group, 2001: Chapter 1 참조)이라 규정하고 있다. 여기서 우리는 현재의 대응보다 오히려 미래에의 준비가 강조되는 거시적 조망을 읽어낼 수 있다.

SDI 그룹이 제시한 지속가능한 발전지표의 특징을 두 가지로 설명해보자. 첫째, 전통적인 접근 방법을 그대로 따라서 지표를 크게 경제, 환경, 사회 부문으로 삼분한다. 그리하여 경제 부문 13개, 환경 부문 16개, 사회 부

그림 13-1 미국 SDI Group의 지속가능한 발전지표의 틀

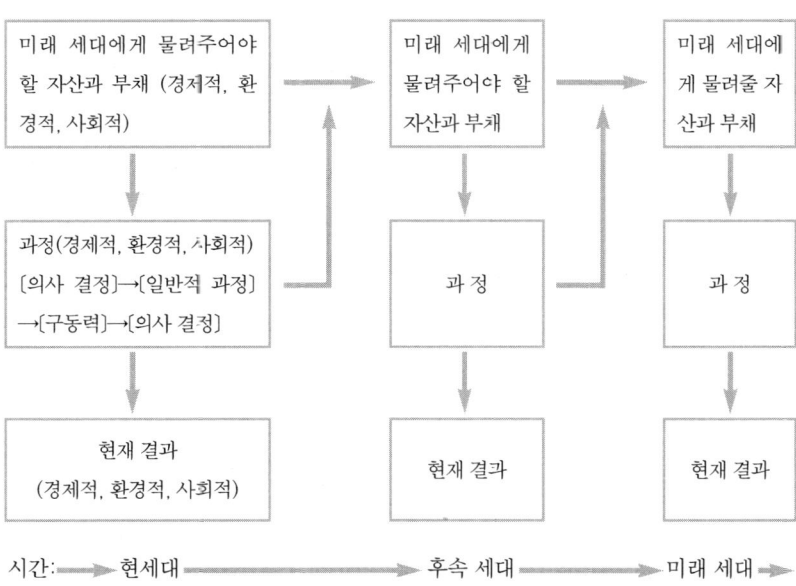

(자료_SDI Group, 2001: Report Graphics 참조)

문 11개 등 총 40개의 지표를 내놓고 있다. 둘째, SDI 그룹은 그들만의 독자적인 지표 틀을 채택하고 있다. 유형적으로는 PSR 틀에 가깝지만 DSR의 '구동력driving forces' 개념도 수용하는 특이한 방식이다.

결국 SDI 그룹의 틀은 세 가지 핵심 범주로 구성된다. ① 우리의 선조와 자연으로부터 물려받은 자산, 자원, 능력을 미래 세대에게 넘겨준다는 '미래 세대에게 물려주어야 할 자산과 부채Long-term Endowments and Liabilities', ② 현재의 상품과 서비스를 산출해내는 자산을 이용하는 인간 활동, 자연적인 지구 생태계의 과정, 사회적·문화적·정치적 과정을 말하는 일반적 과정과 구동력 작동 과정 및 의사 결정 과정으로 이루어진 '과정Processes', ③ 현세대가 누리고 경험하는 상품, 서비스, 조건 등을 뜻하는 '현재 결과Current Results'가 그것이다.(SDI Group, 2001: Chapter 2 참조) 그런 지속가능한 발전지표의 틀을 일목요연하게 그려 보이면 〈그림 13-1〉과 같다.

SDI 그룹이 제시한 환경지표는 기존의 어떤 지표보다도 미래 세대를 겨냥한 거시적이고 장기적인 전망을 보여준다. 즉 지속가능성이란 그 본성상 아직 존재하지 않는 그러나 필연적으로 다가오는 다층의 미래 세대에 걸쳐 있다는 입장이다. 그런 견지에서 SDI 그룹의 환경지표가 다른 국가들에게 모범적 전형으로 자리 잡는 일은 썩 자연스럽다. 또한 지표를 주제별(대기, 수질, 폐기물, 생태계 등)로 자료의 이용 가능성을 감안하여 개발하였으며, 개발된 지표별로는 우선순위를 부여하는 특색도 드러난다. SDI 그룹의 환경지표를 지속가능한 발전과의 연관에 주목하여 정리해보면 〈도표13-3〉과 같다.

2) 미국 SDI Group의 환경지표에서 미래 세대 가치문제

앞에서 살펴보았듯이, SDI 그룹 환경지표의 독특함은 미래 세대란 문제를 전면에 부각시키면서 그것을 지표를 산출하는 중심축으로 삼았다는 점

도표 13-3 미국 SDI Group의 환경지표

지표	추세(증감)	지속가능한 발전과의 연관성(추세의 영향력)	미래 세대에게 물려 주어야 할 자산, 부채	과정	현재 결과
지표수의 질	↗	좋은 영향 미침	O		
주요한 지구(육상) 생태계의 면적	↘ (1750년 이후)	혼합/불분명한 영향	O		
생물군 내 오염 물질	↘	좋은 영향 미침	O		
핵연료의 소비량	↗	좋지 않은 영향 미침	O		
성층권 오존의 상태	↘	좋지 않은 영향 미침	O		
지구온난화 기후반응지수	↗	좋지 않은 영향 미침	O		
취수량 대비 재생 가능한 물(수자원) 공급 비율	↗ (1980년 이후)	좋은 영향 미침		O	
어자원의 이용	자료 미비	혼합/불분명한 영향		O	
침략적 외래 생물종	↗	좋지 않은 영향 미침		O	
경작지(농경지)의 용도 변경	↘	혼합/불분명한 영향		O	
토양 침식 비율	↘	혼합/불분명한 영향		O	
벌채 대비 목재 성장 균형 정도	↗ (1952년 이후)	좋은 영향 미침		O	
온실 가스의 배출	↗	좋지 않은 영향 미침		O	
슈퍼펀드(화학 폐기물의 공해를 방지 하기 위한 특별기금) 지역(사이트)의 확인과 관리	↗	좋지 않은 영향 미침		O	
대도시 대기 질(기준 치)에의 미도달	↘	좋은 영향 미침			O
야외 레크리에이션 활동(의 증감)	↗	혼합/불분명한 영향			O

(자료_SDI Group, 2001 : Chapter 5 참조)

에 있다. 그리하여 공시적인 환경지표를 대표하는 UNCSD의 DSR 틀과 OECD의 PSR 틀에 대응하여 SDI 그룹은 통시적인 환경지표의 전범을 보여주고 있다. 특히 이 지표는 "지속가능한 발전이란 그 자체가 목적이 아니라 진화해나가는 과정"(SDI Group, 2001: Chapter 2 참조)이라 규정하기 때문에, 현세대의 복지뿐 아니라 비교적 가까운near-term 후속 세대 및 아주 먼 long-term 미래 세대의 복지를 기꺼이 배려하고 있는 것이다. 그러나 미래 세대에 대한 그런 고려가 진정으로 가치론적 차원으로 격상되었는지에 대해선 의문을 가지고 있다.

위의 〈도표 13-3〉에서 대도시 대기 질이 여태 기준치에 도달하지 못했다거나, 야외 레크리에이션 활동의 증대 혹은 감소라는 '현재 결과'는 현세대뿐 아니라 후속 세대의 복지와도 직접 연결되어 있음을 잘 드러낸다. 지표수의 질, 주요 육상 생태계의 면적, 생물군 내 오염 물질, 핵연료의 소비량, 성층권 오존의 상태, 지구온난화 기후반응지수 등의 '미래 세대에게 물려주어야 할 자산과 부채'는 현세대와 곧바로 그를 잇는 후속 세대의 행위와 조치가 미래 세대에게 어떤 영향을 미칠지를 여실히 보여준다. 그럼에도 불구하고 그런 정도에서 미래 세대에게 주체적 선택권을 물려주는 여건을 마련하는 일은 다소 힘이 부쳐 보인다. 중대한 의사 결정이나 정책 판단에서 미래를 아예 계산하지 않거나 가차 없이 할인해버리는 관행을 탈피한다는 취지에서 나는 가치론적 환경지표 안에 이른바 '미래가치정향지표'를 새롭게 설정한 바 있다. 즉 에너지전환지표와 자연에너지공동이용지표는 온전한 미래를 준비하는 대안적 청정 기술과 녹색 산업에 대한 지수를 의미한다. 또한 배출가스억제지표, 미래 세대인지도지표, 생명공동체활동지표 등은 현세대가 미래 세대를 살아 있는 자식처럼 대접할 의향이 있는지를 그 의식과 행동을 통해 파악하려는 것이다.(이 책 14장 참조)

여기서는 단지 옹호논변의 철학적 전제만 살짝 들여다보자. 미래 세대는 아직 존재하지 않기에 소유 권리가 애당초 없다거나, 미래 세대가 소망하는 바를 알 도리가 없고 우리에게 이익이나 손해를 직접 끼칠 수도 없기에 미래 세대를 전혀 배려할 필요가 없다는 주장에 적극 맞서서 미래 세대는 우리의 자식으로 여길 수도 있고, 현세대와 똑같은 종류의 인간일 터이며, 무엇보다도 현세대와 미래 세대 사이엔 특유의 호혜성이 성립할 수 있음을 강조하고자 한다.

4. 동북아시아 국가의 환경지표와 가치문제

이번에는 동북아시아 주요 국가 환경지표의 추세를 비교해보자. 총 48개에 이르는 한국, 일본, 중국의 지속가능발전지표들 중에서 환경 분야 17개를 추려내어 정리해보면 〈도표 13-4〉와 같다. 도표의 순서에 따라 추세를 하나하나 분석해보자.

도표 13-4 동북아시아 주요 국가 환경지표의 추세[3]

지표	국가	추세	지표의 성격			지속가능 발전과의 관계		
			구동력	상태	대응	긍정	부정	불분명
1인당 이산화탄소 배출량	한	↗	O				O	
	일	→						
	중	→						
황산화물 배출량	한	↘	O				O	
	일	→						
	중	→						
1000인당 자동차 수	한	↗	O				O	
	일	↗						
	중	↗						

3) 정영근 · 이준(2004: 193~203)의 도표에서 가려 뽑아 나름대로 정리하였다.

지표	국가	추세	지표의 성격			지속가능 발전과의 관계		
			구동력	상태	대응	긍정	부정	불분명
영구적 경작지 비율	한	↗		O		O		
	일	↘						
	중	↗						
경작 가능한 토지 비율	한	↘		O		O		
	일	→						
	중	→						
비료 소비량	한	↘	O				O	
	일	↘						
	중	↗						
농약 사용량	한	↘↗	O				O	
	일	NA						
	중	NA						
농작물 생산지수	한	→	O			O		
	일	↘						
	중	↗						
가축류 생산지수	한	↗	O				O	
	일	→						
	중	↗						
토지 지역 중 산림지역 비율	한	※		O		O		
	일	※						
	중	※						
도시인구 비율	한	↗	O				O	
	일	→						
	중	↗						
제조업에서 발생한 부가가치 중 화학품 비중	한	→	O				O	
	일	→						
	중	↘						
총어획량	한	↘		O				O
	일	↘						
	중	NA						

지표	국가	추세	지표의 성격			지속가능 발전과의 관계		
			구동력	상태	대응	긍정	부정	불분명
1인당 연간 취수량	한	※	O					O
	일	※						
	중	※						
BOD 배출량	한	↘		O			O	
	일	↘						
	중	→						
용존산소량	한	↘		O		O		
	일	→						
	중	NA						
주요 보호 지역 비율	한	※			O	O		
	일	※						
	중	※						

＊NA는 이용할 수 없는 자료, ※는 불완전하여 해석이 불가능한 자료를 말함

먼저 온실 가스 배출의 주요인으로 작동하는 1인당 이산화탄소 배출량에서 한국의 증가세가 뚜렷한 편이다. 황산화물 배출량의 경우 한국은 감소하는 추세이나 일본은 그 변화가 미미하다. 1000인당 자동차수는 3개국 모두가 증가 추세를 보인다. 토지의 효율적 관리를 드러내는 영구적 경작지 비율은 한국과 중국이 증가하는 데 반해 일본은 감소하고 있다. 경작 가능한 토지 비율의 경우 일본과 중국은 거의 변화가 없는 데 한국은 조금씩 감소하고 있다. 비료 사용은 물과 토지에 부정적 영향을 끼치는 것으로 한국과 일본이 점차 감소 추세라면 중국은 오히려 증가 추세이다. 농약 사용은 생물 다양성 저감의 주요 요인인 바, 한국은 IMF 때 감소하다가 다시 증가하고 있다. 일본과 중국은 자료가 구축되지 않았다. 농작물 생산지수는 한국은 현상 유지, 일본은 하향 추세, 중국은 상승 추세이다.

가축류 생산지수는 단위 면적당 배출되는 축산 폐수를 측정하는 지표로서 한국과 중국은 증가 추세를 일본은 정체를 보여준다. 산림은 경제적 환

경 가치를 창출하는 핵심 생태계로서 지속가능한 발전에 필수적인 요소이다. 그러나 세 국가의 산림지역에 대한 자료가 완전치 못하다. 도시인구 비율은 해당 국가의 도시화율을 대변하는 지표로서 일본은 그대로이나 한국과 중국은 점증 추세이다. 화학물질은 인체와 환경에 유해한 것으로서 한국과 일본은 정체를 보이나 중국의 화학품 비중은 점차 감소하고 있다. 어획량 증가는 어종의 멸종 위기를 초래하는 것으로 한국과 일본은 1990년대 초에 비해 감소 추세이다. 특히 일본은 약 50% 정도 감소하고 있다. 중국은 자료가 구축되지 않았다. 1인당 연간 취수량은 개인의 기본 수요에 부응하는 데 쓰이는 물의 양을 평가하는 지표이다. 적절한 물의 양은 지속가능 발전에 긍정적 영향을 준다. 그러나 3국 모두 자료가 완전치 않다. BOD(생화학적 산소요구량)의 많은 배출은 지속가능 발전에 해롭다. 중국의 배출량이 가장 높으며 한국과 일본은 점차 감소 추세를 보인다. 용존산소의 부족은 어패류의 사멸을 초래하며 물의 오염을 야기한다. 일본은 그대로이나 한국은 점차 감소세를 보여준다. 중국은 자료가 구축되지 않았다. 주요 보호 지역 비율은 생태계 보전을 위한 최소한의 조치로서 지속가능 발전에 긍정적 영향을 끼친다. 그러나 3국 모두 자료가 완전치 못하다.

  이제까지 살펴본 것처럼, 한국, 일본, 중국 등 동북아시아 국가들의 환경지표와 그것에 기준한 추세는 세계적 흐름과 별반 다르지 않아 보인다. 가치론적 측면을 고려해본다면 미국 SDI Group이 발굴해낸 미래 세대 가치를 일정 정도 염두에 두고는 있지만, 기본적으로 UNCSD, OECD의 환경지표가 강조하는 생태 가치를 크게 배려하는 형편이다. 중국은 한국과 일본에 비해 생태 가치나 미래 세대 가치를 고려할 여유가 더 없다는 사실이 지표의 추세 속에서 잘 드러나고 있다. 즉 중국이 위치한 산업화의 단계와 그에 따른 환경지표의 수준과 추세가 여실히 노출되고 있는 것이다.

5. 환경부의 국가 환경지표와 가치문제

환경부는 최근 새로운 국가 환경지표를 내놓은 바 있다. 〈도표 13-5〉는 '국가지속가능발전지표' 중 사회·경제·제도 부문을 제외한 환경 부문에서 취하여 정리한 것이다. 국가 환경지표는 주요 기구 및 국가(UNCSD, OECD, EU, 미국, 영국 등)의 지속가능발전지표에 근거하여 추출했으면서도 동시에 그것들과 대조하는 장점을 지니고 있다. 또한 각 지표별로 통계 자료의 추세를 구체적으로 분석하고 평가하는 미덕도 보여준다. 그렇지만 다른 기구나 국가지표들이 갖고 있지 못한 우리나라만의 어떤 고유한 특징을 찾을 수는 없다.

따라서 가치문제에 주목한다면, 앞의 유력한 지표들이 함유한 문제를 그대로 이어받고 있는 형국이다. 즉 UNCSD와 OECD의 지표와 관련하여 제기된 생태 가치의 문제와 SDI Group의 지표와 연관하여 제시된 미래 세대의 가치문제가 환경부의 지표 안에서도 유사하게 대립하고 있는 것이다.

이쯤에서 환경지표의 인식론적 측면을 간단히 짚고 넘어가도록 하자. 환경적 지식이란 우리가 직면하는 환경적 문제 상황에서 합리적 행위로 이끄는 필수적인 요건이다. 복잡한 환경적 상호 작용에 관한 포괄적 지식을 가능한 한 알기 쉬운 수준으로 단순화하는 과제를 대변하는 것이 바로 환경지표의 설정 작업인 것이다. 계량적 척도를 만들기 위해 엄청난 과학적 자료들을 선택하고, 평가하고, 그리고 변형시키는 지표 개발 작업은 달리 말하면 환경적 지식의 적극적인 구성 과정이라 할 수 있다. 그런 구성 과정의 핵심 축을 이루는 지식에서 보통 사람들의 담화적인 혹은 참여적인 요소가 충분히 반영되는 게 중요하다고 생각한다. 왜냐하면 그런 요소들이야말로 지표의 합당성을 보장해줄 뿐 아니라 지표의 본래 취지대로 사회적 활용도를 극대화시키는 지름길이기 때문이다. 가장 시급한 것은 환경지표를 보다 일상적인 용어의 의미에 들어맞게끔 고치는 일이다. 미국과 같은 환경 선

도표 13-5 환경부의 국가 환경지표

종합 지표	중간지표	개별지표	측정 방법(정의) 혹은 단위
대기	기후변화	온실 가스 배출	1년간 CO_2 배출총량: 1,000t
	오존층 고갈	오존층 파괴 물질 소비	1년간 Halon, CFC 소비량: 1,000t
	대기질	도시 내 오염 물질의 대기 농도	아황산가스, 먼지(TSP), 오존(O_3), 이산화질소 등의 농도: ppm, ug/m^3
토지	토지이용	토지 사용 변화	농지 면적의 연도별 변화: 1,000ha
	농업	경작에 적합하고 영구적인 경작지	전체 농지 면적을 농민수(총인구)로 나눈 값: ha/명
		비료 사용	질소, 인 비료 사용량: M/T
		농약 사용	경작 면적당 농약 사용량: MT/ha
	산림	토지지역중산림지역비율	국토 면적 중 산림면적 비율: %
		목재 벌채 정도	연간 벌채량: $1,000m^3$
	도시화	도시의 공식적/비공식적 거주 면적	국토 면적 대비 도시 면적 비율: %
해양 및 연안	연안 지역	연안의 수질 현황	용존산소(DO), 화학적 산소요구량(COD): mg/l
	어업	주요 종의 연간 수확 사용 변화	1년간 총어획량: 1,000t
담수	수량	지하수 및 지표수의 연간 취수량	1년간 이용가능한 수자원 중 취수 비율: %
		1인당 물 소비량	1인당 물 공급량: L/명/일
	수질	물의 생화학적 산소 요구량(BOD)	생화학적 산소요구량: mg/L
생물 다양성	생태계	주요 보호 지역	주요 보호 지역의 면적: km^2
	종	전체생물 중 멸종 위기에 있는 종 비율	멸종 위기 야생동식물의 비율: %

(자료_환경부, 정영근 외 4인, 2001: 51~54, 99~139 참조)

진 국가에선 실제로 그런 작업을 진행시키고 있다. 주로 과학자들에 의해 개발된 기술적·전문적 언어에 기초한 지표가 환경적 정책 판단이나 통상적 의사 결정에서 효과적으로 역할하기 위해선 일상적·비전문적 언어로 표현된 지표로 탈바꿈하지 않으면 안 된다는 것이다.[4] 더 나아가서 환경지표에 들어 있는 가치 지향적 속성을 속속 발굴함으로써 그것의 규범적·정감적 요소를 최대화할 필요가 있다고 본다. 그래야만 환경지표가 환경적 행위를 유발하는 동기로서 작동할 수 있다고 생각하기 때문이다.

6. 나가는 글:
지역환경지표의 설정을 위한 제언

이제까지 UNCSD, OECD, SDI Group, 동북아시아 국가, 환경부의 환경지표를 가치론적 맥락에서 독해해보았다. 그런 논의에 바탕을 두고 지역환경지표—특히 대구·경북 지역—의 설정을 위한 제안을 하는 것으로 결론에 대신할 참이다.

우선 대구·경북 지역에 걸맞은 환경지표의 개발이 매우 시급하다. 안타까운 일이지만, 대구시나 경상북도가 지방정부 차원에서 환경지표를 개발·활용한 적이 여태까지 전혀 없을 뿐 아니라 대구경북개발연구원과 같은 산하 연구기관에서조차도 환경지표에 대한 연구가 전무한 실정이다. 이를테면 경상북도와 도세가 엇비슷한 경기도의 경우 벌써 1995년에, 대구광역시와 견줄만한 인천광역시도 1999년에 자체적으로 지역환경지표를 개발하여 활용하고 있다.(경기개발연구원, 1995; 인천발전연구원·윤하연, 1999 참조) 만시지탄의 감은 있지만, 지금이라도 대구시와 경상북도는 각각의 지역적 특성과 환경적 현황을 충분히 반영할 수 있는 적합한 환경지표를 설정해야 할 것이다.

둘째로, 지역환경지표를 개발할 때 가치론적 측면을 최대한 고려할 것을

---

[4] 자세한 내용은 Schiller 외 9인(2001) 참조.

주문하고자 한다. 생태 가치가 세계 기구의 지표 차원에서 성공적으로 일반화되고 있기 때문에, 역시 미래 세대 가치도 유력 국가의 지표 차원에서 논증적으로 정당화되고 있기 때문에 당장 지역적 지표 안으로 도입되어야 한다고 강변할 생각은 없다. 사실 세계적·국가적 동의가 지역적 동의를 필연적으로 수반할 수는 없다. 나는 가치론적 환경지표를 생태 가치나 미래 세대 가치라는 규범의 보편적인 적용으로만 간주하기보다는 오히려 일상적인 녹색 가치가 기대하는 규범의 적정한 응용으로 보아줄 것을 권유한다. 말하자면 대구·경북 지역의 평범한 시민·도민들은 다소 막연할지라도 절박한 환경문제를 대면할 때마다 어떤 행태로든 가치 함유적 태도 표명이 긴요하다고 생각할 터이다. 그리하여 적어도 지속가능한 환경 가치를 추구하는 분명한 선택과 결단을 요구하는 것이다. 결국 지역환경지표는 지역 주민들의 그런 가치에의 열망을 진지하게 수렴하지 않으면 안 될 것이다.

제14장

환경정책 결정을 위한 가치론적 환경지표의 설정

이 장은 환경정책의 의사 결정에 지침이 될 가치론적 환경지표를 설정하려 한다. 생태화로 가는 큰 흐름에서 환경정책 결정자는 도덕 숙련가가 되어야 할 터인데, 환경적 가치판단을 도울 새로운 환경지표가 요청된다.

먼저 주류적인 지속가능한 발전보다는 비주류에 속하는 생태 발전의 개념에 착안하고, 이론 중심적인 내재적 가치보다는 실천 지향적인 지속가능한 가치의 논변에 입각하여 이른바 통시적인 환경 가치론을 나름대로 구성해본다. 그 가치론은 경제적 값어치보다는 도덕적 가치를 강조함으로써 미래 세대를 끌어안는 데는 일단 성공한다. 그러나 생태 가치까지 충분히 포섭하지는 못한다. 그 약점을 생태적 온전의 원리로 보충하고 나자, 비로소 그 정책적 함축이 명확하게 드러나게 된다. 즉 미래에 대한 배려와 생태에 대한 의무를 동시에 행할 수 있는 몇 가지 원칙들이 제시된다.

그런 원칙들을 참작하면서 가치론적 환경지표를 구체적으로 만들어낸다. 그 구성체계는 기존의 지속가능한 발전지표를 다소 변경한 것이지만, 그 내용에는 아주 중요한 전환이 깃들어 있다. '미래가치정향지표'와 '생태가치지표'라는 전혀 새로운 가치론적 지표를 설정한 것은 아마도 처음일 것이다. 그것은 환경윤리적 규범과 생태학적 가치가 정책 결정 과정에 직접 개입하여 일정한 역할을 하는 것이다. 다만 첫 시도의 한계를 극복하기 위해 앞으로 더욱 가다듬고 체계적으로 정교화할 필요가 있다.

1. 들어가는 글:
환경문제와 가치판단

우리는 무릇 환경문제에 둘러싸여 있다. 한 개인으로서 늘 경험하는 물, 먹을거리 그리고 대기의 오염뿐 아니라 기상이변, 오존층 파괴, 산림 훼손, 식량 부족 등의 전 지구적인 환경 위험에 관한 공공적인 인식이 나날이 확산되는 추세이다. 그런데 그런 환경 위기에 대한 일상인들의 비전문가적 인식과 보다 전문적인 과학적·기술적·정책적 담론 및 공식적 통계 사이에는 무시 못 할 차이가 있어온 게 사실이다.

한편으로 평범한 시민들은 다소 막연하지만 절박한 환경문제에 관한 가치 함유적인 태도 표명이 필요하다고 생각하고 있다. '자연에 대한 돌봄과 환경에 대한 책임'으로 요약되는 이른바 '녹색 가치'를 지지하는 분명한 가치판단을 요구하는 것이다. 다른 한편에서 전문가들은 과학은 그 자체가 객관적이라는 '과학주의'와 기술은 과학적 판단의 귀결로서 가치중립적이라는 '기술결정론'에 의지하여 환경적 가치판단을 유보하는 경향을 보여왔다. 그러나 둘 다 현재 진행되고 있는 생태적 변동이 가져올 자연적 영향과 사회적·문화적·경제적 파장에 대해 심각하게 걱정한다는 점에서는 동일해 보인다. 주변적으로만 느껴왔던 환경의 위기가 바야흐로 중심적인 생태(생명)의 위기로 부각되는 형국이다. 환경문제는 지금 여기에 살고 있는 너와 나의 피할 수 없는 시급한 화두인 것이다.

그런 환경문제에 관한 접근에서 가장 먼저 실마리로 삼아야 할 개념은 녹색 가치이다. 녹색적 가치판단이야말로 환경을 향한 인간의 행위를 결정하는 핵심 요인이기 때문이다. 사실상 환경문제에서 개인적·집단적 행위는 녹색 가치에 의해 그 기본 방향을 잡는다. 각 개인이 견지하고 있는 개별적 녹색 가치란 실제 행위를 위한 동기, 이유 혹은 정당화로 표명된다. 또한 녹색 가치는 개인의 행위를 억압하거나 혹은 북돋을 여지를 가진 가족, 학교, 사회 공동체, 국가 따위의 집단적 맥락 속에서 체계화된다. 물론 집합적 가치 체계와 개인적 가치는 상호 의존적인 교류와 상호 배타적인 순환을 거듭하는 관계에 있다. 서로가 밀쳐내는 사이이면서도 함께 스며들어 특유의 녹색 가치를 형성해내는 것이다.

그러나 현실 속에서 녹색 가치는 효율적인 경제적 가치나 유력한 정치적인 가치에 갇혀 있거나, 혹은 전통적인 지성적 가치에 포섭되기가 십상이다. 말하자면 환경적 가치는 녹색적으로 생각하는 사람들에게서조차 독자적 영역을 확보하지 못하고 다양한 도덕적, 정치적 입장에 따라 다르게 정립되는 형편인 것이다. 그런 사정은 공공적인 환경정책의 결정 과정에도 그대로 투영될 수밖에 없다. 한 국가, 지역, 공동체 등의 환경정책을 입안·수립·집행·평가하는 공개적인 의사 결정 과정을 생각해보라. 그 과정에서 환경적 가치는 과연 다른 뭇 가치들을 주도적으로 이끌고 있는가? 적어도 명백한 환경문제일 경우에 환경적 가치판단에 근거하여 결정을 내리고 있는가?

이 글은 환경적인 문제 상황에서 마땅히 요청되는 녹색 가치와 생태 규범에 대해 응용철학적으로 탐구한다. 보다 구체적으로 말하면 환경정책의 결정 과정에서 가치 선택의 어려움을 해소하는 데 유용한 척도가 될 수 있는 가치론적인 환경지표를 설정하고자 한다. 맨 먼저 환경정책의 결정에서 가치론적 환경지표가 어떤 역할을 담당할 수 있는지를 살펴보아야 한다. 이 예비적 고찰은 특히 도덕적 숙련이란 개념에 주목하면서 수행된다(2절). 기존의 지속가능한 발전론에서 한발 더 나아가 지속가능한 가치를 기반으로 한 발전 윤리로 조심스럽게 접근해본다. 한편으론 녹색 대안론자의 생태 발전론에 기대면서, 다른 한편으론 파트리지의 환경 가치론에 의존하여 그 개념 틀을 구상한다(3절). 지속가능한 가치론에 요구될 법한 생태적인 기본 개념과 그 가치를 생각해보고 나서 그것의 정책적 함축을 가늠해본다(4절). 가치론적 환경지표의 설정 구도를 나름대로 안출한 다음, 새롭게 제안될 핵심 가치들이 반영될 가치론적 환경지표를 이미 개발된 환경 관련 여러 지표들과 대비하면서 상세하게 구체화한다(5절). 마지막으로 가치론적 환경지표가 갖는 현재적 의미와 남는 문제를 따져 본다(6절).

2. 환경정책의 결정과 환경지표의 역할: 환경윤리 숙련가로서의 정책 결정자

1) 환경정책의 특성과 생태 전략의 이념

환경정책은 사회가 자연에 영향을 미치는 사회적 행위들을 규제하기 위해 고안한 목표와 수단의 총합이다. 달리 말하면 파괴된 환경을 복구하고 현재의 환경(자정 능력, 자원, 종 등)을 보전하여, 현세대는 물론 미래 세대 인간의 생명과 건강(기본 필요와 생존)을 지키고, 삶의 질을 제대로 확보하기 위한 종합적 공공 정책인 것이다. 환경정책이 갖는 주요한 특징은 아래처럼 네 가지로 축약될 수 있다.(김번웅·오영석, 1997: 112~114) ① 심각성 severity: 이는 환경문제가 위험을 내포한 위기 상황이기 때문에 정책적 대응의 진지성을 촉구한다. ② 경쟁성rivalry: 이는 환경정책의 형성과 집행 과정이 다양한 이해 집단들 간의 경쟁 속에서 이루어짐을 웅변한다. ③ 불확실성uncertainty: 이는 환경문제가 지니고 있는 과학적·기술적 접근의 어려움과 의견의 불일치를 드러낸다. ④ 가치 정향성value orientation: 환경정책의 입안에서부터 사후의 평가에 이르는 모든 의사 결정 과정에서 무엇보다도 가치판단이 중심축을 이룬다는 말이다.

또한 환경정책은 그것의 목표·주체·수단으로 구성된다. 환경정책의 목표는 일반적으로 이미 훼손된 환경을 복원하고 현재의 자연을 돌봄으로써 미래의 생존을 보장하는 것으로 압축된다. 그런데 그 목표에는 해당

사회의 집단적 가치 체계와 개인적 가치가 반영되어 있다. 앞의 가치 정향성이란 특성에서 어느 정도 드러났듯이 어떠한 가치판단을 전제하느냐에 따라 정책 목표의 실질적 내용은 크게 달라질 터이다. 정책의 주체로는 국가, 지방자치단체 및 공공단체를 들 수 있다. 끝으로 환경정책의 수단으로는 다음과 같이 네 가지를 들게 되는 게 보통이다. ① 도덕적·설득적 수단: 가치관의 변화와 환경 의식의 제고와 전환을 위한 교육, 홍보, 팸플릿 등, ② 직접 개입: 국립공원의 공유화 혹은 국유화 등, ③ 직접 규제: 법률 제정, 오염 물질의 양 규정, 원인자에 대한 법률적·행정적 제재, 직접적인 기술 개발 등, ④ 간접 규제 또는 경제적 유인 수단: 배출 부과금 제도, 보조금 제도, 환경 개선 분담금 제도 등이 그것이다.

여기서 이른바 '생태 전략'의 수단이 반드시 추가되어야 한다. 그것은 ⑤ 사회의 생태 수용력 확장을 위한 간접 조정 정책: 자원 사용량과 방식의 조정, 경제성장 크기의 제한, 인구수의 한계 설정 등을 관철하려는 사회 집단적 노력을 말한다.(문순홍, 1995: 9) 이 생태 전략의 이념을 다름 아닌 사전 예방적인 환경정책에서 찾을 수 있다. 예닉Martin Jaenicke에 따르면, 예방형 환경정책은 다시 생태적 근대화 정책과 구조 조정 정책으로 세분된다. 전자가 생산과정과 생산품을 친환경적 기술혁신을 통해 보완하는 정책이라면, 후자는 환경적으로 문제가 될 수 있는 생산양식 및 소비 양태를 친생태적 적응력이 뛰어난 생산양식 및 소비 양태로 바꾸어놓는 정책이다.(예닉, 1995: 145~164 참조)

요컨대 앞으로의 환경정책은 이제까지의 위험 방어적이고 사후 처리적인 정책 기조에서 벗어나 크게 전환된 예방 정책으로 기꺼이 탈바꿈해야 한다. 한편으로 생태적 효율성과 경제적 효율성의 동시적 고양을 지향하는 '생태적 합리화'를 추구하면서, 다른 한편으로는 생활양식과 작업 조건의 친생태적 변경을 전제하는 '구조적 생태화'를 달성하려고 애쓰는 태도를 견지하는 것이다.

2) 환경정책 결정에서의 가치론적 환경지표와 환경윤리 숙련가

환경정책의 과정이란 의제를 선정하고, 정책을 형성하고 그것을 정당화하며, 그 정책을 집행하고, 그리고 그 정책을 평가하는 합목적적인 일련의 행위 혹은 절차를 의미한다. 그런 정책 결정 과정에서 '가치론적 환경지표 Axiological Environmental Indicators'는 과연 어떠한 역할을 담당하는가?

먼저 가치론적 환경지표의 의미부터 살펴보자. 본래 가치론이란 가치의 본성에 대한 이론적 해명을 제공하려는 실천철학의 한 분과로서, 인간적 가치, 그중에서도 특히 도덕적·미적 가치를 연구 대상으로 삼는 전통을 이어왔다. 그러나 여기서의 가치론은 두 가지 측면에서 독특함을 가진다. 하나는 인간이 아닌 자연적 대상의 가치문제를 연구하기 때문에 환경철학의 새로운 영역으로 자리매김된다는 점이다. 다른 하나는 환경 가치론이 밝혀내려고 하는 비인간적 실재의 가치문제는 그 성격상 우리 인간을 책임의 차원으로 끌어들인다는 사실이다. 왜냐하면 만일 자연적 대상이 '내재적 가치intrinsic value'를 소유하고 있다면, 그 대상이 이제껏 유일한 평가자로 군림해온 인간에 의존하지 않고서도 그 자체만의 독립적 가치가 존재함을 입증하는 것이기 때문이다. 이는 무릇 인간에게 자연에 대한 존경심과 생태에 대한 돌봄을 발현시키는 마르지 않는 원천이 될 터이다.

공공 정책의 의사 결정 과정에서 '지수 혹은 지표index or indicator'를 효과적으로 응용하기 시작한 것은 1930년대 이후부터이다. 처음에는 경제공황을 극복하려는 경제정책 단에서 경제지표가 주로 활용되었고, 1960년대 이후에는 생활수준과 복지에 관한 사회지표를 개발하게 되었다. 그러나 가치관을 비롯한 삶의 질의 변화와 환경을 비롯한 사회문제의 변동은 개별영역에 대한 보다 전문화된 지표의 필요성을 요구하게 된다. 그런 배경하에서 환경지표는 1969년에 제정된 미국의 '국가환경정책법'을 기점으로 하여 점진적으로 발전되어온 대표적 지표이다.(과학기술처 1990: 6)

일반적으로 환경지표는 '환경에 관한 어떤 상태를 가능한 한 정량적으로 계측·평가하기 위한 지표'라고 정의 내려진다. 바꾸어 말하면 환경지표란 환경을 구성하고 있는 여러 부문의 관측 값들 중에서 문제되는 현상을 가장 잘 설명해줄 수 있는 대표적인 값을 일정 기준에 따라 선정한 척도를 의미한다. 이 지표는 한편으로는 환경적 현상을 알기 쉽게 표현하는 지수이면서 다른 한편으로는 환경적 현상에 들어 있는 가치를 평가하는 함수라는 이중적 의미를 지닌다. 환경지표는 곧 계측 지수와 평가 함수의 종합인 것이다. 그런 점을 충분히 감안하되, 정책의 결정 과정에 특히 주목한다면 가치론적 환경지표에는 두 가지의 규범적 의미가 깃들어 있다고 판단된다. 하나는 '해당 정책의 목표를 구체적으로 표현하는 환경윤리적 지수'이고, 다른 하나는 '해당 정책의 효과를 정량적으로 평가하는 환경 가치적 함수'인 것이다.

이 자리에서는 가치론적 환경지표의 역할을 환경정책의 복잡한 네트워크와 정책 과정의 틀 안에서 체계적으로 분석하지 않고, 다만 그 역할을 '도덕 숙련가moral experts' 개념과 연관지어 개괄해볼 참이다. 도덕 숙련가를 명시적으로 정의 내려 본다면, "도덕적 물음을 진지하게 탐구하는 가운데, 그런 물음에 응답하면서 발전된 주요 이론을 이해하고 그리고 (가능하다면) 합리적인 사람들을 납득시키는 논증을 알고 또한 제시할 수 있는 사람"(Hooker, 1998: 509)이다. 한마디로 줄이면 '도덕적 추리moral reasoning'를 제대로 하는 사람을 말한다. 그런데 흔히들 도덕적 추리를 전문으로 하는 사람이 따로 존재한다고 생각하는 경향이 있다. 그러나 그런 추측은 매우 이상하게 들릴 뿐 아니라 아무런 근거도 없어 보인다. 그런 궁금증은 다음과 같은 두 물음을 해소함으로써 풀릴 수 있을 듯하다.

첫째, 도덕적 추리를 숙련되게 한다는 것은 도대체 어떻게 한다는 의미인가? 사람들은 도덕적 문제 상황에 봉착했을 때 도덕적 추리를 각자 나름대로 수행한다. 그러나 누구나 숙련된 사고력을 발휘하는 것은 아니다. 그 까닭은 도덕적 추리가 기계적인 연역적 과정이 아니라 유기체적인 창조적 과정이기 때문이다. '도덕 준거→도덕 규칙→도덕 판단→문제 해결'로 설명되는 추리 단계는 행위 주체자의 융통성 있는 사고 능력과 결합될 때에야 제대로 작동된다. 살아 움직이는 도덕적 사고 안에서 연역추리가 수행되어야 비로소 숙련성을 획득하는 것이다.

둘째, 도덕에도 과학, 기술, 직업에서의 '전문성 혹은 숙련성'처럼 전문 영역이 따로 존재하는가? 그 물음은 도덕적 숙련과 과학적 숙련의 차이를 들춰냄으로써 해소된다. 과학에서의 숙련은 과학적 문제에 대한 정확한 예측의 성공 여부에 걸려 있다. 그러나 도덕에서의 숙련은 서로 다른 의견을 수렴하되 추리적 논변을 통해 합리적인 사람들을 설득함으로써 합치된 견해로 이끄는 능력을 이른다. 또한 나는 도덕 숙련가를 '도덕 교양인moral educator'과 동일시하는 맥니븐Don MacNiven의 제안에 적극적으로 동감한다.(MacNiven, 1990: 9~10) 이때 도덕 교양인은 사회적이거나 직업적으로 발생하는 도덕적 문제를 다른 분야의 전문가들과 함께 학제적으로 협동하는 형태로 탐구하는 사람을 말한다.

환경 영역으로 초점을 좁혀 말하면 환경정책의 결정에 참여하는 사람들은 누구나 나름대로의 도덕 숙련가가 되어야 한다. 의사 결정 과정 속에서 민주적 정당성을 확보하는 데에만 급급해온 형정적 관행도 이제는 바꿔야 할 시점이다. 왜냐하면 '옳은 과정'이 항상 '옳은 가치'를 담보하는 것은 아니기 때문이다.[1] 환경정책을 입안·수립·집행·평가하는 과정에 관여하는 전문가뿐 아니라 환경문제 연구자나 환경운동 관계자도 환경윤리적 숙련성을 갖추어야 한다. 구태여 이론적인 도덕철학자나 직업적인 윤리학자

---

[1] 환경정책에서 옳은 과정을 추구하는 민주적인 '절차 전문가 모델'과 옳은 가치를 지향하는 '도덕 숙련가 모델'의 비교 분석과 두 모델의 바람직한 수렴방안에 대해서는 Parker(1995: 33~49) 참조.

가 되어야 할 까닭은 전혀 없다. 다만 일정한 환경윤리적 지식을 터득한 바탕 위에서 도덕적 추리를 제대로 수행함으로써 정책적 딜레마나 난제를 합리적으로 풀어나가는 전문인이 요구된다. 예컨대 1997년 6월 5일 서울에서 발표된 '환경윤리에 관한 선언'[2)]에도 명시적이지는 않지만 그런 취지가 들어 있다고 판단된다. 그 윤리 선언의 대원칙인 이른바 '온생명 체계whole-life-system'의 보존을 위해서는 도덕적 교양이 환경교육을 통해 각계 각층으로 확산되는 게 마땅한 일이다. 그런 견지에서 본다면 가치론적 환경지표는 공공적 의사 결정이나 개인적 가치판단에서 일정한 역할을 담당하는 바, 어떤 인간의 도덕적 숙련도를 드러내는 시금석일 수 있다. 특히 기존의 환경정책을 생태적 방향으로 주도하는 데 크게 이바지할 것이라 기대한다.

3. 지속가능한 발전에서 지속가능한 가치로

1) 지속가능한 발전에서 생태 발전으로

환경과 발전의 조화를 논의하려면 '환경적으로 건전하고 지속가능한 발전Environmental Sound Sustainable Development(ESSD)', 줄여서 '지속가능한 발전(SD)'이라는 개념에서 출발해야 한다. 그 개념의 실마리는 1972년 스톡홀름의 유엔인간환경회의(UNCHE)에서 발견된다. 이 회의가 채택한 스톡홀름선언의 제1원칙은 다음과 같다. "인간은 자유, 평등, 질적으로 좋은 환경에서 살아갈 적합한 삶의 조건에 대한 기본권을 가지고 있다. 이 삶의 조건은 인간에게 품위와 복지의 삶을 허용한다. 그러므로 인간은 현세대와 미래 세대를 위하여 환경을 개선하고 보호할 책임이 있다." 이 원칙은

---

2) 서울선언의 주요 내용과 후속 조치에 대해서는 http://www.me.go.kr:9999/를 보라.

환경과 관련된 인간의 권리는 물론 자연을 돌봐야 할 인간의 책임을 강조한다. 그 책임은 같은 선언의 제4원칙에서 아래처럼 부연 설명되고 있다. "인간은 야생의 유산 그리고 그 서식지를 보호하고 현명하게 관리할 특별한 책임감이 있다. (……) 그러므로 자연보호는 경제 발전을 계획함에 있어서 우선순위를 부여받아야든 한다."(UNCHE, 1973: 19)

스톡홀름선언 이후 '지속가능한 발전'은 오늘에 이르기까지 다양하게 개념화되어왔다. 어떤 경우 지속가능한 발전을 둘러싸고 상충되는 견해차를 드러냈지만, 전반적으로 볼 때 보다 정교화되어온 게 사실이다. 이를테면 환경주의자들은 생태적 관점에서의 지속가능성을 내세우는 데 반해, 기업인들은 시장 가격으로 표현되는 비용과 편익의 관점에서 경제적 지속가능성을 주장한다. 어떤 이는 자연 자원의 관리를 통제하기 위한 사회적 조직에 주목하여 사회적 지속가능성을 더 강조하기도 한다. 그런 편차를 좁히기 위해 생태적 지속가능성, 사회적 지속가능성, 경제적 지속가능성 등 3가지의 의미를 종합하려는 이론적 시도가 나타나는 것은 당연한 수순이다.(Munro, 1995: 29~34 참조) 흔히들 가장 저명한 정의의 예로 1987년에 나온 세계환경개발위원회(WCED)의 브룬트란트보고서Brundtland Report와 국제자연보호연맹(IUCN)의 강령을 든다. 전자는 지속가능한 발전을 "미래 세대의 필요를 충족시킬 수 있는 능력에 손상을 주지 않으면서 현세대의 필요를 충족시키는 개발" 로 혹은 "자원의 이용, 투자의 방향, 기술의 발전, 그리고 제도의 변화가 서로 조화를 이루며 현재와 미래의 모든 세대의 필요와 욕구를 증진시키는 변화의 과정"으로 정의한다.(WCED, 1987: 43) 후자는 "생태계의 환경 용량 안에서 인간 생활의 질을 향상시키는 개발"로 정의한다.[3]

---

3) IUCN은 'International Union for Conservation of Nature and Natural Resources'의 약어이다. 관련 자료는 http://www.iucn.org/ 참조.

지속가능한 발전은 1970년대 이후 지금까지도 자연 생태와 인간 성장의 결합을 토의하는 담론에서 지배적인 위치를 지켜왔다. 그것은 학문적으로 인문학, 사회과학, 자연과학에 두루 걸쳐있는 폭넓은 주제이면서,[4] 정책적으로 실제로 추진·이행·평가되고 있는 현안 과제인 것이다.[5] 거기에다가 지속가능한 발전은 국제적 차원에서 여러 나라의 삶의 질을 비교 평가하는 대표적 지수이기도 하다. 그 모범적인 경우를 세계경제포럼(WEF)에서 찾아본다. 소위 '환경적 지속가능성지수Environmental Sustainability Index'란 한 국가가 환경 파괴를 유발하지 않고 경제성장을 이룩할 수 있는 능력을 지표화한 것으로, 환경오염 정도뿐 아니라 과학기술·보건 상태·토론 능력 따위의 삶의 질을 종합적으로 평가하는 척도이다. 2002년도에 발표된 내용에서 특기할만한 일은 전체 순위에서 핀란드, 노르웨이, 스웨덴 등 북유럽 국가가 상위권을 독차지한 가운데 한국은 142개국 중 136위에 불과하다는 사실에 있다. 평가 부문별 순위를 보면, 환경 상태는 140위, 환경오염 경감 노력은 138위, 지구환경 기여도는 123위로 최하위권에 머물고 있지만 과학기술력 등을 포함한 사회제도적 대응은 30위를 유지하고 있는 게 다소 이채롭게 보인다.[6] 이는 우리들에게 기존의 환경정책이 산출한 성과에 대한 엄중한 경고이지만, 동시에 '생태 전략'에 의해 기획되는 새로운 환경정책의 방향을 분명하게 시사해준다고 생각한다.

또한 환경 선진국에선 생태적 지속가능성 문제를 이론적 울타리 안에만

---

[4] 여러 학문적 시각에서 지속가능한 발전을 성찰하는 국내의 좋은 예는 이정전 편(1995) 참조.
[5] 우리나라에서의 지속가능한 발전 정책의 추진 현황, 추진 전략, 성과 평가, 이행 방안 등에 대한 종합적 논의는 환경부(2000) 참조. 세미나 자료는 http://www.konetic.or.kr/frame2.asp에 있다.
[6] 「뒤로 가는 환경 한국」(『한겨레』 2002년 2월 4일자). 더 자세한 내용은 환경부·정영근 외 2인(2003: 25) 및 http://www.weforum.org/site/homepublic.nsf/content/environmental+sustainability+Index 참조.

가두지 않고 현실 속에 직접 진입시켜 구체적 실험의 대상으로 삼기도 했다. 생태계의 원리로 작동하는 산업 단지는 대표적인 일례이다. 1990년대 초부터 본격적인 구실을 시작한 덴마크 칼룬보르 시의 '공생적 산업 단지'는 그 전형으로 꼽히며, 유럽에 뒤질세라 미국도 93년에 꾸린 '대통령지속가능발전위원회(PCSD)'를 중심으로 생태 산업 단지를 적극적으로 활성화하고 있다.[7] 우리나라도 다소 늦은 감은 있지만 그런 추세를 따라가려 하고 있다. 서울시가 기존의 개발 위주의 도시 관리 정책에서 생태 보전 위주의 도시 생태정책을 펼치기 위해 처음으로 도시 생태 현황도를 제작한 것이나,[8] 최근 들어 '인간·자연 우선주의'란 정비이념 아래 청계천을 도심의 자연 하천으로 복원하는 사업을 시작한 것은 좋은 예임에 틀림없다.[9] 또한 경기도 하남시가 유엔의 '지속가능한 도시개발프로그램'에 따라 국내 최초로 '자연과 인간이 공존하는 생태 도시Human-Eco City'로 조성되기 시작했다는 사실도 중요한 실례이다.[10] 현 상황을 살펴보더라도, 하남시가 제시한 7대 역점 시책들 중 맨 처음이 '자연과 인간의 상생 환경'이며 그 핵심은 다름 아닌 생태 도시의 지속적 추진에 있다.[11]

나는 최근의 환경 담론 흐름에서 조용한 변화를 감지한다. '지속가능한 발전'에 관한 주류적 논의에 '생태 발전eco-development'이란 비주류적 시각이 유력하게 떠오른다는 사실이다. 그 까닭은 우선 두 개념이 발생적 기원을 같이 하는 상호 보완의 관계에 있기 때문이다. 1972년의 스톡홀름선

---

7) 「덴마크 생태 산업 메카 칼룬코르」 및 「미 원주민 마을 불 밝힌 폐목 발전소」(『한겨레』 2000년 12월 6일자). 특히 PCSD(President's Council on Sustainable Development)에 관해서는 http://www.whitehouse.gov/pcsd 참조.
8) 「무차별 개발서 생태 보전으로」(『한겨레』 2000년 4월 7일자) 및 http://green.metro.seoul.kr/ 참조.
9) 2002년 7월부터 발진된 청계천 복원 사업에 대해서는 http://www.metro.seoul.kr/kor2000/chungaehome/seoul/main.htm을 참조할 것.
10) 「하남, 자연-인간 공존 생태 도시된다」(『한겨레』 2000년 1월 14일자) 참조.
11) 자세한 내용은 http://www.hanam.kyonggi.kr/hanaminfo_city_7dae.asp 참조.

언 이후, 주류로서의 지속가능한 발전은 UN의 여러 공식 기구들의 작업을 중심으로 수렴·정리된 입장이고, 비주류로서의 생태 발전은 지속가능한 발전을 둘러싼 논쟁 과정에서 녹색적인 대안 발전론자들이 전개한 입장이다.(문순홍, 1995: 12) 요즈음 생태 발전이 새삼스럽게 부각되는 또 다른 이유는 지속가능한 발전이 드러내는 결함에서 발견된다. 첫째, 지속가능한 발전은 무엇보다도 경제성장에 치중하므로 생태적 지속이나 사회 복지에 대한 배려가 상대적으로 부족하다. 둘째, 지속가능한 발전이 전제하는 생태적 한계에는 자연의 복잡성, 예측 불가능성, 역동성 문제 따위 때문에 일정한 합의가 결여되어 있다. 셋째, 지속가능한 발전의 모델은 다양하게 설정될 수 있다고 가정하지만 암묵적으로 특정한 발전 모델이 강요되는 형편이다. 넷째, 인간의 기본 필요와 자연 개입에 대한 제한을 결정하는 신기술에 대한 논의가 거의 없다. 다섯째, 기본 필요를 규정하는 지역적 차원의 사회 구조 및 민주적 의사 결정 과정에 대한 논의가 빈곤하다.(문순홍, 1999: 270~272 참조)

그렇다면 생태 발전이란 도대체 무엇인가? 생태 발전은 '인간과 자연 간의 상호 의존성을 존중하면서 인간적 필요에 기반을 두고 바람직한 적합성과 높은 생산성을 함께 취하는 방향으로 생태계를 변화시키는 발전'이라 정의된다. 대표적인 생태 발전 주창자인 작스Ignacy Sachs가 제시한 생태 발전의 원칙을 통해 그 구체적 내용을 살펴보자.(문순홍, 1999: 265~266 참조)

① 고유한 지역 자원에 기초하여 기본 필요 혹은 욕구를 충족시키는 것으로서 서구식 소비 모델에 대한 모방을 반대한다. ② 사회 생태계의 발전이 충분히 고려되어야 한다. 이는 고용, 사회 안전, 인간관계의 질 그리고 상이한 문화가 존중되어야 함을 의미한다. ③ 미래 세대와의 연대를 고려하여야 한다. ④ 지역적으로 접근 가능하고 재생 가능한 자원이 보존되는 환경보호 정책이 추진되어야 한다. 이 정책에는 지역 자원들을 정보 통계

화하는 작업도 포함된다. 이런 지역 자원 이용은 지역 생태 기술의 개발과 적용으로 가능하고, 에너지 절약과 고갈되지 않는 에너지원의 개발로 보완되어야 한다. ⑤ 정책적 목표를 설정하거나 정책적 세부 규칙을 만드는 과정에는 이에 관계하는 모든 사람들의 참여가 보장되어야만 한다.

위의 원칙들에서 대강 읽을 수 있듯이, 생태 발전이 깔고 있는 제일의 전제는 자연과 인간이 공산한다는 것이며, 이 생태(학)적 공생은 지금까지 우리를 지배해온 이분법적 사고 체계와 그에 준하는 행동 틀을 극복해야 한다는 뜻이다. 그 실천 방안은 보편화되어 있는 기존의 생활양식을 돌연 바꾸는 데서 시작된다. 그리하여 재생 가능한 자원의 한계 안에서 소비를 하고 생태적으로 건전한 관리를 수행하는 생태공동체를 발전의 기본단위로 제안한다. 이쯤 되면 누구라도 생태 발전에 함축된 규범적 명령을 눈치채지 않을 수 없다. 조금 깊이 헤아려본다면, 정도의 차이는 있을지라도 생태 발전은 물론이거니와 지속가능한 발전에도 그와 유사한 규범적 내용은 엄연히 들어 있었던 터이다. 그렇다면 우리의 과제는 그 규범적 의미를 파악하고 나서 윤리적 체계 안에서 논변하는 일이 된다.

2) 내재적 가치부터 지속가능한 가치까지

'지속가능성'에 대한 톰슨의 구분을 빌려 온다면, 지속가능한 발전이 내세우는 바는 '자원 충족resource sufficiency'으로, 생태 발전이 주장하는 것은 '기능적 온전functional integrity'으로 얼추 특징지을 수 있다.(Thompson, 1996: 3~5) 둘 다 지속가능성을 표현하고 있지만, 전자는 경제적 차원에 더 무게를 두는 반면에 후자는 생태적 차원에 훨씬 치중하고 있다. 여기서 후자는 뒤(4절 1항)에서 상론하게 될 '생태적 온전'이란 개념과 유사하다는 것을 미리 밝혀둔다. 양자를 인간 행위와 연관지어보면 다음과 같은 흥미로운 결과가 나온다. 전자는 어떤 행위든 만일 그 행위가 수행하는 데 필요한 자원을 이미 준비하였거나 혹은 미리 예견할 경우에 지속가능하다고 역설하며, 후자는 인간 행위를 생물학적 과정과 합치하는 활동으로 제한하려는 경향을 보인다. 양자는 공히 규범적 내용을 포함하는 바, 한편으로 중요한 매개변수를 특화하기 위한 규범적인 판단이나 가정을 요구하면서도, 다른 한편으로는 경험적·사실적 문제에 우선권을 부여해야 한다고 강조하는 이율배반을 드러내고 있다.

나는 환경윤리 안에서 양자가 서로 융합될 수 있다고 생각한다. 모름지기 환경윤리란 '자연과 미래에 대한 인간의 책임'을 탐색하는 학문이 되어야 하기에 더욱 그러하다. 자원 충족의 측면에서 결핍된 부분을 미래 세대에 대한 책임론으로 보충하고, 기능적 온전의 측면에서 드러나는 결함은 내재적 가치론에 의해 보완한다는 양동 전략이 그것이다. 그런 작업을 파트리지가 제안한 '지속가능한 가치sustainable value' 개념을 매개로 하여 수행토록 한다. 그는 기본적으로 내재적 가치론의 유효성을 충분히 인정하고 있으면서 무엇보다도 미래 세대에 대한 고려에 치중하는 독특성을 보여준다. 하지만 자연환경이 보유하는 실제적 가치와 생태적 원리에 대한 논의가 다소 부족하다는 약점을 드러낸다. 나는 그 약점을 적절하게 보충한다면 지속가능한 가치론의 실천적 응용성을 최대화할 여지가 충분하다고 판단한다. 먼저 내재적 가치에 대해 살펴보는 게 순서상 맞을 듯하다.

인간이 아닌 동물, 식물, 땅과 같은 자연적 실재들도 내재적 가치를 지니고 있는가? 내재적 가치는 그것에 대한 견해가 환경윤리의 기본 성격을 결정지을 만큼 근원적 문제이다. 여기서 내재적 가치의 이론 윤리적 분석[12]이나 환경 가치론적 고찰[13]에 본격적으로 개입할 여유는 없다. 다만 내재

---

12) 자연에서의 내재적 가치에 대한 이론 윤리적meta-ethical 분석은 상당히 많다. 그에 대한 개괄적 이해는 Sapontzis(1995), Callicott(1995a)에서 충분히 얻을 수 있다.
13) 환경 가치론적 접근에 대해서는 이 책 2장 참조.

적 가치의 의미를 보다 분명히 할 필요는 있을 것이다. 첫째, 내재적 가치는 수단으로 쓰일 때 생기는 가치가 아닌 목적으로서의 가치를 가질 뿐이라는 뜻의 '비도구적 가치'를 말한다. 둘째, 내재적 가치는 어떤 대상이 오로지 그것만이 소유하는 특별한 '내재적 속성', 즉 다른 대상과는 어떤 관계도 맺지 않는 속성에 의존하는 가치이다. 셋째, 내재적 가치는 가치 평가자인 인간과 전혀 상관없이 독립적으로 가치를 가진다는 의미의 '객관적 가치objective value'와 동의어로 사용된다. 생태(명)중심주의자들은 그런 내재적 가치를 자연적 세계에 존재하는 실재(예컨대 동물, 식물, 땅 등)들도 인간처럼 소유한다고 주장한다. 그 대표격인 롤스턴은 과학적이고 서술적인 '생태학적 사실'에서 윤리적이고 규범적인 '생태학적 가치'를 도출하며, 주관주의적이고 인간 기원적인 '고유한 가치'보다는 객관주의적이고 자율적인 '내재적 가치'에 근거하여 비인간중심적 환경윤리를 구축하고 있다.

파트리지는 그런 생태중심적 환경윤리에 일단 동감하면서도 다음과 같은 가치론적 가정, 즉 가치는 의식적 반성과 혹은 최소한도 감각적 지각과는 분리되고 독립하여 자연 속에 존재할 수 있다는 명제에는 반대한다. 그는 그것을 극단적인 단자론적 견해라고 비판하면서, 가치 개념에 숨어 있는 논리가 가치 평가자의 현존을 오히려 요청하고 있다고 강조한다. 왜냐하면 자연적 대상의 가치 평가 과정에서 인간이란 가치 평가자의 존재는 충분조건은 아닐지라도 필요조건임에는 틀림없기 때문이다. 이런 논거는 인간, 특히 미래 세대에 대한 정당한 고려를 입론하는 발판이 된다. 결국 자율적인 자연의 가치에 기초한 내재적 가치와는 전혀 다른 시간적인 인간의 가치에 입각한 지속가능한 가치를 제안하게 된다.

파트리지는 모든 가치를 경제적 값어치로 환원하거나 설명할 수 없다는 데 착안하여 지속가능한 가치를 일단 "가치 할인에서 벗어나기 위해, 따라서 모든 미래 세대에게 적응하기 위해 시간에 얽매이는 화폐화로부터 충분히 분리될 수 있는 가치"(Fartridge, 1999: 5~6)라고 규정한다. 파트리지는 인격적 가치로서의 도덕성을 경제적 값어치로부터 구별하는 작업을 통해 인간과 공동체에 대한 가치 평가나 정책 결정에서 값어치에만 의존하는 우를 범해서는 안 된다고 지적한다. 왜냐하면 경제적 값어치는 미래의 가치를 턱없이 에누리해버리기 때문이다. 그러나 시간에 구애받지 않는 도덕적 관점에 선다면 시간을 평계로 가치를 절하하는 법은 없다는 것이다.(더 자세한 논의는 이 책 2장 4절 참조)

결론적으로 지속가능한 가치란 어쩔 수 없는 인간적 가치이다. 그렇지만 미래 세대를 일차적으로 끌어안는 데 그치지 않고 부차적으로는 자연 자원까지 보듬어 안으려 한다. 자연의 내재적 가치를 나름의 방식으로 승인하고 있는 것이다. 그 인간화된 자연은 '도덕적 자원'이라 불리며 개념화된다.(Partridge, 1984: 101~130 참조) 비록 지속가능한 가치의 요체가 미래의 현재화에 있다 할지라도 그것을 실현시키는 원천으로서의 자연적 가치는 전제되어야 한다는 것이다.

4. 통시적 환경 가치론의 생태학적 보충과 정책적 함축

1) 통시적 가치론, 생태적 온전 그리고 생태학적 가치

앞(3절 2항)에서 살펴보았듯이, 지속가능한 가치론은 미래에 대한 고려를 중심축으로 삼음으로써 공시적인 차원에 머물기 쉬운 가치문제를 통시적 차원으로 격상시켰다. 그럼에도 불구하고 자연의 생태적 가치에 대한 구체적 논의가 비어 있다는 취약점을 드러낸다. 명실상부한 통시적 가치론으로 구축되기 위해선 생태학적 보충이 필수적이라 하겠다.

먼저 '생태적 온전ecological integrity'이란 개념부터 다루도록 하자. 올바른 개념 규정을 위해선 양면적으로 접근하는 게 유익할 법하다. 먼저 그것의 내적 측면은 '일정한 종의 구성, 다양성, 그리고 기능적 조직을 갖추고 있는 유기체들의 균형 있고 통합된 적응적 군집을 지탱할 수 있는 능력'이라고 정의되는 '생물학적 온전biological integrity'을 말한다. 그 온전은 유전자, 개체수/종, 생물공동체/생태 체계, 조경 등의 구성 요소들과 영양 순환, 광합성, 물순환, 종의 분화, 개체 간의 경쟁/약탈, 상리 공생 등의 과정들로 이루어진다.(Karr, 1993: 83~104 참조) 한편 생태적 온전의 외적 측면은 주로 인간과의 관계에 주목하는 바, '생태 체계의 구조와 기능이 인간에 의해 야기된 스트레스로 손상되지 않고, 그 체계 안에서 토착적 종이 생존 가능한 개체수 수준을 유지하며 존재하는 조건'이라고 정의된다. 생태적 온전이란 쉬운 말로 하면 생태 체계가 건강하다는 의미인 바, 그것이 정상 조건 아래에서 최적의 자기 작동을 유지하는 능력, 환경 조건에서의 많은 변화에 대처하는 능력, 끊임없이 자기 조직화의 과정을 수행해나가는 능력을 갖고 있을 때에만 가능한 상태이다. 생태 체계가 온전하다는 말은 가능한 한 자연적인, 즉 자연의 이치대로 진화해나가는 조건 혹은 인간의 손길이 채 미치지 않는, 원시적인 상태를 유지하고 있음을 지적하는 것이다. 인간과의 연관을 적극 인정하는 견지에서 본다면, 생태 체계가 온전하다는 뜻은 그 체계가 '복지well-being'의 상태로서 완전한 전체로 지각된다는 것이다.(Kay, 1993: 201~212 참조)

그런데 생태적 온전을 순수하게 과학적인 용어로 한정하기보다는 일정 정도 평가적 의미가 깃든 것으로 보아야 한다.[14] 왜냐하면 그 용어를 동원하면서 동일한 자연환경에 대해 '병든', '움츠러든', '손상된', 혹은 '파괴된' 상태라고 상이하게 차별화할 수 있기 때문이다. 그렇다고 의심스럽기 짝이 없는 비과학적 가치판단으로 몰아 부치는 것은 더욱 가당찮다. 생태

---

14) 생태적 온전의 과학적 개념과 윤리적 차원에 대해서는 Lemons and Westra(1995: 2~6) 참조.

적 온전을 생태과학적 개념으로 파악하는 것은 너무나 당연한 일이다. 그러나 더 중요한 일은 그런 온전에 윤리적 차원이 있음을 명확히 깨닫는 것이다.

생태학자인 바크만Jan Barkmann과 빈트호스트Wilhelm Windhorst에 따르면, 생태 체계는 우리에게 두 종류의 환경 가치를 제공한다고 한다. 하나는 생태 체계가 직접 공급하는 그 체계의 산출물과 서비스이다. 이를테면 대기 가스 농도에 대한 규제가 산출하는 성과가 그 한 예로서 쾌적한 대기 가스는 육체적 건강, 정신적 안락, 미적 경험 따위의 인간적인 가치에 직접 기여하는 것이다. 다른 하나는 생태 체계가 간접적인 방식으로 제공하는 혜택이다. 그런데 이 간접적 혜택은 여러 세대 간의 오랜 기간에 걸쳐 있는 다음과 같은 세 가지 불확실성의 문제와 관련된다. 첫째, 우리는 지구적 변화가 생물권의 생태적 기준선을 어떻게 변경시킬지 알 수 없다. 둘째, 우리는 '생태적 생명 유지 체계ecological life support systems'에 관한 인간의 필요가 미래에 가서 어떻게 변화할지를 정확히 알 수 없다. 셋째, 무엇보다도 우리는 현재의 생물 지구과학적 상호 작용이 현재의 생명 유지 체계와 결합해나가는 생태적 구조를 어떻게 짜나가는지조차 충분하게 알지 못하고 있다.[15]

이런 세 가지 불확실성은 생태 체계 전체의 상호 작용은 서로 밀접하게 연관되기 때문에 그 어떤 요소도 결코 경시할 수 없음을 말해준다. 더구나 인간은 자신의 물리적 생활 영역을 계속 확장하며, 광합성의 산물에 대한 점유도 늘리고 있고, 생태적 생명 유지 체계에 대해 끊임없이 간섭함으로써 후속 세대는 물론 머나먼 미래 세대의 복지를 위협하고 있는 형편이다. 말하자면 생태적 위험은 생태적 온전을 지키지 못하는 데서 발생한다. 그

---

[15] Barkmann & Windhorst, 2000: 497~517. 여기서는 http://www.pz-oekosys.uni-kiel.de/pcnetz/jan/Barkmann&Windhorst 2000에 있는 5~6쪽 참조.

렇다면 유한한 세계에 살면서도 계속 성장해나가는 경제활동에 의해 점차 악화돼 가는 생태적 위험에 대처하기 위해선 여러 세대들 간의 협동적인 보존 노력이 절대적으로 필요하다. 생태적 온전이 사람들에게 그런 보존 활동에 동참할 원대한 목적과 뚜렷한 명분을 줄 수 있다. 그것이 바로 생태학적 가치의 본령이다.

생태적 온전의 가치는 생태 체계의 실질적 가치를 그대로 반영한다고 하겠다. 웨스트라를 따른다면 온전의 가치는 궁극적 가치로서 다음과 같이 구체화된다.(상세한 내용은 이 책 5장 참조) 보편적 가치, 혁명적 개념으로서의 가치, 자유의 가치, 건강의 가치, 전체의 가치, 조화의 가치, 생물 다양성의 가치, 지속가능성의 가치, 생명/실존의 가치, 도덕성·과학적/경험적 실재·형이상학과의 일치에서 발현되는 가치가 그것이다.(Westra, 1994: 69~70 참조) 그런 생태학적 가치는 자연스럽게 인간에게 책임을 환기시킨다. 따라서 우리들은 대체로 생태적이고 진화적인 과정을 지속시키고, 토착적 종의 생존력을 보장하는 종족수를 보호하며, 인간의 질과는 전혀 다른 생태 체계의 비인간적인 질을 탐색해야 할 의무를 가지게 된다. 생태적 온전이 갖는 가치의 의미는 롤스턴이 제안한 '체계적 가치'란 개념을 통해 설명할 수도 있다.(Rolston Ⅲ, 1994: 171~177 참조) 어떤 자연적 대상이 자체 안에 함유된 가치가 있어서 일단 그 자체로는 가치를 지니지만, 그것이 총체적 체계로 기능할 때는 어떠한 개체적 가치도 갖지 않는 경우, 달리 말하면 비록 그 스스로는 개체적 가치를 산출하게끔 하는 가치 생산자이면서도 별개의 가치를 따로 갖는 가치 소유자는 아닌 경우의 가치를 체계적 가치라 말한다. 그런 체계적 가치의 후보로는 단연 총체로서의 생태 체계 혹은 전체로서의 자연일 터이다. 총체적 생태 체계 혹은 전체적 자연의 조건이나 상태를 실질적으로 표현하는 기준이 바로 생태적 온전이다. 따라서 그것은 생태학적 가치 영역을 전체적으로 통합하는 일원적인 축으로서 다른 부분적 혹은 하위적 생태 가치들을 다양하게 파생시킬 수 있는 것이다.

2) 통시적 환경 가치론의 정책적 함축

이제 통시적 환경 가치론은 미래를 끌어안는 지속가능한 가치와 자연에 어깨동무하는 생태적 가치를 자신의 이론 틀 안에 함께 포괄함으로써 어느 정도 진용을 갖추었다. 그것에 함유된 환경정책적 의미를 네 가지로 나누어 따져보도록 하자. 첫째로, 선을 증진시키는 정책보다는 악을 완화시키는 정책을 취하도록 해야 한다. 이는 우리의 일반적 상식과 직관에 의해 옹호되는 이른바 '소극적 유용성의 원리principle of negative utility'를 말한다. 행복의 추구는 거의 사적인 문제이기 쉽지만 고통을 피하거나 줄이는 문제는 통상 모든 사람의 관심을 요구하는 법이다. 이런 원리는 현세대는 물론이거니와 미래 세대의 고통과 즐거움에 대한 배려에서도 그대로 적용되어야 한다.

둘째로, 소위 '로크적 단서Lockean Proviso'를 시대가 요구하는 방향으로 해석해야 한다. 실제로 배분적 정의와 관련하여 주요한 관심사가 집단, 지역, 국가 간 문제에서 세대 간 문제로 급격히 옮겨가고 있는 것도 오늘의 격변하는 흐름을 반영하는 징표로 보아야 할 것이다.[16] 그 단서는 원래 개인의 소유권을 정당화할 때 다는 조건으로서 두 가지가 있다. 하나는 어떤 사람이 재산을 소유하려면 다른 사람에게도 '충분하고 그 만큼 좋은 것'이 남아 있어야 하며, 다른 하나는 그 사람이 못쓰게 되는 만큼의 많은 재산을 결코 소유해서는 안 된다는 것이다. 이 단서는 통상 상품화된 생산물이나 자연 자원을 취득하는 절차에 적용되는 데, 예컨대 석유 자원의 경우 미래 세대를 감안하여 공평하게 나눈다면 각자에게 컵 하나만큼의 양만 간신히 돌아갈 것이다. 이제 초점을 달리해야 한다. 자연 자원 자체보다는 그 자원의 개발과 사용을 스스로 선택할 수 있는 기회에 주목하자. 우리가 미래 세

---

16) 환경정치에서의 세대 간 정의에 대해서는 Barry(1999: 57~72) 참조.

대를 위해 보존해야 할 범위는 단순한 자원에만 그치지 않고, 그 자원에 대한 그들의 자유로운 '선택권options'까지에 이른다. 앞(4절 1항)의 생태학적 불확실성 문제에서 드러났듯이, 현재의 생태적 변동의 경로를 정확히 알지 못한 채, 더구나 미래 세대의 자원이나 생태계에 대한 필요, 욕구, 소망이 어떻게 변화할지 도무지 알 수 없는 마당에 미리 자연 자원의 배분 문제에 집착할 까닭은 전혀 없다.

셋째로, 정책 결정에서 우리들은 미래와 관련해서는 정확한 예측을 할 의무가, 과거와 관련해서는 합당한 숙고를 할 당위가, 현재와 관련해서는 올바르게 돌봐야 할 책임이 있다. 우리가 추진하는 환경정책의 결과가 다소 가까운 후속 세대나 아주 먼 미래 세대에게 어떤 영향으로 나타날지를 가능한 한 정확히 이해하는 게 급선무이다. 그러기 위해선 과거 세대를 대상으로 이미 시행되었고, 그 결과에 대한 평가까지 나온 환경정책들에 대해서 면밀하게 검토함으로써 앞으로의 정책을 위한 반면교사로 삼아야 한다. 따라서 현세대는 미래에 대한 전망과 과거에서 오는 경험을 적극 활용하여 지금 누리고 있는 자연적 혜택과 생태적 기능을 온존하게 존속시킬 중대한 의무를 가진다.

마지막으로 특히 생태적 보전 문제와 관련된 정책적 함축을 보도록 하자. 노턴에 따르면, 환경정책의 결정에 이르는 의사 결정 과정에서 여러 세대들에 대한 공평한 고려는 다음의 세 척도에 의존해 수행해야 한다. ① 본질적인 생태 체계 서비스의 대체 가능성에 대한 평가, ② 중대한 변화(특히 종의 상실)를 잘 견뎌내는 생태적 생명 유지 체계의 역량에 대한 평가, ③ 생태적 위험에 대한 반감의 정도가 그것이다.(Norton, 1989: 137~159 참조) 이 척도는 자연보호와 생태 보존에 관한 '도대체 얼마만큼 보존하는 게 바람직한가?'란 핵심 물음에 적절하게 응답하고 있다. 적어도 지금 여기 살고 있는 현세대, 가까운 후손으로 이뤄질 후속 세대, 후속 세대 이후 아주 긴 시간이 흐른 뒤까지의 미래 세대에 대해 형평성 있게 생각하자는 취지는 충분히 반영되어 있다고 본다.

　오늘날 환경정책의 대부분은 경제적 값어치에 기초하여 운용되고 있다고 해도 과언이 아닐 것이다. 환경정책에 관한 경제적 접근은 객관적이고, 양화할 수 있고, 형식적이며, 또한 결정하는 힘이 있기 때문에 손쉽게 선택할 만큼 매력적인 게 사실이다. 그러나 피부로 느껴지지 않는 미래 세대에 대한 책임뿐 아니라 아무런 얘기도 건네지 않는 자연 생태에 대한 의무를 통감하면서 그 내용을 정책에 적극 반영할 여지는 거의 없어 보인다. 공공정책은 그 결정 과정의 성격상 가치중립적일 수 없으며, 대안적 미래들 가운데서 최적의 선택을 취하는 의미심장한 가치판단이다. 따라서 이미 제안한(2절 2항) 바처럼, 환경정책의 결정에 참여하는 사람은 어떤 방식을 통해서든 환경윤리 숙련가로 거듭나야 할 것이다.

5. 가치론적 환경지표의 설정과 구체화

1) 지속가능한 발전지표의 구성 체계와 가치론적 환경지표의 설정 구도

　'지속가능한 발전지표'는 국가 구성 요소의 세 가지 중심축인 경제, 환경, 사회 요소들 가운데 대표성이 있는 일부를 개관함으로써 현재와 미래에 영향을 미치는 정보를 확보하여 지속가능성의 정도를 평가하는 수단을 말한다. 그 지표의 기본 체계로는 유엔 산하의 지속가능발전위원회(UNCSD)에서 제시한 DSR 구조와 경제협력개발기구(OECD)가 내놓은 PSR 구조가 손꼽힌다. 지속가능발전위원회는 발전지표를 크게 네 영역으로 나누어 사회부문 39개, 경제부문 23개, 환경 부문 43개, 제도 부문 26개 등 총 131개의 지표를 개발하였다. 한편 경제협력개발기구는 발전지표를 환경지표와 사회·경제지표로 대별하여 환경지표 9개 분야, 18개 지표 그리고 사회·경제지표 6개 분야 15개 지표를 개발한 바 있다.(UNCSD, 2001b; OECD Environment Directorate, 2001 참조) DSR 구조는 지속가능한 발전의 온갖 부문에 대해 사용자의 의도에 맞게 정보를 구축하고, 지표를 체계화하기 용이하므로 정책 결정자가 충분히 이해할 수 있는 장점을 가진다. 그러나 환경의 질에 대한 인식 차이에서 오는 환경 상태의 변화에 대한 손익을 계량화할 수 없다는 한계가 있다. 반면에 PSR 구조는 지표의 정립을 위한 유용한 틀로서 많은 공감을 얻고 있지만 지속성을 나타내는 지표 상호 간의 인과성이 명확히 파악되지 않으면 효용성 측면에서 문제가 발생한다는 약점을 보인다.

지속가능한 발전지표의 구성 체계에 대해 간단히 개괄했으므로, 가치론적 환경지표를 설정하는 근본 원칙을 제시할 차례이다. 첫째로, 전체 틀을 짜는 설정 구도는 PSR 구조를 채택하도록 한다. 그 구조는 압력-상태-대응의 상호 작용으로 짜여진다. 압력지표는 인간 활동이 환경에 대해 부가하는 영향을 말하는 바, 환경 부하의 크기와 같은 인간과 환경의 관계를 표현한다. 상태지표는 지역의 녹지, 물, 생물 등 생활 기반으로서의 자연 자원이나 환경이 처한 상황을 나타내고, 대응지표는 환경오염과 그것을 줄이기 위한 인간의 관심·활동의 사회적 결과를 드러낸다. 가치론적 환경지표만의 고유한 구성 체계에 대한 탐구는 다음 기회로 미루고, 이 자리에서는 일단 지속가능한 발전지표의 구성 체계를 그대로 따르기로 한다. 그 이유는 환경지표의 측정 가능성과 투명성을 보장함으로써 정책 결정자에게 객관적으로 접근하여 유연한 태도로 활용하게끔 하기 위함이다. 그것은 내가 앞(2절 2항)에서 규정한 바대로, 가치론적 환경지표가 정책 목표를 표명하는 환경윤리적 지수이면서, 동시에 정책 효과를 평가하는 환경 가치적 함수로서 역할하기 위한 효과적 방안이기도 하다.

둘째로, 가치론적 환경지표의 독특성은 무엇보다도 미래 세대에 대한 고려와 생태 가치에 대한 배려를 함께 지표화하는 데 있을 것이다. 특히 미래라는 지극히 추상적인 개념을 일정한 속성을 가진 변수로 변환하고, 이를 다시 측정·평가할 수 있는 수단으로 만드는 작업은 전례가 거의 없다. 그런 예외적인 경우를 미국의 SDI 그룹 내놓은 지표에서 어렵게 발견하게 되는 정도이다. 그 지표는 지속가능한 발전을 '현세대와 미래 세대의 이익을 위하여 경제, 환경, 사회를 증진시키는 진보과정'이라 정의함으로써, 미래 세대를 유난히 강조하는 거시적 전망을 천명한다. 그 지표의 틀은 '미래 세대에게 물려주어야 할 자산과 부채long-term endowments and liabilities', '과정processes', '현재 결과current results'라는 세 축 간의 상호 작용으로 이루어진다.(SDI Group, 2001 참조) 또한 기존의 지표들 대부분에는 생태적 가치를 반영하기 위해 나름대로 고심한 흔적이 엿보이긴 하지만, 그것에 관한 배려가 다른 부문에 비해 턱없이 부족하다고 생각한다. 그것이 생태 가치에 대한 재인식을 진지하게 요구하는 까닭이다. 결국 가치론적 환경지표의 구도상 특징은 미래가치지표를 아예 새롭게 설정하면서 동시에 생태가치지표를 대폭 확충하는 데 있다.

도표 14-1 가치론적 환경지표 구성 체계의 개괄

기본구조	종합지표	중간지표
상태 state	자연가치지표	토지구조·경관지표 환경자원지표 생물가치지표 **생태가치지표**
압력 pressure	인간-환경관계가치지표	환경자원이용 건전성지표 환경부하크기지표 환경보전활동지표 **미래가치정향지표**
대응 response	도시환경가치지표	환경오염정도지표 도시환경질지표 도시생활질지표

도표 14-2 자연가치지표의 구성

중간지표	개별지표	측정 방법 혹은 단위
토지구조·경관지표	이용가능토지지표	경사도 8° 이하의 면적/시(마을) 면적: %
	우수한 곳 관지표	자연공원의 유형, 숫자, 면적: 수, km²
	수변지표	호안(해안)선 연장/시(마을) 면적: km/km²
환경자원지표	수량지표	상수도 수자원 자급률: % 지하수 부존량/시(마을)면적
	녹지지표	(산림면적+경지면적) ×0.5/시 면적: %
	기후지표	일조시간의 길이(최근 10년간 평균): 시간
	수산자원지표	어획량, 양식 수산물의 양: ton
생물가치지표	친근생물지표	가까운 지역의 동·식물 종의 숫자: 수
	희귀생물지표	특정 식물, 희귀 동물, 천연기념물의 숫자: 수
	생물다양성지표	모든 생물 종의 숫자: 수
생태가치지표	생태적 자연자원지표	원시 삼림, 자연 하천, 자연 습지, 지하수, 갯벌 등의 보존 비율/복구비율/개발 비율
	생태적 자연환경지표	오존층 파괴, 산성화, 부영양화, 사막화의 정도: CFC, 산성비, BOD 등의 농도
	생태계 온전지표	토착종들의 생존 가능지수: 생존 개체수, 생태적 생경 유지 체계의 기능함수 등

도표 14-3 인간-환경관계가치지표의 구성

중간지표	개별지표	측정 방법 혹은 단위
환경자원 이용건전성지표	절수지표	시민 1인당 (가정용) 상수도 사용량: kl/인
	물순환지표	시민 1인당 재사용 물의 비율: %
	에너지이용지표	시민 1인당 (가정용) 전력 사용량: kwh/인
	에너지유효이용지표	폐열 회수량 등의 합계/인구수: w/인
	쓰레기재활용지표	시민 1인당 폐기물 재활용 비율: %
	제품수송지표	도시 내 제품의 수송량: ton
환경부하 크기지표	대기부하지표	NOx, SOx, CO_2의 배출량: 배출 농도
	물부하지표	COD 배출량: kg/ha
	토양부하지표	농약 소비량/농지 면적: kg/100만
	폐기물부하지표	산업(일반)폐기물 발생량/산업체(인구)수: %

중간지표	개별지표	측정 방법 혹은 단위
환경부하 크기지표	토지변화도지표	최근 10년간 산림, 농지 초원 전용률: %
		10년간 (휴)경지 이용 면적/이용률: ha/%
	하천변화도지표	최근 10년간 하천 복개율: %
환경보존 활동지표	보전창조투자지표	시민 1인당 환경 보전 공공 지출액: 원
	시민생활활동지표	시민의 환경보호 활동 참가율: %
	환경보전자립도지표	폐기물의 시외 처리분 비율: %
	공해방지정비지표	하수도 정비율: %
	환경조직제도지표	환경보호 제도와 환경 행사의 건수: 건수
	환경운동활동지표	환경 단체의 수와 활동 횟수: 수와 건수
미래가치 정향지표	에너지전환지표	비핵, 무공해 대체에너지 개발의 지수
		전체 에너지 중 대체에너지 공급 비중: %
	자연에너지공동이용지표	태양열, 풍력발전, 해수발전, 폐기물 에너지, 바이오등 자연에너지의 공동이용 비율: %
	배출가스억제지표	오존층 파괴, 온실효과, 산성화 유발 가스 및 자동차 배기가스의 억제량, 건수, 비율: %
	미래세대인지도지표	미래 세대에 대한 인지도와 책임감 지수
	생명공동체활동지표	가족, 소·중 집단 생명공동체의 수와 비율

도표 14-4 도시환경가치지표의 구성

중간지표	개별지표	측정 방법 혹은 단위
환경오염 정도지표	대기오염지표	No_2, SO_2, SPM에 관한 지수: ppm
	수질오염지표	공공 수역의 BOD(COD) 농도: ppm
		하수 종말 처리 시설에 연결된 인구: 수
	토양오염지표	농토의 중금속, 유해물질의 농도: ppm
	폐기물발생량지표	시민 1인당 쓰레기 발생량: dB
	교통소음지표	온갖 교통 소음의 환경기준 초과 레벨: 건수
	민원지표	인구당 근린 공해 고발 건수: 건수
도시환경질 지표	도시내녹지지표	1인당 시가지 내 녹지 면적: m²/인
	친수공간지표	1인당 시가지 내 친수 주변: m/인
	건물혼잡지표	시내의 DID 지구 건폐율: %
	거리미관지표	시내의 미관지구 등의 면적비: %

중간지표	개별지표	측정 방법 혹은 단위
도시생활질지표	역사문화유적지표	지정 역사 유적, 문화재 숫자: 수
	시민환경교육지표	환경을 위한 교육프로그램의 숫자: 수

2) 가치론적 환경지표의 구체화

우선 가치론적 환경지표의 구성 체계를 개괄해보면 〈도표 14-1〉과 같다. 이것은 압력-상태-대응이라는 기본 구조에 부합하는 종합지표와 그것을 구성하는 부문들인 중간지표들의 관계를 간명하게 보여준다. 이 구성 체계에서 표면에 드러나는 특징은 몇 가지 용어들을 가치론적 의미를 강화하는 쪽으로 바꾼 데 있다. 즉 자연혜택지표를 '자연가치지표'로, 인간과 환경과의 관계지표를 '인간-환경관계가치지표'로, 도시환경질지표를 '도시환경가치지표'로 바꾸었다.

그런 명칭 변경 때문에 생길 의미의 편차를 지레 걱정할 이유가 없음은 물론이다. 기존의 지표 구성에서는 찾기 힘든 '생태가치지표'와 '미래가치정향지표'를 중간지표의 새로운 항목으로 추가한 점은 특징이라 하겠다. 이제 가치론적 환경지표의 전체적 내용을 일목요연하게 보여주도록 하겠다. 편의상 모두를 담은 한 도표 대신에 종합지표별로 3개의 도표를 따로 작성하였다.

〈도표 14-2〉, 〈도표 14-3〉, 〈도표 14-4〉는 각각 일차적 하위 범주인 중간지표를 적정하게 설정하고, 다시 그 중간지표를 구성하는 이차적 하위범주로서의 개별지표와 그 지표의 측정 방법이나 단위를 제시하는 내용으로 꾸려본 것이다.

나는 이 도표를 만들면서 근래 들어 국내에서 개발되었거나 한창 논의 중인 여러 유형의 지속가능성지표 혹은 환경지표들을 참고하였다. 도시 생활환경의 요소를 안전성, 건강성, 능률성, 쾌적성으로 나누고, 그 지표를

도표 14-5 환경부의 국가환경지표의 구성(2001년 8월)

종합지표	중간지표	개별지표	측정방법(정의) 혹은 단위
대기	기후변화	온실 가스 배출	1년간 CO_2 배출총량: 1,000t
	오존층고갈	오존층 파괴 물질 소비	1년간 Halon, CFC 소비량: 1,000t
	대기질	도시 내 오염 물질의 대기 농도	아황산가스, 먼지(TSP), 오존(O_3), 이산화질소 등의 농도: ppm, $\mu g/m^3$
토지	토지이용	토지 사용 변화	농지 면적의 연도별 변화: 1,000ha
	농업	경작에 적합하고 영구적인 경작지	전체 농지 면적을 농민수(총인구)로 나눈 값: ha/명
		비료 사용	질소, 인 비료 사용량: M/T
		농약 사용	경작 면적당 농약 사용량: MT/ha
	산림	토지 지역 중 산림지역 비율	국토 면적 중 산림면적 비율: %
		목재 벌채 정도	연간 벌채량: 1,000m^3
	도시화	도시의 공식적/비공식적 거주 면적	국토 면적 대비 도시 면적 비율: %
해양 및 연안	연안 지역	연안의 수질 현황	용존산소(DO), 화학적 산소요구량(COD): mg/l
	어업	주요 종의 연간 수확 사용 변화	1년간 총어획량: 1,000t
담수	수량	지하수 및 지표수의 연간 취수량	1년간 이용가능한 수자원 중 취수 비율: %
		1인당 물 소비량	1인당 물 공급량: L/명/일
	수질	물의 생화학적 산소요구량(BOD)	생화학적 산소요구량: mg/L
생물 다양성	생태계	주요 보호 지역	주요 보호 지역의 면적: km^2
	종	전체 생물 중 멸종 위기에 있는 종 비율	멸종 위기 야생동식물의 비율: %

추출·사용함으로써 도시 수준의 환경, 커뮤니티 수준의 환경, 주거 수준의 환경을 실태 분석한 연구(양병이, 1995), 생태 도시의 평가지표를 환경의 생태, 삶의 질, 형평, 역할 분담 등 네 측면으로 나누고 중간지표, 항목, 측

정 변수를 제시한 연구(김귀곤, 1993), '인간 활동-환경에의 부하-환경의 상황-대응' 구조에 입각하여 지속가능성지표를 제시한 연구(이동근, 1998), '환경 용량' 모델에 기초한 지속가능성지표에 관한 연구(문태훈, 1993; 1999), 자치단체의 관점에서 지역 단위에 걸맞은 환경지표를 개발한 연구(인천발전연구원·윤하연, 1999) 등은 주목할 만하다. 무엇보다도 최근 환경부가 국가 차원에서 개발한 지속가능한 발전지표에 매우 관심이 쏠린다. 여기서는 단지 가치론적 환경지표와 비교하기 쉽게끔 비슷한 도표로 그려보고자 한다. 〈도표 14-5〉는 환경부의 '국가지속가능발전지표' 중에서 사회·경제·제도 부문을 제외한 환경 부문에서 취하여 내 나름대로 정리한 것이다.(환경부·정영근 외 4인, 2001: 51~54, 99~139 참조) 〈도표 14-5〉를 〈도표 14-1, 2, 3, 4〉와 대조하여 봤을 경우, 그 유사점과 차이점을 파악하기에 큰 어려움은 없으리라 판단한다.

이제 앞에서 도표화했던 가치론적 환경지표의 특징을 거론할 순서에 도달했다. 위의 〈도표 14-2, 3, 4〉에 제시된 많은 중간지표, 개별지표, 측정 방법 혹은 단위에 대한 자세한 정보는 기존 연구 자료에서 충분히 얻을 수 있기 때문에 따로 분석하지 않겠다. 단지 새롭게 설정된 '생태가치지표'와 '미래가치정향지표'의 내용들 중 필요한 항목에 대해서만 부연 설명하도록 하겠다.

〈도표 14-2〉의 생태가치지표 중에서 '생태적 자연자원지표'와 '생태적 자연환경지표'는 각각 이미 사용되어왔던 환경자원지표와 생물가치지표가 포섭하지 못하는 전 지구적인 환경 상태를 반영하기 위한 것이다. 실제로 원시 삼림, 자연 습지, 갯벌 등의 훼손이나 오존층 파괴, 산성화, 사막화 등의 심화는 국지적인 환경 차원을 뛰어넘는 생태 체계 전체의 문제로 부각되고 있다. 특별히 그런 생태계의 현상을 전반적으로 포착하는 방안으로서 '생태계온전지표'를 설정한 것이다. 여기서 생태적 온전이란 생태 체계가 온갖 자연적 실재들로 하여금 스스로의 생명을 지탱하게끔 만들어주는 조

건이면서 동시에 자기 자신을 조직화하면서 변화를 수렴해나가고 있음을 의미한다. 말하자면 생태적 온전에는 생태계의 건강, 안전성, 평형상태, 균형 따위의 중요 개념들이 모두 녹아들어 있다. 그런 온전을 정확하게 측정·평가할 수 있는 방법을 개발한다면, 생물체가 보유하는 '유기체적 가치'뿐 아니라 생태 체계만이 보유하는 '생태 체계적 가치'마저 내재적 가치로 논증할 수 있는 경험적 실마리가 잡히는 셈이라 하겠다.

〈도표 14-3〉 안에 '미래가치정향지표'를 집어넣은 까닭은 미래 세대를 거의 고려하지 않는 현실에 대한 도전에서 비롯된다. 앞(3절 2항)의 지속가능한 가치론에서 미리 살펴보았듯이, 우리는 중대한 의사 결정이나 정책 판단에서 미래를 계산에서 아예 빼버리거나 철저히 할인해버리곤 한다. '에너지전환지표'와 '자연에너지공동이용지표'는 둘 다 온전한 미래를 준비하는 대안적 청정 기술과 녹색 산업에 대한 지수를 의미한다. 또한 '배출가스억제지표', '미래세대인지도지표', '생명공동체활동지표'는 현세대가 미래 세대를 살아 있는 자식처럼 대접할 의향이 정말 있는지를 그 의식과 행동을 통해 살펴보려는 것이다. 미래 세대에게 자연에 대한 주체적 선택권을 고스란히 물려줄 생각이라면 당연히 생태적 생활양식을 추구해야 될 터이기 때문이다.

6. 맺음말:
가치론적 환경지표의 현재적 의미와 남는 과제

여태까지의 논의를 집약적으로 간추리는 가운데 가치론적 환경지표의 현재적 의미와 남는 과제를 헤아려보자. 첫째, 생태화의 방향으로 전개되는 환경정책에서 생태 전략의 수립도 중요하지만, 무엇보다도 정책 결정자는 도덕 숙련가가 되어야 한다. 왜냐하면 환경문제에의 접근은 옳은 의사 결정 과정도 요구하지만 옳은 가치판단을 더 요구하기 때문이다. 가치론적 환경지표는 환경적 가치판단을 도울 수 있는 규범적 척도로서 개념화된다. 물론 민주적 절차의 숙련과 도덕적 추리의 숙련이 맺는 연관 관계를 본격적으로 다루지 못한 아쉬움은 남는다.

둘째, 이 글에서 이른바 통시적인 환경 가치론을 나름대로 구축해보았다. 그 작업을 '자원 충족성'에 기초한 지속가능한 발전보다는 '기능적 온전'에 기초한 생태 발전의 개념에 주목하고, 이론 중심적인 내재적 가치에 입각하고는 있지만 주로 실천 지향적인 지속가능한 가치의 논변에 의존하여 수행하였다. 그 결과 경제적 값어치보다는 도덕적 가치에 근거하여 미래에 대한 대책 없는 할인을 비판함으로써 미래 세대를 정당하게 고려할 토대를 마련한다.

셋째, 미래를 끌어안는 부분적 성공에도 불구하고, 통시적 가치론은 생태적 가치를 충분히 포섭하지 못하는 약점이 노출된다. 그 결함을 생태적 온전이란 개념과 그 가치로 보충하고 나자, 그 정책적 함축은 보다 명확해진다. 미래에의 책임은 물론 자연에의 의무까지 다하기 위해선, 소극적 유용성의 원리를 지키며, 미래 세대에게 자연 자원에 대한 선택권 자체를 굴려주어야 하며, 기존 정책에 대한 반성적 평가가 미래 세대에게 긍정적 영향으로 나타나도록 애써야 한다. 특히 여러 세대들에 대한 공평한 고려를 위해선, 생태 체계의 대체 가능성과 역량에 대한 평가와 생태적 위험에 대한 의식 수준을 준거로 삼아 정책을 결정해야 한다.

넷째, 그런 정책적 함축에 유의하면서 가치론적 환경지표를 구체적으로 설정하였다. 그 구성 체계는 기존의 지속가능한 발전지표를 다소 변경한 것이지만, 그 내용에는 아주 중요한 전환이 깃들어 있다. 아마도 처음으로 '생태가치지표'와 '미래가치 정향지표'라는 중간지표를 설정하고, 각각 '생태적 자연자원지표, 생태적 자연환경지표, 생태계온전지표'와 '에너지전환지표, 자연에너지공동이용지표, 배출가스억제지표, 미래세대인지도지표,

생명공동체활동지표'라는 개별지표로 세분화하여 그 측정 방법 혹은 단위를 잠정적으로 제시하였다. 물론 첫 시도인 만큼 여러 지표들의 의미가 다소 낯설고 측정 방법이 그렇게 분명하지 않다는 지적에서 자유롭지는 못할 것이다. 그러나 계속 다듬어나간다면 정책 결정에서 보다 유익한 지침으로 활용할 수 있다고 본다.

 마지막으로 만일 가치론적 환경지표가 이론적으로 타당하고 규범적으로 마땅한 지표의 한 전형임을 보여주는 데 일단 성공했다면 그것만으로도 이 글은 충분한 의의가 있다. 그렇지만 무엇보다 이론적 짜임새를 더 견고하게 할 필요가 있다. 이를테면 환경지표에 대한 담화론적 접근(Barkmann & Windhorst, 1999)과의 연계에 관심을 기울이는 것도 한 방편일 수 있다. 그런 다음 가치론적 환경지표에 들어 있는 실질적 내용을 보다 풍부하게 만드는 후속 작업을 해도 결코 늦지 않을 것이다. 이론의 엄밀성과 내용의 풍요성을 더 많이 확보하는 게 앞으로 남은 과제인 셈이다.

제15장

지역환경지표와 환경지속성지수의 가치론적 모색: 경주시의 경우

이 장은 국제적·국가적 차원에서 주로 논의되고 있는 환경지표와 그것의 지수화 문제를 지역적 차원—경주시—으로 도입하는 시론이다.

먼저 국제적 차원에선 세계경제포럼이 개발한 환경지속성지수가 주목할 만하다. 환경지속성을 환경 시스템, 환경 부하 경감, 인간 취약성 저감, 사회·제도적 대응 역량, 지구환경 관리 기여도 등 5가지 구성 요소로 분해하여 설명한다. 국가 간의 비교에서 한국은 142개국 중 136위를 차지할 정도로 환경문제가 심각한 상황이다. 우리나라도 국가적 차원에서 기존의 지속가능발전지표를 토대로 삼아 지속가능발전지수의 개발을 서두르고 있다. 그 지수 작성 과정은 변수 선택, 지표 선정, 정규화, 통합화의 4단계로 이루어진다.

지역환경지표의 설정과 그 지수화 작업을 경주시에 초점을 맞추어 시도해본다. 그러기 위해 우선 경주지역에 적합한 가치론적 환경지표를 설정한다. 기존 지표에다가 지역적 특성을 반영하는 4개의 개별지표—문화재복원/보존정향지표·문화재보존(개발)지표·문화자 보존/복원활동지표·역사/문화/생태관광지표—가 더 추가된다. 또한 지역환경지표에 상응하는 지역환경지속성지수의 모색도 필요해 보인다. 예비적으로 경주지역 환경지속성지수의 취지를 개괄하고 그 윤곽도 잡아본다

1. 들어가는 글:
환경지표의 설정에서 환경지수의 개발까지

'환경지표'란 환경 현상을 가장 잘 설명해줄 수 있는 대표 값을 뜻한다. 어떤 환경 상태를 정량적으로 계측하여 지표로 표현함으로써 그 상태의 인식을 손쉽게 하고 또한 평가도 수행토록 하는 척도이다. 대표적인 것으로는 우선 'DSR(구동력-상태-대응) 틀'로 체계화된 '유엔지속가능발전위원회(UNCSD)'의 지속가능한 발전지표를 들 수 있다. 그에 비해 '경제협력개발기구(OECD)'는 'PSR(압력-상태-대응) 틀'로 구성된 환경지표를 제안하고 있다. 또한 '미국 지속가능한 발전지표 관계부처실무그룹(SDI Group)'은 유형적으로는 PSR 틀에 가깝지만 DSR 틀의 구동력 개념도 수용하는 방식을 채택함으로써 독특한 세 범주에 기반한 지표를 제시하고 있다. 그 범주는 '미래 세대에게 물려주어야 할 자산과 부채', '과정', '현재 결과'로 구성된다. 그런 추세를 반영하여 우리나라도 근래 들어 국가지속가능발전지표를 내놓은 바 있다.[1]

그런데 최근의 흐름을 주목한다면, 환경지표와 대조할 때, 보통 사람들이 이해하거나 받아들이기가 훨씬 쉽고 보다 간단한 '환경지수 environmental indices'의 개발을 활발하게 진행하고 있음을 알 수 있다. 이를테면 경제의 어떤 상황을 용이하게 인식시키는 '소비자물가지수'가 우리에게 매우 익숙한 것처럼, 환경의 현상을 간명하지만 몸소 깨닫게 만드는 포괄적 지수가 긴요하다는 말이다.

현재 다수의 민간 조직이나 공식적인 조직들은 다양한 형태의 종합적인 환경지수들을 지속적으로 연구·개발해오고 있다. 특히 비교적 간단한 지수로 꼽히는 '대기오염지수'와 같은 지수는 자주 사용되는 것으로서 대중

---

[1] 대표적인 환경지표들에 관한 개괄적 소개는 이 책 13장 참조.

들에게 꽤 널리 알려져 있다.

종합 환경지수는 복잡한 문제들을 보다 손쉽게 해결할 수 있도록 고안된 도구로서, 정책 결정을 하는 데 있어서 중요한 판단 척도로 기능할 수 있으며, 의사 결정을 내린 사람들이 환경정책의 결과를 알고 싶어 하는 요구자들에게 쉽게 설명할 수 있게 하며, 또한 대중들의 환경문제에 대한 이해를 크게 증진시키는 수단으로도 이용되고 있다. 여러 가지 유형의 종합지수를 크게 일반종합지수, 환경종합지수, 환경부문지수로 분류할 수 있는 바, 먼저 일반종합지수로는 순저축지수Genuine Savings Index, 인간개발지수 Human Development Index 등을 꼽을 수 있다. 환경종합지수에는 지구생태지수Living Planet Index, 자연자본지수Natural Capital Index, 독일환경지수 The German Environmental Barometer and Index, 생태학적 풋프린트지수 Ecological Footprint Index, 환경지속성지수Environmental Sustainability Index 등이 들어 있다. 환경부문지수에는 지구온난화잠재지수Global Warming Potential Index, 표준오염원지수Pollutant Standards Index, 수질지수Water Quality Index, 캐나다대기질지수The National Index of the Quality of the Air, 미국대기질지수The US Air Quality Index 등이 포함된다.[2]

이 글은 국제적·국가적 차원에서 주로 논의되고 있는 환경지표와 그것의 지수화 문제를 지역적 차원으로 도입하는 시론이다. 특히 경주시 지역에 초점을 맞추어 논의할 것이다. 아무리 전 지구적인 환경문제라 해도 그 밑바탕에는 지역적 이해와 관심이 깃들 수밖에 없다는 문제의식에서 출발함은 물론이다. 먼저 국제적 차원에선 세계경제포럼이 개발한 환경지속성지수를, 국가적 차원에선 지속가능발전지표의 지수화를 간략하게 살펴볼 것이다. 그런 다음 경주지역에 적합한 가치론적 환경지표를 설정하고, 그것에 상응하는 환경지속성지수의 윤곽을 잡아볼 참이다.

---

[2] 종합 환경지수의 개발 현황에 대해서는 정영근·이준(2003: 5~31) 참조.

2. 세계 및 국가에서의 환경지표와 환경지수

1) 세계경제포럼의 환경지속성지수

환경지속성지수Environmental Sustainability Index(ESI)는 세계경제포럼 World Economic Forum의 환경대책반이 예일대학과 콜롬비아대학 환경연구소와 공동으로 지난 1999년부터 연구를 진행하여 개발한 지수로서 2001년에 처음 공포된 바 있다. ESI는 전 세계 국가 중 인구 10만명, 면적 5,000km² 이상의 국가를 대상으로 하며, 40개 이상의 변수가 입수 가능한 국가를 원칙적으로 선정한다. ESI는 5개 분야component, 20개 지도 indicator, 68개 변수variable로부터 산출되며, 일부 누락된 변수는 상관관계를 갖는 다른 변수를 통해 최대한 추정하여 산정한다. 그 구성 체계는 압

도표 15-1 환경지속성의 5개 분야와 그 논리

분야	논리
환경 시스템	한 국가의 핵심적인 환경 시스템이 건전하게 유지되고, 악화되기보다는 개선되어야 환경적으로 지속가능하다.
환경 부하 저감	한 국가는 인간 활동에 의한 부하가 환경 시스템에 해를 주지 않아야 환경적으로 지속가능하다.
인간 취약성 저감	한 국가는 인간과 사회시스템이 환경 교란에 취약하지 않을수록 환경적으로 지속가능하며, 취약하지 않다는 것은 사회가 보다 향상된 지속가능성으로 향하고 있는 신호이다.
사회·제도적 대응 역량	한 국가는 환경문제에 효과적으로 대응하는 능력을 배양하기 위한 제도와 기술, 태도, 네트워크의 사회유형을 가질수록 환경적으로 지속가능하다.
지구환경 관리 기여도	한 국가는 공통의 환경문제를 대처하기 위해 타국과 협조할수록, 그리고 다른 국가에 미치는 부정적인 월경성 환경 영향을 무해한 정도까지 줄일수록 환경적으로 건전하다.

(자료_World Economic Forum, 2002: 5; 환경부·정영근 외 2인, 2003: 9)

력-상태-대응(PSR)구조를 기본적인 틀로 삼고 있으며 환경지속성은 핵심적인 구성 요소들의 기능으로 충분히 나타낼 수 있다고 가정한다. 결국 ESI는 환경자원, 환경 부하, 미래 환경 여건 등을 보여주는 환경종합지수로서 환경요인뿐만 아니라 경제적, 사회적 요소를 포함하여 현재 상황과 미래 대처 역량 등을 종합적으로 평가하는 지수라 할 수 있다.

2002년에 발표된 환경지속성지수는 핵심 구성 요소들로서 환경 시스템, 환경 부하 경감, 인간 취약성 저감, 사회·제도적 대응 역량, 지구환경 관리 기여도 등 5가지를 제시하고 있다. 그 구성 요소와 논리를 간단히 요약해보면 〈도표 15-1〉과 같다.

또한 〈도표 15-2〉는 ESI의 기본적인 구성 체계를 일목요연하게 보여준다. 여기서 2001년의 ESI와 2002년의 ESI가 드러내는 차이점을 분명히 해둘 필요가 있다.

첫째, 2002년의 ESI에는 기후변화지표가 추가되었다. 2001년의 ESI에서는 온실 가스 배출, 생태 효율성, 재생에너지 사용 정도, 천연자원 소비 등 기후변화 문제와 연관된 많은 변수를 포함하였으나 독립된 기후변화지표가 없는 관계로 매우 높은 수준의 온실 가스를 배출하는 국가의 경우 높은 점수로 평가될 가능성을 내포하고 있었다. 그런 이유로 인해 2002년 ESI에서는 아예 독립된 지표로서 온실 가스 배출을 새로 추가하게 된 것이다.

둘째, 2002년의 ESI에서는 역량측정지표가 상대적으로 많이 축소되었다. 2001년 ESI에서는 사회·제도적 역량과 관련된 7개 지표를 포함하였으나 그런 역량측정지표들은 1인당 소득과 높은 상관관계를 갖고 있기 때문에, 결과적으로 전체 ESI의 거의 1/3에 해당하는 지표들이 소득수준 요인의 영향을 받게 되는 문제점을 가지고 있었던 셈이다. 그런 까닭으로 전체 지수의 균형을 위해 2002년 ESI에서는 5개의 지표만 포함시키고 있다. 즉 2001년 ESI의 역량지표 중에서 환경정보지표는 토론능력지표와 통합하였고, 규제/관리지표와 공공선택왜곡경감지표를 합쳐서 환경거버넌스란 독립지표로 만들어 새롭게 추가하게 된다.

그리고 ESI를 도출하는 절차에서, 비교의 기본단위로 20개의 환경지속성지표가 기존연구 검토, 전문가 자문, 통계분석, 2001 ESI에 대한 비판 등을 고려한 연구 과정을 통하여 선정되었다. 20개 지표는 68개 변수들로 구성되어 있으며 변수 선정 기준으로 국가 적용 범위coverage, 자료의 최신성recency, 현상 측정의 상관성relevance 등이 고려된다. 요컨대 ESI는 지속가능성의 절대적 수준을 제시하기가 어렵기 때문에 기본적으로 상대적 비교를 겨냥해 설계된 것이다. 국가 간의 뚜렷한 비교를 위하여 상대 변수화를 시도하고 있는 바, 대부분의 변수는 GDP와 인구를 분모로 사용하고 있지만, 환경 부하 저감 변수의 경우만은 특별히 '인구거주지역(1km² 당 5인 이

도표 15-2 환경지속성지수(ESI) 분야별 지표 및 변수

분야	지표	변수
환경 시스템 Environmental System	대기질(농도)	SO_2 농도
		NO_2 농도
		TSP 농도
	수량	수자원량
		역의 유입량
	수질(농도)	용존산소량
		인 농도
		부유 물질
		전기 전도도
	생물종	멸종 위기 포유류(%)
		멸종 위기 조류(%)
	토지이용	황질 보전
		훼손율
환경 부하 저감 Reducing Stresses	대기오염 (거주 면적당 배출량)	NOx
		SO_2
		VOCs
		석탄 소비량

분야	지표	변수
환경 부하 저감	대기오염	자동차 대수
	수질 부하	비료 사용량
		농약 사용량
		산업체 BOD 배출량
		오염우심 지역
	생태계 부하	산림면적
		산성화
	폐기물·소비 부하	생태계 파괴
		방사능 폐기물
	인구 부하	출생률
		2001~2050 예측 인구 변화율
인간 취약성 저감 Reducing Human Vulnerability	기본 생활 조건	영양 결핍율
		상수도 보급율
	환경 보건(사망률)	아동 호흡기 질환
		장 전염병
		유아 사망률
사회·제도적 대응 역량 Social & Institutional Capacity	과학기술	기술성취지수
		기술혁신지수
		평균교육연수
	토론능력	IUCN 회원수
		정치적 자유
		민주적 제도
		ESI자료 접근 정도
	환경거버넌스	환경거버넌스 서베이
		보호 지역
		EIA지침수
		FSC인증 산림면적
		부패 대책
		가격 왜곡
		에너지 보조금
		어업 보조금

분야	지표	변수
사회·제도적 대응 역량	민간 부문 대응	ISO 14001 인증
		다우존스 환경 친화 기업
		Eco value 평점
		WBCSD 회원
		민간 환경 혁신 서베이
	생태 효율성	에너지효율성
		재생에너지
지구환경 관리 기여도 Global Stewardship	국제 협력 동참 노력	국제환경기구 가입
		CITES 충족률
		비엔나협약/몬트리올의정서
		기후변화협약
		몬트리올의정서 기금
		GEF 참여
		국제 협약 준수
	온실 가스(CO_2) 배출	CO_2 1인당 배출량
		CO_2 GDP당 배출량
	월경성 환경오염	CFC 소비량
		SO_2 수출
		총어획량
		해산물 소비량

(자료_World Economic Forum, 2002: 7~8; 환경부·정영근 외 2인, 2003: 11~12)
*고딕체로 표시된 지표와 변수는 2002년도에 변경된 것임.

도표 15-3 한국의 환경지속성지수(ESI) 지표별 순위

분야Component	지표Indicator	2001년		2002년	
		평점	순위	평점	순위
종합 순위		40.3	95위	35.1	136위
환경 시스템	소계	35.1	102	19.4	140
	대기질	-0.19	72	0.29	54
	수량	-0.75	99	-1.23	137
	수질	1.27	8	0.33	42

분야 Component	지표 Indicator	2001년		2002년	
		평점	순위	평점	순위
환경 시스템	생물종	-1.91	117	-2.57	139
	토지이용	-0.33	79	-1.15	129
환경 부하 저감	소계	14.2	121	15.6	138
	대기오염	-2.48	120	-2.51	139
	수질 부하	-1.39	118	-1.61	139
	생태계 부하	-1.25	119	-1.52	139
	폐기물·소비부하	-1.15	110	-0.36	109
	인구 부하	0.92	30	0.94	29
인간 취약성 저감	소계	78.4	32	81.7	21
	기본 생활 조건	0.69	39	0.85	25
	환경 보건	0.88	28	0.96	26
사회적·제도적 대응 역량	소계	60.2	27	58.6	30
	과학·기술	1.20	16	1.39	11
	토론 능력	-0.01	57	-0.11	80
	환경거버넌스	-0.28	60	0.20	47
	민간 부문 대응	0.62	17	0.03	31
	생태 효율성	-0.27	84	-0.42	109
	환경 정보	0.23	48	-	-
	공공선택왜곡저감	0.31	32	-	-
지구환경 관리 기여도	소계	30.7	107	35.1	123
	국제 협력 동참	0.56	22	0.33	36
	온실 가스 감축	-	-	-0.43	104
	월경성 환경오염	-	-	-1.05	134
	지구 차원 재정 지원/참여	-1.17	116	-	-
	국제 공공재 보호	-0.90	117	-	-

(자료_환경부·정영근 외 2인, 2003: 25)

상의 인구밀도를 나타내는 지역'을 변수의 분모로 사용하고 있는 형편이다.

또한 〈도표 15-3〉은 우리나라 환경문제가 어떤 지경에 처해 있는지를 적나라하게 보여주고도 남는다. 2001년의 경우 122개국 중 95위를 차지했지만, 2002년에는 142개국 중 겨우 136위에 그치고 만다. 우리의 환경적 문제 상황이 개선되기보다는 점차 열악해지고 있음을 증명하고 있다. 이는 한편으론 환경문제의 심각성을 경고해주면서 다른 한편으론 향후 환경정책의 추진에서 지표와 지수에 대한 적극적 활용을 재촉하고 있기도 하다.

예컨대 수질지표는 상대적으로 높은 순위(42위)를 차지했지만 수량지표가 아주 낮은 순위(137위)에 처해 있다는 것은 앞으로 물 부족 국가로서의 위기감을 일깨워준다. 대기오염, 수질 부하, 생태계 부하(139위)와 같은 지표로 대변되는 환경 부하 저감 분야에서 아직도 맨 밑바닥에 위치함(138위)을 부끄러워해야 할 터이다. 온실 가스 감축(104위), 월경성 환경오염(134위)과 같은 지구환경 관리 기여도가 역시 바닥 순위에 자리함(123위)은 기후변화협약에 의거한 교토의정서 발효를 앞두고 관련 산업과 국가 경제에 중대한 경고를 보내는 징후이다. 또한 생물종의 다양성에서 최하위권 순위(139위)가 나옴으로써 그런 취약 분야에 대한 집중적 연구 및 투자가 긴요하다는 정책적 함의를 표출해주고 있다.

2) 국가지속가능발전지표의 지수화

우리나라도 최근 들어 국가적 차원에서 지속가능발전지수의 개발을 서두르고 있다. 지속가능발전지수Sustainable Development Index(SDI)의 개발 목적은 정책 입안자나 일반 국민에게 지속가능 발전에 대한 통합된 정보를 제공함으로써 지속가능한 국가 발전을 평가하고, 국제적으로 지속가능성을 비교하는데 유용한 자료로 사용하기 위함이다. 지속가능발전지수가 포괄하는 범위는 국가의 전반적인 지속가능성을 내포하는 경제, 사회, 환경,

제도 분야 등 사회의 전반적인 분야를 포괄한다.

지수 작성은 변수 선택selection of variables, 지표 선정selection of indicators, 정규화normalizing, 통합화aggregation의 4단계를 거치게 되는데, 지속가능 발전지수 작성 과정에서 가장 중요한 것은 실제 국가의 지속가능성을 가장 정확히 보여주는 이상적 지수를 작성하는 것이라 할 수 있으며, 이를 위해 각 부문을 충분히 설명해줄 수 있는 지속가능발전지표가 제대로 작성되어야 한다.

각 부문별, 지표별로 구체적인 지속가능 발전 기준을 효율적으로 마련하고 선정하기 위해서는 몇 가지 선정 기준이 필요하다. 첫째, 지수는 적합성 relevance이 있어야 한다. 둘째, 지수의 측정 가능성measurability 및 투명성 transparency이 보장되어야 한다. 셋째, 비교 가능성comparability이 확보되어야 한다. 넷째, 규칙성regularity이 보장되어야 한다.

그림 15-1 지속가능발전지수의 작성 단계

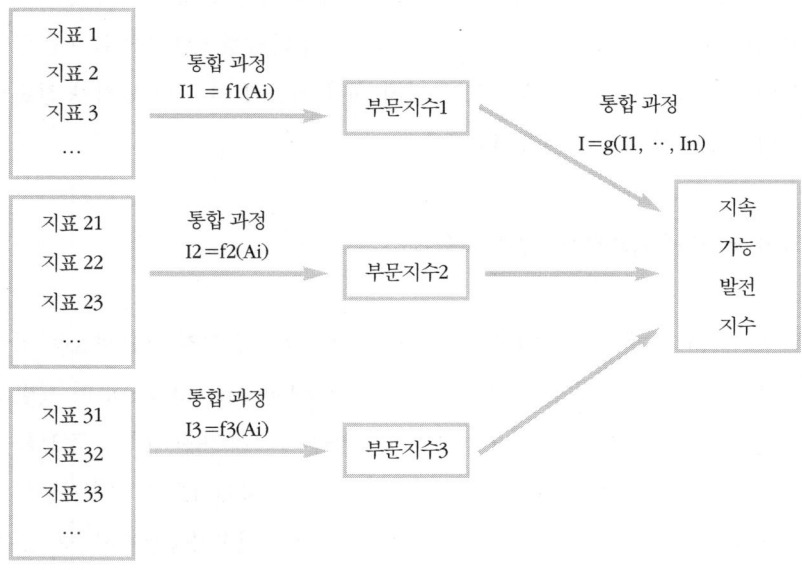

(자료_정영근·이준, 2003: 39)

지속가능발전지수의 작성 과정은 부문지수(하위지수)를 함수 형태로 작성한 다음, 그 부문지수를 통합하는 단계로 이루어진다. 그 과정을 그려보면 〈그림 15-1〉과 같다.

한국의 지속가능발전지수는 먼저 2001년도 UNCSD의 핵심 지속가능발전지표를 근간으로 삼아 환경부가 국내 상황에 맞게 보완, 수정한 〈국가지속가능발전지표〉(환경부 · 정경근 외 4인, 2001 참조)에 근거하여 사회, 환경, 경제, 제도 등 4개 부문 총 53개 지표를 선별한다. 그런 다음 전문가 집단의 설문 조사를 통하여 지속가능발전지수의 작성을 위한 부문 · 지표별 가중치를 산정하여 그 결과를 분석함으로써 설정된다. 여기서는 단지 환경부

도표 15-4 환경부문지표의 선정, 평가, 상관성

	UNCSD의 지속가능발전지표	한국의 지속가능발전지표	평가	상관성
1	온실 가스 배출	이산화탄소(CO_2) 배출량	동일	−
2	오존층 파괴 물질 소비	CFCs 소비량	동일	−
3	도시 내 오염 물질의 대기 농도	서울지역 오존(O_3) 농도	동일	−
4	토지 사용 변화	농지 면적 변화 추이	수정	+
5	경작에 적합하고 영구적인 경작지	1인당 경작지 면적	수정	+
6	비료 사용	비료 사용량	동일	−
7	농약 사용	농약 출하량	동일	−
8	토지 지역 중 산림지역 비율	산림면적 추이	동일	+
9	목재 벌채 정도	목재 벌채량	동일	−
10	도시의 공식적/비공식적 거주 면적	도시화율	수정	−
11	연안의 수질 현황	인천 연안의 용존산소	수정	+
12	주요 종의 연간 수확 사용 변화	연간 총어획량	동일	−
13	지하수 및 지표수의 연간 취수량	연간 지하수 이용량	동일	−
14	1인당 물 소비량	1인당 물 공급량	동일	−
15	물의 생화학적 산소요구량(BOD)	한강 팔당 BOD	동일	−
16	주요 보호 지역	자연공원 면적	동일	+
17	−	멸종 위기 야생식물 비율	추가	−

(자료_정영근 · 이준, 2003: 54)

문지표의 선정, 평가, 상관성 문제만을 〈도표 15-4〉를 통해 그 요점을 개략적으로 살펴보기로 한다.

〈도표 15-4〉에서 평가 항목은 한국의 지속가능발전지표가 UNCSD 지표와 동일한 경우, 그 지표를 수정한 경우, 아예 새롭게 추가된 경우로 나누어진다. 상관성은 지속가능성과의 상관성을 의미한다. 지속가능성과 양의 상관관계를 가지면 +, 음의 상관관계를 가지면 -로 표기하고 있다. 중요한 점은 각 지표에 대해 공식적 통계와 실증된 자료에 입각하여 1990년도부터 2001년까지의 변화의 흐름을 분석해낸다는 점이다.

이를테면 이산화탄소(CO_2) 배출량의 경우를 살짝 들여다보자. 산업화에 따른 인간 활동으로 인해 이산화탄소는 지구온난화 가스 배출의 주요인으로서, 에너지 사용 및 운송 등 경제지표와 오존층 등 환경지표와 밀접한 관련이 있으며, 다양한 단위의 배출량과 비교 분석이 필요하다. 기후변화는 오늘날 지구가 직면한 가장 심각한 환경 위협 중 하나로서 이산화탄소 배출은 온실효과에 영향을 미치는 동시에 기후변화에 대한 국가의 대처 능력을 판단하는 요소이다. 이 지표는 UN등 대부분의 기관과 국가에서 지속가능발전지표로 선정하여 사용하고 있다. 그 변화의 추이는 〈도표 15-5〉와 같이 나타난다.

도표 15-5 한국의 이산화탄소 배출량

한국의 CO_2 배출량(matric ton)			
1990	226.17	1996	395.52
1991	251.00	1997	421.52
1992	273.19	1998	367.41
1993	298.10	1999	402.87
1994	339.28	2000	433.57
1995	370.18	2001	449.05

(자료_정영근·이준, 2003: 73)

3. 경주지역 가치론적 환경지표의 설정

이번에는 지역환경지표로 관심을 돌려보자. 지역환경지표는 해당 지역의 환경적 특성을 우선적으로 고려하여 지표가 설정되어야 한다는 대원칙에는 별다른 이의가 없을 터이다. 문제는 그 지역적 특성을 어떤 관점에 근거하여 도출해내고, 그 도출 내용을 어떤 방식으로 반영하느냐는 데 있다.

몇 가지 사례를 통해 간단히 개괄해보자. 먼저 경기도의 경우, 주민에 의한 지역환경평가를 종합적으로 나타내는 것을 목표로 한 쾌적환경평가지표의 개발을 제시한다. 그것은 경기도의 도시와 농촌이 혼융된 특성을 살리기 위해 지역의 쾌적함과 조용함, 자연과의 접촉 및 조화, 지역의 아름다움과 여유, 지역의 환경 보전 노력 따위의 중간평가지표들로 이루어지는 지표이다.(경기개발연구원, 1995: 14 참조) 또한 인천시의 경우, 광역도시적 특성을 감안하여 환경질 개선 및 오염 유발 요인 억제, 자연과의 공생, 저부하·순환형 도시 구조 등의 세 가지 중간지표군을 중심으로 PSR 틀로 구성되는 환경지표들을 내놓고 있다.(인천발전연구원·윤혜연, 1999: 47~48) 끝으로 제주도는 환경 보전 목표의 달성을 친환경개발지표의 설정을 통해 추구하고 있다. 그 추진 전략은 종합환경지표 체계 수립→제주도 환경자원의 특성 조사→환경 용량 평가→개발 사업의 평가 분석: 문제점 도출 및 정책 대안→친환경개발지표 설정 등 다섯 단계로 도식화된다. 여기서 친환경개발지표는 제주도에 적합한 개발 방향의 제시, 친환경적 환경 관리 계획의 수립, 지역 환경기준의 설정을 도모하는 기본 원리로 규정되고 있는 셈이다.(제주도, 1997: 14)

도표 15-6 경주지역 가치론적 환경지표[3]

기본구조	종합지표	중간지표	개별지표	측정 방법 혹은 단위
상태 state	자연 가치 지표	토지구조· 경관지표	이용가능토지지표	경사도 8° 이하의 면적/시(마을), 면적: %
			우수한 경관지표	자연공원의 유형, 숫자, 면적: 수, km²
			수변지표	호안(해안)선 연장/시(마을) 면적: km/km²
		환경자원지표	수량지표	상수도 수자원 자급률: % 지하수 부존량/시(마을)면적
			녹지지표	(산림면적+경지면적)×0.5/시 면적: %
			기후지표	일조시간의 길이(최근 10년간 평균): 시간
			수산자원지표	어획량, 양식 수산물의 양: ton
		생물가치지표	친근생물지표	가까운 지역의 동·식물 종의 숫자: 수
			희귀생물지표	특정 식물, 희귀 동물, 천년기념물의 숫자: 수
			생물다양성지표	모든 생물 종의 숫자: 수
		생태가치지표	생태적 자연 자원지표	원시 삼림, 자연 하천, 자연 습지, 지하수, 갯벌 등의 보존 비율/복구 비율/개발 비율
			생태적 자연 환경지표	오존층 파괴, 산성화, 부영양화, 사막화 정도: CFC, 산성비, BOD 등의 농도
			생태계온전지표	토착종들의 생존 가능지수: 생존 개체수, 생태적 생명 유지 체계의 기능함수 등
압력 pre- ssure	인간- 환경 관계 가치 지표	환경자원이용 건전성 지표	절수지표	시민 1인당(가정용) 상수도 사용량: kl/인
			물순환지표	시민 1인당 재사용 물의 비율: %
			에너지이용지표	시민 1인당(가정용) 전력 사용량: kwh/인
			에너지유효이용지표	폐열 회수량 등의 합계/인구수: w/인
			쓰레기재활용지표	시민 1인당 폐기물 재활용 비율: %
			제품수송지표	도시 내 제품의 수송량: ton
		환경부하 크기지표	대기부하지표	NOx, SOx, CO₂의 배출량: 배출 농도
			물부하지표	COD 배출량: kg/ha
			토양부하지표	농약 소비량/농지 면적: kg/100만
			폐기물부하지표	산업(일반) 폐기물 발생량/산업체(인구)수: %
			토지변화도지표	최근 10년간 산림, 농지 초원 전용률: % 10년간(휴)경지 이용 면적/이용률: ha/%
			하천변화도지표	최근 10년간 하천 복개율: %

기본 구조	종합 지표	중간지표	개별지표	측정 방법 혹은 단위
압력 pre-ssure	인간-환경 관계 가치 지표	환경보존 활동계표	보건창조투자지표	시민 1인당 환경 보전 공공 지출액: 원
			시단생활활동지표	시민의 환경보호 활동 참가율: %
			환경보전자립도지표	폐기물의 시외 처리분 비율: %
			공해방지정비지표	하수도 정비율: %
			환경조직제도지표	환경보호 제도와 환경 행사의 건수: 건수
			환경운동활동지표	환경 단체의 수와 활동 횟수: 수와 건수
		미래가치 정향계표	에너지전환지표	비핵, 무공해 대체에너지 개발의 지수 / 전체 에너지 중 대체에너지 공급비중: %
			자연에너지공동 이용지표	태양열, 풍력발전, 해수발전, 폐기물에너지, 바이오 등 자연에너지의 공동이용 비율: %
			배출가스억제지표	오존층 파괴, 온실효과, 산성화 유발 가스 및 자동차 배기가스의 억제량, 건수, 비율: %
			미래세대인지도지표	미래 세대에 대한 인지도와 책임감 지수: %
			생명공동체활동지표	가족, 소·중집단 생명공동체의 수와 비율
			문화재복원·보존 정향지표	문화재 복원·보존(개발) 정향의 인식도
대(반)응 res-ponse	도시 환경 가치 지표	환경오염 정도계표	대기오염지표	NO$_2$, SO$_2$, SPM에 관한 지수: ppm
			수질오염지표	공공 수역의 BOD(COD)농도: ppm / 하수 종말 처리 시설에 연결된 인구: 수
			토양오염지표	농토의 중금속, 유해 물질의 농도: ppm
			폐기물발생량지표	시민 1인당 쓰레기 발생량: dB
			교통소음지표	온갖 교통 소음의 환경기준 초과 레벨: 건수
			민원지표	인구 당 근린 공해 고발 건수: 건수
		도시환경질 지도	도시내녹지지표	1인당 시가지 내 녹지 면적: m^2/인
			친수공간지표	1인당 시가지 내 친수 주변: m/인
			건물혼잡지표	시내의 DID 지구 건폐율: %
			거리미관지표	시내의 미관지구 등의 면적비: %
		도시생활질 지도	역사문화유적지표	지정 역사 유적, 문화재 숫자: 수
			시단환경교육지표	환경을 위한 교육프로그램의 숫자: 수
			문화재보존(개발)지표	문화재 보존(개발) 희망 지역(지구)의 비율: %

기본 구조	종합 지표	중간지표	개별지표	측정 방법 혹은 단위
대 (반)응 res- ponse	도시 환경 가치 지표	도시생활질 지표	문화재보존·복원 활동지표	문화재 보존·복원을 위한 프로그램과 시민단체의 수와 활동 횟수: 수와 건수
			역사·문화·생태 관광지표	역사·문화·생태 관광의 해당 인력 (공무원 및 민간인)의 수 혹은 예산 배정 비율: 수 혹은 %

이미 앞에서(14장 참조)에서 나는 기존의 유력한 환경지표에다가 생태 가치와 미래 세대의 가치를 반영한 가치론적 환경지표를 시론적으로 설정한 바 있다. 거기에다가 경주시의 역사관광도시적 특성을 충분히 고려한 4가지 개별지표를 추가함으로써 〈도표 15-6〉과 같은 경주지역에 적합한 가치론적 환경지표가 제시된다. 여기서는 새롭게 추가된 네 지표에 대해서만 설명을 부연하도록 하겠다.

먼저 미래가치정향지표라는 중간지표 속에 문화재복원·보존정향지표를 배치하였다. 이는 지속가능성의 지역적 특성에 관한 미래가치적 인식을 대변하는 것이다. 〈도표 15-7〉로 집약된 실제의 연구 조사 결과를 보면, 경주시민들이 아직까지는 문화재의 복원·보존을 원하기보다는 그것을 관광사업화 하거나 효율적으로 개발하여 경제 활성화에 기여하는 쪽으로 인식함을 보여준다. 그렇지만 문화재 개발 정향과 문화재 보존 정향 사이에는 유의한 상관관계가 있는 것으로 나타나고 있다.

---

3) 이 책 14장에서 내가 설정한 가치론적 환경지표에다가 경주 지역의 특성을 투영하는 4개의 개별지표를 새롭게 추가한 것이다. 새 '개별지표'와 '측정 방법 혹은 단위'를 고딕체로 구별하고 있다.

도표 15-7 지역적 특성과 관련된 지속가능 발전의 인식에 대한 빈도분석 결과

항목	적극 찬성	찬성	보통	반대	적극 반대	N	평균	표준편차
문화재 개발 정향	80명(22.0%)	83(22.8)	72(19.8)	43(11.8)	86(23.6)	362	1.47	1.19
문화재 보존 정향	26명(7.1%)	72(19.8)	114(31.3)	80(22.0)	72(19.8)	364	2.92	1.47

(자료_이영경 · 오영석 · 고창택 · 김의창 · 신희영 · 이곤수 · 정환도, 2003: 35; 고창택 외, 2005: 111)

도시생활질지표란 중간지표 아래에 문화재보존(개발)지표, 문화재보전 · 복원활동지표, 역사 · 문화 · 생태관광지표를 포함시켰다. 문화재보존(개발)지표는 앞의 문화재복원 · 보존정향지표가 미래 세대의 가치 인식을 반영하는 데 비해, 현세대의 가치 성향을 가늠하는 척도이다. 그것은 문화재 보존 혹은 개발을 희망하는 지역 혹은 지구의 비율로 판단할 수 있다. 문화재보존 · 복원활동지표는 문화재를 길이 보존하거나 원래대로 복원하기 위한 프로그램이나 혹은 시민단체의 수와 활동 건수에 의해 판별될 터이다. 마지막으로 역사 · 문화 · 생태관광지표는 관광산업에서 역사 · 문화 · 생태관광이 차지하는 비중을 따져보는 지표이다. 역사 · 문화 · 생태관광 사업에 배속된 인력의 숫자나 예산 배정의 비율을 통해 가늠할 수 있다.

4. 경주지역환경지속성지수의 가치론적 모색

국가적 차원에서 개발되고 있는 지속가능발전지수(SDI)에 상응하는 지역환경지속성지수(ESI)를 모색하는 것은 매우 자연스런 일이다. 우선 지역 ESI의 활용성을 논급함으로써 그것의 의미를 확인해보자. 첫째, 지역 ESI는 지속가능성을 바탕으로 환경 현상을 최대한 단순화하고 통합한 것이기 때문에 기초 자료로서의 정보 가치가 매우 높다. 지방정부의 정책적 의사결정 과정에서의 정보 제공뿐 아니라 지역 주민의 환경 실태 파악에도 큰

도움을 준다.

둘째, ESI가 국가 간 비교를 용이하게 해주는 것이라면, 지역 ESI는 국가 내 여러 지역들 간의 비교를 손쉽게 해준다. 이는 국가의 SDI와 맞짝을 이

도표 15-8 경주지역환경지표의 선정, 평가, 상관성

종합지표	중간지표	UNCSD의 개별지표	경주지역환경지표	평가	상관성
대기	기후변화	온실 가스 배출	이산화탄소(CO_2) 배출량	동일	−
	오존층 고갈	오존층 파괴 물질 소비	CFC_s 소비량	동일	−
	대기질	도시 내 오염 물질의 대기 농도	경주 도심 오존(O_3) 농도	동일	−
토지	토지이용	토지 사용 변화	농지 면적 변화 추이	수정	+
	농업	경작에 적합하고 영구적인 경작지	1인당 경작지 면적	수정	+
		비료 사용	비료 사용량	동일	−
		농약 사용	농약 출하량	동일	−
	산림	토지 지역 중 산림지역 비율	산림면적 추이	동일	+
		목재 벌채 정도	목재 벌채량	동일	−
	도시화	도시의 공식적/비공식적 거주 면적	도시화율	수정	−
해양 및 연안	연안 지역	연안의 수질 현황	경주 연안의 용존산소	수정	+
	어업	주요 종의 연간 수확 사용 변화	연간 총어획량	동일	−
담수	수량	지하수 및 지표수의 연간 취수량	연간 지하수 이용량	동일	−
		1인당 물 소비량	1인당 물 공급량	동일	−
	수질	물의 생화학적 산소요구량(BOD)	덕동 댐 BOD	동일	−
생물 다양성	생태계	주요 보호 지역	자연공원 면적	동일	+
	종	−	멸종 위기 야생동식물	추가	
인간-환경 관계가치지표	미래가치 정향지표	−	문화재 복원·보존 정향 빈도	추가	+
도시환경 가치지표	도시생활 질지표	−	문화재 보존(개발) 희망 지역(구) 빈도	추가	+(−)
		−	문화재 보존·복원 활동 건수	추가	+
		−	역사·문화·생태관광 인력 숫자/예산 배정 비율	추가	+

루는 지표로서 지역 간의 기초 현황, 성과, 정책 대응 능력 따위를 체계적·계량적으로 비교·분석하는 강점을 지닌다. 셋째, 지역 ESI는 지역의 양호 분야나 취약 분야를 명백하게 드러내는 까닭에, 취약하다고 평가된 분야를 중심으로 환경 투자 확대, 환경기준 강화 등 환경 수준의 선진화를 이루는 계기로 삼을 수 있다.

이 자리에서는 경주지역환경지속성지수의 윤곽만 그려볼 것이다. 〈도표 15-8〉을 통해 경주지역환경지표의 선정, 평가, 상관성 문제를 살펴봄으로써 그 전체 구도가 어느 정도 드러나리라 기대한다.

〈도표 15-8〉에서 평가 항목은 경주지역환경지표가 UNCSD지표와 동일한 경우, 그 지표를 수정한 경우, 아예 새롭게 추가된 경우로 나누어진다. 상관성은 지속가능성과의 상관성을 의미한다. 지속가능성과 양의 상관관계를 가지면 +, 음의 상관관계를 가지면 -로 표기하고 있다. 굵은 글씨로 표시된 부분은 UNCSD는 물론 우리나라 국가 환경지표에서도 찾아 볼 수 없는, 그러나 경주지역의 특성을 감안한다면 반드시 들어가야 할 내용이라 생각하기 때문에 새롭게 추가한 것이다. 여기서 문제의 초점은 각 지표에 대해 공식적 통계와 실증된 자료에 입각하여 일정 기간 동안의 변화의 흐름을 분석할 수 있어야 한다는 것이다. 다행히 경주지역에 대한 사회 용량 기초 조사(이영경·오영석·고창택·김의창·신희영·이곤수·정환도 2003; 고창택 외, 2005 참조)가 일부 수행되었기에, 그에 기초하여 자료와 정보를 재구성한다면 지표의 지수화 작업은 더욱 속도가 붙을 수 있다.

5. 나가는 글:
경주지역환경지표·지수의 설정과 그 활용을 위하여

이제까지 국제적·국가적 차원에서 환경지표의 지수화 작업이 어떻게 추진되는가를 고찰한 다음, 경주지역을 중심으로 하여 지역환경지표의 설정과 그것의 지수화 문제를 논의하였다. 지역환경지표의 설정과 지역환경지속성지수의 도출과 그 활용을 위한 세 가지 제안을 하는 것으로 결론에 대신하려 한다.

첫째로, 무엇보다도 경주지역에 걸맞은 환경지표의 설정과 그 활용이 썩 시급해 보인다. 안타깝게도 경주지역은 물론 경상북도 차원의 환경지표도 여태 설정되지 않은 실정에 놓여 있다. 먼저 환경지표의 설정 작업이 이루어져야 할 것이다. 이 글에서 제시한 경주지역 가치론적 환경지표를 더 짜임새 있게 다듬고, 미진한 구석을 한층 보완한다면 충분한 활용성이 보장된다고 판단한다.

둘째로, 지역환경지표의 설정이나 지역환경지속성지수를 도출할 때 가치론적 맥락을 최대한 고려해야 된다고 본다. 세계나 국가를 겨냥한 환경지표에서 특히 강조되는 생태 가치와 미래 세대 가치가 환경지수 속에도 온전히 포섭되도록 해야 함은 물론이다. 더 나아가서 경주지역의 독특한 역사적·문화적 가치까지도 비중 있게 반영되는 지수가 안출되어야 할 것이다.

셋째로, 일정한 절차를 거쳐 확정된 환경지표와 환경지속성지수는 적극 활용되어야 할 터이다. 그것은 환경 현황을 명료하게 보여주는 기초 정보들이기 때문에 지방 정부·의회의 정책 결정, 지역 NGO의 의견 수렴, 지역 주민의 가치판단 등에 큰 도움을 줄 수 있다. 또한 지표와 지수는 관련 있는 다른 지역들과의 상호 비교 분석을 가능케 함은 물론이거니와, 동일 지역 안에서도 취약 지구 혹은 양호 지구를 판별함으로써 사전 환경 계획과 환경 실행의 구체적 프로그램을 개발하는 데 일조하며, 환경 예산을 배정하거나 환경기준을 지정하는 데 중요한 척도로 작동하기도 하며, 사후 환경 평가를 위한 모니터링이나 피드백의 핵심 기제로 활용될 여지도 있다.

참고문헌

국내문헌

강내희, 1991, 「포스트모더니즘 비판」, 『사회평론』 통권 제2호(1991. 6).
강선미, 1991, 「경대가 숨질 때 당신은 어디 있었나」, 『한겨레신문』 1991년 5월 8일자.
경기개발연구원, 1995, 『경기도의 쾌적환경평가 및 지표 개발어 관한 연구』, 경기개발연구원.
경기대학교 소성학술연구원 편, 2003, 『전통사상과 생명』, 서울: 국학자료원.
고인석, 2001, 「과학기술의 시대에 환경문제 대응의 실마리는 더디서 찾아야 하는가」, 『철학연구』 제54집(2001 가을).
고창택, 1995, 「환경윤리학의 이론적 동향과 현재적 의미」, 대구사회연구소 환경연구부 엮음, 『자치시대의 지ᄯ환경: 대구·경북지역 환경문제의 실태와 대책』, 서울: 도서출판 한울.
고창택 외, 2003, 『현대 환경문거의 재인식: 학제적 접근』, 서울: 도서출판 한울.
고창택 외, 2004, 『전통사상과 환경』, 서울: 국학자료원.
고창택 외, 2005, 『지속가능 발전과 지역사회: 사회용량조사의 방법과 적용』, 경주: 도서출판 대양기획.
과학기술처, 1990, 『환경지표의 종합체계화 기법개발 및 활용방안에 관한 연구 I』, 서울: 국립환경연구원.
과학사상연구회 편, 1990, 「발간사」, 「이 책에 관하여」, 『과학과 철학』 제1집, 서울: 통나무.
교육부, 1997, 『초·중등학교 고육과정—국민공통 기본 교육과정』, 교육부 고시 제

1997-15호(별책1), 출처 http://www.kncis.or.kr/index8.html.
김경재, 1974, 「최수운의 신개념」, 한국사상연구회 편, 『최수운연구』, 서울: 원곡문화사.
김교빈, 1991, 「신과학운동과 동양사상」, 『시대와 철학』 제2호(1991. 2).
김귀곤, 1993, 『생태 도시 계획론』, 서울: 대한교과서주식회사.
김두철, 1986, 「신과학운동에 있어서의 기저개념의 타당성」, 신과학연구회 편, 『신과학운동』, 서울: 범양사 출판부.
김번웅 · 오영석, 1997, 『환경행정론』, 서울: 대영문화사.
김상일, 1991, 『현대물리학과 한국철학』, 서울: 고려원.
김성기, 1991, 『포스트모더니즘과 비판사회과학』, 서울: 문학과 지성사.
김세정, 2003a, 「생태계 위기와 유가생태철학의 발전 방향: 서구 환경철학과의 비교를 중심으로」, 『철학연구』 제85집(2003. 2).
김세정, 2003b, 「환경윤리에 대한 동양철학적 접근: 유가철학을 중심으로」, 『범한철학』 제29집(2003 여름).
김용정, 1990, 「물질과 정신의 양의성에 관한 형이상학적 고찰」, 『철학』 제34집(1990. 11).
김용준, 1986, 「타분야에 대한 신과학 개념의 적용 문제」, 신과학연구회 편, 『신과학운동』, 서울: 범양사 출판부.
김용창, 1991, 「한국에서 새로운 사회운동의 올바른 논의를 위하여」, 『사상문예운동』 1991년 가을호(1991. 8).
김종철, 1991, 「김지하 시인, 돌아오십시요」, 『말』 1991년 6월호.
김지하, 1984, 『밥』, 왜관: 분도출판사.
김지하, 1987, 『살림』, 서울: 동광출판사.
김지하, 1988, 『이 가문 날에 비구름』, 서울: 동광출판사.
김지하, 1991a, 『타는 목마름에서 생명의 바다로』, 서울: 동광출판사.
김지하, 1991b, 『뭉치면 죽고 헤치면 산다』, 서울: 동광출판사.
김지하, 1991c, 「세계반조」, 『해인』 1991년 1월호.
김지하, 1991d, 「젊은 벗들! 역사에서 무엇을 배우는가」, 『조선일보』 1991년 5월 5일자.
김지하, 1991e, 「'다수의 침묵', 그 의미를 알라」, 『조선일보』 1991년 5월 17일자.
김지하, 1994, 『동학이야기』, 서울: 솔.
김지하, 1995, 『틈』, 서울: 솔.
김지하, 1996, 『생명과 자치: 생명사상 · 생명운동이란 무엇인가』, 서울: 솔.
김진, 1995, 「도덕 판단 능력의 최고 단계에 대한 논의: 콜버그의 도덕발달론과 아펠의 담론 윤리학을 중심으로」, 『철학』 제43집(1995 봄).
김현, 1976, 「행복의 시학」, 곽광수·김현 공저, 『바슐라르 연구』, 서울: 민음사.
김형수, 1991, 「우리 그것을 배신이라 부르자」, 『한겨레신문』1991년 5월 8일자.
다케다니 미쯔오, 1991, 「좌담: 한국의 핵발전소는 안전한가」, 『꼭 원자력이어야만 하는가』, 광주환경공해연구회 옮김, 광주: 도서출판 광주.
대전광역시 경영평가담당관실, 「도심 하천생태 공원화 사업추진 계획(안)」(2004. 3. 29).
라즈로, 엘빈, 1986, 『시스템철학론Introduction to Systems Philosophy』, 박태성 옮김, 광주: 전남대 출판부.
러브록, J. E., 1990, 『가이아Gaia』, 홍욱희 옮김, 서울: 범양사.
문순홍, 1995, 「서론: 지속가능한 사회를 향한 생태 전략 시론」, 도날드 워스터 외, 『지속가능한 사회를 향한 생태 전략』, 문순홍 편역, 서울: 나라사랑.
문순홍, 1999, 「ESSD와 생태 발전론」, 문순홍 편저, 『생태학의 담론: 담론의 생태학』, 서울: 솔.
문태훈, 1998, 「지속가능한 성장을 위한 환경 용량의 산정과 환경지표 개발에 관한 연구」, 『한국정책학회보』 제7권 제1호(1998).
문태훈, 1999, 「서울시 지속가능성 평가를 위한 지표의 개발과 활용」, 서울특별시·녹색서울시민위원회 공동주최, 『서울시 지속가능개발위원회 설치운영에 관한 토론회』(1999. 6. 1).
박상철, 1991, 「환경운동과 변혁운동」, 『사상문예운동』 1991년 가을호(1991. 8).
박이문, 1997, 『문명의 미래와 생태학적 세계관』, 서울: 당대.
박인원 외 4인, 1993, 「특집: 생명이란 무엇인가」, 『과학사상』 제7호(1993 겨울).
박종대, 2003, 「실천과 이론」, 우리사상연구소 엮음, 『우리말 철학사전 3』, 서울: 지식산업사.
박희병, 1999, 『한국의 생태사상』, 서울: 돌베개.
방현석, 1991, 「김지하에게 보내는 공개서한」, 『말』 1991년 6월호.
베르트란피, 루드비히 폰, 1990, 『일반체계이론General System Theory』, 현승일 옮김, 서울: 민음사.
베이트슨, 그레고리, 1989, 『마음의 생태학Steps to an Ecology of Mind』, 서석봉 옮김, 서울: 민음사.
베이트슨, 그레고리, 1990, 『정신과 자연Mind and Nature』, 박지동 옮김, 서울: 까치.
불교평론 편, 2001, 「불교가 보는 환경과 생태」, 『불교평론』 제3권 제1호(2001 봄).

세이어, 앤드류, 1999, 『사회과학방법론: 실재론적 접근』, 이기홍 옮김, 서울: 한울.
　　〔Andrew Sayer, *Method in Social Science: A Realist Approach*(1992)〕
송두율, 1990, 『현대와 사상: 사회주의, (탈)현대, 민족』, 서울: 한길사.
송두율, 1991, 「역사는 끝났는가: '탈역사론'의 의미와 제3세계의 미래」, 『사회와 사상』 1991년 여름호(1991. 6).
송영배 외, 1998, 『인간과 자연: 유기체적 자연관과 동서철학 융합의 가능성』, 서울: 철학과현실사.
송태수, 1991, 「서유럽 신사회운동의 발전과 전망」, 『사상문예운동』 1991년 가을호(1991. 8).
신과학연구회 편, 1986, 「책머리에」, 『신과학운동』, 서울: 범양사 출판부.
안진오, 1987, 「동학사상의 연원」, 유병덕 편, 『개정 신판: 동학, 천도교』, 서울: 시인사.
얀츠, 에리히, 1989, 『자기 조직하는 우주 The Self-Organizing Universe』, 홍동선 옮김, 서울: 범양사.
양병이, 1995, 「지속가능한 설계」, 『환경논총』 제33권(1995).
예닉, 마틴, 1995, 「경제 조정으로서의 예방 환경정책」, 도날드 워스터 외, 『지속가능한 사회를 향한 생태 전략』, 문순홍 편역, 서울: 나라사랑.
우리사상연구소 편, 2000, 『생명과 더불어 철학하기』, 서울: 철학과현실사.
유병덕, 1987a, 「해월의 생애와 사상」, 유병덕 편, 『개정 신판: 동학, 천도교』, 서울: 시인사.
유병덕, 1987b, 「동학사상의 맥락」, 유병덕 편, 『개정 신판: 동학, 천도교』, 서울: 시인사.
윤구병, 1991, 「지하에게 묻겠다」, 『사회평론』 1991년 6월호.
이경숙·박재순·차옥숭, 2001, 『한국 생명사상의 뿌리』, 서울: 이화여대 출판부.
이동근, 1998, 「자연과의 공생을 위한 지속가능한 지표 개발 및 그 적용」, 『한양도시포럼 심포지움 논문집』(1998. 11. 13).
이영경·오영석·고창택·김의창·신희영·이곤수·정환도, 2003, 『역사관광도시 경주시의 지속가능 발전을 위한 사회용량 기초조사』, 동국대학교 지역정책연구소(2003. 7).
이재현, 1991, 「선언에서 고백으로: 김지하의 생명사상 비판」, 『말』 1991년 5월호.
이정전 편, 1995, 『지속가능한 사회와 환경』, 서울: 박영사.
이진우, 1997, 『도덕의 담론』, 서울: 문예출판사.
이현구, 1991, 「신과학운동과 마흐주의」, 한국철학사상연구회 편, 『시대와 철학』 제2

호(1991. 2).

인천발전연구원·윤하연, 1999,『인천광역시 환경지표의 개발과 적용』, 인천발전연구원 연구보고서 99-13(1999. 12).

임재해, 2002,『민속문화의 생태학적 인식: 제3의 민속학』, 서울: 당대.

장규홍, 1991,「생명말살이 어찌 학생 탓 입니까」,『한겨레신문』1991년 5월 7일자.

장회익, 1988,「생명의 단위에 대한 존재론적 고찰」,『철학연구』제23집(1988).

장회익, 1990,『과학과 메타과학: 자연과학의 구조와 의미』, 서울: 지식산업사.

장회익, 1993,「생명문제의 문명사적 의의」,『과학사상』제7호(1993 겨울).

장회익, 1998,『삶과 온생명: 새 과학 문화의 모색』, 서울: 솔.

정영근·이준, 2003,『지속가능발전지표의 지수화 연구』, 한국환경정책·평가연구원(2003. 12).

정영근·이준, 2004,『동북아 지속가능발전지표 개발 및 비교 연구』, 한국환경정책·평가연구원(2004. 6).

정영근, 2000,「지속가능발전지표의 개발과 과제」, 환경부, 한국환경정책·평가연구원, 지방의제21전국협의회 공동주최,『21세기 지속가능 발전 전략 세미나』.

정지련, 1991,「김지하의 생명사상에 대한 종교적 조명」, 푸미오 타부치,『김지하론: 신과 혁명의 통일』, 정지련 옮김, 서울: 다산글방.

제주도, 1997,『제주도 친환경개발을 위한 환경지표 설정』, 제주도.

조남호, 1991,「한국의 신과학 운동과 사회운동」,『시대와 철학』제2호(1991. 2).

주커브, G., 1981,『춤추는 물리 The Dancing Wu Li Masters』, 김영덕 역, 서울: 범양사.

진교훈, 1998,『환경윤리: 동서양의 자연보전과 생명존중』, 서울: 민음사.

차건희 외 5인, 1997,「특집: 생명을 보는 여러 시각」,『과학과 철학』제8집(1997).

최동희, 1987,「근대철학사상의 대두」, 한국철학회 편,『한국철학사』하권, 서울: 동명사.

최병두 외, 2002,『녹색전망: 21세기 환경사상과 생태정치』, 서울: 도요새.

최영진, 1991,「정신과 물질에 관한 역학적 이해」,『철학』제35집(1991. 6).

최제우, 1990,「동경대전 외」,『한국의 민속, 종교사상』, 최동희 역, 서울: 삼성출판사.

최하림, 1991,「'고백'의 개인과 우리: 지하에게 띄우는 공개서신」,『실천문학』1991년 여름호(1991. 6).

카프라, F., 1979,『현대물리학과 동양사상 The Tao of Physics』, 이성범, 김용정 공역, 서울: 범양사 출판부

카프라, F., 1985,『새로운 과학과 문명의 전환 The Turning Point』, 이성범, 구윤서 공

역, 서울: 범양사.
카프라, F., 1989, 『탁월한 지혜Uncommon Wisdom』, 홍동선 역, 서울: 범양사.
토플러, 앨빈, 1981, 『제3의 물결The Third Wave』, 유재천 역, 서울: 문화서적.
토플러, 앨빈, 1990, 『권력이동Power Shift』, 이규행 역, 서울: 한국경제신문사.
표영삼, 1987, 「동학의 창도과정」, 유병덕 편, 『개정 신판: 동학, 천도교』, 서울: 시인사.
프리고진, 일리야, 1988, 『있음에서 됨으로From Being to Becoming』, 이철수 옮김, 서울: 민음사.
프리고진, 일리야, 이사벨 스텐저스, 1990, 『혼돈 속의 질서Order Out of Chaos』, 유기풍 옮김, 서울: 민음사.
한국동양철학회, 2000, 『새 천년의 동양철학과 환경윤리』(2000. 2. 10).
한국불교환경연구원 엮음, 1996, 『동양사상과 환경문제』, 서울: 도서출판 모색.
한면희, 1997a, 『환경윤리: 자연의 가치와 인간의 의무』, 서울: 철학과현실사.
한면희, 1997b, 「생태 위기시대의 환경윤리」, 『대중매체문화의 허위성과 진실성』(제10회 한국철학자대회보, 1997. 10).
한살림모임, 1990a, 「한살림 선언: 생명의 지평을 바라보면서」, 『한살림』, 서울: 한살림.
한살림모임, 1990b, 「좌담 1: 문명의 위기에서 생명의 질서로」, 『한살림』, 서울: 한살림.
한살림모임, 1990c, 「좌담 2: 새로운 삶의 이해와 생활협동운동」, 『한살림』, 서울: 한살림.
한상진·김성기, 1991, 「포스트모더니즘, 이렇게 보아야 한다」, 『사회평론』 창간호(1991. 5).
해리스, C. E., 1994, 『도덕이론을 현실문제에 적용시켜 보면』, 김학택·박우현 옮김, 서울: 서광사.[C. E. Harris, *Applying Moral Theories*(1986)]
홍선기 외 4인, 2004, 『생태 복원 공학: 서식지와 생태공간의 보전과 관리』, 서울: 라이프사이언스.
홍장화, 1990, 「한사상과 천도교」, 이을호 외 공저, 『한사상과 민족종교』, 서울: 일지사.
환경부, 2000, 한국환경정책·평가연구원, 지방의제21전국협의회 공동 주최, 『21세기 지속가능 발전 전략 세미나』(충주시 수안보 상록호텔, 2000년 10. 27~28), 출처: http://www.konetic.or.kr/frame2.asp.
환경부, 2002, 「G-7 국내여건에 맞는 자연형 하천공법 개발 연구팀」, 『하천복원 가이드라인(시안)』(2002. 12), 출처: http://www.river.re.kr.
환경부, 정영근 외 4인, 2001, 『국가지속가능발전지표 개발 및 활용방안 연구』, 환경부

(2001. 8).

환경부 · 정영근 외 2인, 2003, 『지속성지수(ESI) 논의동향 및 개선방향』(한국환경정책 · 평가연구원, 2003. 2).

『환경윤리에 관한 서울선언』, 출처: http://www.me.go.kr:9999/.

외국문헌

Agar, Nicholas, "Biocentrism and the Concept of Life", *Ethics* Vol. 108, No. 1(October, 1997).

Allen, T. F. H. and Thomas W. Hoekstra, 1992, *Toward a Unified Ecology*, New York: Columbia University Press.

Alrøe, Hugo Fjelsted and Erik Steen Kristenson, 2003, "Toward a Systemic Ethic: In Search of an Ethical Basis for Sustainability and Precaution", *Environmental Ethics*, Vol. 25, No. 1(Spring, 2003).

Amemiya, Kouji & Darryl Macer, "Environmental Education and Environmental Behaviour in Japanese Students", *Eubios Journal of Asian and International Bioethics*, 9(1999) in http://www.biol.tsukuba.ac.jp/~macer/EJ94/ej94i.html.

Apel, Karl-Otto, 1988, *Diskurs und Verantwortung. Das Problem des Übergangs zur postkonventionellen Moral*, Frankfurt: a.M.

Aristotle, 1947, "Nicomachean Ethics", in Richard McKeon (ed.) *Introduction to Aristotle*, New York: Random House.

Attfield, Robin, 1994, *Environmental Philosophy: Principles and Prospects*, Aldershot: Avebury.

Barkmann, Jan & Wilhelm Windhorst, 1999, "A Discoursive Approach to Defining Regionalised Sustainability Indicators", *Paper Presented at the 5th auDes Conference Zurich, Switzerland April 15~17, 1999* in http://www.pz-oekosys.uni-kiel.de/pcnetz/jan/Barkmann&Windhorst1999.

Barkmann, Jan & Wilhelm Windhorst, 2000, "Hedging Our Bets: the Utility of Ecological Integrity", S. E. Joergensen & F. Muller (eds.), *Handbook of Ecosystem Theories and Management*, Boca Raton: Lewis Publishers and in http://www.pz-oekosys.uni-kiel.de/ pcnetz/jan/Barkmann&Windhorst2000.

Barry, John, 1999, "Green Politics and Intergenerational Justice: Posterity, Progress and the Environment", N. B. Fairweather, S. Elworthy, M. Stroh, P. H. G. Stephens (eds.), *Environmental Futures*, London: Macmillan Press Ltd.

Bradshaw, A. D., 1983, "The Reconstruction of Ecosystems", *Journal of Applied Ecology*, 20.

Bradshaw, A. D., 2000, "The Reconstruction of Ecosystems", William Throop (ed.), *Environmental Restoration: Ethics, Theory, and Practice*, New York: Humanity Books.

Brown, Lester, 1994, "Pinciples of Sustainability", Lester Brown et. al., *Vital Signs*, New York: W.W. Norton and Co.

Callicott, J. Baird and Roger T. Ames (eds.), 1989, *Nature in Asian Traditions of Thought: Essays in Environmental Philosophy*, Albany: State University of New York Press.

Callicott, J. Baird, 1985, "Intrinsic Value, Quantum theory, and Environmental Ethics", *Environmental Ethics*, Vol. 7, No. 3(Fall, 1985).

Callicott, J. Baird, 1989, *In Defense of the Land Ethic: Essays in Environmental Philosophy*, Albany: State University of New York.

Callicott, J. Baird, 1995a, "Intrinsic Value in Nature: a Metaethical Analysis", *The Electronic Journal of Analytic Philosophy*, 3(Spring, 1995) in http://www.phil.indiana.edu/ejap.

Callicott, J. Baird, 1995b, "Animal Liberation and Environmental Ethics: Back Together Again", James P. Sterba (ed.), *Earth Ethics: Environmental Ethics, Animal Right, and Practical Applications*, Englewood Cliffs, New Jersey: Prentice Hall.

Callicott, J. Baird, 1995c, "Environmental Philosophy Is Environmental Activism: The Most Radical and Effective Kind", Don E. Jr. Marietta and Lester Embree (eds.), *Environmental Philosophy and Environmental Activism*, Lanham, MD: Rowman and Littlefield.

Cebik, L. B., 1989, "Forging Issues from Forged Art", *Southern Journal of Philosophy* 27(1989).

Crocker, David A., 1990, "Principles of Just, Participatory Ecodevelopment", J. R. Engels and J. G. Engels (eds.), *Ethics of Environment and Development*, Tuscon: University of Arizona Press.

Crocker, David A., 1991, "Towards Development Ethics", *World Development*, Vol. 19, No. 5.

Damerow, Peter, 1996, *Abstraction and Representation: Essays on the Cultural Evolution of Thinking*, Dordrecht: Kluwer Academic Publishers.

Desjardins, Joseph R., 1993, *Environmental Ethics: An Introduction to Environmental Philosophy*, Belmont, California: Wadsworth.

Elliot, Robert, 1982, "Faking Nature", *Inquiry*, 25.

Elliot, Robert, 1997, *Faking Nature: The Ethics of Environmental Restoration*, London: Routledge.

Engels, Friedrich und Karl Marx, 1980, "Die heilige Familie oder Kritik der kritischen Kritik"(1845), *Karl Marx, Friedrich Engels Werke(MEW)*, Bd. 2, Berlin: Dietz Verlag.

Engleson, D. & D. Yockers, 1994, *A Guide to Curriculum Planning in Environmental Education*, Madison: Wisconsin Department of Public Instruction.

Flanagan, Owen, 1998, "Moral Development", Edward Craig (ed.), *Routledge Encyclopedia of Philosophy*, V. 6, London and New York: Routledge.

Girardot, N. J., James Miller and Xiaogan Liu (eds.), 2001, *Daoism and Ecology: Ways within a Cosmic Landscape*, Cambridge, Massachusetts: Havard University Press.

Goodland, Robert and Herman Daly, 1995, "Universal Environmental Sustainability and the Principle of Integrity", Laura Westra and John Lemons (eds.), *Perspectives on Ecological Integrity*, Dordrecht: Kluwer Academic Publishers.

Goodland, Robert, 2002, "Sustainability: Human, Social, Economic and Environmental", *Encyclopedia of Global Environmental Change*, Indianapolis: John Wiley & Sons.

Goulet, Denis, 1995, *Development Ethics: A Guide to Theory and Practice*, New York: Apex Press.

Halfon, Mark, 1989, *Integrity: A Philosophical Inquiry*, Philadelphia: Temple

University Press.

Hargrove, Eugene C., 1989, *Foundations of Environmental Ethics*, Englewood Cliffs, New Jersey: Printice Hall.[『환경윤리학』, 김형철 옮김, 서울: 철학과 현실사, 1994]

Haught, Paul A., 1996, *Ecosystem Integrity and Its Value for Environmental Ethics*, Master Thesis, University of North Texas(May, 1996), in http://www.phil.unt.edu/theses/haught.pdf.

Holland, Alan, 1994, "Natural Capital", Robin Attfield and Andrew Belsey (eds.), *Philosophy and the Natural Environment*, Cambridge: Cambridge University Press.

Hooker, Brad, 1998, "Moral Expertise", Edward Craig (ed.), *Routledge Encyclopedia of Philosophy*, V. 6, London and New York: Routledge.

Hooker, C. A., 1992, "Responsibility, Ethics and Nature", David E. Cooper and A. Palmer (eds.), *The Environment in Question: Ethics and Global Issues*, London and New York: Routledge.

IUCN(International Union for Conservation of Nature and Natural Resources), "Data", in http://www.iucn.org/.

Jonas, Hans, 1984, *Das Prinzip Verantwortung. Versuch einer Ethik für die technologische Zivilisation*[요나스, 1994, 『책임의 원칙: 기술 시대의 생태학적 윤리』, 이진우 옮김, 서울: 서광사]

Jordan Ⅲ, William R., 2000, "Sunflower Forest: Ecological Restoration as the Basis for a New Environmental Paradigm", William Throop (ed.), *Environmental Restoration: Ethics, Theory, and Practice*, New York: Humanity Books.

Karr, James R., 1992, "Ecological Integrity: Protecting Earth's Life Support Systems", Robert Costanza, Bryan G. Norton, Benjamin D. Haskell (eds.) *Ecosystem Health: New Goals for Environmental Management*, Washington, D.C.: Island Press.

Karr, James R., 1993, "Measuring Biological Integrity: Lessons from Streams", Stephen Woodley, James Kay, George Francis (eds.), *Ecological Integrity and the Management of Ecosystems*, Ottawa: University of Waterloo.

Katz, Eric, 1992, "The Big Lie: Human Restoration of Nature", *Research in Philosophy and Technology* 12.

Katz, Eric, 1996, "The Problem of Ecological Restoration", *Environmental Ethics*, Vol. 18, No. 2(Summer, 1996).

Katz, Eric, 1997, *Nature as Subject: Human Obligation and Natural Community*, Lanham: Rowman & Littlefield Publishers, Inc.

Kay, James J., 1993, "On the Nature of Ecological Integrity: Some Closing Comments", Stephen Woodley, James Kay, George Francis (eds.), *Ecological Integrity and the Management of Ecosystems*, Ottawa: University of Waterloo.

Kohlberg, Lawrence, 1981, *The Philosophy of Moral Development: Moral Stages and the Idea of Justice*.[『도덕 발달의 철학: 도덕 단계와 정의의 관념』, 김봉소·김민남 역. 서울: 교육과학사, 1985]

Leist, Anton & Alan Holland, 2000, "Conceptualising Sustainability", *Environmental Valuation in Europe: Policy Research Brief No. 5*, Cambridge: Cambridge Research for the Environment.

Lemons, John and Laura Westra, 1995, "Introduction", Laura Westra and John Lemons (eds.), *Perspectives on Ecological Integrity*, Dordrecht: Kluwer Academic Publishers.

Leopold, Aldo, 1949, *A Sand Country Almanac: With Essays on Conservation from Round River*, Oxford: Oxford University Press.

Li, Huey-li, 1994, "Environmental Education: Rethinking Intergenerational Relationship". *Philosophy of Education*(1994), in http://www.ed.uiuc.edu/eps/pes-yearbook/94_docs.

Light, Andrew and Avner de-Shalit, 2003, "Introduction: Environmental Ethics- Whose Philosophy? Which Practice?", Andrew Light and Avner de-Shalit (eds.), *Moral and Political Reasoning in Environmental Practice*, Cambridge, Massachusetts: The MIT Press.

Light, Andrew, 2002a, "Restoring Ecological Citizenship", B. Minteer and P. Taylor (eds.), *Democracy and the Claims of Nature*, Lanham: Rowman & Littlefield.

Light, Andrew, 2002b, "Contemporary Environmental Ethics from Metaethics to Public Philosophy", *Metaphilosophy*, Vol. 33, No. 4(July, 2002).

Light, Andrew, 2003a, "Ecological Restoration and the Culture of Nature: A Pragmatic Perspective", Andrew Light and Holmes Rolston III (eds.), *Environmental Ethics: An Anthology*, Malden: Blackwell Publishing.

Light, Andrew, 2003b, "Urban Ecological Citizenship", *Journal of Social Philosophy*, Vol. 34, No. 1.

Little, David & Sumner B. Twiss, 1978, *Comparative Religious Ethics*, New York: Harper & Row.

MacNiven, Don, 1990, "Practical Ethics: The Idea of a Moral Expert", Don MacNiven (ed.), *Moral Expertise: Studies in Practical and Professional Ethics*, London and New York: Routledge.

Marietta, Don E. Jr., 1997, "The Concept of Objective Value", James G. Hart and Lester Embree (eds.), *Phenomenology of Values and Valuing*, Dordrecht: Kluwer Academic Publishers.

Martell, Luke, 1994, *Ecology and Society: An Introduction*, Cambridge: Polity Press.[『녹색사회론: 현대 환경의 사회이론적 이해』, 고창택 외 옮김, 서울: 한울, 1998]

Marx, Karl, 1976, "Zur Kritik der Hegelschen Rechtsphilosophie"(1844), *Karl Marx, Friedrich Engels Werke(MEW)*, Bd. 1, Berlin: Dietz Verlag.

Marx, Karl, 1978, "Thesen uber Feuerbach"(1845), *Karl Marx, Friedrich Engels Werke(MEW)*, Bd. 3, Berlin: Dietz Verlag.

Marx, Karl, 1985, "Okonomisch-Philosophische Manuskripte"(1844), *Karl Marx, Friedrich Engels Werke(MEW)*, Bd. 40, Berlin: Dietz Verlag.

Millennium Ecosystem Assessment, 2002, *People and Ecosystems: A Framework for Assessment and Action*, in http://www.millenniumassessment.org.

Moore, G. E., 1922, "The Conception of Intrinsic Value", in *Philosophical Studies*, London: Routledge & Kegan Paul.

Munro, David A., 1995, "Sustainability: Rhetoric or Reality?", Trzyna and Thaddeus (eds.), *A Sustainable World-Defining and Measuring Sustainable Development*, CA: International Center for the Environment and Public Policy.

Murcott, Susan, 1997, "Sustainability Principles, Ecosystem Principles", AAAS Annual Conference, IISA Sustainability Indicators Symposium, Seattle, WA 2/16/1997.

National Environmental Education Advisory Council, 1996, *Report Assessing Environmental Education in the United States and the Implementation of the National Environmental Education Act of 1990*, Washington DC: U.S. Environmental Protection Agency, Environmental Education Division.

Norton, Bryan G., 1984, "Environmental Ethics and Weak Anthropocentrism", *Environmental Ethics*, Vol. 6.

Norton, Bryan G., 1989, "Intergenerational Equity and Environmental Decisions: A Model Using Rawls' Veil of Ignorance", *Ecological Economics*, 1(1989).

Norton, Bryan G., 1992a, "A New Paradigm for Environmental Management", Robert Costanza, Bryan G. Norton, Benjamin D. Haskell (eds.), *Ecosystem Health: New Goals for Environmental Management*, Washington, D.C.: Island Press.

Norton, Bryan G , 1992b, 'Sustainability, Human Welfare and Ecosystem Health", *Environmental Values*, Vol. 1, No. 2(Summer, 1992).

O'Neill, John, 1993, *Ecology, Policy and Politics: Human Well-being and the Natural World*, London and New York: Routledge.

OECD Environment Directorate, 2001, "Key Environmental Indicators- 2001", in http://www.oecd.org/oecd/pages/home/displaygeneral.

Parker, Jenneth, 1995, "Enabling Morally Reflective Communities: Towards a Resolution of the Democratic Dilemma of Environmental Values in Policy", Y. Guerrier, N. Alexander, J. Chase, M. O'Brien (eds.), *Values and the Environment: A Social Science Perspective*, Chichester John Wiley & Sons

Parker, Michael, 1998, "Moral Development", Ruth Chadwick (ed.), *Encyclopedia of Applied Ethics*, V. 3, San Diego: Academic Press.

Partridge, Ernest, 1984, "Nature as a Moral Resourece", *Environmental Ethics*, Vol. 6, No. 2(Summer, 1984).

Partridge, Ernest, 1985, "Are We Ready for an Ecological Morality?", Martin Wachs (ed.), *Ethics in Planning*, New Brunswick: The Center for Urban

Policy Research.

Partridge, Ernest, 1986, "Values in Nature: Is Anybody There?", *Philosophical Inquiry*, Vol. 8, No. 1~2(Winter-Spring, 1986).

Partridge, Ernest, 1999, "In Search of Sustainable Values", *An International Conference, 'Reflections on Discounting'*, Vilm Island, University of Greifswald, Germany(May 28, 1999), in www.igc.org/gadfly.

PCSD(President's Council on Sustainable Development), "Data", in http://www.whitehouse.]gov/pcsd.

Pearce, David, Anil Markandya, Edward B. Barber, 2000, "Economic Valuation of Environmental Goods", John Benson, *Environmental Ethics: An Introduction with Readings*, London: Routledge.

Plumwood, Val, 2002, *Environmental Culture: The Ecological Crisis of Reason*, London: Routledge.

Prakash, Madhu Suri, 1995, "Ecological Care and Justice", *Philosophy of Education*(1995), in http://www.ed.uiuc.edu/eps/pes-yearbook/95_docs

Rawles, Kate, 1995, "The Missing Shade of Green", Don E. Jr. Marietta and Lester Embree (eds.), *Environmental Philosophy and Environmental Activism*, Lanham, MD: Rowman and Littlefield.

Robertson, David P. and R. Bruce Hull, 2003, "Public Ecology: An Environmental Science and Policy for Global Society", *Environmental Science & Policy*, Vol. 6, Issue 5(October, 2003).

Rolston III, Holmes, 1975, "Is There an Ecological Ethic?", *Ethics*, Vol. 85, No 2(January, 1975).

Rolston III, Holmes, 1987, "Can the East Help the West to Value Nature?", *Philosophy East and West*, Vol. 37, No. 2(April, 1987).

Rolston III, Holmes, 1988, *Environmental Ethics: Duties to and Values in the Natural World*, Philadelphia: Temple University Press.

Rolston III, Holmes, 1992, "Challenges in Environmental Ethics", David E. Cooper & Joy A. Palmer (eds.), *The Environment in Question: Ethics and Global Issues*, London: Routledge.

Rolston III, Holmes, 1994, *Conserving Natural Value*, New York: Columbia

University Press.
Sapontzis, S. F., 1995, "The Nature of the Value of Nature", *The Electronic Journal of Analytic Philosophy*, 3(Spring 1995), in http://www.phil.indiana.edu/ejap.
Scherer, Donald, 2000, "Between Theory and Practice: Some Thoughts on Motivations behind Restoration", William Throop (ed.), *Environmental Restoration: Ethics, Theory, and Practice*, New York: Humanity Books.
Schiller, Andrew 외 9인, 2001, "Communicating Ecological Indicators to Decision Makers and the Public", *Conservation Ecology*, 5(1): 19(2001), in http://www.consecol.org/vol5/iss1/art19.
SDI Group, 2001, "Sustainable Development in the United States: An Experimental Set of Indicators- 2001", in http://www.sdi.gov/reports.htm.
Shiva, Vandana, 1992, "Recovering the Real Meaning of Sustainability", David E. Cooper and Joy A. Palmer (eds.), *The Environment in Question: Ethics and Global Issues*, London: Routledge.
Shrader-Frechette, Kristin, 1993, "Problems with Ecosystemic Criteria", Lynton Keith Caldwell & Kristin Shrader-Frechette (eds.) *Policy for Land: Law and Ethics*, Lanham: Rowman & Littlefield Publishers.
Shrader-Frechette, Kristin, 1994, "An Apologia for Activism: Global Responsibility, Ethical Advocacy, and Environmental Problems", Frederick Ferre and Peter Hartel (eds.), *Ethics and Environmental Policy: Theory Meets Practice*, Athens: The University of Georgia Press.
Shrader-Frechette Kristin, 1995, "Practical Ecology and Foundations for Environmental Ethics" *The Journal of Philosophy*, Vol. 92, No. 12 (December, 1995).
Siebenhuner, Bernd, "Humans Potential for Environmentally Compatible Behavior", in http://www.shaping-the-future.de/pdf_www/086_paper.pdf.
Snauwaert, Dale T., 1995, "Ecological Identification, Friendship, and Moral Development: Justice and Care as Complementary Dimensions of Morality", *Philosophy of Education*(1995), in http://www.ed.uiuc.edu/eps/pes-yearbook/95_docs.

Stenmark, Mikael, 2002, *Environmental Ethics and Policy Making*, Aldershot: Ashgate.

Sterba, James P., 1995a, "Reconciling Anthropocentric and Nonanthropocentric Environmental Ethics", James P. Sterba (ed.), *Earth Ethics: Environmental Ethics, Animal Right, and Practical Applications*, Englewood Cliffs, New Jersey: Prentice Hall.

Sterba, James P. (ed.), 1995b, *Earth Ethics: Environmental Ethics, Animal Right, and Practical Applications*, Englewood Cliffs, New Jersey: Prentice Hall.

Taylor, C. C. W., 1998, "Eudaimonia", Edward Craig (ed.) *Routledge Encyclopedia of Philosophy*, Vol. 3, London and New York: Routledge.

Taylor, Paul W., 1981, "The Ethics of Respect for Nature", *Environmental Ethics*, Vol. 3, No. 3(Fall, 1981).

Taylor, Paul W., 1986, *Respect for Nature: A Theory of Environmental Ethics*, Princeton: Princeton University Press.

The World Commission on Environment and Development, 1987, *Our Common Future*, Oxford: Oxford University Press.

Thompson, Janna, 1990, "A Refutation of Environmental Ethics", *Environmental Ethics* Vol. 12(1990)

Thompson, Paul B., 1995, *The Spirit of the Soil: Agriculture and Environmental Ethics*, London: Routledge.

Thompson, Paul B., 1996, "Sustainability as a Norm", *Techne: Journal of the Society for Philosophy and Technology*, Vol. 2, No. 2(Winter, 1996), in http://scholar.lib.vt.edu/ejournals/SPT/.

Tucker, Mary Evelyn, and Duncan Ryūken Williams (eds.), 1997, *Buddhism and Ecology: The Interconnection of Dharma and Deeds*, Cambridge, Massachusetts: Havard University Press.

Tucker, Mary Evelyn, and John Berthrong (eds.), 1998, *Confucianism and Ecology: The Interrelation of Heaven, Earth, and Humans*, Cambridge, Massachusetts: Havard University Press.

UNCHE(United Nations Conference on the Human Environment), 1973, "Declaration on the Human Environment", in The Result from Stockholm, *Beitraege Zur Umweltgestaltung*, Part A 10, Berlin: Erich Schmidt.

UNCSD, 2001a, "Indicators of Sustainable Development(ISD) Progress from Theory to Practice", in http://www.un.org/esa/sustdev/indi6.htm.

UNCSD, 2001b, "Indicators of Sustainable Development: Guidelines and Methodologies-2001", in http://www.un.org/esa/sustdev/isd.htm.

Uzzell, David L., Adam Rutland and David Whistance, 1995, "Questioning Values in Environmental Education", Y. Guerrier, N. Alexander, J. Chase, M. O'Brien (eds.), *Values and the Environment: A Social Science Perspective*, Chichester: John Wiley & Sons.

Vogel, Steven, 2003, "The Nature of Artifacts", *Environmental Ethics*, Vol. 25, No. 2(Summer, 2003).

Vokey, Daniel, 1994, "Education for Intergenerational Justice: Why Should We Care?", *Philosophy of Education*(1994), in http://www.ed.uiuc.edu/eps/pes-yearbook/94_docs.

Wachs, Martin (ed.), 1985, *Ethics in Planning*, New Brunswick: The Center for Urban Policy Research.

Warren, Mary Anne, 1983, "The Rights of the Nonhuman World", Robert Elliot and Arran Gare (eds.), *Environmental Philosophy: A Collections of Readings*, University Park, PA: the Pennsylvania State University Press.

WCED(World Commission on Environment and Development), 1987, *Our Common Future*, Oxford: Oxford University Press.

Westra, Laura, 1989, "Ecology and Animals: Is There a Joint Ethic of Respect?", *Environmental Ethics*, Vol. 11.

Westra, Laura, 1994, *An Environmental Proposal for Ethics: The Principle of Integrity*, Lanham: Rowman & Littlefield Publishers.

Westra, Laura, 1998, "A Nonanthropocentric Environmental Evaluation of Technology for Public Policy: Why Norton's Approach Is Insufficient for Environmental Policy", Laura Westra and Patricia H. Werhane (eds.), *The Business of Consumption: Environmental Ethics and the Global Economy*, Lanham: Rowman & Littlefield Publishers.

Williams, Dilafruz, 1995, "Ecological Identification: The Sacred Relationship of Other and Self", *Philosophy of Education*(1995), in http://www.ed.uiuc.

edu/eps/pes-yearbook/95_docs.

Wilson, Ruth A., 1996, "Starting Early: Environmental Education During the Early Childhood Years", *Clearinghouse for Science, Mathematics, and Environmental Education*(March, 1996), in http://www.ericse.org/digests/dse96-2.html.

World Economic Forum, 2002, "2002 Environmental Sustainability Index", in http://www.ciesin.columbia.edu/indicators/ESI.

"Report of the Panel on the Ecological Integrity of Canada's National Parks", in http://parkscanada.pch.gc.ca/EI-IE/index_e.htm.

"Special Issue: Environmental Ethics", *Philosophy East and West*, Vol. 37, No. 2(April, 1987).

"Sustainability Indicators", *Paper Presented at the 5th auDes Conference Zurich*, Switzerland April 15~17, 1999. in http://www.pz-oekosys.uni-kiel.de/pcnetz)/jan/Barkmann&Windhorst1999.

부록: 각 장별의 출전 및 수정 내용

제2장
「자연의 내재적 가치와 지속 가능한 가치: 롤스턴과 파트리지의 환경 가치론에 대한 비교 고찰」, 대한철학회, 『철학연구』 제77집(2001. 2): 1~22의 내용을 약간 수정한 것이다.

제3장
「환경윤리에서 인간중심주의와 비인간중심주의의 조화 가능성」, 한국국민윤리학회, 『환경윤리와 환경윤리교육』(96년 동계학술세미나 자료집): 7~20의 발표 내용을 이 책의 취지에 맞게 손질한 것이다.

제4장
「지속 가능성의 윤리와 생태 체계의 가치」, 대한철학회, 『철학연구』 제89집(2004. 2): 1~22의 내용을 대폭 보완한 것이다. 즉 이 글의 핵심 논점을 응용하여 최근의 대표적 사례(2005년 2월에 불거진 천성산 터널공사 및 새만금 사업 재개 문제)를 분석하는 내용이 새롭게 한 절로 추가되었다.

제5장
「생태계 온전의 가치와 원리: 웨스트라의 온전 윤리에 대한 비판적 고찰」, 대한철학회, 『철학연구』 제85집(2003. 2): 23~42의 내용을 약간 보완한 것이다. 즉 생태계 온전의 원리가 갖는 정책적 함축이 분명하게 드러나도록 손질하였다.

제6장
「생태 복원의 자연적 본성과 지배적 권력: 복원의 정당성을 둘러싼 논쟁」, 한국철학회, 『철학』 제83집(2005. 여름): 325~45의 내용을 이 책의 구성에 맞게 손질한 것이다.

제7장
「3대 하천 복원과 환경철학」, 대전발전연구원, 『대전발전 FORUM』 제11호(2004. 9): 32~41의 내용을 저본으로 삼아 글의 얼개와 내용을 대폭 확대·수정한 것이다. 생태 복원의 철학적 논변과 그 실천적 의미에 글의 초점을 맞추되 실제로 시행될 하천 복원 사례와 관련지어 논의하였다.

제8장
「우리는 자연을 어떻게 대해야만 하는가?」, 대구사회연구소, 『대구·경북 지역동향』 제54호(1997. 1): 9~16. 여기서 본격적인 논문 형태로 수정·보완하지 않은 까닭은 일반인을 의식하고 쓴 소박한 글임을 감안해서지만 환경의 대중적 이해를 확산시키는 데는 오히려 더 나을 수도 있다고 생각하기 때문이다.

제9장
「환경교육과 생태적 책임」, 대한철학회, 『철학연구』 제81집 (2002. 2): 1~24의 내용을 이 책의 구성에 맞게 손질한 것이다.

제10장
「생명운동의 철학적 해명: 총체적 비판을 위하여」, 한국공간환경학회, 『공간과 사회』 제2집(1992. 10): 260~323. 발표한 지 십수 년이 지났으므로 생명담론의 지형과 내용이 많이 바뀌었고 그에 대한 토론도 상당수 늘어났다. 그러나 굳이 수정·보완하지 않은 채 그대로 수록하는 까닭은 당시의 정세적 흐름과 함께 생명사상 및 생명운동이 내장한 사회적 의미를 고스란히 살려보자는 의도에 기인한다. 또한 이 책의 11, 12장에서 보완적 논의도 일부 이루어지고 있기 때문이다.

제11장
「생명의 개념, 규범, 가치: 한국적 생명론에 대한 윤리학적 성찰」, 새한철학회, 『철학

논총』 제15집(1998. 12): 39~63의 내용을 이 책의 구성에 맞게 다듬은 것이다. 이 글이 처음 작성된 이후에 펼쳐진 한울생명론, 온생명론, 기생명론의 발전 혹은 변화에 대한 체계적 분석과 검토는 아쉽지만 다음 기회로 미룬다.

제12장

「전통 생명사상과 환경윤리이론: 이론화 문제를 중심으로」, 경기대학교 소성학술연구원, 『전통사상과 환경』 제3권(2004. 7): 151~172의 내용을 대폭 보완한 것이다. 특히 이론화 문제를 더 상론하였으며 그 필요성에 대한 논의를 새롭게 추가하였다. 여기서 간단한 논급에 그치고 만 유학 및 실학의 생명사상과 민속문화의 생명담론을 본격적으로 이론화하는 작업은, 아쉽지만 가능한 한 빨리 착수할 우선 과제로 남겨두고자 한다.

제13장

「환경지표의 가치론적 독해: UNCSD, OECD, SDI Group, 환경부의 환경지표 분석과 지역 환경지표 설정을 위한 제언」, 대구·경북환경연구소, 『녹색사회』 제8호(2003. 여름): 42~59의 내용 대폭 보완한 것이다. 즉 최근의 연구 성과에 힘입어 동북아시아 주요 국가들—한국, 일본, 중국—의 환경지표 추세를 가치론적으로 분석하는 내용의 절을 새롭게 추가하였다.

제14장

「환경정책 결정을 위한 가치론적 환경지표의 설정: 환경의 '지속 가능한 가치'에 대한 철학적 개념 분석과 생태학적 지표구성을 중심으로」, 새한철학회, 『철학논총』 제23집(2001. 1): 3~32 (최병두 외 지음, 『현대 환경문제의 재인식: 학제적 접근』, 한울 아카데미, 2003: 62~90 재수록)의 내용을 이 책의 구성에 맞게 또한 그간의 새 자료를 반영하는 쪽으로 약간 손질했음을 밝힌다.

제15장

「경주지역 환경지표와 환경지속성지수의 설정: 가치론적 접근」, 대구·경북환경연구소, 『녹색사회』 제15호(2005. 봄): 66~87의 내용을 이 책의 취지에 맞게 일부 보완한 것이다. 특히 지역 환경지표·지수의 정책적 활용 방안을 다룬 내용을 새롭게 추가하였다.

찾아보기

사항

〔ㄱ〕

가이아Gaia 182, 233~234
가치론 28~29, 33~35, 39, 42, 45~47, 50, 52, 56~57, 59, 62~64, 71~72, 82, 96, 99, 105, 107, 110, 124, 143, 147, 186~187, 197, 290, 308, 332, 334~335, 339, 341, 354, 358, 361, 363, 366, 369, 378~380, 384, 391, 394~395, 397, 415, 418
가치론적 환경지표 29, 341, 349, 354, 362~363, 366~367, 369~370, 372, 386~388, 391, 393~397, 400, 411~412, 414, 418
가치 매김과 알아차림 51
가치의 부당한 위치 선정의 오류 46
가치판단 24~25, 40, 55, 119, 125, 299, 310, 333, 341, 349, 363, 365~368, 372, 381, 386, 395, 418
가치 평가자 33, 39, 43~51, 55, 57, 379
가치 할인 52, 379
가치 함유자 33, 48~49, 57
간접적 사용가치 79, 94~95, 103
감각 능력 62~63, 186, 309
강한 지속가능성 80, 84, 101, 104
개념화 29~30, 82, 124, 131, 147, 151, 166, 174, 263, 288, 299, 316, 324~326, 334, 373, 380, 395
개체론 46, 59, 62, 65, 73~74, 77
개체생명 297~298, 310~311
개체적 온전 119
객관/객관 이원론(자) 33, 48~49, 57
객관성 16, 23~26, 35, 39, 47, 52, 178~179
객관적 가치 33, 35~36, 38, 43~44, 63,

121

객관적 가치론(자) 71~72, 310, 379

객관적 일원론 48

객관주의 33, 38~39, 43~45, 47, 50, 53~54, 57, 379

견고한 생태학 60, 62, 66, 75, 78, 122, 125

경관 생태학 157

경제 자본 79, 83~86, 100, 102

경제적 값어치 52~53, 55, 102, 363, 379~380, 386, 395

경제적 지속가능성 83, 373

경직된 인간중심주의 80, 97~98, 103

고유한 가치inherent value 43, 45

고유한 가치inherent worth 40, 64

공공 생태학 23, 26~27

공공철학 18, 21, 23

공적인 반성적 평형상태 20~22

공진화 237, 257

과학적 자원 55

과학주의 75, 180, 236, 365

구동력-상태-대응(DSR) 342, 347~348, 352, 354, 386~387, 399

구조적 능력 278

국가 환경지표 339, 355, 359, 417

궁극적 가치 105, 114~115, 124, 383

규범윤리학 22, 201, 203

규범적 인간중심주의 311

기능적 온전 377~378, 395

기생명(론) 29, 287, 290~291, 299~301, 307, 312, 315~316

기술결정론 180, 236, 365

기술적 당위 40~41

〔ㄴ〕

나와 그것의 관계 175, 181, 185, 187

나와 너의 관계 175, 185, 187

난문aporia 254, 258, 288, 311, 316

내재적 가치(론) 28, 33, 35~39, 43~48, 52, 57, 92, 95~96, 100, 102~103, 115, 133, 139~140, 206, 334~335, 363, 369, 377~380, 394~395, 363, 369, 377~380, 394~395

내재적 속성 37, 379

노동 259~260, 263, 265~266, 275~276

녹색 가치 25~26, 362, 365~366

〔ㄷ〕

다중적 주체 298

다양성 25~26, 37, 62~63, 75, 88, 93, 105, 112~114, 124, 148, 186, 242, 309~310, 345, 347, 349, 357, 360,

381, 383, 389 392, 407, 412, 416
당위-진술 40
당파성 23~24
땅의 윤리 386~387
대대對待적 이분법 270
대체 논증 138~139, 148
대화적 모델 175, 185~188
도구적 가치 35~36, 44, 86
도덕 교양인 371
도덕 규칙 287, 301~303, 305~306, 316, 319, 332~333, 371
도덕발달론 189, 201, 210
도덕 숙련가 363, 370~371, 394
도덕심리학 55, 191, 202, 210
도덕원리 105~106, 116~118, 120, 124, 202, 281, 287, 295, 301~303, 305, 316, 332~333
도덕적 가치 33, 52, 55~56, 363, 395
도덕적 당위 40~42
도덕적 발달 199, 201~203, 210
도덕적 온전 105, 109, 111, 124
도덕적 자원 33, 55~56, 380
도덕적 추리 395
도덕 준거 287, 301~303, 305~306, 316, 319, 332, 334, 371
독립적 가치 33, 38, 46, 369

돌봄 190, 200, 209, 211, 323, 365, 367, 369
동물 권리론 64
동물중심주의 59, 63~65, 73, 77
동물 해방론 64
동학 209, 215, 237~239, 243~250, 266~268, 274, 279~280, 283, 291, 303, 319, 323, 327~328, 330~332
동학사상 29, 183, 238, 243, 245, 250, 323, 328, 335
두 수준 일원론 116

〔ㄹ〕
로크적 단서 384

〔ㅁ〕
맑스주의의 위기 215, 226~227, 235, 283
맥락적인 반성적 평형상태 21
메타생태학 33, 43, 56
모더니즘의 위기 224~225, 235, 242
모심[侍] 287, 292, 302, 306, 316, 319, 323, 332, 334
모조물 132, 135, 162~163
목적-가치 33, 68
물질 생명 지속 350

찾아보기 443

물질적 지속가능성 80, 88, 102, 104
미래가치정향지표 354, 363, 388, 391, 393~395
미래 세대 28~29, 33~34, 52, 56~57, 81, 86, 90, 95, 203, 333, 339, 341, 350~353, 354~355, 358~359, 362~363, 367, 372~373, 376, 378~380, 382, 384~388, 390, 394~395, 399, 413~415, 418
미래 세대의 가치 341, 350, 414~415
미시적 온전 119
미학적 지속가능성 79~80, 88~89, 92, 102~104
민속사상 29, 323, 329, 335

〔ㅂ〕
반성적 평형상태 18, 20~21
발전 윤리 79~80, 96~98, 100, 102~104, 366,
번성 능력 62, 309
벨라지오Bellagio 원리 89
변증법 42, 185, 216, 257, 262, 264~265, 267, 269~271, 283~284
보생명 297~298, 310
복원 논쟁 131~132
복원 생태학 157, 164

복원의 생태철학적 정당화 164
복원 철학의 실천적 함의 154, 167
복지 28, 39, 43, 54~55, 63~64, 71, 81, 83~85, 92, 94~95, 105~106, 110, 112, 120~121, 124~125, 138, 154, 167~169, 174, 202, 309, 311, 354, 369, 372, 376, 381~382
본래적 가치 59, 62~64, 72~74, 186, 288, 295, 306~307, 309, 316
불균등성의 원리 59, 69~71, 77
불명확성 106, 121, 125
불합리하게 강한 지속가능성 80, 84, 101, 104
브룬트란트ㅋBrundtland 보고서 81, 89, 373
비관계적 속성 33, 37~38, 48
비도구적 가치 33, 36, 45, 379
비사용가치 94~95
비인간중심주의 28, 35, 59~66, 68~70, 72~73, 75~78, 313

〔ㅅ〕
사상과 이론의 관계 220
사상운동 215~216, 220~221, 229~232, 260, 282, 284
사상적 감싸기 215, 251~253, 283

사실과 가치　45

사실 명제　24

사적인 반성적 평형상태　21

사회과학　16~17, 22, 24, 28, 30, 85, 156, 172, 196, 198, 222, 233~234, 236, 241

사회운동론　216, 240, 242, 254, 272, 275~276, 279~280, 284, 292

사회 자본　83, 85~86, 88

사회적 지속가능성　83, 373

삼전론三戰論　287, 303~304, 316, 319, 332

상호 텍스트성　241

새만금 사업　100, 104

생명 가치　276~277, 288, 290, 302, 306, 308~310, 312, 316, 331, 334

생명 가치 논증　288, 307~310, 316, 319, 332

생명공동체　41~42, 55, 62~65, 74, 121, 184, 186, 231, 250, 292, 309, 333, 354, 390, 413

생명권　63~64

생명 논리　216, 268~271, 284, 292, 294

생명사상　29, 215, 217~218, 220, 222, 231, 237, 241, 243~245, 248~249, 262, 270, 289, 291~292, 319~332,

335~336

생명 사슬　261

생명운동(론)　29, 215~216, 218~222, 224~227, 229~239, 241~245, 248~260, 264~273, 275~278, 280~285, 289, 291~292, 321, 327~328

생명 의학적 지속가능성　79, 88, 92, 101, 103

생명적 세계관　215~216, 243, 248, 254, 256, 258, 260, 271~276, 280, 283, 285, 291, 302, 304, 315, 325, 327, 331

생명중심주의　39, 50

생물학적 온전　377

생태 가치　17, 28~29, 79, 81~82, 85~92, 94, 98~104, 172, 339, 341~342, 344~345, 350, 358~359, 362~363, 383, 387~388, 414, 418

생태가치지표　345, 363, 384~385, 388, 391, 393, 395, 412

생태계 건강　105, 112, 124, 174, 344

생태계 온전　28, 105, 107~119, 121~125, 345, 385

생태계의 복지　105, 110, 120

생태계 통합　107

찾아보기　445

생태 관리   82, 92
생태 관리의 공리   93
생태 발전   107, 363, 366, 372, 375~377, 395
생태 복원   28, 98, 125, 129~132, 135~139, 143~153, 156~157, 159~160, 162~164, 166~168, 171
생태 복원의 철학   28, 131, 153, 157, 162
생태 수리학   157
생태운동   62
생태 윤리   22, 80, 96, 100, 102, 104
생태적 도덕성   34, 50~52, 57, 203
생태적 발자국   119
생태적 생명 유지 체계   345, 382, 385, 389, 412
생태적 세계관   119, 233~234
생태적 설화 양식   123
생태적 시민 의식   150, 154, 163, 173~174
생태적 온전   107, 115, 121, 363, 377, 380~383, 385, 393~395
생태적 전체론   106, 108, 120~121, 125
생태적 정언명령   207~208
생태적 책임   29, 98, 100~101, 168, 189~190, 192, 199, 201~211
생태적 책임의 유형   206

생태 전략   367~368, 374, 394
생태정책   16, 24, 30, 375
생태중심주의   33, 35, 39, 51, 56, 59, 64~66, 73~75, 77, 80, 96, 98~99, 103~104
생태 체계   41~42, 49, 55, 62~63, 74~75, 79, 81~82, 85, 90~98, 100, 102~103, 107, 110, 137, 149~150, 167~169, 173, 186, 309, 339, 381~383, 393~395
생태 체계의 가치   28, 79, 82, 86, 92, 94, 103
생태 체계의 서비스   80, 83, 95~96, 102~104
생태 체계의 원리   28
생태 체계의 유지 서비스   96, 102
생태학적 사실   39, 42, 379
서술윤리학   22
서술적 인간중심주의   311
선결문제요구의 오류   262
선택권 가치   79, 94~95, 102~103
소극적 유용성의 원리   384, 395
시간 중립성   53
시운론   246
시천侍天   260, 269, 273
신과학운동   234

신령적 인식 방법　268, 271, 272, 294
신사회운동　240
실용주의　26, 28, 98, 102, 130, 148~149, 152~153, 162~164, 173
실재적 속성　38
실제적 생태학　60, 76, 78
실질적 사용가치　94~95, 100
실학사상　29
심리적 자원　56
심미적 자원　55, 101
심층 생태학　65
십무천十毋天　209, 280, 287, 303, 305~306, 316, 319, 332~333

〔ㅇ〕

아니다 그렇다[不然其然]　216, 238, 268, 270~271, 283, 292
악의적 복원　130, 148, 152~153, 163, 171~172
압력-상태-대응(PSR)　387, 391, 399, 401~402, 411
야생　43, 51~52, 55, 91, 94, 115, 122, 129, 132~133, 137~139, 141, 143~144, 146~147, 151, 164, 333, 360, 373, 392, 409, 416
약한 지속가능성　80, 83~84, 101, 104

양의성　267
양자론　45
얕은 생태학　65
양천養天　237, 273
역가치　129, 132, 135, 151, 162
연속되는 인과적 역사　133~134
에우다이모니아eudaimonia　105, 109
연역적 방법　257
오만 논증　137
오존층의 파괴　179, 181~183
온가치　287, 290, 299~300, 307~308, 315, 330
온가치 논증　288, 307, 316
온생명　208, 287~291, 295~301, 310~312, 315~316
온생명론　29, 287, 290, 296, 298, 300~301, 307, 310~312, 315~316
온생명 체계　372
온전 윤리　28, 98, 105, 107~109, 120, 122~123, 125
온전의 가치　105, 109~110, 112~115, 117~118, 124, 383
온전의 원리　28, 105~106, 108, 116~119, 121, 124~125, 363
우금치 현상　239~240
우산 개념　105, 112, 124

찾아보기　447

원리론 28, 59, 61, 66, 71, 77
유연한 생태학 62, 78, 122, 125
유연한 인간중심주의 80, 97~98, 103
외재적 가치 36~37, 62~63
이론과 실천 15, 29~30, 221
이론화의 개념 324
이론화의 단계 324
이론화의 필요성 323
이차-질서적 도덕원리 105, 124
인간 가치 79, 81~82, 86~92, 94, 97, 99~104, 115
인간과 자연의 관계 130, 149, 152~153, 163, 173, 180
인간 기원적인 내재적 가치론 334
인간론적 명제 215, 256~257, 263, 283
인간 문화와 자연 경관의 관계 164
인간 방어의 원리 59, 68, 70~71, 77, 314
인간 보존의 원리 59, 68~71, 77, 314
인간-비인간 관계 논증 288, 307, 311, 313, 316
인간 자본 83, 85~86
인간적 지속가능성 83
인공물 129, 132, 135~146, 149, 151~152, 162~163
인공물 논증 138, 140
인공 복원론 129~130, 132, 137, 142, 151~152
인과적 책임 204~205, 210
인식론적 어려움 216, 255, 258, 283~284
일차 질서적 도덕원리 105, 124
의사 결정 과정 17, 23, 25, 352, 366~367, 369, 371, 376, 385, 394~395, 415
의례적 가치 154, 166, 172

〔ㅈ〕
자연 다루기 175, 180, 187
자연 대하기 175, 177, 183, 187
자연론적 명제 256~257, 263, 283
자연 머물기 175, 179~180, 187
자연 모시기 175, 182, 187
자연 인식의 위기 215, 227, 229, 235, 239, 242, 247, 254, 264, 282
자연의 문화 130, 149, 152~153, 163
자연 자본 79~80, 82~86, 88, 100~102, 104
자연적 실재 33, 43, 51, 57, 74, 134~136, 138~140, 143, 163~164, 206, 211, 308, 378, 393
자연주의적 오류 40
자연 지배론 129~130, 132, 142, 146,

151~152, 162~163
자원 충족(성) 377~378, 395
자율적인 내재적 가치론 34, 57, 335
작은 이야기 243
저와 그것의 관계 175, 179, 187
저와 너의 관계 175, 182, 187
전통사상 29, 215, 237~238, 243, 248~249, 283, 291, 321~323, 325, 327, 331
정언명령 87, 106, 116~117, 120, 192, 202, 207~208, 211, 281
제1성질 50
제2성질 50~51
조정적 지속가능성 80, 84, 101, 104
조직적 능력 278
조화론 61, 66, 74, 76~77
존재/당위 이분법 33, 35, 40, 42~43, 56
존재론적 명제 140, 215, 256~258, 261, 271, 283, 293
존재론적 책임 189, 204~205, 211
존재론적 틈 180, 215~216, 255, 258~260, 283
존재의 좋음 40
존재-진술 40
종초월 윤리 98
좋음 40, 42, 44, 46, 49, 65, 281, 301

주관/객관 이원론 34~35, 48~52, 57
주관적 가치론 71~72, 288, 310, 316~317
주관주의 39, 43~47, 50, 379
중립성 23~26
중립성 테제 24
지배 논증 137, 139~140, 146
지속가능발전지수(SDI) 29, 339, 341, 350~354, 358~359, 361, 388, 397, 399, 407~409, 415~416
지속가능성의 원리 79, 89~91, 103
지속가능성의 윤리 28, 79~80, 82, 96, 104
지속가능한 가치 28, 33~36, 47, 52, 55~57, 363, 366, 372, 377~380, 384, 394~395
지속가능한 발전 81, 83, 89, 191, 342~343, 347, 350~354, 358, 363, 366, 372~377, 386~388, 393, 395, 399
지역환경지표 361~362, 397, 411, 416~418
직접적 사용가치 79, 94~95, 103
질서화 49, 269

〔ㅊ〕
창조인 129, 134~135, 144~145, 151~

찾아보기 449

152, 163
책임 윤리학적 능력　189, 203, 210
책임 있는 간섭　138~139
천성산 터널 공사　100, 104
철학과 정책　15, 27, 29
철학적 세계관　215, 255, 282
철학적 윤리학　22
철학적 이론과 정책적 실천　16
철학적 추론　20
체계 윤리　98~99
체계적 가치　309, 383, 394
체계화　200~201, 210, 252~253, 247, 275, 287, 315, 322, 324~326, 330, 342, 366, 387, 399
체천體天　245, 273, 280, 304
초논리　216, 261

〔ㅋ〕
큰 거짓말　136
큰 이야기　241

〔ㅌ〕
타협할 수 없는 의무　85, 101
통논리　216, 270

〔ㅍ〕
평가적 속성　33, 38, 45, 57
포섭하는 복잡성　119
표리부동 논증　137

〔ㅎ〕
하천 개척　170
하천 교정　170
하천 복원　28, 131, 153~158, 161~162, 169~173
하천 회복　170
학제적 특성　189, 192, 196, 210
한사상　215, 243, 248~249, 251, 283
한살림　229~231, 233~235, 237~238, 243~245, 248~250, 253, 256~258, 260, 262~266, 269~270, 273~275, 280, 292~293, 295, 302, 304, 306
한울생명　261~262, 267, 275, 291, 293, 295~296, 300, 312, 322, 330~332
한울생명론　29, 287, 289~291, 293~294, 300~301, 305~309, 312, 315~316, 319, 332~334
할인된 미래　35, 53, 55
화폐화　52, 379
환경 가치　94, 105, 115, 333, 357~358, 362, 370, 382, 387

환경 가치론   28, 33~35, 39, 47, 56~57,
　　　363, 366, 369, 378, 380, 384, 395
환경공동체   20
환경교육   29, 189~202, 204, 207, 209~
　　　211, 372
환경과학교육   194, 196, 198, 200, 207,
　　　210~211
환경부문지수   400
환경운동   19, 23, 228~229, 276~278,
　　　371
환경윤리   18~19, 21~22, 24, 28~29,
　　　35, 38~40, 49, 59, 61~62, 65~66,
　　　73, 75~77, 80, 98, 103, 107, 109,
　　　113, 115, 123, 125, 194, 290,
　　　293~295, 299, 301, 307, 315, 319,
　　　321~322, 325, 327, 330~333, 370,
　　　372, 378~379, 387
환경윤리교육   196~201, 207, 210~211
환경윤리 숙련가   367, 369, 386
환경적 지속가능성   83, 374
환경적 책임   189, 192, 196, 198, 205,
　　　209~210
환경정서교육   196~200, 207, 210~211
환경종합지수   400, 402
환경정책   17~19, 23~27, 29, 75~76,
　　　113, 119, 125, 333, 347, 363, 366~
　　　372, 374, 384~385, 394, 400, 407
환경지속성지수(ESI)   27, 29, 397,
　　　400~403, 405, 415~418
환경지수   399~401, 418
환경철학   16~22, 27, 30, 107, 321~
　　　322, 325~328, 369
환경철학적 이론과 환경정책적 실천   27
환경학   22
환원적 방법   257
활인기活人機   303
황금률   202
호의적 복원   130, 148, 152~153, 163,
　　　171~172
후천개벽   238~239, 247, 273

·· 인명

[ㄱ]

굴레 96

길리건 201

김지하 217~218, 230, 232, 236~253, 267~268, 273~274, 276~277, 279~281, 289, 291~295, 299, 301~306, 308~309, 319, 321, 327~328, 330

[ㄴ]

노턴 63, 77, 85, 93, 385

[ㄷ]

다윈 45

데카르트 264

드샬리 20

[ㄹ]

라이트 20, 22, 130, 132, 137, 146, 148~149, 151~152

라즈로 233

러브록 233

레오폴드 41, 45, 64

로크 50, 384

롤스턴 33~35, 39~47, 49, 51, 56~57, 64, 322, 335, 379, 383

롤즈 John Rawls 20

롤즈 Kate Rawles 19

리건 64

리오타르 241

[ㅁ]

마구리스 233

마서 199

맑스 255, 264~265
맥니븐 371
무어 37
문순홍 368, 376

[ㅂ]
바크만 382
박이문 322
박지원 330
박희병 319, 327, 329
베르트란피 233
베이트슨 233
보겔 129, 132, 142~145, 151~152
브라운 89
빈트호스트 382

[ㅅ]
세이어 324
송두율 241
슈레더 프레체트 24, 66, 75, 120~121
스테바 66, 68~69, 71~72, 313~314
쉬바 86
시빅 134
신흠 330
싱어 64

[ㅇ]
아리스토텔레스 105, 109~111, 124
아메미야 199
아펠 189, 203, 210
알로에 99
얀츠 233
엘리엇 129, 131~135, 138~139, 151
예닉 368
오네일 38
요나스 204~208
워렌 73~74
웨스트라 105~106, 108~111, 113, 115~116, 120~123, 383
윌슨 200
임재해 319, 327, 329

[ㅈ]
작스 376
장회익 289, 296~301, 310~311

[ㅊ]
최시형 246, 328
최제우 246, 328

[ㅋ]
카 107

카프라 233
칸트 207~208
캐츠 129~130, 132~149, 151~152
캘리코트 19, 39, 45~46, 64, 74, 77, 334
콜버그 189, 201~203, 210
크로커 89, 96
크리스텐슨 99

[ㅌ]
테일러 39~40, 43~44, 64, 333
토플러 236
톰슨 92, 377

[ㅍ]
파트리지 33~35, 47~52, 55~57, 203, 366, 378~379
프리고진 233
플럼우드 98
피아제 201

[ㅎ]
하그로브 63~64
하버마스 202~203
할폰 111
한면희 289~290, 299~301, 307~308, 330

헤겔 264
호트 113, 117, 123
홀란드 85
홍대용 330
후커 205
흄 45